# 普通高等院校"十一五"规划教材
## 普通高等院校机械类精品教材
# 编审委员会

**顾　问：** 杨叔子　华中科技大学
　　　　　李培根　华中科技大学
**总主编：** 吴昌林　华中科技大学
**委　员：** （按姓氏拼音顺序排列）

| | | | |
|---|---|---|---|
| 崔洪斌 | 河北科技大学 | 孟　逵 | 河南工业大学 |
| 冯　浩 | 景德镇陶瓷学院 | 芮执元 | 兰州理工大学 |
| 高为国 | 湖南工程学院 | 汪建新 | 内蒙古科技大学 |
| 郭钟宁 | 广东工业大学 | 王生泽 | 东华大学 |
| 韩建海 | 河南科技大学 | 闫占辉 | 长春工程学院 |
| 孔建益 | 武汉科技大学 | 杨振中 | 华北水利水电学院 |
| 李光布 | 上海师范大学 | 尹明富 | 天津工业大学 |
| 李　军 | 重庆交通大学 | 张　华 | 南昌大学 |
| 黎秋萍 | 华中科技大学出版社 | 张建钢 | 武汉纺织大学 |
| 刘成俊 | 重庆科技学院 | 赵大兴 | 湖北工业大学 |
| 柳舟通 | 黄石理工学院 | 赵天婵 | 江汉大学 |
| 卢道华 | 江苏科技大学 | 赵雪松 | 安徽工程大学 |
| 鲁屏宇 | 江南大学 | 郑清春 | 天津理工大学 |
| 梅顺齐 | 武汉纺织大学 | 周广林 | 黑龙江科技学院 |

普通高等院校"十一五"规划教材
普通高等院校机械类精品教材

顾　问　杨叔子　李培根

# 机械制造技术基础

（第二版）

主　编　赵雪松　任小中　赵晓芬
编　写　吴　敏　康红艳　李明扬
　　　　汪永明　赵海霞　苏建新
　　　　蒋克荣　张向慧　范素香
主　审　张福润

华中科技大学出版社
http://www.hustp.com
中国·武汉

# 内 容 简 介

本书是面向应用型大学机械专业的立体化精品规划教材。本书在第一版的基础上进行了修订，内容包括机械制造概论、机械制造装备、金属切削过程及控制、机械制造质量分析与控制、机械加工工艺规程设计、机械装配工艺基础和机械制造技术的新发展等。

本书具有内容简明、概念清楚、叙述通俗、便于学习的特点，可作为普通高等院校机械类专业本科主干技术基础课程教材，还可作为工业工程、管理工程、工业设计等专业本科生的教学参考书，亦可供制造企业的工程技术人员参考和自学。

图书在版编目(CIP)数据

机械制造技术基础/赵雪松，任小中，赵晓芬主编—2版.—武汉：华中科技大学出版社，2010.9
(2024.12重印)
ISBN 978-7-5609-3732-8

Ⅰ.①机… Ⅱ.①赵… ②任… ③赵… Ⅲ.①机械制造工艺 Ⅳ.①TH16

中国版本图书馆CIP数据核字(2007)第109254号

| 机械制造技术基础（第二版） | 赵雪松　任小中　赵晓芬　主编 |
|---|---|

| 策划编辑：王连弟　刘　锦 | |
|---|---|
| 责任编辑：万亚军 | 封面设计：潘　群 |
| 责任校对：朱　霞 | 责任监印：朱　玢 |

出版发行：华中科技大学出版社（中国·武汉）　　电话：(027)81321913
　　　　　武汉市东湖新技术开发区华工科技园　　邮编：430223
录　　排：华中科技大学惠友文印中心
印　　刷：广东虎彩云印刷有限公司
开　　本：787mm×960mm　1/16
印　　张：27.25　插页：2
字　　数：562千字
版　　次：2024年12月第2版第17次印刷
定　　价：46.80元

本书若有印装质量问题，请向出版社营销中心调换
全国免费服务热线：400-6679-118　竭诚为您服务
版权所有　侵权必究

"爆竹一声除旧,桃符万户更新。"在新年伊始,春节伊始,"十一五规划"伊始,来为"普通高等院校机械类精品教材"这套丛书写这个"序",我感到很有意义。

近十年来,我国高等教育取得了历史性的突破,实现了跨越式的发展,毛入学率由低于 10% 达到了高于 20%,高等教育由精英教育而跨入了大众化教育。显然,教育观念必须与时俱进而更新,教育质量观也必须与时俱进而改变,从而教育模式也必须与时俱进而多样化。

以国家需求与社会发展为导向,走多样化人才培养之路是今后高等教育教学改革的一项重要任务。在前几年,教育部高等学校机械学科教学指导委员会对全国高校机械专业提出了机械专业人才培养模式的多样化原则,各有关高校的机械专业都在积极探索适应国家需求与社会发展的办学途径,有的已制定了新的人才培养计划,有的正在考虑深刻变革的培养方案,人才培养模式已呈现百花齐放、各得其所的繁荣局面。精英教育时代规划教材、一致模式、雷同要求的一统天下的局面,显然无法适应大众化教育形势的发展。事实上,多年来许多普通院校采用规划教材就十分勉强,而又苦于无合适教材可用。

"百年大计,教育为本;教育大计,教师为本;教师大计,教学为本;教学大计,教材为本。"有好的教材,就有章可循,有规可依,有鉴可借,有道可走。师资、设备、资料(首先是教材)是高校的三大教学基本建设。

"山不在高,有仙则名。水不在深,有龙则灵。"教材不在厚薄,内容不在深浅,能切合学生培养目标,能抓住学生应掌握的要言,能做到彼此呼应、相互配套,就行,此即教材要精、课程要精,能精则名、能精则灵、能精则行。

华中科技大学出版社主动邀请了一大批专家,联合了全国几十个应用型机械专业,在全国高校机械学科教学指导委员会的指导下,保证了当前形势下机械学科教学改革的发展方向,交流了各校的教改经验与教材建设计划,确定了一批面向普通高等院校机械学科精品课程的教材编写计划。特别要提出的,教育质量观、教材质量观必须随高等教育大众化而更新。大众化、多样化决不是降低质量,而是要面向、适应与满足人才市场的多样化需求,面向、符合、激活学生个性与能力的多样化特点。"和而不同",才能生动活泼地繁荣与发展。脱离市场实际的、脱离学生实际的一刀切的质量不仅不是"万应灵丹",而是"千篇一律"的桎梏。正因为如此,为了真正确保高等教育大众化时代的教学质量,教育主管部门正在对高校进行教学质量评估,各高校正在积极进行教材建设,特别是精品课程、精品教材建设。也因为如此,华中科技大学出版社组织出版普通高等院校应用型机械学科的精品教材,可谓正得其时。

我感谢参与这批精品教材编写的专家们!我感谢出版这批精品教材的华中科技大学出版社的有关同志!我感谢关心、支持与帮助这批精品教材编写与出版的单位与同志们!我深信编写者与出版者一定会同使用者沟通,听取他们的意见与建议,不断提高教材的水平!

特为之序。

中国科学院院士
教育部高等学校机械学科指导委员会主任
杨叔子
2008 年 1 月

# 再 版 前 言

本书是一本改革力度较大的教材,内容包括原课程体系中"金属切削机床概论"、"金属切削原理与刀具"、"机械制造工艺学"、"机床夹具设计原理"等课程的基本内容,2006年出版后经历了4年的教学实践,得到了很多兄弟院校的大力支持。

根据近年来科技进步和生产发展的需要,本次修订汲取了使用该教材的院校老师提出的许多意见和建议,对书中部分内容进行了合并,对有些章节的内容进行了删减和补充,并将原版第7章的内容改为机械制造技术的新发展,以求适应当前机械工业发展的新趋势。

本次修订由赵雪松、任小中、赵晓芬任主编,其中,绪论、第4章4.1、4.2节由安徽工程大学赵雪松编写,第1章由安徽工业大学汪永明编写,第2章2.1节由安徽工程大学李明扬编写,第2章2.2、2.3节由黄石理工学院赵晓芬编写,第3章3.1节由北方工业大学张向慧编写,第3章3.2~3.5节由金陵科技学院赵海霞编写,第3章3.6、3.7节由湖北第二师范学院吴敏编写,第4章4.3、4.4节由合肥学院蒋克荣编写,第5章5.1、5.4节及第7章由河南科技大学任小中编写,第5章5.2、5.3节由洛阳理工学院康红艳编写,第6章由河南科技大学苏建新编写。全书由安徽工程大学赵雪松统稿。

本书是在总结作者多年来教学研究实践的基础上编写而成,但由于水平有限,书中错误和不足之处在所难免,恳请广大读者批评、指正。

编　者

2010年3月

# 再 版 前 言

本书是一本改革力度较大的教材,内容包括原课程体系中"金属切削机床概论"、"金属切削原理与刀具"、"机械制造工艺学"、"机床夹具设计原理"等课程的基本内容,2006 年出版后经历了 4 年的教学实践,得到了很多兄弟院校的大力支持。

根据近年来科技进步和生产发展的需要,本次修订汲取了使用该教材的院校老师提出的许多意见和建议,对书中部分内容进行了合并,对有些章节的内容进行了删减和补充,并将原版第 7 章的内容改为机械制造技术的新发展,以求适应当前机械工业发展的新趋势。

本次修订由赵雪松、任小中、赵晓芬任主编,其中,绪论、第 4 章 4.1、4.2 节由安徽工程大学赵雪松编写,第 1 章由安徽工业大学汪永明编写,第 2 章 2.1 节由安徽工程大学李明扬编写,第 2 章 2.2、2.3 节由黄石理工学院赵晓芬编写,第 3 章 3.1 节由北方工业大学张向慧编写,第 3 章 3.2~3.5 节由金陵科学学院赵海霞编写,第 3 章 3.6、3.7 节由湖北第二师范学院吴敏编写,第 4 章 4.3、4.4 节由合肥学院蒋克荣编写,第 5 章 5.1、5.4 节及第 7 章由河南科技大学任小中编写,第 5 章 5.2、5.3 节由洛阳理工学院康红艳编写,第 6 章由河南科技大学苏建新编写。全书由安徽工程大学赵雪松统稿。

本书是在总结作者多年来教学研究实践的基础上编写而成的,但由于水平有限,书中错误和不足之处在所难免,恳请广大读者批评、指正。

编　者
2010 年 3 月

# 目　　录

第 0 章　绪论 …………………………………………………………………… (1)
　0.1　制造业在国民经济中的地位和作用 ……………………………………… (1)
　0.2　我国制造业的现状与面临的挑战 ………………………………………… (2)
　0.3　本课程的内容和学习要求 ………………………………………………… (4)
　0.4　本课程的特点和学习方法 ………………………………………………… (4)
第 1 章　机械制造概论 ………………………………………………………… (6)
　1.1　机械制造过程 ……………………………………………………………… (6)
　1.2　机械加工表面的成形 ……………………………………………………… (13)
　1.3　机械加工方法 ……………………………………………………………… (19)
　思考题与习题 …………………………………………………………………… (27)
第 2 章　机械制造装备 ………………………………………………………… (28)
　2.1　金属切削机床 ……………………………………………………………… (28)
　2.2　金属切削刀具 ……………………………………………………………… (69)
　2.3　机床夹具 …………………………………………………………………… (102)
　思考题与习题 …………………………………………………………………… (145)
第 3 章　金属切削过程及控制 ………………………………………………… (149)
　3.1　切削过程及切屑类型 ……………………………………………………… (149)
　3.2　切削力 ……………………………………………………………………… (158)
　3.3　切削热、切削温度、切削液 ……………………………………………… (172)
　3.4　刀具磨损及刀具耐用度 …………………………………………………… (183)
　3.5　工件材料的切削加工性 …………………………………………………… (199)
　3.6　切削用量的合理选择 ……………………………………………………… (202)
　3.7　磨削过程及磨削机理 ……………………………………………………… (210)
　思考题与习题 …………………………………………………………………… (221)
第 4 章　机械制造质量分析与控制 …………………………………………… (223)
　4.1　机械加工精度 ……………………………………………………………… (223)
　4.2　加工误差的统计分析 ……………………………………………………… (256)
　4.3　机械加工表面质量 ………………………………………………………… (274)
　*4.4　机械加工过程中的振动 …………………………………………………… (282)

思考题与习题 …………………………………………………………………… (290)

## 第5章 机械加工工艺规程设计 …………………………………………………… (293)
5.1 概述 …………………………………………………………………………… (293)
5.2 机械加工工艺规程设计 ……………………………………………………… (297)
5.3 典型零件的工艺分析 ………………………………………………………… (330)
5.4 计算机辅助工艺规程设计(CAPP) ………………………………………… (346)
思考题与习题 …………………………………………………………………… (358)

## 第6章 机械装配工艺基础 ………………………………………………………… (361)
6.1 概述 …………………………………………………………………………… (361)
6.2 保证装配精度的方法 ………………………………………………………… (363)
6.3 装配工艺规程设计 …………………………………………………………… (377)
思考题与习题 …………………………………………………………………… (379)

## 第7章 机械制造技术的新发展 …………………………………………………… (383)
7.1 现代制造技术概述 …………………………………………………………… (383)
7.2 现代制造工艺技术 …………………………………………………………… (385)
7.3 机械制造自动化技术 ………………………………………………………… (418)
思考题与习题 …………………………………………………………………… (427)

## 参考文献 ……………………………………………………………………………… (428)

# 第0章 绪 论

制造业是指对原材料进行加工或再加工,以及应用零部件进行装配等产业的总称。制造业是国民经济的支柱产业,它一方面创造价值,生产物质财富和新的知识,另一方面为国民经济各个部门,包括国防工业和科学技术的进步与发展提供先进的手段和装备。在工业化国家,约有1/4的人口从事各种形式的制造活动;而在非制造业部门工作的人中,约有半数人的工作性质与制造业密切相关。对于大多数国家和地区的经济腾飞,制造业功不可没。

据估计,工业化国家70%~80%的物质财富来自制造业,因此,很多国家特别是美国把制定制造业发展战略列为重中之重。美国认为制造业不仅是一个国家国民经济的支柱,而且对其经济和政治的领导地位也有着决定性影响。美国国防部的一份报告指出,要重振美国经济雄风,要在21世纪全球经济中继续保持美国经济霸主地位,必须大力重振制造业。制造业对一个国家的经济地位和政治地位具有至关重要的影响,在21世纪的工业生产中具有决定性的地位与作用。

## 0.1 制造业在国民经济中的地位和作用

**1. 制造业是国民经济的支柱产业和经济增长的发动机**

制造业是国家生产能力和国民经济的基础和支柱,体现社会生产力的发展水平。2001年,我国制造业的增加值为3.76万亿元,占国民生产总值的39.21%,占工业生产总值的77.61%;上交税金4 398.17亿元,占国家税收总额的30%和财政收入的27%。我国制造业工业增加值的年均增长率为:1952—1980年为14.4%,1980—1998年为12.65%;而同期我国国民生产总值的年均增长率为:1952—1980年为6.2%,1980—1998年为9.94%。由此可知,我国制造业的增长率高出国民生产总值增长率3%~8%。可见,制造业一直是带动我国经济高速增长的发动机。

**2. 制造业是科学技术水平的集中表现和高新技术产业化的载体**

纵观世界工业化的历史,众多的科学技术成果都孕育于制造业的发展之中,同时制造业也是科研手段的提供者,科学技术与制造业相伴成长。从处于技术领先地位的美国来看,制造业几乎囊括了美国产业的全部研究和开发,提供了制造业内外所用的大部分技术创新,使美国长期经济增长的大部分技术进步都来源于制造业。因此,制造业是科学技术水平的集中表现。

20世纪飞速发展的核技术、空间技术、计算机技术、信息技术、生命科学技术、生物医学技术、新材料技术等高新技术无一不是通过制造业转化为规模生产力的,并由此形成了制造业中的高新技术产业,使人类社会的生产方式、生活方式、企业与社会的组织结构和经营管理模式乃至人们的思维方式与传统文化都产生了深刻的变化。正是制造业,特别是装备制造业成为绝大多数高新技术得以发展的载体和转化为规模生产力的工具与桥梁。在国际竞争日趋激烈的今天,没有强大的制造业就不可能实现生产力的跨越式发展。制造业是实现现代化不可或缺的重要基石。

3. 制造业是吸纳劳动就业和扩大出口的主要产业

制造业创造着巨大的就业机会,能够接纳不同层次的从业人员。2001年,我国制造业全部从业人员为8 083万人,约占全国工业从业人员总数的90.13%,约占全国各类从业人员总数的11.1%。制造业同时也是扩大出口的主要产业,2001年,我国制造业出口创汇2 398亿美元,占全国外贸出口总额的90%,是我国出口创汇的主力军。

4. 制造业是国家安全的重要保障

当今世界,没有精良的装备,没有强大的装备制造业,国家不仅没有军事和政治上的安全,而且经济和文化上的安全也会受到巨大的威胁。现代战争已进入高技术时代,武器装备的较量相当意义上就是制造技术和高技术水平的较量。作为制造业的工作母机,精密数控机床已成为西方国家对华禁运的重点,这就充分说明制造业的高精尖加工技术和手段对于国家安全是何等重要。可见,没有强大的制造业,一个国家将无法实现经济快速、健康、稳定的发展,国家的稳定和安全将受到威胁,信息化、现代化将失去坚实的基础;没有强大的制造业,国家的富强和经济的繁荣就无从谈起,我国的现代化将难以实现。随着世界经济全球化的发展趋势和我国加入世贸组织,制造业的地位和作用必将越来越重要。

## 0.2 我国制造业的现状与面临的挑战

经过三十多年的发展,中国制造业已经建立了雄厚的基础,不论是国有企业、民营企业,还是外资企业、合资企业,都取得了长足的发展。制造业占中国GDP的40%以上,地位举足轻重。到2007年,中国制造业增速已经连续20年居全球之首。2006年,中国制造业有172类产品的产量居世界第一位;制造业的增加值以美元计算,达到10 956亿美元。中国已成为仅次于美国的全球第二制造大国。

根据国家统计局的统计数据,2006年,中国规模(营业额500万元)以上的制造企业达到了20多万家。其中,大型制造企业(根据国家统计局规定,大型工业企业必须同时达到主营业务收入3亿元及以上,资产总额4亿元及以上,从业人员2 000人以上)达到了2 387家,这些企业的数量仅占全国规模以上制造企业的0.9%,但主营业务收入、资产总额、利润总额均占40%以上。在大型制造企业中,国有控股企业和集体企业数量占50%

以上,仍居主导地位。非公有制大型工业企业发展较快,其中,外国和港澳台投资企业中的大型工业企业增加到 627 家。

这些情况表明,我国已经成为世界制造大国,但还不是制造业强国。要清醒地看到我国制造业面临着三大挑战和矛盾,主要是"三个在外":

1. 制造业核心技术在外

我国制造业一般从事外围性制造活动,高附加值的产品较少。有资料显示,关键技术自给率低,技术对外依赖度达 50%,60% 以上的装备需进口,科技对发展的贡献率仅为 30%。以绿色能源领域中的风能为例,制造风能发电机的技术主要掌握在欧美国家,我国企业并没有掌握其核心技术。例如,我国目前还不能制造技术先进、大功率(1.5～3 MW)的风能发电机,且外国企业在我国还没有设立合资企业,主要销售其产品,只允许我国企业采用代为制造的模式制造功率较小的风能发电机。

2. 制造业核心资源在外

我国经济快速增长,方方面面的能源需求迅速扩张,面临着严重的供需矛盾。例如,我国核工业的重要原料铀的储量很少,铜、铁矿石大量依靠进口,有人算过一笔账,近几年仅进口铁矿石涨价就多花了 7 000 亿元(人民币)。但这只是开始,现在国际贵金属市场的大势已然显现出:凡是我国所需资源,价格涨幅越来越不利于我们的发展。同时,这种资源市场面临着许多非经济因素的影响。以石油为例,2008 年 7 月份石油价格约为 147 美元/桶,而在 2002 年以前,石油价格仅为 20 多美元/桶。由于石油价格发生了变化,汽车经济作为支柱产业遇到一个问题,汽车经济拉动的不再是汽车制造业的发展,而是对石油的大量需求。

3. 制造业市场在外

制造业市场在外包含两层意思,一是指海外市场在我国制造业的销售中占有很大比例,二是指我国的海外市场主要属于外资企业和跨国公司。我国作为世界加工基地,市场面向全球,2008 年出口总额达到 14 286 亿美元,其中工业制成品出口达到 94.6%,机电产品出口达到 57.6%。制造业出口对拉动我国经济增长作出了巨大贡献。值得关注的是,我国的对外出口主要来自外资企业,其中很大一部分是跨国公司的内部交易,根据海关数据,2008 年外商投资企业出口总值(7 906.2 亿美元)占全国出口总值的 55.34%,外商投资企业贸易顺差(1 706.6 亿美元)占全国同期顺差(2 954.6 亿美元)的 57.76%,我国并不完全掌握对外出口的主动权。在这一背景下,在世界金融危机爆发出口市场相对萎缩后,产能过剩对制造业的压力格外沉重。虽然政府企图通过拉动内需来用国内市场代替国外市场,但受到收入水平、劳动生产力较低等各方面的制约,还是较为困难,难以取得立竿见影的效果。

## 0.3　本课程的内容和学习要求

1. 本课程的主要内容

本课程主要介绍机械产品的生产过程及生产活动的组织，机械加工过程及其系统，内容包括机械制造概论、机械加工装备、金属切削过程及控制、机械制造质量分析与控制、机械加工工艺规程设计和机械制造技术的新发展等。

本课程是机械类本科相关专业一门主干技术基础课，涵盖了"金属切削原理与刀具"、"金属切削机床概论"、"机械制造工艺学"等课程的基本内容，并将这些课程中最基本的概念和知识要点有机整合形成本课程的要点，在内容编排和体系结构上进行了较大的调整和变动，遵循学生认识机械制造技术的认知规律，首先介绍机械制造的基本概念，继而介绍机械制造中所用装备（机床、刀具和夹具），然后进一步深入介绍金属切削过程及控制、机械制造质量分析与控制和机械制造工艺规程的设计，最后介绍机械制造技术的新发展——先进制造技术的有关知识。

2. 本课程的学习要求

通过课程的学习，要求学生能对整个机械制造活动有一个总体的了解与把握，初步掌握金属切削过程的基本规律和机械加工的基本知识。具体应达到如下几项要求。

（1）认识制造业，特别是机械制造业在国民经济中的作用，了解机械制造技术的发展。

（2）认识并掌握金属切削过程的基本规律，并能按具体工艺要求选择合理的加工条件。

（3）了解机械加工所用装备（如机床、刀具、机床夹具等）的基本概念、结构，具有根据具体加工工艺要求选择机床、刀具和夹具的能力。

（4）掌握机械加工过程中影响加工质量（加工精度和表面质量）的因素，能针对具体的工艺问题进行分析。

（5）掌握制定机械加工工艺规程和机器装配工艺规程的基本理论（包括定位和基准理论、工艺和装配尺寸链理论等），初步具备制定中等复杂零件机械加工工艺规程的能力。

（6）了解当今先进制造技术的发展概况，初步具备对制造单元以及制造系统选择决策的能力。

## 0.4　本课程的特点和学习方法

"机械制造技术基础"是机械设计制造及其自动化专业的一门重要的专业基础课程，具有"综合性、实践性、灵活性"强的特点。

1. 综合性

机械制造技术是一门技术性很强的技术，要用到多门学科的理论和方法，包括物理学、化学的基本原理，数学、力学的基本方法，以及机械学、材料科学、电子学、控制论、管理科学等多方面的知识。现代机械制造技术则更是有赖于计算机技术、信息技术和其他高技术的发展，反过来，机械制造技术的发展又极大地促进了这些高技术的发展。

2. 实践性

机械制造技术本身是机械制造生产实践的总结，因此具有极强的实践性。机械制造技术是一门工程技术，它所采用的基本方法是"综合"。机械制造技术要求对生产实践活动不断地进行综合，并将实际经验条理化和系统化，使其逐步上升为理论；同时又要及时地将其应用于生产实践之中，用生产实践检验其正确性和可行性；并用经检验过的理论与方法对生产实践活动进行指导和约束。

3. 灵活性

生产活动是极其丰富的，同时又是各异的和多变的。机械制造技术总结的是机械制造生产活动的一般规律和原理，将其应用于生产实际要充分考虑企业的具体情况，如生产规模的大小，技术力量的强弱，设备、资金、人员的状况等。对于不同的生产条件，所采用的生产方法和生产模式可能完全不同。而在基本相同的生产条件下，针对不同的市场需求和产品结构以及生产进行的实际情况，也可以采用不同的工艺方法和工艺路线。这充分体现了机械制造技术的灵活性。

针对上述特点，在学习本课程时，要特别注意紧密联系和综合应用以往所学过的知识，注意应用多门学科的理论、方法来分析和解决机械制造过程中的实际问题；同时要特别注意紧密联系生产实际，充分理解机械制造技术的基本概念。只有具备较丰富的实践知识，才能在学习时理解得深入、透彻。因此，在学习本课程时，必须加强实践性环节，即通过生产实习、课程实验、课程设计、电化教学、现场教学及工厂调研等来更好地体会和加深理解所学内容，并在理论与实际的结合中培养分析和解决实际问题的能力。

# 第1章 机械制造概论

## 引入案例

　　机械产品的制造是把原材料通过加工变为产品的过程,即从原材料或半成品经加工和装配后形成最终产品的具体操作过程,包括毛坯制作、零件加工、检验、装配、包装、运输等过程。机器零件的加工过程是在金属切削机床上通过刀具与工件间的相对运动从毛坯上切除多余金属,从而获得所需的加工精度和表面质量的过程。生产如图1-1所示的零件,应采用何种制造过程和工艺过程?采用何种生产类型和组织方式?需要什么成形运动?采用什么机械加工方法?本章介绍机械制造过程中最基本的概念和内涵,主要包括生产过程与工艺过程、生产纲领与生产类型、成形运动、机械加工方法等内容。这些概念和内涵是本课程的基础和支柱。

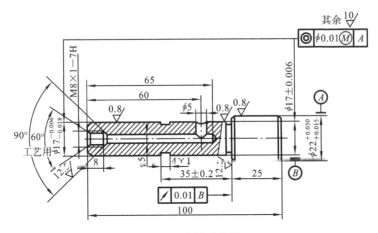

图1-1　小轴零件图

## 1.1　机械制造过程

### 1.1.1　生产过程

　　机械产品的生产过程是指从原材料变为成品的劳动过程的总和。它包括以下工作:

原材料的采购和保管；生产准备；毛坯制造；零件机械加工和热处理；产品的装配、调试、油封、包装、发运等。

根据机械产品复杂程度的不同，其生产过程可以由一个车间或一个工厂完成，也可以由多个车间或多个工厂联合完成。

需要说明的是，原材料和成品是一个相对概念。一个工厂（或车间）的成品可以是另一个工厂（或车间）的原材料或半成品。例如，铸造车间、锻造车间的成品——铸件、锻件就是机械加工车间的原材料，而机械加工车间的成品又是装配车间的原材料。这种生产上的分工，可以使生产趋于专业化、标准化、通用化、系列化，便于组织管理，利于保证质量，提高生产率，降低成本。

### 1.1.2 机械制造系统的概念

机械制造工厂作为一个生产单位，它的生产过程和生产活动十分复杂，包括从原材料到成品所经过的毛坯制造、机械加工、装配、涂漆、运输、仓储等所有的过程及开发设计、计划管理、经营决策等所有的活动，是一个有机的、集成的生产系统，如图1-2所示。图1-2中，双点画线框内表示生产系统，即由原材料进厂到产品出厂的整个生产、经营、管理过程；双点画线框外表示企业的外部环境（社会环境和市场环境）。

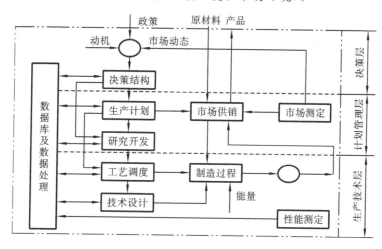

图1-2 生产系统

整个生产系统由三个层次组成：决策层为企业的最高领导机构，它们根据国家的政策、市场信息和企业自身的条件进行分析研究，就产品的类型、产量及生产方式等作出决策；计划管理层根据企业的决策，结合市场信息和本部门实际情况进行产品开发研究，制订生产计划并进行经营管理；生产技术层是直接制造产品的部门，根据有关计划和图样进行生产，将原材料直接变成产品。制造系统是生产系统中的一个重要组成部分，即由原材料变为产品的整个生产过程,它包括毛坯制造、机械加工、装配、检验和物料的储存、运输等所有工作。在制造系统中,存在着以生产对象和工艺装备为主体的"物质流",以生产管理和工艺指导等信息为主体的"信息流",以及为了保证生产活动正常进行而必需的"能量流",如图 1-3 所示。

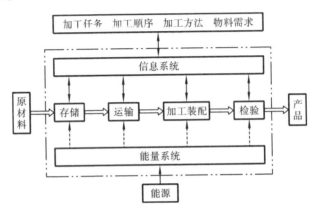

图 1-3 机械制造系统
----→,能量流;⇒,物质流;——→,信息流

机械制造系统中,机械加工所使用的机床、刀具、夹具和工件组成了一个相对独立的系统,称为工艺系统。工艺系统各个环节之间互相关联、互相依赖、共同配合,实现预定的机械加工功能。

### 1.1.3 工艺过程及其组成

**1. 工艺过程**

在生产过程中,改变生产对象的形状、尺寸、相对位置和性质等,使之成为成品或半成品的过程,称为工艺过程。它包括:毛坯制造、零件加工、部件或产品装配、检验和涂装包装等。其中,采用机械加工的方法,直接改变毛坯的形状、尺寸、表面质量和性能等,使其成为零件的过程,称为机械加工工艺过程。

**2. 工艺过程的组成**

机械加工工艺过程由若干个按顺序排列的工序组成,而工序又可依次细分为安装、工位、工步和走刀等几个层次。

1) 工序

工序是指一个(或一组)工人在一台机床(或一个工作地点)上,对同一个(或同时对几个)工件所连续完成的那一部分工艺过程。工序是组成工艺过程的基本单元。划分工序的主要依据是工作地点是否变动、工作是否连续以及操作者和加工对象是否改变,共四个要素。在加工过程中,只要有其中一个要素发生变化,即换了一个工序。

如图1-4所示的阶梯轴,其工艺过程将包括下列加工内容:①车一端面;②打中心孔;③车另一端面;④打另一端中心孔;⑤车大外圆;⑥大外圆倒角;⑦车小外圆;⑧小外圆倒角;⑨铣键槽;⑩去毛刺。

随着车间加工条件和生产规模的不同,可采用不同的加工方案来完成这个工件的加工。表1-1和表1-2分别表示在单件小批生产和大批大量生产时工序划分等情况。

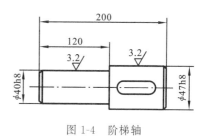

图1-4 阶梯轴

表1-1 阶梯轴单件小批生产的工艺过程

| 工序编号 | 工序内容 | 设备 |
|---|---|---|
| 1 | 车一端面、打中心孔,调头车另一端面、打中心孔 | 车床 |
| 2 | 车大外圆及倒角,调头车小外圆及倒角 | 车床 |
| 3 | 铣键槽,去毛刺 | 铣床 |

表1-2 阶梯轴大批大量生产的工艺过程

| 工序编号 | 工序内容 | 设备 |
|---|---|---|
| 1 | 铣两端面、打中心孔 | 铣端面、打中心孔机床 |
| 2 | 车大外圆及倒角 | 车床 |
| 3 | 车小外圆及倒角 | 车床 |
| 4 | 铣键槽 | 键槽铣床 |
| 5 | 去毛刺 | 钳工台 |

工序既是工艺过程的基本组成部分,又是生产计划的基本单元。

2) 安装

工件经一次装夹后所完成的那一部分工序称为安装。在工件加工前,先要将工件在机床上放置准确,并加以固定。使工件在机床上占据一个正确的工作位置的过程称为定位;工件定位后将其固定,使其在加工过程中不发生变动的操作称为夹紧。定位和夹紧的过程称为安装。在表1-1所示的工艺过程中,工序1、2都要调头一次,即都有两次安装。

3) 工位

工件在一次装夹后,在机床上所占据的每一个工作位置称为工位。生产中为了减少装夹次数,常采用回转工作台、回转或移动夹具等,使工件在一次装夹中可以先后处于不同的位置进行加工。机床或夹具的工位有两个或两个以上的,称为多工位机床或多工位夹具。

4) 工步

工步是在加工表面不变、加工工具不变、切削用量(机床转速和进给量)不变的条件下所连续完成的那一部分工序。一个工序可以包括一个或几个工步。构成工步"三个不变"的任一因素改变后即成为另一工步。如上述阶梯轴的加工,在单件小批生产的工序1中,包括四个工步;在大批大量生产的工序1中,由于采用两面同时加工的方法,故只有两个工步。

对于连续进行的几个相同的工步,例如在法兰上依次钻四个 $\phi 18$ 的孔(见图1-5(a)),习惯上算作一个工步,称为连续工步。如果同时用几把刀具(或复合刀具)加工不同的几个表面,这也可看作是一个工步,称为复合工步(见图1-5(b))。

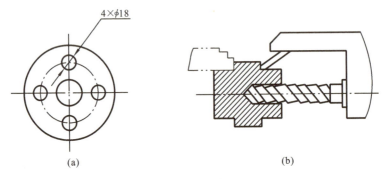

图1-5 工步

(a) 连续工步;(b) 复合工步

5) 走刀

在一个工步内,若需切去的材料层较厚时需要经几次切削才能完成,则每次切削所完成的工步内容称为走刀。切削刀具在加工表面上切削一次所完成的加工过程,称为一次走刀。一个工步可包括一次或数次走刀,而每一次切削就是一次走刀。如果需要切去的金属层很厚,不能在一次走刀下切完,则需分几次走刀进行切削,即为一个工步数次走刀,如图1-6所示。走刀是构成工艺过程的最小单元。

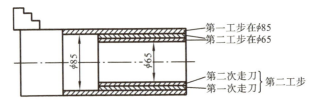

图1-6 工步与走刀

### 1.1.4 生产纲领

生产纲领是指企业在计划期内应生产的产品产量和进度计划。企业应根据市场需求和自身的生产能力决定其生产计划,零件的生产纲领还包括一定的备品和废品数量。计划期为一年的生产纲领称为年生产纲领,其计算式为

$$N = Qn(1+\alpha)(1+\beta) \tag{1-1}$$

式中:$N$——零件的年产量(件/年);

$Q$——产品年产量(台/年);

$n$——每台产品中该零件数量(件/台);

$\alpha$——备品百分率(%);

$\beta$——废品百分率(%)。

年生产纲领是设计或修改工艺规程的重要依据,是车间(或工段)设计的基本文件。

年生产纲领确定之后,还应根据车间(或工段)的具体情况,确定在计划期内一次投入或产出的同一产品(或零件)的数量,即生产批量。零件生产批量的计算公式为

$$n = \frac{NA}{F} \tag{1-2}$$

式中:$n$——每批中的零件数量;

$N$——年生产纲领规定的零件数量;

$A$——零件应该储备的时间(天);

$F$——一年中的工作时间(天)。

### 1.1.5 生产类型

生产类型是企业(或车间、工段、班组、工作地)生产专业化程度的分类。一般将其分为单件生产、成批生产和大量生产三种类型。

1. 单件生产

在单件生产中,产品的品种很多,同一产品的产量很少,工作地点经常变换,加工对象很少重复。例如,重型机械、专用设备的制造及新产品试制就是单件生产。

2. 成批生产

在成批生产中,各工作地点分批轮流制造几种不同的产品,加工对象周期性重复。一批零件加工完以后,调整加工设备和工艺装备再加工另一批零件。例如,机床、电机、汽轮机生产就是成批生产。

3. 大量生产

在大量生产中,产品的产量很大,大多数工作地点按照一定的生产节拍重复进行某种零件的某一个加工内容,设备专业化程度很高。例如,汽车、拖拉机、轴承、洗衣机等的生

产就是大量生产。

根据生产批量大小和产品特征,成批生产又可分为小批生产、中批生产和大批生产三种。小批生产接近单件生产;大批生产接近大量生产;中批生产介于单件生产和大量生产之间。各种生产类型的划分依据如表 1-3 所示。

表 1-3 各种生产类型的划分依据

| 生产类型 | | 生产纲领(单位为台/年或件/年) | | |
|---|---|---|---|---|
| | | 重型(零件质量>30 kg) | 中型(零件质量为 4~30 kg) | 轻型(零件质量<4 kg) |
| 单件生产 | | ≤5 | ≤10 | ≤100 |
| 成批生产 | 小批生产 | >5~100 | >10~150 | >100~500 |
| | 中批生产 | >100~300 | >150~500 | >500~5 000 |
| | 大批生产 | >300~1 000 | >500~5 000 | >5 000~50 000 |
| 大量生产 | | >1 000 | >5 000 | >50 000 |

生产类型不同,则无论是生产组织、生产管理、车间机床布置,还是在选用毛坯制造方法、机床种类、工具、加工或装配方法以及工人技术要求等方面均有所不同。因此,在制订机器零件的机械加工工艺过程和机器产品的装配工艺过程时,都必须考虑不同生产类型的特点,以取得最大的经济效益。表 1-4 所示为各种生产类型的特点和要求。需要说明的是,随着科技的进步和市场需求的变化,生产类型的划分正在发生深刻的变化。传统的大批大量生产往往不能适应产品及时更新换代的需要,而单件小批生产的生产能力又跟不上市场的急需。因此,各种生产类型都朝着生产过程柔性化的方向发展,多品种中小(变)批量的生产方式已成为当今社会的主流。

表 1-4 各种生产类型的特点和要求

| 工艺特征 | 单件小批生产 | 成批生产 | 大批大量生产 |
|---|---|---|---|
| 毛坯的制造方法及加工余量 | 铸件用木模手工造型,锻件用自由锻。毛坯精度低,加工余量大 | 部分铸件用金属模造型,部分锻件用模锻。毛坯精度及加工余量中等 | 广泛采用金属模造型,锻件广泛采用模锻以及其他高效方法,毛坯精度高,加工余量小 |
| 机床设备及其布置 | 通用机床、数控机床。按机床类别采用机群式布置 | 部分通用机床、数控机床及高效机床。按工件类别分工段排列 | 广泛采用高效专用机床及自动机床。按流水线和自动线排列 |
| 工艺装备 | 多采用通用夹具、刀具和量具。靠划线和试切法达到精度要求 | 广泛采用夹具,部分靠找正装夹达到精度要求,较多采用专用刀具和量具 | 广泛采用高效率的夹具、刀具和量具。用调整法达到精度要求 |

续表

| 工艺特征 | 单件小批生产 | 成批生产 | 大批大量生产 |
|---|---|---|---|
| 工人技术水平 | 需技术熟练的工人 | 需技术比较熟练的工人 | 对操作工人的技术要求较低,对调整工人的技术要求较高 |
| 工艺文件 | 有工艺过程卡,关键工序要有工序卡。数控加工工序要有详细工序和程序单等文件 | 有工艺过程卡,关键零件要有工序卡,数控加工工序要有详细的工序卡和程序单等文件 | 有工艺过程卡和工序卡,关键工序要有调整卡和检验卡 |
| 生产率 | 低 | 中 | 高 |
| 成本 | 高 | 中 | 低 |

## 1.2 机械加工表面的成形

### 1.2.1 工件表面的成形方法

零件的形状是由各种表面组成的,因此零件的切削加工归根到底是表面成形问题。

1. 被加工工件的表面形状

图 1-7 是机器零件上常用的各种表面。可以看出,零件表面是由若干个表面元素组成的,如图 1-8 所示。这些表面元素有:平面图(a)、成形表面(图(b))、圆柱面(图(c))、圆锥面(图(d))、球面(图(e))、圆环面(图(f))、螺旋面(图(g))等。

2. 工件表面的形成方法

各种典型表面都可以看作是一条线(称为母线)沿着另一条线(称为导线)运动的轨迹。母线和导线统称为形成表面的发生线。为得到平面(见图 1-8(a)),应使直线 1(母线)沿着直线 2(导线)移动,直线 1 和 2 就是形成平面的两条发生线。为得到直线成形表面(见图 1-8(b)),应使直线 1(母线)沿着曲线 2(导线)移动,直线 1 和曲线 2 就是形成直线成形表面的两条发生线。为形成圆柱面(见图 1-8(c)),应使直线 1(母线)沿圆 2(导线)运动,直线 1 和圆 2 就是它的两条发生线。其他表面的形成方法可依此同样分析。

需要注意的是,有些表面的两条发生线完全相同,只因母线的原始位置不同,也可形成不同的表面。如图 1-9 所示,母线均为直线 1,导线均为圆 2,轴心线均为 $OO'$,所需要的运动也相同。但由于母线相对于旋转轴线 $OO'$ 的原始位置不同,所产生的表面也就不同,分别为圆柱面、圆锥面和双曲面。

3. 零件表面的形成方法及所需的成形运动

要研究零件表面的形成方法,应首先研究表面发生线的形成方法。表面发生线的形

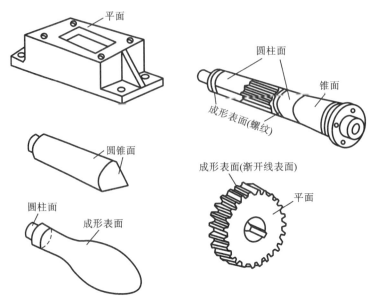

图 1-7 零件的各种表面形状

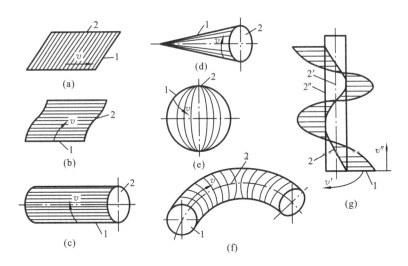

图 1-8 组成工件轮廓的几种几何表面
(a) 平面；(b) 成形表面；(c) 圆柱面；(d) 圆锥面；(e) 球面；(f) 圆环面；(g) 螺旋面

成方法可归纳为以下四种。

1) 轨迹法

轨迹法是利用刀具作一定规律的轨迹运动对工件进行加工的方法。用尖头车刀、刨刀等切削时，切削刃与被加工表面可看作点接触，因此切削刃可看作一个点，发生线为接

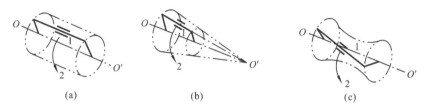

图 1-9　母线原始位置变化时形成的表面

触点的轨迹线。如图 1-10(a)所示,车刀切削点 1 按一定的规律作轨迹运动 3,形成所需的发生线 2。采用轨迹法形成发生线时,刀具需要一个独立的成形运动。

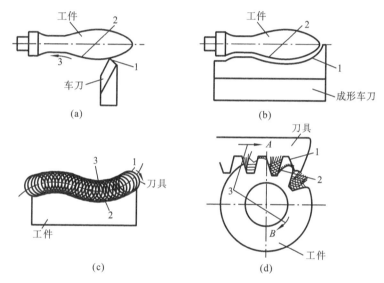

图 1-10　形成表面发生线的四种方法
(a)轨迹法;(b)成形法;(c)相切法;(d)展成法

2)成形法

成形法是利用成形刀具对工件进行加工的方法。如图 1-10(b)所示,刀具的切削刃 1 与所需要形成的发生线 2 完全吻合,曲线形的母线由切削刃直接形成。用成形法来形成发生线,刀具不需要专门的成形运动。

3)相切法

相切法是利用刀具边旋转边作轨迹运动来对工件进行加工的方法。采用铣刀、砂轮等旋转刀具加工时,如图 1-10(c)所示,在垂直于刀具旋转轴线的截面内,切削刃可看作点,当切削点 1 绕着刀具轴线作旋转运动 3,同时刀具轴线沿着发生线的等距线作轨迹运动时,切削点运动轨迹的包络线便是所需的发生线 2。采用相切法生成发生线时,需要两个相互独立的成形运动,即刀具的旋转运动和刀具中心按一定规律的运动。

4) 展成法

展成法是利用工件和刀具作展成切削运动进行加工的方法。切削加工时,刀具与工件按确定的运动关系作相对运动,切削刃与被加工表面相切,切削刃各瞬时位置的包络线便是所需的发生线。在图 1-10(d)中,刀具切削刃为切削线 1,它与需要形成的发生线 2 的形状不吻合。在形成发生线的过程中,切削线 1 与发生线 2 作无滑动的纯滚动(展成运动)。发生线 2 就是切削线 1 在切削过程中连续位置的包络线。用展成法生成发生线时,刀具与工件之间的相对运动通常由两个分运动组合而成,它们之间保持严格的运动关系,彼此不独立,共同组成一个运动,称为展成运动。例如上述工件的旋转运动 B 和直线运动 A 都是形成渐开线的展成运动。

### 1.2.2 表面成形运动和辅助运动

由上述可知,机床加工零件时,为获得所需表面,必须形成一定形状的母线和导线,即发生线。要形成发生线,需要刀具与工件之间作相对运动。这种形成发生线亦即形成被加工表面的运动,称为表面成形运动,简称成形运动。此外,机床还有多种辅助运动。

1. 表面成形运动

保证得到工件要求的表面形状的运动,称为表面成形运动,简称成形运动。成形运动按其组成情况不同,可分为简单成形运动和复合成形运动。

如果一个独立的成形运动是由单独的旋转运动或直线运动构成的,则此成形运动称为简单成形运动。例如,用外圆车刀车削外圆柱面时(见图 1-11(a)),工件的旋转运动 $B_1$ 和刀具的直线运动 $A_1$ 就是两个简单成形运动。

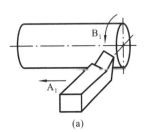
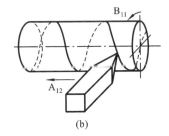

图 1-11 成形运动的组成

如果一个独立的成形运动是由两个或两个以上旋转运动或直线运动按照某种确定的运动关系组合而成的,则称此成形运动为复合成形运动。例如,车削螺纹时(见图 1-11(b)),对于形成螺旋线所需的刀具和工件之间的相对运动,通常将其分解为工件的等速旋转运动 $B_{11}$ 和刀具的等速直线移动 $A_{12}$。$B_{11}$ 和 $A_{12}$ 不能彼此独立,它们之间必须保持严格的运动关系,即工件每旋转一周时,刀具就均匀地移动一个螺旋线导程。复合运动标注符号的下标含义为:第一位数字表示成形运动的序号(第 1 个,第 2 个,…,第 $n$ 个成形运动);第二位数字表示构成同一个复合运动的单独运动的序号。

按成形运动在切削加工中的作用,可分为主运动和进给运动,如图 1-12 所示。主运动是切下切屑的最基本运动,速度最高,消耗功率最大,同时主运动只有一个。进给运动是使金属层不断投入切削,从而获得完整表面的运动。与主运动相比,速度较低,消耗功率较少。进给运动可以有一个或几个,可以是连续的,也可以是间断的。进给运动与主运动配合即可完成所需表面几何形状的加工。

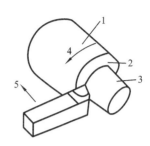

图 1-12  车削加工时的加工表面
1—待加工表面;2—过渡表面;3—已加工表面;
4—主运动;5—进给运动

2. 辅助运动

机床在加工过程中除了完成成形运动外,还需要一系列辅助运动,以实现机床的各种辅助动作,为表面成形创造条件。它的种类很多,一般包括切入运动、分度运动、调位运动(调整刀具和工件之间的相互位置)、操纵及控制运动以及其他各种空行程运动(如运动部件的快进和快退等)。

### 1.2.3  加工表面与切削要素

1. 加工表面

加工表面是切削加工时,工件上存在的待加工表面、已加工表面和过渡表面的统称,图 1-12 所示为外圆车削时的三个加工表面。

(1) 待加工表面:工件上即将被切去切屑的表面。

(2) 已加工表面:工件上经刀具切削后形成的表面。

(3) 过渡表面:工件上被切削刃正在切削的表面。它总是处在待加工表面与已加工表面之间。

2. 切削要素

切削要素主要指切削过程的切削用量要素和在切削过程中由余量变成切屑的切削层参数,如图 1-13(a)、(b)所示。

1) 切削用量要素

切削用量是指切削速度、进给量和背吃刀量三者的总称。它们分别定义如下。

(1) 切削速度 $v_c$:切削加工时,切削刃上选定点相对于工件的主运动速度。切削刃上各点的切削速度可能是不同的。当主运动为旋转运动时,工件或刀具最大直径处的切削速度

$$v_c = \frac{\pi d_w n}{1000} \tag{1-3}$$

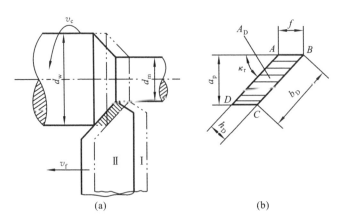

图 1-13 车削加工时的切削运动及切削层参数

式中：$v_c$——切削速度(m/min)；

$d_w$——工件待加工表面的直径(mm)；

$n$——工件的转速(r/min)。

(2) 进给量 $f$：刀具在进给运动方向上相对工件的位移量。当主运动是回转运动(如车削)时，进给量指工件或刀具每回转一周，两者沿进给方向的相对位移量，单位为 mm/r；当主运动是直线运动(如刨削)时，进给量指刀具或工件每往复直线运动一次，两者沿进给方向的相对位移量，单位为 mm/双行程或 mm/单行程；对于多齿的旋转刀具(如铣刀、切齿刀)，常用每齿进给量 $f_z$，单位为 mm/z 或 mm/齿，它与进给量 $f$ 的关系为

$$f = z f_z \tag{1-4}$$

式中：$z$——铣刀刀齿齿数。

在切削加工中，也有用进给速度 $v_f$ 来表示进给运动的。进给速度 $v_f$ 是指切削刃上选定点相对于工件的进给运动速度，其单位为 mm/min。若进给运动为直线运动，则进给速度在切削刃上各点是相同的。在外圆车削中，进给速度为

$$v_f = f n \tag{1-5}$$

式中：$v_f$——进给速度(mm/min)；

$f$——进给量(mm/r)；

$n$——主运动转速(r/min)。

铣削时，进给速度为

$$v_f = f n = z f_z n \tag{1-6}$$

因此，合成切削速度 $v_e$ 可表示为

$$\boldsymbol{v}_e = \boldsymbol{v}_c + \boldsymbol{v}_f \tag{1-7}$$

(3) 背吃刀量 $a_p$：在基面上垂直于进给运动方向测量的切削层最大尺寸。由图 1-13

(a)可知,外圆车削背吃刀量

$$a_p = \frac{1}{2}(d_w - d_m) \tag{1-8}$$

式中:$a_p$——背吃刀量(mm);

$d_w$——工件加工前(待加工表面)直径(mm);

$d_m$——工件加工后(已加工表面)直径(mm)。

由上述要素 $v_c$、$f$、$a_p$ 构成了普通外圆车削的切削用量三要素。在金属切削过程中,切削用量三要素选配的大小将影响切削效率的高低,通常用三要素的乘积作为衡量指标,称为材料切除率,用 $Q_z$ 表示,单位为 $mm^3/min$,即

$$Q_z = 1000 v_c f a_p \tag{1-9}$$

2) 切削层参数

切削层是指在切削过程中,由刀具在切削部分的一个单一动作(或指切削部分切过工件的一个单程,或指只产生一圈过渡表面的动作)所切除的工件材料层。切削层参数是指在基面中测量的切削层厚度、宽度和面积,它们与切削用量 $f$、$a_p$ 有关,如图 1-13(b) 所示。

(1) 切削层公称厚度 $h_D$:垂直于正在加工的表面(过渡表面)度量的切削层参数。

(2) 切削层公称宽度 $b_D$:平行于正在加工的表面(过渡表面)度量的切削层参数。

(3) 切削层公称横截面积 $A_D$:在切削层参数平面内度量的横截面面积。

切削用量要素与切削层参数的关系如下:

$$h_D = f\sin\kappa_r, \quad b_D = a_p/\sin\kappa_r, \quad A_D = h_D b_D = a_p f$$

从上述公式中可看出,$h_D$、$b_D$ 均与主偏角 $\kappa_r$ 有关,但切削层公称横截面积 $A_D$ 只与 $h_D$、$b_D$ 或 $f$、$a_p$ 有关。

## 1.3 机械加工方法

根据机床运动的不同、刀具的不同,可将去除零件毛坯多余材料的切削方法分为下列方法:车削、铣削、刨削、磨削、钻削、镗削、齿面加工和特种加工等。

### 1.3.1 车削

车削中工件旋转,形成主切削运动。刀具沿平行旋转轴线运动时,形成内、外圆柱面;刀具沿与轴线相交的斜线运动时,形成锥面。仿形车床或数控车床上,可以控制刀具沿着一条曲线进给,形成一特定的旋转曲面。采用成形车刀,横向进给时也可加工出旋转曲面。车削还可以加工螺纹面、端平面及偏心轴等。车削加工精度一般为 IT8~IT7,表面粗糙度 $Ra$ 为 $6.3\sim1.6~\mu m$。精车时,可达 IT6~IT5,表面粗糙度 $Ra$ 可达 $0.4\sim0.1~\mu m$。

车削的生产率较高,切削过程比较平稳,刀具较简单。图 1-14 是卧式车床所能完成的典型加工。

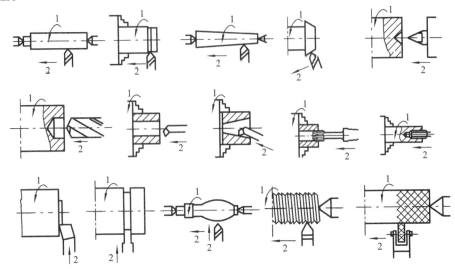

图 1-14 卧式车床所能完成的典型加工
1—主运动;2—进给运动

## 1.3.2 铣削

如图 1-15 所示,主切削运动是刀具的旋转。卧铣时,平面是由铣刀的外圆面上的刀刃形成的;立铣时,平面是由铣刀的端面刃形成的。前者称为周铣法,后者称为端铣法。提高铣刀的转速可以获得较高的切削速度,因此生产率较高。由于铣刀刀齿的切入、切出,形成冲击,切削过程容易产生振动,因而限制了表面质量的提高。这种冲击也加剧了刀具的磨损和破损,往往导致硬质合金刀片的碎裂。在刀齿切离工件的一段时间内,可以得到一定冷却,因此散热条件较好。

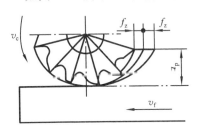

图 1-15 铣削加工

在铣削加工中按照铣削时主运动速度方向与工件进给方向是否相同,又可分为顺铣和逆铣。相同时为顺铣,相反时为逆铣,如图 1-16 所示。

采用顺铣加工时,铣削力的水平分力与工件的进给方向相同,工件台进给丝杠与固定螺母之间一般有间隙存在,因此切削力容易引起工件和工作台一起向前窜动,使进给量突然增大,引起打刀。在铣削铸件或锻件等表面有硬皮的工件时,顺铣刀齿首先接触工件硬皮,加剧了铣刀的磨损。

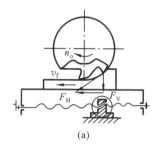 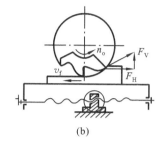

图 1-16 铣削加工
(a) 顺铣；(b) 逆铣

而采用逆铣加工可以避免顺铣时发生的窜动现象。逆铣时,切削厚度从零开始逐渐增大,因而刀刃开始经历了一段在切削硬化的已加工表面上挤压滑行的阶段,加速了刀具的磨损。同时,逆铣时,铣削力将工件上抬,易引起振动,这是逆铣的不利之处。

铣削的加工精度一般可达 IT8～IT7,表面粗糙度 $Ra$ 为 $6.3～1.6\ \mu m$。

普通铣削一般只能加工平面,用成形铣刀也可以加工出固定的曲面。数控铣床可以用软件通过数控系统控制几个轴按一定关系联动,铣出复杂曲面来,这时一般采用球头铣刀。数控铣床对加工叶轮机械的叶片、模具的模芯和型腔等形状复杂的工件具有特别重要的意义。

### 1.3.3 刨削

刨削时,刀具(或工作台)的往复直线运动为切削主运动,如图 1-17 所示。由于刨削速度不可能很高,因而生产率较低。刨削比铣削平稳,其加工精度一般可达 IT8～IT7,表面粗糙度 $Ra$ 为 $6.3～1.6\ \mu m$;精刨平面度可达 $0.02/1\ 000$,表面粗糙度 $Ra$ 为 $0.8～0.4\ \mu m$。

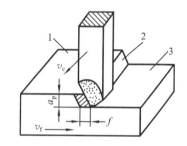

图 1-17 刨削加工
1—待加工表面；2—过渡表面；3—已加工表面

### 1.3.4 磨削

磨削以砂轮或其他磨具对工件进行加工,其主运动是砂轮的旋转,如图 1-18 所示。砂轮的磨削过程实际上是磨粒对工件表面的滑擦、耕犁和切削三种作用的综合效应。磨削中,磨粒本身也由尖锐逐渐磨钝,使切削作用变差,切削力变大。当切削力超过砂轮黏合剂强度时,磨钝的磨粒脱落,露出一层新的磨粒,此即为砂轮的"自锐性"。但切屑和碎磨粒仍会将砂轮阻塞,因而,磨削一定时间后,需用金刚石车刀等对砂轮进行修整。

磨削时,由于刀刃很多(一个磨粒相当于一把微型刀刃),因此加工时平稳、精度高,表面加工质量高,磨削精度可达 IT6～IT4,表面粗糙度 $Ra$ 为 $1.25～0.01\ \mu m$,甚至可达

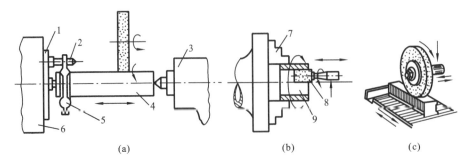

图 1-18 磨削加工

(a) 磨外圆；(b) 磨内孔；(c) 磨平面

1—拨盘；2—拨销；3—尾架；4,9—工件；5—鸡心夹头；6—头架；7—三爪卡盘；8—砂轮

$0.1 \sim 0.008$ μm。磨削的另一特点是可以对淬硬的金属材料进行加工。因此，磨削往往作为最终加工工序。磨削时，产生的热量大，需有充分的切削液进行冷却。按功能不同，磨削还可分为外圆磨、内孔磨、平磨等。

### 1.3.5 钻削与镗削

在钻床上用旋转的钻头钻削孔的方法称为钻削。它是孔加工的最常用方法。钻削中钻头的旋转是其主运动，而进给运动则是钻头的直线移动，如图 1-19 所示。钻削的加工精度较低，一般只能达到 IT10，表面粗糙度 $Ra$ 一般为 $12.5 \sim 6.3$ μm，因此在钻削后常常采用扩孔和铰孔来进行半精加工和精加工。扩孔采用扩孔钻，铰孔采用铰刀进行加工。铰削加工精度一般为 IT9～IT6，表面粗糙度 $Ra$ 为 $1.6 \sim 0.4$ μm。扩孔、铰孔时，扩孔钻、铰刀一般顺着原底孔的轴线进行加工，即采用自为基准的原则，因此无法提高孔的位置精度。镗孔则可以校正孔的位置。镗孔可在镗床上或车床上进行，如图 1-20、图 1-21 所示。在镗床上镗孔时，镗刀基本与车刀相同，不同之外是镗刀与镗杆一起所作的旋转运动是其主运动，而工件作直线运动，如图 1-20 所示。镗孔加工精度一般为 IT9～IT7，表面粗糙度 $Ra$ 为 $6.3 \sim 0.8$ μm。

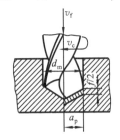

图 1-19 钻削加工

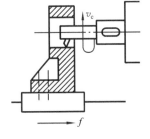

图 1-20 镗床镗孔

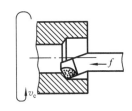

图 1-21 车床镗孔

## 1.3.6 齿面加工

按形成齿轮齿形的原理,齿轮加工方法可分为成形法和范成法两类。

### 1. 成形法

成形法加工齿轮时,采用与被加工齿轮齿槽形状相同的成形刀具切削齿轮。例如,在铣床上使用具有渐开线齿形的盘形铣刀或指状铣刀加工齿轮,如图 1-22 所示。形成母线(齿廓渐开线)的方法为成形法,机床形成母线时不需要运动。形成导线(直线)的方法是相切法。因此机床需要两个成形运动:盘形齿轮铣刀的旋转 $B_1$ 和铣刀沿齿坯的轴向移动 $A_2$,两个都是简单运动。铣完一个齿槽后,铣刀返回原位,齿坯作分度运动——转过 $360°/z$($z$ 是被加工齿轮的齿数),然后再铣下一个齿槽,直至全部齿槽被铣削完毕。

加工模数较大齿轮时,常用指状齿轮铣刀,如图 1-22(b)所示,其所需运动与盘形铣刀相同。

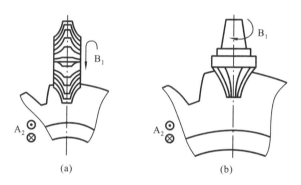

图 1-22 成形法加工齿轮
(a) 盘形齿轮铣刀加工齿轮;(b) 指状齿轮铣刀加工齿轮

### 2. 范成法

范成法又称为包络法或展成法,它是应用齿轮啮合的原理进行加工齿轮的。在切齿过程中,将齿轮的啮合副中的一个齿轮转化为刀具,强制刀具和工件作严格的啮合运动(范成运动),由刀具切削刃的位置连续变化范成出齿廓,其优点是,刀具的切削刃相当于齿条或齿轮的齿廓,与被加工齿轮的齿数无关,只需一把刀具就能加工出模数相同而齿数不同的齿轮,其加工精度和生产率都比成形法高,是目前齿轮加工中最常用的一种方法,如滚齿机、插齿机、剃齿机等都采用这种加工方法。

## 1.3.7 特种加工

特种加工方法是指应用物理(如电、声、光、力、热、磁等)的或化学的方法,对具有特殊要求(如高精度)或特殊加工对象(如难加工材料、形状复杂或尺寸微小的材料、刚度极低的材料)进行加工的手段。这些加工方法包括电火花加工(EDM)、电化学加工(ECM)、电化学机械加工(ECMM)、化学加工(CHM)、电接触加工(RHM)、超声波加工(USM)、激光束加工(LBM)、离子束加工(IBM)、电子束加工(EBM)、等离子体加工(PAM)、电液加工(EHM)、磨料流加工(AFM)、磨料喷射加工(AJM)、液体喷射加工(HDM)、快速成形(RP)及各类复合加工等。

特种加工与传统切削加工的显著不同是:加工时主要不是依靠机械能来切除金属,而且工具材料的硬度可以低于被加工材料的硬度。

1. 电火花加工

电火花加工是利用工具电极和工件电极间瞬时火花放电所产生的高温熔蚀工件表面材料来实现加工的。它是在专用的电火花加工机床上进行的,其基本原理如图 1-23 所示。被加工的工件做工件电极,石墨或者紫铜做工具电极。脉冲电源发出一连串的脉冲电压,加到工件电极和工具电极上,此时工具电极和工件均淹没于具有一定绝缘性能的工作液中。在自动进给调节装置的控制下,当工具电极与工件的距离小到一定程度时,在脉冲电压的作用下,两极间最近处的工作液被击穿,工具电极与工件之间形成瞬时放电通道,产生瞬时高温(10 000 ℃以上),使金属局部熔化甚至汽化而被蚀除下来,形成局部的电蚀凹坑。这样随着相当高的频率、连续不断的重复放电,工具电极不断地向工件进给,就可以将工具电极的形状复制到工件上,加工出所需要的和工具形状阴阳相反的零件(工具电极材料尽管也会被蚀除,但其蚀除速度远小于工件材料的蚀除速度)。

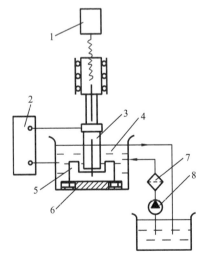

图 1-23 电火花加工原理示意图

1—自动进给调节装置;2—脉冲电源;3—工具电极;
4—工作液;5—工件;6—工作台;7—过滤器;8—工作液泵

电火花加工具有以下特点。

(1) 脉冲放电的能量密度高,便于加工特殊材料和复杂形状的工件。不受材料的硬度的影响,不受热处理状况的影响。

(2) 脉冲放电时间极短,放电时产生的热量传导范围小,材料受热影响范围小。

(3) 加工时,工具电极和材料不接触,两者之间宏观作用力极小。工具电极材料不需要比工件材料硬度高。

(4) 直接利用电能加工,便于实现加工过程的自动化。

电火花加工同时也具有一定的局限性,具体表现如下。

(1) 只能加工金属等导电材料。但最近研究表明,在一定条件下也可以加工半导体和聚晶金刚石等非导体超硬材料。

(2) 加工速度一般较慢。

(3) 存在电极损耗。由于电火花加工靠电、热来蚀除金属,电极也会受损耗,影响加工精度。

(4) 最小角部半径有限制。

电火花加工的应用范围如下:

(1) 加工硬、脆、韧、软和高熔点的导电材料;

(2) 加工半导体材料及非导电材料;

(3) 加工各种型孔、曲线孔和微小孔;

(4) 加工各种立体曲面型腔,如锻模、压铸模、塑料模的模腔;

(5) 用来进行切断、切割以及进行表面强化、刻写、打印铭牌和标记等。

2. 电解加工

电解加工是利用金属在电解液中产生的电化学阳极溶解,将工件加工成形。加工时,工件接直流电源($10\sim20$ V)的正极,工具接电源负极。工具向工件缓慢进给,使两极之间保持较小间隙($0.1\sim1$ mm),具有一定压力($0.5\sim2$ MPa)的电解液从两极间的间隙中高速($5\sim60$ m/s)流过。当工具阴极向工件不断进给时,在面对阴极的工件表面上,金属材料按阴极型面的形状不断溶解,电解产物被高速电解液带走,于是工具型面的形状就相应地"复印"在工件上。图1-24所示的是电解加工原理示意图。

与其他加工方法比较,电解加工具有下述特点:

(1) 工作电压小,工作电流大;

(2) 可以简单的直线进给运动一次加工出复杂形状的型腔或型面;

(3) 加工范围广,不受金属材料本身力学性能的限制,可以加工硬质合金、淬火钢、不锈钢、耐热合金等高硬度、高强度及韧性金属材料;

(4) 生产率较高,约为电火花加工的$5\sim10$倍;

(5) 加工中无机械切削力或切削热,适用于易变形或薄壁零件的加工;

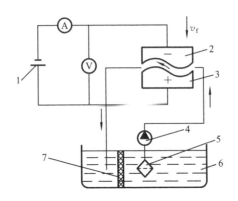

图 1-24 电解加工原理示意图

1—直流电源；2—工具电极；3—工件；4—液压泵；5—过滤器；6—电解液；7—过滤网

（6）可以达到较好的表面粗糙度（$Ra=1.25\sim0.2\ \mu m$）和 $\pm0.1$ mm 左右的平均加工精度；

（7）附属设备多，占地面积大，造价高；

（8）电解液既腐蚀机床，又容易污染环境。

电解加工主要用于加工型孔、型腔、复杂型面、小直径深孔、膛线以及进行去毛刺、刻印等。

## 本章重点、难点和知识拓展

**本章重点**  工艺过程、生产纲领、生产类型；零件表面的成形方法；切削用量三要素；常见的机械加工方法及其应用范围。

**本章难点**  工艺过程及其组成。

**知识拓展**  选择加工方法主要考虑零件的表面形状、尺寸精度和位置精度要求、表面粗糙度要求、零件材料的可加工性、零件的结构形状和尺寸、生产类型及现有机床和刀具等资源情况、生产批量、生产率和经济技术分析等因素。例如平面的加工，如果平面是回转体的端面，则可选车平面；如果平面是要求不高的台阶面，可以采用铣削方法；当加工精度高或对淬火钢终加工时，则选择平面磨床磨削方法。再如孔的加工，如果是回转体上的孔，并且其轴线与外圆轴线平行，则可在车床上钻孔、镗孔。如果是一般棱柱体上的孔，要求不高可以钻、扩而成。如果孔的表面质量、尺寸精度要求较高，则选钻、扩、铰而成。如果该孔要求与某个表面或另外的孔有精确的位置关系，则选择镗床或加工中心进行加工。该零件如属大批大量生产，则可采用专用机床加工；如属多品种、中小批量生产，则适宜在加工中心或通用机床上加工。

# 思考题与习题

1-1 什么是机械制造的生产过程和工艺过程?

1-2 什么是工序、工位、工步、走刀和安装?试举例说明。

1-3 什么是生产纲领?如何确定企业的生产纲领?

1-4 什么是生产类型?如何划分生产类型?各生产类型各有什么工艺特点?

1-5 试为某车床厂丝杠生产线确定生产类型,生产条件如下。(1)加工零件,卧式车床丝杠(长为1 617 mm,直径为40 mm,丝杠精度等级为8级,材料为Y40Mn);(2)年产量,5 000台车床;(3)备品率,5%;(4)废品率,0.5%。

1-6 表面发生线的形成方法有哪几种?试简述其成形原理。

1-7 何谓简单运动?何谓复合运动?试举例说明。

1-8 以外圆车削来分析,$v_c$、$f$、$a_p$各起什么作用?它们与切削层厚度$a_c$和切削层宽度$a_w$各有什么关系?

1-9 车削加工都能成形哪些表面?

1-10 何谓顺铣?何谓逆铣?画图说明。

1-11 镗削与车削有哪些不同?

1-12 试说明下列加工方法的主运动和进给运动:(1)车端面;(2)在车床上钻孔;(3)在车床上镗孔;(4)在钻床上钻孔;(5)在镗床上镗孔;(6)在牛头刨床上刨平面;(7)在铣床上铣平面;(8)在平面磨床上磨平面;(9)在内圆磨床上磨孔。

1-13 简述电火花加工、电解加工的表面成形原理和应用范围。

# 第 2 章 机械制造装备

## 引入案例

机械制造装备包括加工装备、工艺装备、仓储输送装备和辅助装备这四种大的类型，而在各种大的类型里又有许多种类。比如，加工装备主要指机床，而机床又分为金属切削机床、特种加工机床和锻压机床等。零件制造过程中离不开这些装备，而零件制造质量的好坏很大程度上依赖于这些装备本身的精度，"工欲善其事，必先利其器"说的就是这个道理。对于图 1-1 所示零件，究竟应采用何种加工方法，选择何种设备和工艺装备，才能保证达到图样上所给定的要求（如尺寸精度、表面粗糙度等），为此应了解和掌握有关机械制造装备（如机床、刀具、夹具等）的基本知识。本章重点介绍加工装备中的金属切削机床，工艺装备中的金属切削刀具和机床夹具等内容。

## 2.1 金属切削机床

金属切削机床是机械制造业的基础装备，在机械加工过程中为刀具与工件提供实现工件表面成形所需的相对运动（表面成形运动和辅助运动），以及为加工过程提供动力。机床除应具备刚度、精度及运动特性等方面的基本功能外，还应符合经济性、人机工程、宜人性等方面的要求。本节主要介绍金属切削机床的一些基础理论、概念及常用的车床、齿轮加工机床等的基本结构等内容。

### 2.1.1 机床基本构成、分类及型号编制

1. 机床的基本构成

根据机床的功能要求，其构成如图 2-1 所示，包括以下几部分。

(1) 定位部分，包括机床的基础部件、导向部件、工件与刀具的定位和夹紧部件等。如机床的底座、床身、立柱、摇臂、横梁、导轨、工作台等。定位部分的作用是建立刀具与工件的相对位置，并保证运动部件正确的运动轨迹，从而使刀具与工件可以按成形运动所要求的运动方式产生相对运动。

(2) 运动部分，包括机床的主运动传动系统和进给运动传动系统。如车床的主轴箱、

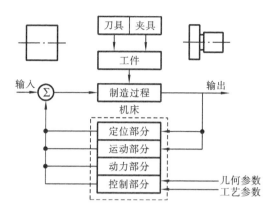

图 2-1 机械加工系统组成

进给箱、磨床的液压进给系统等。运动部分的作用是为加工过程提供一定的切削速度 $v_c$ 和进给速度 $v_f$，并使之具有一定的调节范围，以适应工件的不同要求。运动部分提供的运动通过主轴、工作台等带动工件和刀具实现切削加工运动与辅助运动。

(3) 动力部分，包括为机床提供动力源的电动机、液压泵、气源等。它的作用是为加工过程克服加工阻力提供能量。

(4) 控制部分，包括机床的各种操纵机构、电气电路、调整机构、检测装置、数控系统等。控制系统的作用是根据输入工艺系统的工艺参数、几何参数等信息，实现对加工过程中机床的定位部分、运动部分的有效控制，从而实现按预定的被加工零件的形状、尺寸、精度要求进行加工。

(5) 冷却、润滑系统，其作用是对加工工件、机床、刀具和某些发热部位进行冷却，以及对机床的运动副(如轴承、导轨等)进行润滑，以减小摩擦、磨损和发热。

(6) 其他装置，如排屑装置、自动测量装置等。

下面以车削加工系统中车床(见图 2-2)为例，介绍车床的结构，其中床腿、床身、导轨、尾座和主轴等构成了定位部分，保证了工件和车刀的正确位置，保证了加工过程中工件的回转运动轨迹和刀具的直线进给运动轨迹的正确性，从而保证了所需工件几何形状的实现。主轴箱、进给箱、溜板箱等构成了运动部分，保证了根据工艺参数所需的工件转速、刀具进给量的实现。通过主运动和进给运动变速机构，使车床可以根据不同加工要求在一定范围内改变运动参数。电动机是动力部分，它为车床提供克服车削加工抗力和运动阻力所需的动力，为液压润滑系统工作提供能源。主运动和进给运动变速机构、换向机构、启停机构、电气箱等构成了车床的控制部分，使车床可以实现启动、停止、变速、换向、运动方式转换等功能。

在不同的机床中，根据其功能、应用范围等的不同，上述四个组成部分可简可繁，实现功能要求的具体方式也不同，尤其是计算机数控技术的应用使机床的结构发生了很大变

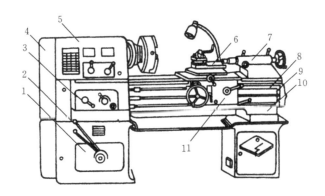

图 2-2 车床的组成
1—变速箱;2—变速手柄;3—进给箱;4—交换齿轮箱;5—主轴箱;
6—刀架;7—尾座;8—丝杠;9—光杠;10—床身;11—溜板箱

化,但这几部分在机床中是不可缺少的。这是分析、认识一台机床的思路。此外还必须注意到:附件是机床功能得以充分发挥和扩展的关键,如铣床功能的发挥在相当程度上依赖于回转工作台和分度头的使用。机床的许多功能都有赖于附件的支持,这是分析机床时需加以考虑的一个因素。

2. 机床的分类

金属切削机床的品种和规格繁多。为了便于区别、使用和管理,应对机床加以分类。

机床的传统分类方法,主要是按加工性质和所用的刀具对机床进行分类。根据我国制定的机床型号编制方法,目前将机床分为 12 大类:车床、钻床、镗床、磨床、齿轮加工机床、螺纹加工机床、铣床、刨插床、拉床、特种加工机床、锯床及其他机床。在每一类机床中,又按工艺范围、布局形式和结构等分为若干组,每一组又细分为若干系(系列)。

在上述基本分类方法的基础上,还可根据机床其他特征进一步区分。

同类型机床按应用范围(通用性程度)又可分为以下几种。

(1) 普通机床,可用于加工多种零件的不同工序,加工范围较广,通用性较大,但结构比较复杂。这种机床主要适用于单件小批生产,例如卧式车床、万能升降台铣床等。

(2) 专门化机床,它的工艺范围较窄,专门用于加工某一类或几类零件的某一道(或几道)特定工序,如曲轴车床、凸轮轴车床等。

(3) 专用机床,它的工艺范围最窄,只能用于加工某一种零件的某一道特定工序,适用于大批量生产。如加工机床主轴箱的专用镗床、加工车床导轨的专用磨床等。各种组合机床也属于专用机床。

此外,同类型机床按工作精度又可分为普通精度机床、精密机床和高精度机床,按自动化程度分为手动、机动、半自动和自动的机床,按质量与尺寸分为仪表机床、中型机床(一般机床)、大型机床(质量大于 10 t)、重型机床(质量大于 30 t)和超重型机床(质量大于

100 t);按机床主轴或刀架数目,又可分为单轴机床、多轴机床或单刀机床、多刀机床等。

通常,机床多根据加工性质进行分类,然后再根据其某些特点进一步描述,如多刀半自动车床、高精度外圆磨床等。

随着机床的发展,其分类方法也将不断发展。现代机床正向数控化方向发展,数控机床的功能日趋多样化,工序更加集中。现在一台数控机床集中了越来越多的传统机床的功能。

例如,数控车床在卧式车床功能的基础上,集中了转塔车床、仿形车床、自动车床等多种车床的功能;车削中心出现以后,在数控车床功能的基础上,加入了钻、铣、镗等类机床的功能。又如,具有自动换刀功能的镗铣加工中心机床(习惯上称为"加工中心"),集中了钻、镗、铣等多种类型机床的功能;有的加工中心的主轴既能立式又能卧式,即集中了立式加工中心和卧式加工中心的功能。可见,机床数控化引起了机床传统分类方法的变化。这种变化主要体现在机床品种不是越分越细,而应是趋向综合。

3. 机床型号的编制方法

机床的型号是赋予每种机床的一个代号,用来简明地表示机床的类型、通用特性和结构特性以及主要技术参数等。《金属切削机床　型号编制方法》(GB/T 15375—2008)规定,我国的机床型号由汉语拼音字母和阿拉伯数字按一定规律组合而成。

1) 通用机床型号

通用机床型号用下列方式表示:

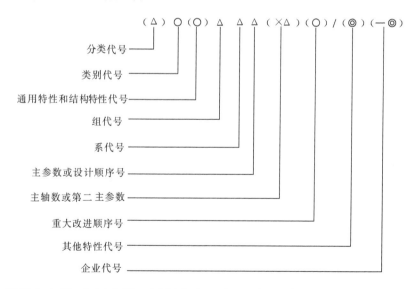

其中:△用数字表示;○用大写汉语拼音字母表示;"( )"内的选项表示可选,无内容时不表示,有内容时不带括号;◎用大写的汉语拼音字母或阿拉伯数字或两者兼而有之

表示。

(1) 机床的类别代号用汉语拼音大写字母表示。若每类有分类,在类别代号前用数字表示,但第一分类不予表示,例如磨床类分为 M、2M、3M 三个分类。机床的类别代号如表 2-1 所示。

表 2-1 机床的类别代号

| 类别 | 车床 | 钻床 | 镗床 | 磨床 | | | 齿轮加工机床 | 螺纹加工机床 | 铣床 | 刨插床 | 拉床 | 特种加工机床 | 锯床 | 其他机床 |
|---|---|---|---|---|---|---|---|---|---|---|---|---|---|---|
| 代号 | C | Z | T | M | 2M | 3M | Y | S | X | B | L | D | G | Q |
| 读音 | 车 | 钻 | 镗 | 磨 | 2磨 | 3磨 | 牙 | 丝 | 铣 | 刨 | 拉 | 电 | 割 | 其 |

(2) 机床的通用特性和结构特性代号用汉语拼音大写字母表示。表 2-2 是常用的通用特性及其代号。当某种机床除普通型外,还有有关通用特性时,应在类别代号后用相应的代号表示。如 CM6132 型精密普通车床型号中的"M"表示"精密"。当某种机床仅有通用特性而无普通型时,则通用特性也可不表示。如 C1312 型单轴六角自动车床,由于这类自动车床中没有"非自动"型,所以不必表示出"Z"的通用特性。

(3) 结构特性代号无统一规定,也用汉语拼音字母表示,在不同的机床中含义也不相同,用于区别主参数相同而结构、性能不同的机床。例如,CA6140 型普通车床型号中的"A",可理解为 CA6140 型普通车床在结构上区别于 C6140 型及 CY6140 型普通车床。结构特性的代号是根据各类机床的情况分别规定的,在不同型号中的意义可以不一样。当机床有通用特性代号时,结构特性代号应排在通用特性代号之后。为避免混淆,通用特性代号已用的字母(表 2-2 所列)及"I"、"O"都不能作为结构特性代号。

表 2-2 通用特性代号

| 通用特性 | 高精度 | 精密 | 自动 | 半自动 | 数控 | 加工中心(自动换刀) | 仿形 | 轻型 | 加重型 | 简式 | 柔性加工单元 | 数显 | 高速 |
|---|---|---|---|---|---|---|---|---|---|---|---|---|---|
| 代号 | G | M | Z | B | K | H | F | Q | C | J | R | X | S |
| 读音 | 高 | 密 | 自 | 半 | 控 | 换 | 仿 | 轻 | 重 | 简 | 柔 | 显 | 速 |

(4) 机床的组别和系别代号用两位阿拉伯数字表示,位于类代号或特性代号之后。每类机床按用途、性能、结构相近或有派生关系分为 10 组(见表 2-3),每一组又分为若干个系(可参看《机床设计手册》)。系的划分原则是:主参数相同,并按一定公比排列,工件和刀具本身的和相对的运动特点基本相同,且主要结构及布局形式相同的机床划分为一个系。

**表 2-3 金属切削机床类、组划分表**

| 类别 \ 组别 | | 0 | 1 | 2 | 3 | 4 | 5 | 6 | 7 | 8 | 9 |
|---|---|---|---|---|---|---|---|---|---|---|---|
| 车床(C) | | 仪表车床 | 单轴自动、半自动车床 | 多轴自动、半自动车床 | 回轮、转塔车床 | 曲轴及凸轮轴车床 | 立式车床 | 落地及卧式车床 | 仿形及多刀车床 | 轮、轴、辊、锭及铲齿轮车床 | 其他车床 |
| 钻床(Z) | | — | 坐标镗钻床 | 深孔钻床 | 摇臂钻床 | 台式钻床 | 立式钻床 | 卧式钻床 | 铣钻床 | 中心孔钻床 | |
| 镗床(T) | | — | — | 深孔镗床 | — | 坐标镗床 | 立式镗床 | 卧式铣镗床 | 精镗床 | 汽车拖拉机修理用镗床 | |
| 磨床 | M | 仪表磨床 | 外圆磨床 | 内圆磨床 | 砂轮机 | — | 导轨磨床 | 刀具刃磨床 | 平面及端面磨床 | 曲轴、凸轮轴、花键轴及轧辊磨床 | 工具磨床 |
| | 2M | — | 超精机 | 内、外圆珩磨机 | 平面、球面珩磨机 | 抛光机 | 砂带抛光及磨削机床 | 刀具刃磨及研磨机床 | 可转位刀片磨削机床 | 研磨机 | 其他磨床 |
| | 3M | — | 球轴承套沟磨床 | 滚子轴承套圈滚道磨床 | 轴承套圈超精机 | 滚子及钢球加工机床 | 叶片磨削机床 | 滚子超精磨削机床 | — | 气门、活塞及活塞环磨削机床 | 汽车、拖拉机修磨机床 |
| 齿轮加工机床(Y) | | 仪表齿轮加工机 | — | 锥齿轮加工机 | 滚齿机 | 剃齿及珩齿机 | 插齿机 | 花键轴铣床 | 齿轮磨齿机 | 其他齿轮加工机 | 齿轮倒角及检查机 |
| 螺纹加工机床(S) | | — | — | — | 套螺纹机 | 攻螺纹机 | — | 螺纹铣床 | 螺纹磨床 | 螺纹车床 | — |
| 铣床(X) | | 仪表铣床 | 悬臂及滑枕铣床 | 龙门铣床 | 平面铣床 | 仿形铣床 | 立式升降台铣床 | 卧式升降台铣床 | 床身式铣床 | 工具铣床 | 其他铣床 |
| 刨插床(B) | | — | 悬臂刨床 | 龙门刨床 | — | — | 插床 | 牛头刨床 | — | 边缘及模具刨床 | 其他刨床 |
| 拉床(L) | | — | — | 侧拉床 | 卧式外拉床 | 连续拉床 | 立式内拉床 | 卧式内拉床 | 立式外拉床 | 键槽及螺纹拉床 | 其他拉床 |
| 特种加工机床(D) | | — | 超声波加工机 | 电解磨床 | 电解加工机 | — | 电火花磨床 | 电火花加工机 | — | — | — |
| 锯床(G) | | — | — | 砂轮片锯床 | — | 卧式带锯床 | 立式带锯床 | 圆锯床 | 弓锯床 | 锉锯床 | — |
| 其他机床(Q) | | 其他仪表机床 | 管子加工机床 | 木螺钉加工机 | — | 刻线机 | 切断机 | — | — | — | — |

(5) 机床的主参数、设计顺序号、第二主参数都是用阿拉伯数字表示的。主参数表示机床的规格大小,是机床的最主要的技术参数,反映机床的加工能力,影响机床的其他参数和结构大小。通常以最大加工尺寸或机床工作台尺寸作为主参数。在机床代号中,用主参数的折算值(主参数乘以折算系数,如 1/10 等,参见标准 GB/T 15375—2008)表示。当无法用一个主参数表示时,则在型号中采用设计顺序号表示。第二主参数是为了更完整地表示机床的工作能力和加工范围,如主轴数、最大跨距、最大工件长度、工作台工作面长度等也用折算值表示,其表示方法参见标准 GB/T 15375—2008。

(6) 机床重大改进序号用于表示机床的性能和结构上的重大改进,按其设计改进的次序分别用字母 A、B、C、D……表示,附在机床型号的末尾,以示区别。例如,Y7132A 表示最大工件直径为 320 mm 的 Y7132 型锥形砂轮磨齿机的第一次重大改进。

(7) 其他特性代号主要用以反映各类机床的特性,如对于数控机床,可以用来反映不同的数控系统;对于一般机床,可以用来反映同一型号机床的变型等。其他特性代号用汉语拼音字母或阿拉伯数字或二者的组合表示。

(8) 当生产单位为机床厂时,企业代号由机床厂所在城市名称的大写汉语拼音字母及该厂在城市建立的先后顺序号或机床厂名称的大写汉语拼音字母表示。生产单位为机床研究所时,由该所名称的大写汉语拼音字母表示。

例如,M1432A 型万能外圆磨床,型号中的代号及数字的含义如下:

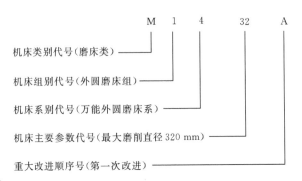

2) 专用机床型号

专用机床型号采用如下表示方法:

设计单位代号-设计顺序号

其中,设计单位代号包括机床厂和研究所代号,用厂名的首字母和该厂在当地建厂先后的顺序号表示;设计顺序号按各厂的设计顺序排列,由"001"开始。

例如:北京第一机床厂设计制造的第 100 种专用机床为专用铣床,则其代号为:B1-100。

3) 组合机床及其自动线的型号

组合机床及其自动线的型号采用如下表示方法:

设计单位代号——分类代号 设计顺序号 （重大改进顺序号）

其中,设计单位代号及设计顺序号与专用机床的型号表示方法相同。重大改进顺序号选用的原则与通用机床选用的原则相同。组合机床及其自动线型号中的分类代号如表 2-4 所示。

表 2-4 组合机床及其自动线的分类代号

| 分　类 | 代　号 | 分　类 | 代　号 |
| --- | --- | --- | --- |
| 大型组合机床 | U | 大型组合机床自动线 | UX |
| 小型组合机床 | H | 小型组合机床自动线 | HX |
| 自动换刀数控组合机床 | K | 自动换刀数控组合机床自动线 | KX |

### 2.1.2 机床的传动原理及传动系统

机械加工中的各种运动都是由机床来实现的,机床的功能决定了所需的运动,反过来一台机床所具有的运动又决定了它的功能范围。机床的运动部分是一台机床的核心部分。

机床的运动部分必须包括三个基本部分:执行件、运动源和传动装置。执行件是机床运动的执行部件,其作用是带动工件和刀具,使之完成一定形式的运动并保持正确的轨迹,如机床主轴、刀架等;运动源是机床运动的来源,向运动部分提供动力,也是机床的动力部分,如交流电动机、伺服电动机、步进电动机等;传动装置是传递运动和动力的装置,它把运动源的运动和动力传给执行件,并完成运动形式、方向、速度的转换等工作,从而在运动源和执行件之间建立起运动联系,使执行件获得一定的运动。传动装置可以把运动源与执行件或执行件与执行件联系起来,使之保持某种确定的运动联系。传动装置可以有机械、电气、液压、气动等多种形式。机械传动装置由带传动、齿轮传动、链传动、蜗轮蜗杆传动、丝杠螺母传动等机械传动件组成。它包括两类传动机构,一类是传动比和传动方向固定不变的传动机构,如定比齿轮副、丝杠螺母机构、蜗轮蜗杆机构等,称为定比传动机构;另一类是可变换传动比和传动方向的传动机构,如挂轮变速机构、滑移齿轮变速机构、离合器换向机构等,称为换置机构。

### 2.1.3 车床

**1. 车床的特征和分类**

车床是机械制造业中使用很广泛的一类机床。车床类机床的共同工艺特征是:以车刀为主要切削工具,车削各种零件的外圆、内孔、端面及螺纹等。此外,在有些车床上还可以用孔加工刀具(如钻头、铰刀等)和螺纹刀具(如丝锥、板牙等)加工内孔和螺纹。

车床的主运动,通常是工件的旋转运动;车床的进给运动,通常是刀具的直线移动。

由于大多数机械零件都具有回转表面,并且车床的通用性强,使用的刀具简单,所以一般机械工厂中车床在金属切削机床中所占的比重最大,占金属切削机床总台数的20%~35%。

车床按其不同的用途、性能和结构,又可分为普通车床及落地车床、六角车床、立式车床、单轴自动车床、多轴自动及半自动车床、仿形及多刀车床、仪表车床等。此外,还有许多专门化车床和大批大量生产用的专用车床,例如高精度丝杠车床、铲齿车床、车轮车床、凸轮轴车床、曲轴车床等。

2. CA6140型普通车床

1) 机床的精度

CA6140型普通车床是普通精度级机床,根据普通车床的精度检验标准,新机床应达到的加工精度如下。

精车外圆的圆度:0.01 mm;

精车外圆的圆柱度:0.01 mm/100 mm;

精车端面的平面度:0.02 mm/300 mm;

精车螺纹的螺距精度:0.04 mm/100 mm,0.06 mm/300 mm;

精车的表面粗糙度($Ra$):2.50~1.25 $\mu$m。

CA6140型普通车床实质上是一种万能车床,它的加工范围较广,但结构较复杂且自动化程度低,所以适用于单件、小批生产及修配车间。

2) 机床的运动

为了加工出各种回转表面,普通车床必须具备下列运动。

(1)工件的旋转运动,车床的主运动,常以$n$(r/min)表示。主运动是实现切削最基本的运动。

(2)刀具的移动,刀具作平行于工件中心线的移动(车圆柱面)或垂直于工件中心线方向的运动(车端面),刀具也可沿与中心线成一定角度的方向运动或作曲线运动,这是车床的进给运动,常以$f$(mm/r)表示。

此外,车床上还需要有使刀具切入工件毛坯的运动,称为切入运动(俗称进刀或吃刀)。普通车床上的切入运动的方向,通常和进给运动的方向垂直。例如纵向车削外圆时,切入运动是由刀具间歇地作横向运动来实现的。普通车床的切入运动通常是由工人横向或纵向用手移动刀架来实现的。

为了减轻工人的劳动强度和节省移动刀架所耗费的时间,CA6140型普通车床还具有刀架纵向及横向的快速移动。这种调整工件与刀具之间相对位置的运动(使刀具靠近或离开工件的运动),属于机床的辅助运动。机床中除了成形运动、切入运动和分度运动(后面将介绍)等直接影响加工表面形状和质量的运动外,其他为成形创造条件的运动和辅助动作,称为辅助运动。

3) 机床的总布局

图 2-3 所示是 CA6140 型普通车床的外形图。机床的主要组成部件如下。

(1) 主轴箱(床头箱)1。它固定在床身 4 的左端。装在主轴箱中的主轴,通过夹盘等夹具,装夹工件。主轴箱的功用是支承并传动主轴,使主轴带动工件按照规定的转速旋转,以实现主运动。

(2) 刀架部件 2。它位于床身 4 的中部,并可沿床身上的刀架导轨作纵向移动。刀架部件由几层刀架组成,它的功用是装夹车刀,并使车刀作纵向、横向或斜向运动。

(3) 尾架(尾座)3。它装在床身 4 的尾架导轨上,并可沿此导轨纵向调整位置。尾架的功用是用后顶尖支承工件。在尾架上还可以安装钻头等孔加工刀具,以进行孔加工。

(4) 进给箱(走刀箱)10。它固定在床身 4 的左前侧。进给箱是进给运动传动链中主要的传动比变换装置(变速装置,变速机构),它的功用是改变被加工螺纹的螺距或机动进给的进给量。

(5) 溜板箱 8。它固定在刀架部件 2 的底部,可带动刀架一起作纵向运动。溜板箱的功用是把进给箱传来的运动传递给刀架,使刀架实现纵向进给、横向进给、快速移动或车螺纹。在溜板箱上装有各种操纵手柄及按钮,工作时工人可以方便地操作机床。

(6) 床身 4。床身固定在左床腿 9 和右床腿 5 上。床身是车床的基本支承件。在床

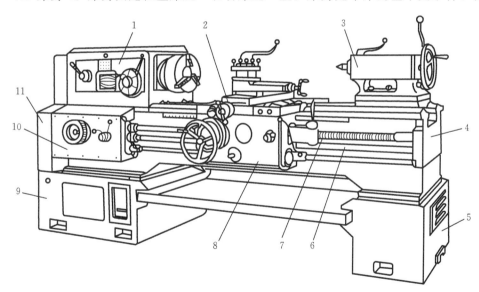

图 2-3　CA6140 型普通车床的外形

1—主轴箱;2—刀架部件;3—尾座;4—床身;5,9—床腿;
6—光杠;7—丝杠;8—溜板箱;10—进给箱;11—挂轮变速机构

身上安装着车床的各个主要部件,工作时床身使它们保持准确的相对位置。

4) 机床的主要技术性能

床身上最大工件回转直径:400 mm;

最大工件长度(4 种规格):750/1 000/1 500/2 000 mm;

最大车削长度(4 种规格):650/900/1 400/1 900 mm;

刀架上最大工件回转直径:210 mm;

主轴内孔直径:48 mm;

主轴转速:正转 24 级,10~1 400 r/min;反转 12 级,14~1 580 r/min;

进给量:纵向进给量(64 级),0.028~6.33 mm/r;横向进给量(64 级),0.014~3.16 mm/r;

溜板及刀架纵向快移速度:4 mm/min;

车削螺纹范围:

$$\begin{cases} 米制螺纹(44 种),S=1\sim192 \text{ mm}; \\ 英制螺纹(20 种),a=2\sim24 \text{ 扣/英寸}(1 \text{ in}\approx25.4 \text{ mm}); \\ 模数螺纹(39 种),m=0.25\sim48; \\ 径节螺纹(37 种),DP=1\sim96 \text{ 牙/英寸}(1 \text{ in}\approx25.4 \text{ mm}); \end{cases}$$

主电动机(功率,转速):7.5 kW,1 450 r/min;

机床轮廓尺寸(对于最大工件长度为 1 000 mm 的机床,长×宽×高):2 668 mm×1 000 mm×1 190 mm;

机床净质量(对于最大工件长度为 1 000 mm 的机床):2 010 kg。

5) 机床的传动系统

为了便于了解和分析机床的传动情况,通常应用机床的传动系统图来论述。机床的传动系统图是表示机床全部运动传动关系的示意图,在图中用简单的规定符号代表各种传动元件,如表 2-5 所示。机床的传动系统图画在一个能反映机床外形和各主要部件相互位置的投影面上,并尽可能绘制在机床外形的轮廓线内。在图中,各传动元件是按照运动传递的先后顺序,以展开图的形式画出来的。要把一个立体的传动结构展开并绘制在一个平面图中,有时不得不把其中某一根轴绘成用折断线连接的两部分,或者弯曲成一定夹角的折线;有时,对于展开后失去联系的传动副,要用大括号或虚线连接起来以表示它们的传动联系。传动系统图只能表示传动关系,并不代表各元件的实际尺寸和空间位置。在图中,通常还必须注明齿轮及蜗轮的齿数(有时也注明其编号或模数)、带轮直径、丝杠的导程和头数、电动机的转速和功率、传动轴的编号等。传动轴的编号,通常从动力源(如电动机等)开始,按运动传递顺序,顺次地用罗马数字Ⅰ、Ⅱ、Ⅲ……表示。图 2-4 即为 CA6140 型普通车床的传动系统图。

表 2-5 传动系统中常用的符号

| 名 称 | 图 形 | 符 号 | 名 称 | 图 形 | 符 号 |
|---|---|---|---|---|---|
| 轴 | | | 滑动轴承 | | |
| 滚动轴承 | | | 止推轴承 | | |
| 双向摩擦离合器 | | | 双向滑动齿轮 | | |
| 整体螺母传动 | | | 开合螺母传动 | | |
| 平型带传动 | | | V带传动 | | |
| 齿轮传动 | | | 蜗轮蜗杆传动 | | |
| 齿轮齿条传动 | | | 锥齿轮传动 | | |

(1) 主运动传动链。

主运动传动链的功用是将电动机的旋转运动及能量传递给主轴,使主轴以合适的速度带动工件旋转。普通车床的主轴应能变速及换向。

主运动的传动路线是:运动由电动机经 V 带传至主轴箱中的轴 Ⅰ。在轴 Ⅰ 上装有双向多片式摩擦离合器 $M_1$,其作用是使主轴(轴 Ⅵ)正转、反转或停止。离合器 $M_1$ 左半部分接合时,主轴正转;右半部分接合时,主轴反转;左右都不接合时,轴 Ⅰ 空转,主轴停止转动。轴 Ⅰ 的运动经 $M_1$—轴 Ⅱ—轴 Ⅲ,然后分成两条路线传给主轴:当主轴 Ⅵ 上的滑移齿轮 $Z_{50}$ 移至左边(图 2-4 所示位置)时,运动从轴 Ⅲ 经齿轮副 $\frac{63}{50}$ 直接传给主轴 Ⅵ,使主轴得到高转速;当滑移齿轮 $Z_{50}$ 向右移,使齿型离合器 $M_2$ 接合时,则运动经轴 Ⅲ—Ⅳ—Ⅴ 传给主轴 Ⅵ,使主轴获得中、低转速。

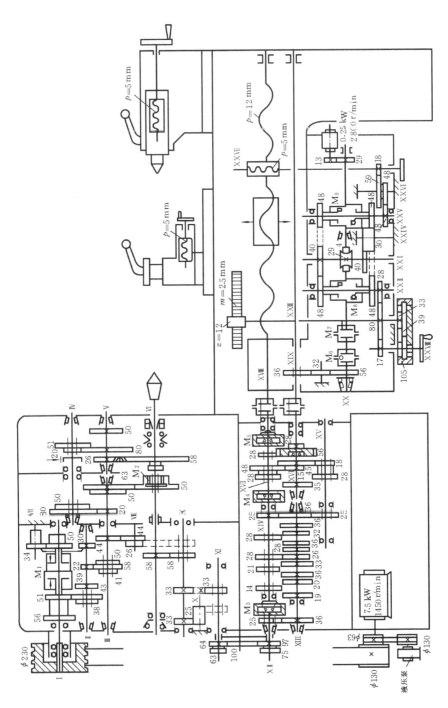

图 2-4 CA6140型普通车床的传动系统图

主运动传动路线表达式如下：

$$\begin{pmatrix}电动机\\7.5\text{ kW}\\1\,450\text{ r/min}\end{pmatrix}-\frac{\phi130}{\phi230}-\text{I}\begin{Bmatrix}\text{M}_1\text{左}\begin{Bmatrix}\frac{56}{38}\\\frac{51}{43}\end{Bmatrix}\\\text{M}_1\text{右}-\frac{50}{34}-\text{VII}-\frac{34}{30}\end{Bmatrix}\text{II}\begin{Bmatrix}\frac{39}{41}\\\frac{22}{58}\\\frac{30}{50}\end{Bmatrix}\text{III}$$

$$\begin{Bmatrix}\begin{Bmatrix}\frac{20}{80}\\\frac{50}{50}\end{Bmatrix}\text{IV}\begin{Bmatrix}\frac{20}{80}\\\frac{51}{50}\end{Bmatrix}\text{V}-\frac{26}{58}-\text{M}_2\\\frac{63}{50}\end{Bmatrix}\text{VI}\text{（主轴）}$$

看懂传动路线是认识和分析机床的基础。通常的方法是"抓两端，连中间"。也就是说，在了解某一条传动链的传动路线时，首先应搞清楚此传动链两端的末端件是什么（"抓两端"），然后再找它们之间的传动联系（"连中间"），这就可以很容易地找出传动路线。例如，要了解车床主运动传动链的传动路线时，首先应找出它的两个末端件——电动机和主轴，然后"连中间"，即从两末端件出发，从两端向中间，找出它们之间的传动联系。

主轴的转速可应用下列运动平衡式进行计算，即

$$n_主 = n_电 \times \frac{D}{D'} \times (1-\varepsilon) \times \frac{z_{\text{I-II}}}{z'_{\text{I-II}}} \times \frac{z_{\text{II-III}}}{z'_{\text{II-III}}} \times \frac{z_{\text{III-IV}}}{z'_{\text{III-IV}}}$$

式中：$n_主$——主轴转速(r/min)；

$n_电$——电动机转速(r/min)，$n_电 = 1\,450$ r/min；

$D$——主动带轮直径(mm)，$D = 130$ mm；

$D'$——从动带轮直径(mm)，$D' = 230$ mm；

$\varepsilon$——V带的滑动系数，可近似地取 $\varepsilon = 0.02$；

$z_{\text{I-II}}$——由轴Ⅰ传动到轴Ⅱ的主动轮齿数；

$z'_{\text{I-II}}$——由轴Ⅰ传动到轴Ⅱ的从动轮齿数；

$z_{\text{II-III}}$——由轴Ⅱ传动到轴Ⅲ的主动轮齿数；

$z'_{\text{II-III}}$——由轴Ⅱ传动到轴Ⅲ的从动轮齿数；

$z_{\text{III-IV}}$——由轴Ⅲ传动到轴Ⅳ的主动轮齿数；

$z'_{\text{III-IV}}$——由轴Ⅲ传动到轴Ⅳ的从动轮齿数。

应用上述运动平衡式可以计算出主轴的各级转速，例如：

主轴的最低转速

$$n_{主\min} = 1\,450 \times \frac{130}{230} \times 0.98 \times \frac{51}{43} \times \frac{22}{58} \times \frac{20}{80} \times \frac{20}{80} \times \frac{26}{58} \text{ r/min} = 10 \text{ r/min}$$

主轴的最高转速

$$n_{\text{主max}} = 1\,450 \times \frac{130}{230} \times 0.98 \times \frac{56}{38} \times \frac{39}{41} \times \frac{63}{50} \text{ r/min} = 1\,400 \text{ r/min}$$

主轴反转通常不是用于切削,而是为了车螺纹时退刀。这样就可以在不断开主轴和刀架间的传动链的情况下退刀,以免在下一次走刀时发生"乱扣"现象。为了节省退刀时间,所以主轴反转的转速比正转的转速高。

由传动系统图可以看出,主轴正转时,利用各滑动齿轮轴向位置的各种不同组合,共可得 $2 \times 3 \times (1+2 \times 2) = 30$ 种传动主轴的路线,但实际上主轴只能得到 $2 \times 3 \times (1+3) = 24$ 级不同的转速。这是因为,在轴Ⅲ到轴Ⅴ之间 4 条传动路线的传动比分别为

$$u_1 = \frac{20}{80} \times \frac{20}{80} = \frac{1}{16}, \quad u_2 = \frac{20}{80} \times \frac{51}{50} \approx \frac{1}{4}$$

$$u_3 = \frac{50}{50} \times \frac{20}{80} = \frac{1}{4}, \quad u_4 = \frac{50}{50} \times \frac{51}{50} \approx 1$$

其中,$u_2$ 和 $u_3$ 基本相同,所以实际上只有 3 种不同的传动比。因此,由低速路线传动时,使主轴获得的有效的转速级数不是 $2 \times 3 \times 4 = 24$ 级,而是 $2 \times 3 \times (4-1) = 18$ 级。此外,主轴还可由高速路线传动获得 6 级转速,所以主轴共可得到 24 级转速。

同理,主轴反转的传动路线可以有 $3 \times (1+2 \times 2) = 15$ 条,但主轴反转的转速级数也只有 $3 \times [1+(2 \times 2-1)] = 12$ 级。

(2) 车螺纹进给传动链。

机床传动链按其工作性质不同可以分为两种,即外联系传动链和内联系传动链。外联系传动链是指联系动力源(如电动机)和机床执行件(如主轴、刀架、工作台等)间的传动链。而内联系传动链则是联系执行件(如主轴)和执行件(如刀架)的传动链。CA6140 型车床的螺纹进给传动链是内联系传动链,其末端件之间的传动比有严格的要求,即两末端件的运动有严格的比例关系。

CA6140 型卧式车床的螺纹进给传动链保证机床可以加工出米制螺纹、英制螺纹、模数螺纹和径节螺纹。除此之外,还可以加工非标准螺纹和较精密螺纹。

车削米制螺纹时,运动从主轴Ⅵ经过传动轴Ⅸ与轴Ⅺ之间在左、右螺纹换向机构及挂轮 $\frac{63}{100} \times \frac{100}{75}$ 传到进给箱上的轴Ⅻ,进给箱中的离合器 $M_5$ 接合,离合器 $M_3$ 及离合器 $M_4$ 均脱开。此时传动路线表达式为

$$\text{主轴Ⅵ} - \frac{58}{58} - \text{Ⅸ} - \begin{cases} \frac{33}{33} (\text{右旋螺纹}) \\ \frac{33}{25} \times \frac{25}{33} (\text{左旋螺纹}) \end{cases} - \text{Ⅺ} - \frac{63}{100} \times \frac{100}{75} - \text{Ⅻ} - \frac{25}{36} - \text{ⅩⅢ} - u_{\text{ⅩⅢ-ⅩⅣ}}$$

$$- \text{ⅩⅣ} - \frac{25}{36} \times \frac{36}{25} - \text{ⅩⅤ} - u_{\text{ⅩⅤ-ⅩⅧ}} - \text{ⅩⅦ} - M_5 - \text{ⅩⅧ}(\text{丝杠}) - \text{刀架}$$

式中：$u_{XIII-XIV}$——轴 XIII 至轴 XIV 间的 8 种可供选择的传动比 $\left(\dfrac{26}{28},\dfrac{28}{28},\dfrac{32}{28},\dfrac{36}{28},\dfrac{19}{14},\dfrac{20}{14},\dfrac{33}{21},\right.$
$\left.\dfrac{36}{21}\right)$；

$u_{XV-XVII}$——轴 XV 至轴 XVII 间的 4 种传动比 $\left(\dfrac{28}{35}\times\dfrac{35}{28},\dfrac{18}{45}\times\dfrac{35}{28},\dfrac{28}{35}\times\dfrac{15}{48},\dfrac{18}{45}\times\dfrac{15}{48}\right)$。

车削米制螺纹时的运动平衡式（车床丝杠（轴 XVIII）的导程为 12 mm）为

$$1\times\dfrac{58}{58}\times\dfrac{33}{33}\times\dfrac{63}{100}\times\dfrac{100}{75}\times\dfrac{25}{36}\times u_{XIII-XIV}\times\dfrac{25}{36}\times\dfrac{36}{25}\times u_{XV-XVII}\times 12 = L = Kp$$

化简后得

$$L = 7 u_{XIII-XIV} u_{XV-XVII}$$

式中：$L$——导程；

$K$——螺纹头数；

$p$——螺纹螺距。

(3) 纵、横向进给传动链。

CA6140 型车床的纵向和横向进给传动链中，从主轴至进给箱 XVII 的传动路线与加工螺纹的传动路线相同，其后经过齿轮副 $\dfrac{28}{56}$ 传至光杠 XIX，再由光杠经溜板箱中的传动元件分别传至齿轮齿条机构和横向进给丝杠 XXVII，使刀架实现纵向或横向进给，其传动路线表达式如下：

$$\text{主轴（VI）}\genfrac{}{}{0pt}{}{\text{米制螺纹传动路线}}{\text{英制螺纹传动路线}}-XVII-\dfrac{28}{56}-XIX(\text{光杠})-\dfrac{36}{32}\times\dfrac{32}{56}-M_6-M_7-XX-\dfrac{4}{29}-XXI$$

$$\begin{bmatrix}\dfrac{40}{48}-M_8\uparrow\\ \dfrac{40}{30}\times\dfrac{30}{48}-M_8\downarrow\end{bmatrix}-XXII-\dfrac{28}{80}-XXIII-Z_{12}\genfrac{}{}{0pt}{}{\text{齿条}}{(m=2.5\,\text{mm})}-\text{刀架（纵向进给）}$$

$$\begin{bmatrix}\dfrac{40}{48}-M_9\uparrow\\ \dfrac{40}{30}\times\dfrac{30}{48}-M_9\downarrow\end{bmatrix}-XXV-\dfrac{48}{48}\times\dfrac{59}{18}-XXVII(\text{丝杠})-\text{刀架（横向进给）}$$

双向离合器 $M_8$ 和 $M_9$ 分别用于控制纵向进给和横向进给运动的方向。

CA6140 型卧式车床的纵向进给和横向进给各有 64 种。纵向进给量的变换范围为 0.028~6.33 mm/r，横向进给量为 0.014~3.165 mm/r，这些进给量通过下面 4 条传动路线得到。

① 运动经由正常螺距的米制螺纹传动路线传动时，可得到 0.08~1.22 mm/r 的 32 种进给量。

② 运动经由正常螺距的英制螺纹传动路线传动时，使用增倍组中 $\dfrac{28}{35}\times\dfrac{35}{28}$ 传动路线可

得到8种较大的进给量(0.86～1.59 mm/r);而用增倍组中的其他传动路线时,得到的进给量较小,且与上述路线传动时的进给量重复。

③ 运动经由扩大螺距机构及英制螺纹传动路线传动,且主轴处于较低的12级转速时,可将进给量扩大4或16倍,得到大的纵向进给量。

④ 运动经由扩大螺距机构及米制螺纹传动路线传动,且主轴高速(450～1 400 r/min)运转时,增倍变速组使用$\frac{18}{45} \times \frac{15}{48}$传动路线,可得到0.028～0.054 mm/r的8种细进给量。

从传动路线表达式可以分析出,当主轴箱及进给箱中的传动路线相同时,所得到的横向进给量是纵向进给量的一半,横向进给量的级数则与纵向进给量的相同。

(4) 刀架快速移动进给链。

在刀架作机动进给或退刀的过程中,如需要刀架作快速移动,则用按钮将溜板箱内的快速移动电动机(0.25 kW,2 800 r/min)接通,经齿轮$Z_{13}$、$Z_{29}$传至轴XX,然后再经溜板箱内与机动工作进给相同的传动路线传至刀架,使其实现纵向和横向的快速移动。当快速电动机使传动轴XX快速旋转时,依靠齿轮$Z_{56}$与轴XX间的超越离合器$M_6$可避免与进给箱传来的低速工作进给运动发生干涉而损坏传动机构。

6) 机床的主要结构

(1) 主轴箱。

主轴箱用于支承主轴和传动机构,并使其实现旋转、启动、停止、变速和换向等功用。主轴箱通常包含主轴部件,传动机构,启动、停止及换向装置,制动装置,操纵机构和润滑装置等。

① 传动机构。主轴箱中的传动机构包括定比传动机构和变速机构两部分。定比传动机构仅用于传递运动和动力,一般采用齿轮传动副,变速机构一般采用滑移齿轮变速机构,其结构简单紧凑,传动效率高,传动比准确。但当变速齿轮为斜齿轮或尺寸较大时,则采用离合器变速。

② 主轴部件。主轴部件是主轴箱最重要的部件。图2-5是其主轴部件图。主轴前端可装卡盘,用于夹持工件,并由其带动旋转。主轴的旋转精度、刚度和抗振性等对工件的加工精度和表面粗糙度有直接影响,因此,对主轴部件要求较高。

CA6140型卧式车床的主轴是空心阶梯轴,其内孔是为了通过长棒料及气动、液压或电气等夹紧装置的管道、导线,也用于穿入钢棒以卸下顶尖。主轴前端的锥孔为6号莫氏锥度,用于安装顶尖或心轴,利用锥孔配合的摩擦力直接带动顶尖或心轴转动。主轴前端部采用短锥法兰式结构,用于安装卡盘或拨盘,如图2-6所示。拨盘或卡盘座4以主轴3的短圆锥面定位,卡盘、拨盘等夹具通过卡盘座4,用4个螺栓5固定在主轴上,由装在主轴轴肩端面上的圆柱形端面键传递扭矩。安装卡盘时,只需将预先拧紧在卡盘座上的螺

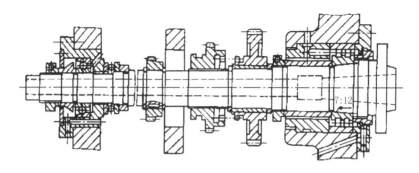

图 2-5　CA6140 型卧式车床主轴组件

栓 5 连同螺母 6 一起从主轴轴肩和锁紧盘 2 上的孔中穿过,然后将锁紧盘转过一个角度,使螺栓进入锁紧盘上宽度较窄的圆弧槽内,把螺母卡住(如图 2-6 中所示位置),接着再把螺母 6 拧紧,就可把卡盘等夹具紧固在主轴上。这种主轴轴端结构的定心精度高,连接刚度好,卡盘悬伸长度小,装卸卡盘也非常方便,因此得到了广泛的应用。

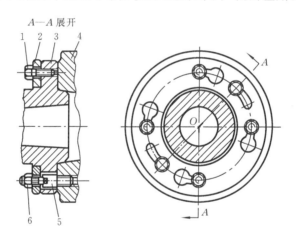

图 2-6　CA6140 型卧式车床主轴前端短锥法兰式结构
1—螺钉;2—锁紧盘;3—主轴;4—卡盘座;5—螺栓;6—螺母

主轴支承轴承是主轴部件中的最重要的组件,其类型、精度、结构、配置方式、安装调整、润滑和冷却等状况,都直接影响主轴部件的工作性能。机床上常用的主轴轴承有滚动轴承、液体动压轴承、液体静压轴承、空气静压轴承等。主轴部件主支承常用的滚动轴承有角接触球轴承、双列短圆柱滚子轴承、圆锥滚子轴承、推力轴承、陶瓷滚动轴承等。

③ 启停和换向装置。启停装置用于控制主轴的启动和停止,换向装置用于改变主轴旋转方向。

CA6140 型卧式车床采用双向多片式摩擦离合器控制主轴的启停和换向,如图 2-7 所示。它由结构相同的左、右两部分组成,左离合器传动主轴正转,右离合器传动主轴反转。下面以左离合器为例说明其结构原理。多个内摩擦片3和外摩擦片2相间安装,内摩擦片3以花键与轴Ⅰ相连接,外摩擦片2以其四个凸齿与空套双联齿轮1相连接。内、外摩擦片未被压紧时,彼此互不联系,轴Ⅰ不能带动双联齿轮转动。当用操纵机构拨动滑套8至右边位置时,滑套将羊角形摆块10的右角压下,使它绕销轴9顺时针摆动,其下端凸起部分推动拉杆7向左移,通过固定在拉杆左端的圆销5,带动压套14和螺母4a,将左离合器内、外摩擦片压紧在止推片11和12上,通过摩擦片间的摩擦力,使轴Ⅰ和双联齿轮连接,于是主轴正向旋转。右离合器的结构和工作原理同左离合器的一样,只是内、外摩擦片数量少一些;当拨动滑套8至左边位置时,压套14右移,将右离合器的内、外摩擦片压紧,空套齿轮13与轴Ⅰ连接,主轴反转。滑套8处于中间位置时,左、右两离合器的摩擦片都松开,主轴的传动断开,停止转动。

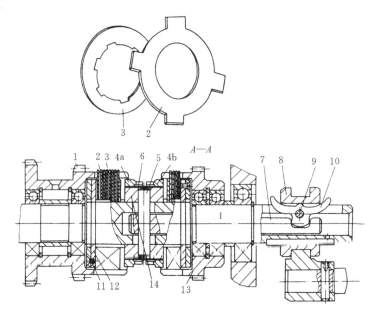

图 2-7 双向多片式摩擦离合器机构(CA6140)
1—双联齿轮;2—外摩擦片;3—内摩擦片;4a,4b—螺母;5—圆销;6—弹簧销;7—拉杆;
8—滑套;9—销轴;10—羊角形摆块;11、12—止推片;13—齿轮;14—压套

摩擦离合器除了靠摩擦力传递运动和扭矩外,还能起过载保护作用。当机床过载时,摩擦片打滑,可避免损坏机床。摩擦片间的压紧力是根据离合器应传递的额定扭矩来确定的。当摩擦片磨损以后,压紧力减小,这时可用拧在压套上的螺母4a和4b来调整。

④ 制动装置。制动装置的功用是在车床停车过程中克服主轴箱中各运动件的惯性,使主轴迅速停止转动,以缩短辅助时间。

图 2-8 所示为 CA6140 型车床上采用的闸带式制动器，它由制动轮 7、制动带 6 和杠杆 4 等组成。制动轮 7 是一个钢制圆盘，与传动轴 8(Ⅳ轴)用花键连接。制动带 6 绕在制动轮 7 上，一端通过调节螺钉 5 与主轴箱体 1 连接，另一端固定在杠杆 4 的上端。杠杆 4 可绕轴 3 摆动，当它的下端与齿条轴 2 上的圆弧形凹部 a 或 c 接触时，制动带处于放松状态，制动器不起作用；移动齿条轴 2，其上凸起部分 b 与杠杆 4 下端接触时，杠杆绕支承轴 3 逆时针摆动，使制动带抱紧制动轮，产生摩擦制动力矩，传动轴 8(Ⅳ轴)通过传动齿轮使主轴迅速停止转动。制动时制动带的拉紧程度，可用螺钉 5 进行调整。在调整合适的情况下，应是停车时主轴能迅速停止，而开车时制动带能完全松开。

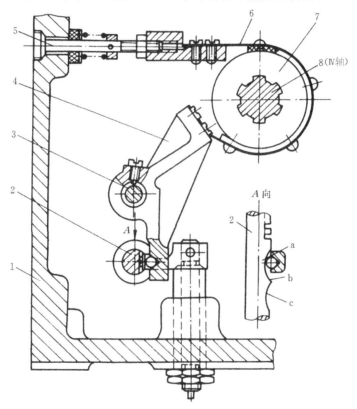

图 2-8 制动器(CA6140)

1—箱体；2—齿条轴；3—杠杆支承轴；4—杠杆；5—调节螺钉；6—制动带；7—制动轮；8—传动轴

⑤ 操纵机构。主轴箱中的操纵机构用于控制主轴启动、停止、制动、变速、换向，以及变换左、右螺纹等。为使操纵方便，常采用集中操纵方式，即用一个手柄操纵几个传动件（如滑移齿轮、离合器等），以控制几个动作。

图 2-9 所示为 CA6140 型车床主轴箱中的一种变速操纵机构，它用一个手柄同时操纵轴Ⅱ、Ⅲ上的双联滑移齿轮和三联滑移齿轮，变换轴Ⅰ—Ⅲ间的六种传动比。转动变速

手柄9,通过链条8可传动装在轴7上的曲柄5和盘形凸轮6转动,手柄轴和轴7的传动比为1:1。曲柄5上装有拨销4,其伸出端上套有滚子,嵌入拨叉3的长槽中。曲柄5带着拨销4作偏心运动时,可带动拨叉3拨动轴Ⅲ上的三联滑移齿轮2沿轴Ⅲ左右移换位置。盘形凸轮6的端面上有一条封闭的曲线槽,它由不同半径的两段圆弧和过渡直线组成,每段圆弧的中心角稍大于120°。凸轮曲线槽经圆销10通过杠杆11和拨叉12可拨动轴Ⅱ上的双联滑移齿轮1移换位置。

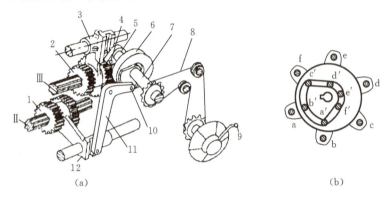

图 2-9 变速操纵结构示意图(CA6140)
1—双联齿轮;2—三联滑移齿轮;3、12—拨叉;4—拨销;5—曲柄;6—盘形凸轮;
7—轴;8—链条;9—变速手柄;10—圆销;11—杠杆;Ⅱ、Ⅲ—传动轴

曲柄5和盘形凸轮6有六个变速位置(见图2-9(b)),顺次转动变速手柄9,每次转60°,使曲柄5处于变速位置a、b、c时,三联滑移齿轮2相应地被拨至左、中、右位置;此时,杠杆11短臂上圆销10处于凸轮曲线槽大半径圆弧段中的$a'$、$b'$、$c'$处,双联滑移齿轮1在左端位置。这样,便得到了轴Ⅰ—Ⅲ间三种不同的变速齿轮组合情况。继续转动手柄9,使曲柄5依次处于位置d、e、f,则三联滑移齿轮2相应地被拨至右、中、左位置;此时,杠杆11上的圆销10进入凸轮曲线槽小半径圆弧段中的$d'$、$e'$、$f'$处,齿轮1被移换至右端位置,得到轴Ⅰ—Ⅲ间另外三种不同的变速齿轮组合情况,从而使轴得到了六种不同的转速。

滑移齿轮块移至规定的位置后,必须可靠地定位。该操纵机构采用钢球定位装置。

⑥ 润滑装置。为了保证机床正常工作和减少零件磨损,对主轴箱中的轴承、齿轮、摩擦离合器等必须进行良好的润滑。CA6140型车床主轴箱采用油泵供油循环润滑的润滑系统。

(2)进给箱。

进给箱的功用是变换被加工螺纹的种类和导程,以及获得所需的各种机动进给量。

(3)溜板箱。

溜板箱的主要功用是将丝杠或光杠传来的旋转运动转变为直线运动并带动刀架进给,控制刀架运动的接通、断开和换向,机床过载时控制刀架自动停止进给,手动操纵刀架时实现快速移动等。溜板箱主要由以下几部分组成:纵、横向机动进给和快速移动的操纵机构,开合螺母及操纵机构,互锁机构,超越离合器和安全离合器等。

① 纵、横向机动进给操纵机构。图 2-10 所示为 CA6140 型车床的机动进给操纵机构。它利用一个手柄集中操纵纵向、横向机动进给运动的接通、断开和换向，且手柄扳动方向与刀架运动方向一致，使用非常方便。向左或向右扳动手柄 1，使手柄座 3 绕着销轴 2 摆动时（销轴 2 装在轴向位置固定的轴 23 上），手柄座下端的开口槽通过球头销 4 拨动轴 5 轴向移动，再经杠杆 11 和连杆 12 使凸轮 13 转动，凸轮上的曲线槽又通过圆销 14 带动拨叉轴 15 以及固定在它上面的拨叉 16 向前或向后移动，拨叉拨动离合器 $M_8$，使之与轴 XXII 上两个空套齿轮之一啮合，于是纵向机动进给运动接通，刀架相应地向左或向右移动。

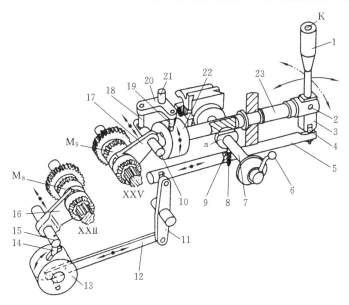

图 2-10 纵、横向机动进给操纵机构（CA6140）
1、6—手柄；2—销轴；3—手柄座；4—球头销；5、7、23—轴；
8—弹簧销；9—球头销；10、15—拨叉轴；11、20—杠杆；12—连杆；13—凸轮
14、18、19—圆销；16、17—拨叉；21—销轴；22—凸轮

向后或向前扳动手柄 1，通过手柄座 3 使轴 23 以及固定在它左端的凸轮 22 转动时，凸轮上曲线槽通过圆销 19 使杠杆 20 绕销轴 21 摆动，再经杠杆 20 上的另一圆销 18 带动轴 10 以及固定在它上面的拨叉 17 向前或向后移动，拨叉拨动离合器 $M_9$，使之与轴 XXV 上两空套齿轮之一啮合，于是横向机动进给运动接通，刀架相应地向前或向后移动。

将手柄 1 扳至中间直立位置时，离合器 $M_8$ 和 $M_9$ 均处于中间位置，机动进给传动链断开。当手柄扳至左、右、前、后任一位置时，如按下装在手柄 1 顶端的按钮 K，则快速电动机启动，刀架便在相应方向上快速移动。

② 开合螺母机构。开合螺母机构的结构如图 2-11 所示。开合螺母由上半螺母 26 和

下半螺母25组成,装在溜板箱体后壁的燕尾形导轨中,可上、下移动。上半螺母、下半螺母的背面各装有一个圆销27,其伸出端分别嵌在槽盘28的两条曲线槽中。扳动手柄6,经轴7使槽盘逆时针转动时(见图2-11(b)),曲线槽迫使两圆销互相靠近,带动上半螺母、下半螺母合拢,与丝杠啮合,刀架便由丝杠螺母经溜板箱传动进给。槽盘顺时针转动时,曲线槽通过圆销使两半螺母相互分离,与丝杠脱开啮合,刀架便停止进给。槽盘28上的偏心圆弧槽接近盘中心部分的倾角比较小,使开合螺母闭合后能自锁,不会因为螺母上的径向力而自动脱开。

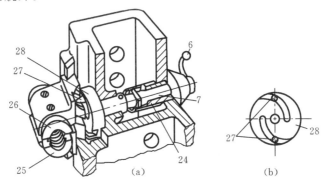

图2-11 开合螺母机构(CA6140)

6—手柄;7—轴;24—支承套;25—下半螺母;26—上半螺母;27—圆销;28—槽盘

③ 互锁机构。机床工作时,如因操作失误同时将丝杠传动和纵、横向机动进给(或快速运动)接通,则将损坏机床。为了防止发生上述事故,溜板箱中设有互锁机构,以保证开合螺母合上时,机动进给不能接通;反之,机动进给接通时,开合螺母不能合上。

图2-12所示的互锁机构由开合螺母操纵轴7上的凸肩a,轴5上的球头销9和弹簧销8以及支承套24(见图2-10、图2-11)等组成。图2-10所示的是丝杠传动和纵、横向机动进给均未接通的情况,此位置称为中间位置。此时可扳动手柄1至前、后、左、右任意位置,接通相应方向的纵向或横向机动进给,或者扳动手柄6,使开合螺母合上。

如果向下扳动手柄6使开合螺母合上,则轴7顺时针转过一个角度,其上凸肩a嵌入轴23的槽中,将轴23卡住,使其不能转动,同时,凸肩又将装在支承套24横向孔中的球头销9压下,使它的下端插入轴5的孔中,将轴5锁住,使其不能左右移动(见图2-12(a))。这时纵、横向机动进给都不能接通。如果接通纵向机动进给,则因轴5沿轴线方向移动了一定位置,其上的横向孔与球头销9错位(轴线不在同一直线上),使球头销9不能往下移动,因而轴7被锁住而无法转动(见图2-12(b))。如果接通横向机动进给,由于轴23转动了位置,其上的沟槽不再对准轴7的凸肩a,使轴7无法转动(见图2-12(c)),因此,接通纵向或横向机动进给后,开合螺母均不能合上。

④ 过载保护装置(安全离合器)。过载保护装置是当机动进给时,在进给力过大或刀

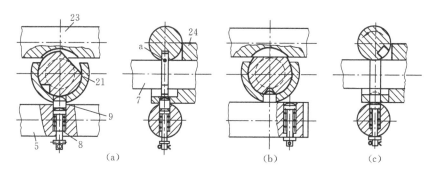

图 2-12 互锁机构工作原理(CA6140)

5、7、23—轴;8—弹簧销;9—球头销;24—支承套

架移动受阻的情况下,为避免损坏传动机构,进给传动链中设置的安全离合器。

图 2-13 所示的是 CA6140 型车床溜板箱中所采用的安全离合器。它由端面带螺旋形齿爪的左、右两半部 5 和 6 组成,其左半部 5 用键装在超越离合器 $M_6$ 的星轮 4 上,且与轴 XX 空套,右半部 6 与轴 XX 用花键连接。在正常工作情况下,在弹簧 7 压力作用下,离合器左、右两半部分相互啮合,由光杠传来的运动经齿轮 $Z_{56}$、超越离合器 $M_6$ 和安全离合器 $M_7$,传至轴 XX 和蜗杆 10,此时安全离合器螺旋齿面产生的轴向分力 $F_{轴}$,由弹簧 7 的压力来平衡(见图 2-14)。刀架上的载荷增大时,通过安全离合器齿爪传递的扭矩以及作用在螺旋齿面上的轴向分力都将随之增大。当轴向分力 $F_{轴}$ 超过弹簧 7 的压力时,离合器右半部 6 将压缩弹簧而向右移动,与左半部 5 脱开,导致安全离合器打滑。于是机动进

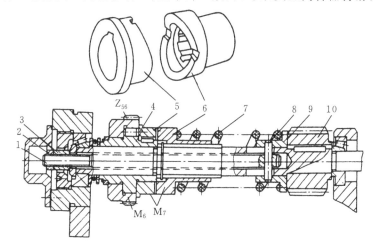

图 2-13 安全离合器(CA6140)

1—拉杆;2—锁紧螺母;3—调整螺母;4—超越离合器的星轮;5—安全离合器左半部;
6—安全离合器右半部;7—弹簧;8—圆销;9—弹簧座;10—蜗杆

给传动链断开,刀架停止进给。过载现象消除后,弹簧7使安全离合器重新自动接合,恢复正常工作。机床许用的最大进给力取决于弹簧7调定的弹力。拧转螺母3,通过装在轴XX内孔小的拉杆1和圆销8,可调整弹簧座9的轴向位置,改变弹簧7的压缩量,从而调整安全离合器能传递的扭矩的大小。

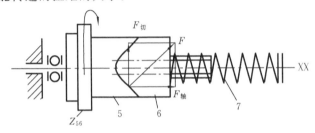

图2-14 安全离合器工作原理

### 2.1.4 齿轮加工机床

齿轮加工机床是加工齿轮轮齿的机床。齿轮加工机床按加工对象的不同,分为圆柱齿轮加工机床和锥齿轮加工机床两大类。圆柱齿轮加工机床主要有滚齿机、插齿机、车齿机等。锥齿轮加工机床有用于加工直齿锥齿轮的刨齿机、铣齿机、拉齿机和加工弧齿锥齿轮的铣齿机。用于精加工齿轮齿面的有研齿机、剃齿机、珩齿机和磨齿机等。

齿轮加工机床种类较多,加工方式也各不相同,但按齿形加工原理来分只有成形法(仿形法)和展成法(范成法)两种。成形法所用刀具的切削刃形状与被加工齿轮的齿槽形状相同,这种方法的加工精度和生产率通常都较低,仅在单件小批生产中采用。展成法是将齿轮啮合副中的一个齿轮转化为刀具,另一个齿轮转化为工件,齿轮刀具作切削主运动的同时,以内联系传动链强制刀具与工件作严格的啮合运动(展成运动),于是刀具切削刃就在工件上加工出所要求的齿形表面来。这种方法的加工精度和生产率都较高,目前绝大多数齿轮加工机床都采用展成法,其中又以滚齿机应用最广。

Y3150E型滚齿机为中型滚齿机,能加工直齿、斜齿的外啮合圆柱齿轮;用径向切入法能加工蜗轮,配备切向进给刀架后也可以用切向切入法加工蜗轮。滚齿机的主参数为最大工件直径。

Y3150E型滚齿机外形如图2-15所示。立柱2固定在床身1上,刀架溜板3可沿立柱上的导轨作轴向进给运动。安装滚刀的刀杆4固定在刀架体5中的刀具主轴上,刀架体能绕自身轴线倾斜一个角度,这个角度称为滚刀安装角,其大小与滚刀的螺旋升角大小及旋向有关。安装工件用的心轴7固定在工作台9上,工作台9与后立柱8装在床鞍10上,可沿床身导轨作径向进给运动或调整径向位置。支架6用于支承工件心轴上端,以提高心轴的刚度。

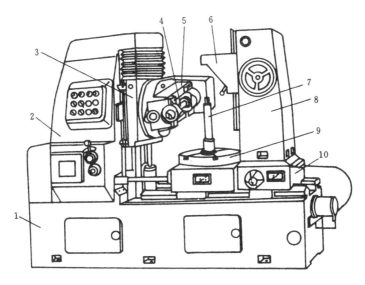

图 2-15　Y3150E 型滚齿机
1—床身；2—立柱；3—刀架溜板；4—刀杆；5—刀架体；
6—支架；7—心轴；8—后立柱；9—工作台；10—床鞍

1) 主运动传动链

图 2-16 所示为 Y3150E 型滚齿机的传动系统。机床的主运动传动链在加工直齿、斜齿圆柱齿轮和加工蜗轮时是相同的，从图 2-16 可找出它的传动路线为电动机—Ⅰ—Ⅱ—Ⅲ—Ⅳ—Ⅴ—Ⅵ—Ⅶ—Ⅷ（滚刀主轴），其运动平衡式为

$$1\,430(\mathrm{r/min}) \times \frac{115}{165} \times \frac{21}{42} \times u_{2-3} \times \frac{z_\mathrm{A}}{z_\mathrm{B}} \times \frac{28}{28} \times \frac{28}{28} \times \frac{28}{28} \times \frac{20}{80} = n_{刀}(\mathrm{r/min})$$

化简上式，得到的调整公式为

$$u_v = u_{2-3} \times \frac{z_\mathrm{A}}{z_\mathrm{B}} = \frac{n_{刀}}{124.58}$$

式中：$u_{2-3}$——速度箱中轴Ⅱ、Ⅲ间的传动比。

在Ⅱ轴和Ⅲ轴之间用滑移齿轮可以得到 3 个传动比：$\frac{35}{35}$、$\frac{31}{39}$、$\frac{27}{43}$。滚刀转速 $n_{刀}$ 可根据切削速度和滚刀外径确定，然后再利用调整公式确定 $u_{2-3}$ 的值和挂轮齿数 $z_\mathrm{A}$、$z_\mathrm{B}$。挂轮齿数 $z_\mathrm{A}$、$z_\mathrm{B}$ 的比值也有 3 种：$\frac{44}{22}$、$\frac{33}{33}$、$\frac{22}{44}$。由 $u_{2-3}$ 和 $\frac{z_\mathrm{A}}{z_\mathrm{B}}$ 的组合可知，机床上共有转速范围为 40～250 r/min 的 9 种主轴转速可供选用。

2) 展成运动传动链

加工直齿、斜齿圆柱齿轮和蜗轮时使用同一条展成运动传动链，其传动路线为滚刀主

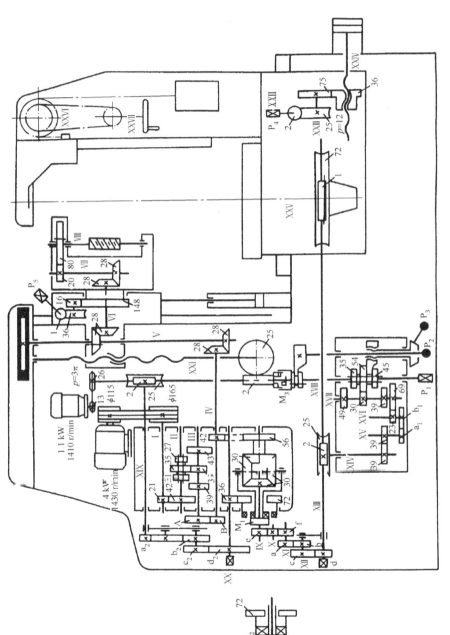

图 2-16 Y3150E型滚齿机传动系统图

轴Ⅷ—Ⅶ—Ⅵ—Ⅴ—Ⅳ—Ⅸ—合成—$\frac{z_e}{z_f} \times \frac{z_a}{z_b} \times \frac{z_c}{z_d}$—ⅩⅢ—ⅩⅩⅤ（工作台），运动平衡式为

$$1 \text{ 转}_{(滚刀)} \times \frac{80}{20} \times \frac{28}{28} \times \frac{28}{28} \times \frac{28}{28} \times \frac{42}{56} \times u_{合成} \times \frac{z_e}{z_f} \times \frac{z_a}{z_b} \times \frac{z_c}{z_d} \times \frac{1}{72} = \frac{K}{Z} \text{ 转}_{(工件)}$$

式中：$u_{合成}$——运动合成机构的传动比。

Y3150E 型滚齿机使用差动轮系作为运动合成机构。滚切直齿圆柱齿轮或用径向切入法滚切蜗轮时，用短齿离合器 $M_1$ 将转臂（即合成机构的壳体）与轴Ⅸ联成一体。此时，差动链没有运动输入，齿轮 $Z_{72}$ 空套在转臂上，运动合成机构相当于一个刚性联轴器，将齿轮 $Z_{56}$ 与挂轮 e 作刚性连接，合成机构的传动比 $u_{合成}=1$。滚切斜齿圆柱齿轮时，用长齿离合器 $M_2$ 将转臂与齿轮 $Z_{72}$ 联成一体，差动运动由轴ⅩⅩ传入。设转臂为静止的，则齿轮 $Z_{56}$ 与挂轮 e 的转速大小相等，方向相反，$u_{合成}=-1$。若不计传动比的符号，则两种情况下经过合成机构的传动比相同，将运动平衡式化简得到调整公式：

$$u_x = \frac{z_a}{z_b} \times \frac{z_c}{z_d} = \frac{z_f}{z_e} \times \frac{24K}{Z}$$

调整公式中的挂轮 e、f 用于调整 $u_x$ 的数值，以便在工件齿数变化范围很大的情况下，挂轮的齿数 $z_a$、$z_b$、$z_c$、$z_d$ 不至相差过大，这样能使结构紧凑，并便于选取挂轮。$z_e$、$z_f$ 的选择有 3 种情形：当 $5 \leq \frac{Z}{K} \leq 20$ 时，取 $\frac{z_e}{z_f} = \frac{48}{24}$；当 $21 \leq \frac{Z}{K} \leq 142$ 时，取 $\frac{z_e}{z_f} = \frac{36}{36}$；当 $\frac{Z}{K} \geq 143$ 时，取 $\frac{z_e}{z_f} = \frac{24}{48}$。滚切斜齿圆柱齿轮时，安装分齿挂轮 a、b、c、d 应按照机床说明书的要求使用惰轮，以使展成运动的方向正确。

3）轴向进给运动传动链

轴向进给运动传动链的末端件为工作台和刀架，传动路线为工作台ⅩⅩⅤ—ⅩⅢ—ⅩⅣ—ⅩⅤ—ⅩⅥ—ⅩⅦ—ⅩⅧ—ⅩⅪ—刀架，运动平衡式为

$$1 \text{ 转}_{(工件)} \times \frac{72}{1} \times \frac{2}{25} \times \frac{39}{39} \times \frac{z_{a_1}}{z_{b_1}} \times \frac{23}{69} \times u_{17-18} \times \frac{2}{25} \times 3\pi = f \text{ (mm)}$$

化简后得到换置机构的调整公式为

$$u_f = \frac{z_{a_1}}{z_{b_1}} \times u_{17-18} = \frac{f}{0.460\,8\pi}$$

式中：$u_{17-18}$——速度箱中轴ⅩⅦ—ⅩⅧ的三联滑移齿轮的三种传动比：$\frac{49}{35}$、$\frac{30}{54}$、$\frac{39}{45}$。选择合适的挂轮 $a_1$、$b_1$ 与三联滑移齿轮相组合，可得到工件每转时刀架的不同轴向进给量。

4）差动运动传动链

差动运动传动链在传动系统图上为丝杠ⅩⅪ—ⅩⅧ—ⅩⅨ—$\frac{z_{a_2}}{z_{b_2}} \times \frac{z_{c_2}}{z_{d_2}}$—ⅩⅩ—合成—Ⅸ—

$\frac{z_e}{z_f} \times \frac{z_a}{z_b} \times \frac{z_c}{z_d}$ —— XIII —— XXV（工作台），运动平衡式为

$$T_{(\text{刀架})} \times \frac{1}{3\pi} \times \frac{25}{2} \times \frac{2}{25} \times \frac{z_{a_2}}{z_{b_2}} \times \frac{z_{c_2}}{z_{d_2}} \times \frac{36}{72} \times u_{\text{合成}} \times \frac{z_e}{z_f} \times u_x \times \frac{1}{72} \text{转} = 1 \text{转}_{(\text{工件})}$$

滚切斜齿圆柱齿轮时，使用长齿离合器 $M_2$ 将转臂与空套齿轮 $z_{72}$ 联成一体后，附加运动自轴 XX 上的齿轮 $z_{36}$ 传入，设轴 IX 上的中心轮 $z_{56}$ 固定，对于此差动轮系，转臂转一转时，中心轮 e 转两转，故 $u_{\text{合成}} = 2$，式中 $T = \frac{\pi m_n z}{\sin\beta}$（其中，$T$ 为被加工斜齿轮螺旋线导程，$m_n$ 表示齿轮的法向模数，$\beta$ 为齿轮的螺旋角），又在展成运动传动链中求得 $u_x = \frac{z_a}{z_b} \times \frac{z_c}{z_d} = \frac{z_f}{z_e} \times \frac{24K}{Z}$，代入上式并简化，得到调整公式为

$$u_y = \frac{z_{a_2}}{z_{b_2}} \times \frac{z_{c_2}}{z_{d_2}} = \frac{9\sin\beta}{m_n K}$$

从差动运动传动链的调整公式可以看出，其中不含工件齿数 $Z$，这是因为差动运动传动链与展成运动传动链有一共用段（轴 IX —— XIII —— XXV）。因为差动挂轮 $a_2$、$b_2$、$c_2$、$d_2$ 的选择与工件齿数无关，在加工一对斜齿齿轮时，尽管其齿数不同，但它们的螺旋角大小可加工得完全相等而与计算 $u_y$ 时的误差无关，这样能使一对斜齿齿轮在全齿长上啮合良好。另外，由于刀架用导程为 $3\pi$ 的单头模数螺纹丝杠传动，可使调整公式中不含常数 $\pi$，这也简化了计算过程。与展成运动传动链一样，在配装差动挂轮时，也应根据工件齿的旋向，参照机床说明书的要求使用惰轮，以使附加转动方向正确无误。

5）空行程传动链

滚齿加工前刀架趋近工件或两次走刀之间刀架返回的空行程运动应以较高的速度进行，以缩短空行程时间。Y3150E 型滚齿机上的空行程快速传动链，其传动路线为：快速电动机（1410 r/mm，1.1 kW）—— $\frac{13}{26}$ —— $M_3$ —— $\frac{2}{25}$ —— XXI —— 刀架。刀架快速移动的方向由电动机的旋向来改变。启动快速运动电动机之前，轴 XIII 上的滑移齿轮必须处于空挡位置，即轴向进给传动链应在轴 XII 和 XIII 之间断开，以免造成运动干涉。在机床上，通过电气连锁装置实现这一要求。

用快速电动机使刀架快速移动时，主电动机转动或不转动都可以进行。这是由于展成运动与差动运动（附加转动）是两个互相独立的运动。若主电动机转动，则刀架快速退回时工件的运动是 $B_{12} + B_{22}$，其中的 $B_{22}$ 取相反的方向、较高的速度；若主电动机停开而刀架快速退回，则工件的运动为反方向、较高速度的 $B_{22}$，而 $B_{12}$ 为零，刀具不转动而沿原有的螺旋线快速返回。但是，若工件需要两次以上的轴向走刀才能完成加工，则两次走刀之间启动快速电动机时，绝不可将展成运动或差动运动传动链断开后再重新接合；否则就

会造成工件错牙及损坏刀具。

工作台及工件在加工前后,也可以快速趋近或离开刀架,这个运动由床身右端的液压缸来实现。若用手柄经蜗轮副及齿轮 $\frac{2}{25} \times \frac{75}{36}$ 传动与活塞杆相连的丝杠上的螺母,则可实现工作台及工件的径向切入运动。

### 2.1.5 其他类型加工机床

**1. 磨床**

用磨料磨具(如砂轮、砂带、油石、研磨料等)为工具对工件进行切削加工的机床,统称为磨床。磨床通常用来做精加工,同时也可用来进行高效率的粗加工或一次完成粗、精加工。磨床的工艺范围非常广泛,磨床在机床总数中所占比例在工业发达的国家已达到 30%~40%。

为了适应磨削各种加工表面、工件形状和生产批量的要求,磨床的种类很多,主要类型有外圆磨床、内圆磨床、平面磨床、工具磨床(包括工具曲线磨床、钻头沟槽磨床、丝锥沟槽磨床等)、刀具刃具磨床(包括万能工具磨床、拉刀刃磨床、滚刀刃磨床等),以及加工特定的某类零件如曲轴、花键轴等的各种专门化磨床、研磨机、珩磨机等。

**1) 外圆磨床**

外圆磨床又可分为普通外圆磨床、万能外圆磨床、无心外圆磨床、宽砂轮外圆磨床、端面外圆磨床等。

M1432A型万能外圆磨床是普通精度级万能外圆磨床。它适用于单件小批生产中磨削内外圆柱面、圆锥面、轴肩端面等,其主参数为最大磨削直径。图2-17所示为该磨床的外形,床身1为机床的基础支承件,在它上面装有工作台、砂轮架、头架、尾座等部件,使它们在工作时保持准确的相对位置,其内部有油池和液压系统。工作台8能以液压或手轮驱动,在床身的纵向导轨上作进给运动。工作台由上、下两层组成,上工作台可相对于下工作台在水平面内回转一个不大的角度(±10°)以磨削长锥面。头架2固定在工作台上,用来安装工件并带动工件旋转。为了磨短的锥孔,头架在水平面内可转动一个角度。尾座5可在工作台的适当位置固定,以顶尖支承工件。滑鞍6上装有砂轮架4和内圆磨具3,转动横向进给手轮7,通过横向进给机构能使滑鞍和砂轮架作横向运动。砂轮架也能在滑鞍上调整一定角度(±30°),以磨削锥度较大的短锥面。为了便于装卸工件及测量尺寸,滑鞍与砂轮架还可以通过液压装置作一定距离的快进或快退运动。将内圆磨具3放下并固定后,就能启动内圆磨具电动机,磨削夹紧在卡盘中的工件的内孔,此时电气连锁装置使砂轮架不能作快进或快退运动。

图2-18所示为万能外圆磨床的几种典型加工示意图。可以看出,外圆磨床可用来磨削内外圆柱面、圆锥面,其基本磨削方法有两种:纵向磨削法和切入磨削法。

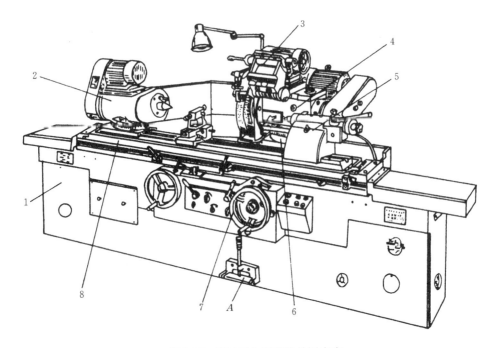

图 2-17 M1432A 型万能外圆磨床
1—床身；2—头架；3—内圆磨具；4—砂轮架；5—尾座；6—滑鞍；7—手轮；8—工作台

纵向磨削法(见图 2-18(a)、(b)、(d)、(e))是使工作台作纵向往复运动磨削的方法,用这种方法加工时,表面成形方法采用相切-轨迹法,共需要三个运动：①砂轮的旋转运动 $n_{砂}$,为主运动；②工件纵向进给运动 $f_a$；③工件旋转运动,也称圆周进给运动 $v_w$。

切入磨削法(见图 2-18(c))是用宽砂轮进行横向切入磨削的方法。表面成形运动是成形-相切法。只需要两个表面成形运动：①砂轮的旋转运动 $n_{砂}$；②工件的旋转运动 $v_w$。

机床除上述表面成形运动外,还有砂轮架的横向进给运动 $f_r$(纵向磨削法单位为 mm/双行程或 mm/单行程,切入磨削法单位为 mm/min)和辅助运动(如砂轮架的快进、快退,尾架套筒的伸缩等)。

2) 平面磨床

平面磨床主要用于磨削各种平面。根据磨削方法和机床布局不同,平面磨床主要有四种类型,其磨削方式如图 2-19 所示。图 2-19(a)为卧轴矩台平面磨床；图 2-19(b)为立轴矩台平面磨床,其运动有砂轮旋转主运动 $n_1$、矩形工作台的纵向往复进给运动 $f_1$、砂轮的周期性横向进给运动 $f_2$ 以及砂轮的垂直切入运动 $f_3$；图 2-19(c)为卧轴圆台平面磨床；图 2-19(d)为立轴圆台平面磨床,其主运动为砂轮旋转运动 $n$,进给运动有圆形工作台的旋转进给运动 $n_s$、砂轮的周期性垂直切入进给运动 $f_3$,对卧轴圆台平面磨床还有一个径向进给运动 $f_2$。

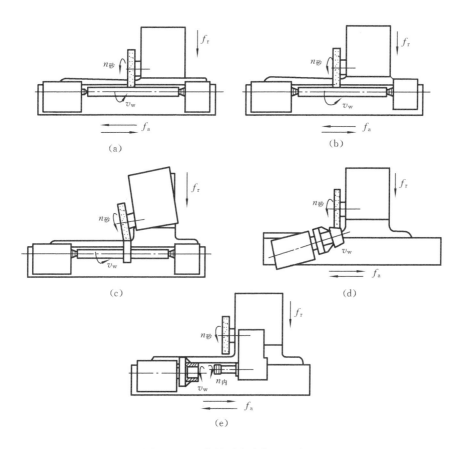

图 2-18 万能外圆磨床加工示意图

矩形工作台与圆形工作台相比较,前者的加工范围较宽,但有工作台换向的时间损失;后者为连续磨削,生产率较高,但不能加工较长的或带台阶的平面。图 2-20 所示为常见的卧轴矩台平面磨床的外形。这种机床的砂轮主轴通常是用内连式异步电动机带动的。往往电动机轴就是主轴,电动机的定子就装在砂轮架 3 的壳体内。砂轮架 3 可沿滑座 4 的燕尾导轨作间歇的横向进给运动(手动或液动)。滑座 4 和砂轮架 3 一起沿立柱 5 的导轨作间歇的竖直切入运动(手动)。工作台 2 沿床身 1 的导轨作纵向往复运动(液压传动)。

卧轴矩台平面磨床采用周边磨削,磨削时砂轮和工件接触面积小,发热量少,冷却和排屑条件好,可获得较高的加工精度和较小的表面粗糙度,且工艺范围较宽。除了用砂轮的周边磨削水平面外,还可用砂轮的端面磨削沟槽、台阶等垂直侧平面,故特别适用于多品种生产的机械加工车间、修理车间和工具车间等。

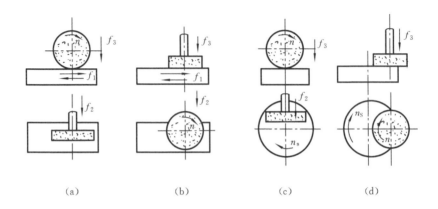

图 2-19 平面磨床的加工示意图

$n$—砂轮旋转运动；$f_1$—工件圆周或纵向进给运动；$f_2$—轴向或横向进给运动；
$f_3$—周期径向或轴向切入运动；$n_s$—工作台旋转进给运动

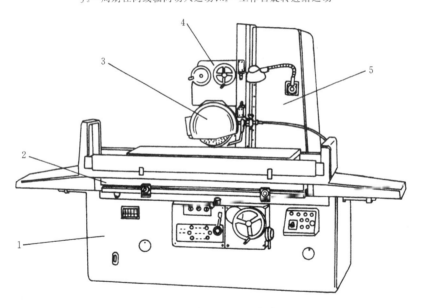

图 2-20 卧轴矩台平面磨床

1—床身；2—工作台；3—砂轮架；4—滑座；5—立柱

2. 铣床

铣床的用途广泛，可以加工各种平面、沟槽、齿槽、螺旋形表面、成形表面等。铣床上用的刀具是铣刀，以相切法形成加工表面，同时有多个刀刃参加切削，因此生产率较高。但多刃刀具断续切削容易造成振动而影响加工表面的质量，所以对机床的刚度和抗振性有较高的要求。

铣床的主要类型有：卧式升降台铣床、立式升降台铣床、工作台不升降铣床、龙门铣床、工具铣床、仿形铣床和各种专门化铣床。下面主要介绍卧式升降台铣床和立式升降台铣床。

1) 卧式升降台铣床

卧式升降台铣床的主轴是水平布置的，习惯上称为"卧铣"。卧式升降台铣床主要用于单件及成批生产中铣削平面、沟槽和成形表面。

图2-21所示为卧式升降台铣床的外形。它由底座8、床身1、铣刀轴（刀杆）3、悬梁2、悬梁支架4、升降台7、工作台5及床鞍6等主要部分组成。床身1固定在底座8上，用于安装和支承机床的各个部件。床身1内安装有主轴部件、主传动装置和变速操纵机构等。床身顶部的燕尾形导轨上装有悬梁2，可沿水平方向调整其位置。在悬梁的下面装有支架4，用于支承刀杆3的悬伸端，以提高刀杆的刚度。升降台7安装在床身的导轨上，可作垂直方向运动。升降台内装有进给运动和快速移动装置及操纵机构等。升降台上面的水平导轨上装有床鞍6，床鞍6带着其上的工作台和工件可作横向移动，工作台5装在床鞍6的导轨上可作纵向运动。

加工时，工件安装在工作台5上，铣刀装在铣刀轴（刀杆）3上。铣刀旋转作主运动，工件移动作进给运动。万能卧式升降台铣床的结构与一般卧式升降台铣床基本相同，只是在工作台5与床鞍6之间增加了一层转台。转台可相对于床鞍在水平面内调整一定角度（通常允许回转的范围是±45°），使工作台的运动轨迹与主轴成一定的夹角，以便加工螺旋槽等表面。

2) 立式升降台铣床

立式升降台铣床与卧式升降台铣床的主要区别在于它的主轴是竖直安装的，用立铣头代替卧式铣床的水平主轴、悬梁、刀杆及其支承部分。图2-22所示为立式升降台铣床的外形。除立铣头部分外，它的主要组成部件与卧式升降台铣床相同，立铣头1可根据加工要求在竖直面内调整角度，主轴可沿其轴线方向进给和调整位置。

立铣床适用于单件及成批生产中，可用于加工平面、沟槽、台阶。由于立铣头可在竖直平面内旋转，因而可铣削斜面。若机床上采用分度头或圆形工作台，还可铣削齿轮、凸轮以及铰刀和钻头等的螺旋面。在模具加工中，立铣床最适合加工模具型腔和凸模成形表面。

3. 刨床

刨床类机床的主运动是刀具或工件所作的直线往复运动。进给运动由刀具或工件完成，其方向与主运动方向相垂直，它是在空行程结束后的短时间内进行的，因而是一种间歇运动。

刨床类机床由于所用刀具结构简单，在单件小批量生产条件下，加工形状复杂的表面

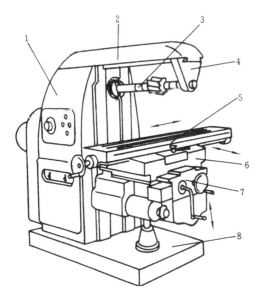 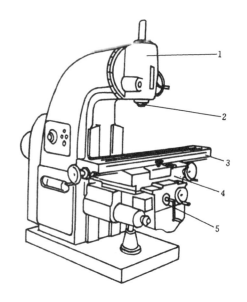

图 2-21 卧式升降台铣床
1—床身；2—悬梁；3—铣刀轴；4—悬梁支架；
5—工作台；6—床鞍；7—升降台；8—底座

图 2-22 立式升降台铣床
1—立铣头；2—主轴；3—工作台；
4—床鞍；5—升降台

比较经济，且生产准备工作省时。此外，用宽刃刨刀以大进给量加工狭长平面时的生产率较高，因而在单件小批量生产中，特别是在机修和工具车间，是常用的设备。但这类机床由于其主运动反向时需克服较大的惯性力，限制了切削速度和空行程速度的提高，同时还存在空行程所造成的时间损失，因此在多数情况下生产率较低，在大批大量生产中常被铣床和拉床所代替。

刨床类机床主要有牛头刨床、龙门刨床和插床三种类型。

牛头刨床因其滑枕刀架形似"牛头"而得名。图 2-23 所示为牛头刨床的外形。床身 1 的顶部有水平导轨，滑枕 2 由曲柄摇杆机构或液压传动，带着刀架 3 沿导轨作往复主运动。横梁 5 可连同工作台 4 沿床身上的导轨上、下移动调整位置。刀架可在左、右两个方向调整角度以刨削斜面，并能在刀架座的导轨上作进给运动或切入运动。刨削时，工作台及其上面安装的工件沿横梁上的导轨作间歇性的横向进给运动。牛头刨床的主参数是最大刨削长度。例如，B6050 型牛头刨床的最大刨削长度为 500 mm。

龙门刨床主要用于加工大型或重型零件上的各种平面、沟槽和各种导轨面，也可在工作台上一次装夹多个中小型零件进行多件同时加工。图 2-24 所示为龙门刨床的外形，其布局与龙门铣床相似，但工作台带着工件作主运动，速度远比龙门铣床工作台的速度高；横梁及左、右立柱上的 4 个刀架内没有类似于龙门铣床铣头箱中的主运动传动机构，并且每个刀架在空行程结束后沿导轨作水平或竖直方向的进给，而龙门铣床的铣头在加工过

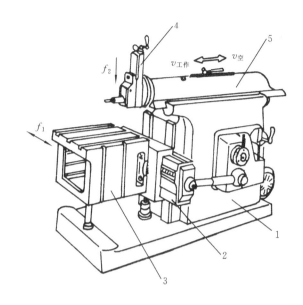

图 2-23 牛头刨床
1—床身；2—横梁；3—工作台；4—刀架；5—滑枕

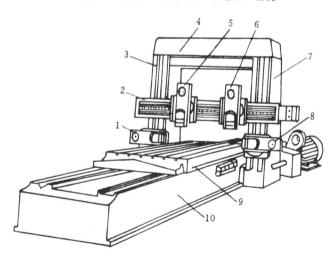

图 2-24 龙门刨床
1、5、6、8—刀架；2—横梁；3、7—立柱；4—顶梁；9—工作台；10—床身

程中是不移动的。

插床实质上是立式刨床，图 2-25 所示为插床的外形，它的滑枕 4 带着刀具作竖直方向的主运动。床鞍 1 和溜板 2 可分别作横向及纵向的进给运动。圆工作台 3 可由分度装

置5传动,在圆周方向作分度运动或进给运动。插床主要用来在单件小批生产中加工键槽、多边形孔或成形表面。

4. 拉床

拉床是用拉刀进行加工的机床。拉床用于加工通孔、平面及成形表面。图2-26所示的是适于拉削的一些典型表面形状。拉削时,拉刀使被加工表面在一次走刀中成形,所以拉床的运动比较简单,它只有主运动,没有进给运动。切削时,拉刀作平稳的低速直线运动,拉刀承受的切削力也很大,所以拉床的主运动通常是由液压驱动的。拉刀或固定拉刀的滑座往往是由油缸的活塞杆带动的。

拉削加工的生产率很高,且加工精度和表面质量也较好,但拉削的每一种表面都需要用专门的拉刀,所以仅适用于成批和大量生产。

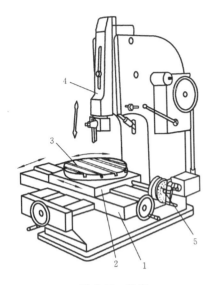

图2-25 插床
1—床鞍;2—溜板;3—圆工作台;
4—滑枕;5—分度装置

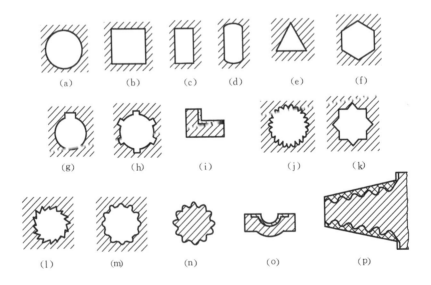

图2-26 拉削加工的典型工件截面形状
(a) 圆孔;(b) 方孔;(c) 长方孔;(d) 鼓形孔;(e) 三角形孔;(f) 六角形孔;(g) 键槽;
(h) 花键槽;(i) 相互垂直平面;(j) 齿文孔;(k) 多边形孔;(l) 棘爪孔;(m) 内齿轮孔;
(n) 外齿轮槽;(o) 成形表面;(p) 涡轮叶片根部的槽形

常用的拉床,按加工表面可分为内表面拉床和外表面拉床两类,按机床的布局形式可分为卧式拉床和立式拉床两类。图2-27(a)、(b)分别为卧式内拉床及立式外拉床的拉削加工示意图。

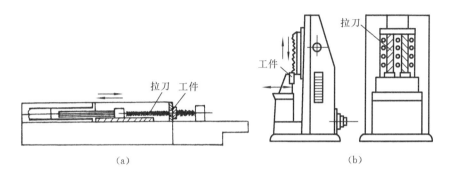

图 2-27 拉床
(a) 卧式内拉床;(b) 立式外拉床

5. 钻床

主要用钻头在工件上加工孔的机床称为钻床,通常以钻头的回转为主运动,钻头的轴向移动为进给运动。钻床可分为台式钻床、立式钻床、卧式钻床、摇臂钻床、中心孔钻床、坐标镗钻床、深孔钻床、铣钻床八种。它们中的大部分以最大钻孔直径为其主参数值。钻床的主要功用为钻孔和扩孔,也可以用来铰孔、攻螺纹、锪沉头孔及凸台端面(见图2-28)等。

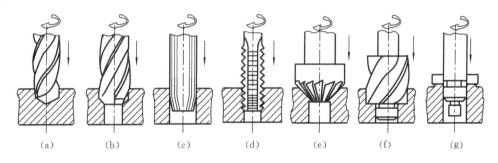

图 2-28 钻床的加工方法
(a) 钻孔;(b) 扩孔;(c) 铰孔;(d) 攻螺纹;(e)、(f) 锪沉头孔;(g) 锪端面

在钻床中,应用最广泛的是立式钻床、台式钻床和摇臂钻床。

图2-29所示为立式钻床的外形。它由底座1、工作台2、主轴箱3、立柱4、平柄5等部件组成。主轴箱内有主运动及进给运动的传动与换置机构,刀具安装在主轴的锥孔内,由主轴带动作旋转主运动,主轴套筒可以手动或机动作轴向进给。工作台可沿立柱上的导

轨作调位运动。工件用工作台上的虎钳夹紧,或用压板直接固定在工作台上加工。立式钻床的主轴中心线是固定的,必须移动工件使被加工孔的中心线与主轴中心线对准。所以,立式钻床只适用于在单件、小批生产中加工中、小型工件。

图 2-30 所示为台式钻床的外形。机床主轴用电动机经一对塔轮以 V 带传动,刀具用主轴前端的夹头夹紧,通过齿轮齿条机构使主轴套筒作轴向进给。台式钻床只能加工较小工件上的孔,但它的结构简单,体积小,使用方便,在机械加工和修理车间中应用广泛。

图 2-31 所示为摇臂钻床的外形。它的主要部件有底座 1、立柱 2、摇臂 3、主轴箱 4 和工作台 5 等。加工时,工件安装在工作台或底座上。立柱分为内、外两层,内立柱固定在底座上,外立柱连同摇臂和主轴箱可绕内立柱旋转摆动,摇臂可在外立柱上作垂直方向的调整,主轴箱能在摇臂的导轨上作径向移动,使主轴与工件孔中心找正,然后用夹紧装置将内外立柱、摇臂与外立柱、主轴箱与摇臂间的位置分别固定。主轴的旋转运动及主轴套筒的轴向进给运动的开停、变速、换向、制动机构都布置在主轴箱内。摇臂钻床广

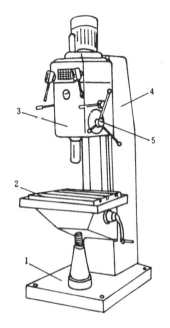

图 2-29 立式钻床
1—底座;2—工作台;3—主轴箱;
4—立柱;5—手柄

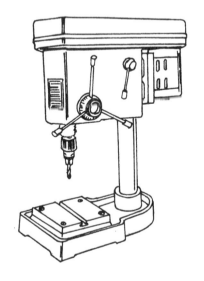

图 2-30 台式钻床

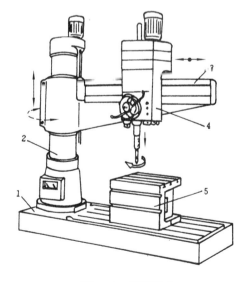

图 2-31 摇臂钻床
1—底座;2—立柱;3—摇臂;4—主轴箱;5—工作台

泛应用于单件和中小批生产中加工大、中型零件。

6. 镗床

镗床一般用于尺寸和质量都比较大的工件上大直径孔的加工,而且这些孔分布在工件的不同表面上。它们不仅有较高的尺寸精度和形状精度,而且相互之间有着要求比较严格的相互位置精度,如同轴度、平行度、垂直度等。镗孔以前的预制孔可以是铸孔,也可以是粗钻出的孔。镗床除用于镗孔外,还可用来完成钻孔、扩孔、铰孔、攻螺纹、铣平面等加工。

镗床的主要类型有卧式铣镗床、坐标镗床和金刚镗床等,以卧式铣镗床应用最广泛。下面主要介绍卧式铣镗床和坐标镗床。

1) 卧式铣镗床

卧式铣镗床的工艺范围很广,除了镗孔以外,还可以车端面、车外圆、车螺纹、车沟槽、钻孔、铣平面等,如图2-32所示。对于较大的复杂箱体类零件,能在一次装夹中完成各种孔和箱体表面的加工,并能较好地保证其尺寸精度和形状位置精度,这是其他机床难以胜任的。

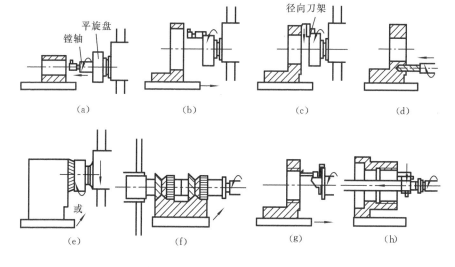

图2-32 卧式铣镗床的主要加工应用

卧式铣镗床是以镗轴的直径为其主参数的。常用的卧式铣镗床型号有T68、T611等,其镗轴直径分别为85 mm和110 mm。卧式铣镗床的外形如图2-33所示,图中1为床身,其上固定有前立柱10。主轴箱11可沿前立柱上的导轨上、下移动,主轴箱内有主轴部件,以及主运动、轴向进给运动、径向进给运动的传动机构和相应的操纵机构。主轴前端的镗轴7上可以装刀具或镗杆。镗杆上安装刀具,由镗轴带动作旋转主运动,并可作轴向的进给运动。镗轴上也可以装上端铣刀加工平面。主轴前面的平旋盘8上也可以装端铣刀铣削平面,平旋盘8的径向刀架9上装的刀具可以一边旋转一边作径向进给运动,车削孔端面。后立柱5可沿床身导轨移动,后支架4能在后立柱的导轨上与主轴箱作同

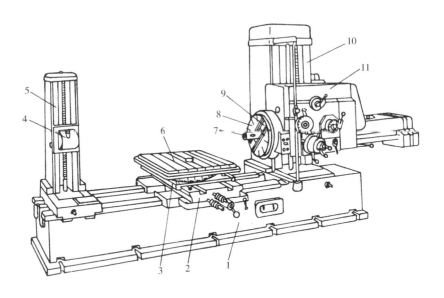

图 2-33 卧式铣镗床
1—床身;2—下滑座;3—上滑座;4—后支架;5—后立柱;6—工作台;
7—镗轴;8—平旋盘;9—径向刀架;10—前立柱;11—主轴箱

步的升降运动,以支承镗杆的后端,增大其刚度。工作台 6 用于安装工件,它可以随上滑座 3 在下滑座 2 的导轨上作横向进给,或随下滑座在床身的导轨上作纵向进给,还能绕上滑座的圆导轨在水平面内旋转一定角度,以加工斜孔及斜面。

2) 坐标镗床

坐标镗床是一种高精密机床,主要用于镗削高精度的孔,特别适用于加工相互位置精度很高的孔系,如钻模、镗模等的孔系。由于机床上具有坐标位置的精密测量装置,加工孔时,按直角坐标来精密定位,所以称为坐标镗床。坐标镗床还可以钻孔、扩孔、铰孔、锪平面、铣平面和沟槽等。此外,还可以做精密刻度、样板划线、测量孔距及直线尺寸等工作。所以坐标镗床是一种通用性很强的精密机床。

坐标镗床有立式和卧式两种。立式坐标镗床适宜于加工轴线与安装基面垂直的孔系和铣削顶面;卧式坐标镗床适宜于加工与安装基面平行的孔系和铣削侧面。立式坐标镗床还有单柱、双柱之分。图 2-34 所示

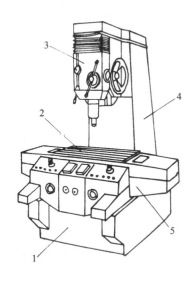

图 2-34 立式单柱坐标镗床
1—床身;2—工作台;3—主轴箱;
4—立柱;5—床鞍

为立式单柱坐标镗床。工件固定在工作台 2 上,坐标位置由工作台 2 沿床鞍 5 的导轨纵向移动($x$ 向)和床鞍 5 沿床身 1 的导轨横向移动($y$ 向)实现。装有主轴组件的主轴箱 3 可以在立柱 4 的竖直导轨上调整上下位置,以适应不同高度的工件。主轴箱内装有主电动机和变速、进给及其操纵机构。主轴由精密轴承支承在主轴套筒中。当进行镗孔、钻孔、扩孔及铰孔时,主轴由主轴套筒带动,在竖直方向作机动或手动进给运动。当进行铣削时,则由工作台在纵、横方向完成进给运动。

## 2.2 金属切削刀具

### 2.2.1 刀具的类型

被加工工件的材质、形状、技术要求和加工工艺的多样性客观上要求刀具应具有不同的结构和切削性能。因此,生产中所使用的刀具种类很多。通常按加工方式和用途进行分类,刀具分为车刀、孔加工刀具、铣刀、拉刀、螺纹刀具、齿轮刀具、自动线及数控机床刀具和磨具等几大类型。刀具还可以按其他方式进行分类。如按切削部分的材料可分为高速钢刀具、硬质合金刀具、陶瓷刀具等;按结构不同可分为整体刀具、镶片刀具、机夹刀具和复合刀具等;按是否标准化可分为标准刀具和非标准刀具等。刀具的种类及其划分方式将随着科学技术的发展而不断变化。

(1) 标准刀具:按照国家或部门制定的"刀具标准"制造的刀具,由专业化的工具厂集中大批量生产,它在工具的使用总量中占的比例很大。如可转位车刀、麻花钻、铰刀、铣刀、丝锥、板牙、插齿刀、齿轮滚刀等。

(2) 非标准刀具:根据工件与具体加工条件的特殊要求设计与制造,或者将标准刀具加以改制的刀具,主要由用户自行生产。如成形车刀、成形铣刀、拉刀、蜗轮滚刀等。

### 2.2.2 刀具切削部分的构造要素

刀具上承担切削工作的部分称为刀具的切削部分。金属切削刀具的种类虽然很多,但它们在切削部分的几何形状与参数方面却有着共同的内容,不论刀具构造如何复杂,它们的切削部分总是近似地以外圆车刀切削部分为基本形态的。如图 2-35 所示的各种复杂刀具或多齿刀具,拿出其中一个刀齿,它的几何形状都相当于一把车刀的刀头。现代切削刀具引入"不重磨"概念之后,刀具切削部分的统一性获得了新的发展;许多结

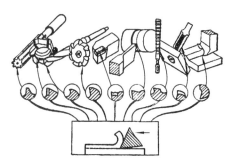

图 2-35　各种刀具切削部分的形状

构迥异的切削刀具,其切削部分都不过是一个或若干个"不重磨式刀片"。

外圆车刀的切削部分如图 2-36 所示,由六个基本结构要素构造而成,它们各自的定义如下。

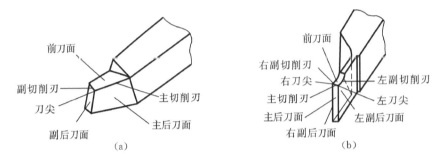

图 2-36 车刀切削部分组成要素
(a) 外圆车刀;(b) 切槽刀

(1) 前刀面(又称前面):切屑沿其流出的刀具表面。

(2) 主后刀面(又称主后面或后面):与工件上加工表面相对的刀具表面。

(3) 副后刀面(又称副后面):与工件上已加工表面相对的刀具表面。

(4) 主切削刃:前刀面与主后刀面的交线。它承担主要切削工作,也称为主刀刃。

(5) 副切削刃:前刀面与副后刀面的交线。它协同主切削刃完成切削工作,并最终形成已加工表面,也称为副刀刃。

(6) 刀尖:连接主切削刃和副切削刃的一段刀刃。它可以是一段小的圆弧,也可以是一段直线。

### 2.2.3 刀具的几何参数

**1. 刀具标注角度的参考系**

刀具要从工件上切除材料,就必须具有一定的切削角度,而切削角度又决定了刀具切削部分各表面之间的相对位置。为了评定切削角度,需要引入参考系。图 2-37 所示为刀具标注角度的参考系,它是在不考虑进给运动大小,并假定车刀刀尖与工件中心等高,刀杆中心线垂直于进给方向并参照 ISO 标准建立的。该参考系是由三个互相垂直的平面组成的,如下所述。

(1) 基面 $p_r$:通过主切削刃上某一指定点,并与该点切削速度方向相垂直的平面。

(2) 切削平面 $p_s$:通过主切削刃上某一指定点,与主切削刃相切并垂直于该点基面的平面。

(3) 正交平面 $p_o$:通过主切削刃上某一指定点,同时垂直于该点基面和切削平面的

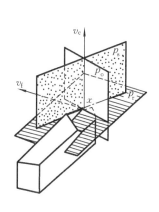
图 2-37 刀具标注角度的参考系

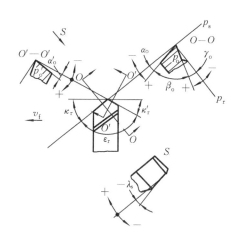
图 2-38 车刀的标注角度

平面。

### 2. 刀具的标注角度

在刀具标注角度参考系中测得的角度称为刀具的标注角度。标注角度应标注在刀具的设计图中,用于刀具制造、刃磨和测量。在正交平面参考系中,刀具的主要标注角度有五个,其定义如下(见图 2-38)。

(1) 前角 $\gamma_o$:在正交平面内测量的前刀面和基面间的夹角,有正、负和零值之分。前刀面在基面之下时前角为正值,前刀面在基面之上时前角为负值。

(2) 后角 $\alpha_o$:在正交平面内测量的主后刀面与切削平面的夹角,一般为正值。

(3) 主偏角 $\kappa_r$:在基面内测量的主切削刃在基面上的投影与进给运动方向的夹角。

(4) 副偏角 $\kappa_r'$:在基面内测量的副切削刃在基面上的投影与进给运动反方向的夹角。

(5) 刃倾角 $\lambda_s$:在切削平面内测量的主切削刃与基面之间的夹角。在主切削刃上,刀尖为最高点时刃倾角为正值,刀尖为最低点时刃倾角为负值。主切削刃与基面平行时,刃倾角为零。

要完全确定车刀切削部分所有表面的空间位置,还需标注副后角 $\alpha_o'$,副后角 $\alpha_o'$ 确定副后刀面的空间位置。

### 3. 刀具的工作角度

以上讨论的刀具标注角度是在假定运动条件和假定安装条件情况下给出的。如果考虑合成运动和实际安装情况,则刀具的参考平面坐标的位置发生了变化,从而导致了刀具角度大小的变化。以切削过程中实际的基面、切削平面和正交平面为参考平面所确定的刀具角度称为刀具的工作角度,又称实际角度。通常,刀具的进给速度很小,在一般安装条件下,刀具的工作角度与标注角度基本相等。但在切断、车螺纹以及加工非圆柱表面等情况下,刀具角度值变化较大时需要计算工作角度。

(1) 横向进给运动对工作角度的影响。

当切断或车端面时,进给运动是沿横向进行的。如图 2-39 所示,工件每转一转,车刀横向移动距离 $f$,切削刃选定点相对于工件的运动轨迹为一阿基米德螺旋线。因此切削速度由 $v_c$ 变成合成切削速度 $v_e$,基面 $p_r$ 由水平位置变至工作基面 $p_{re}$,切削平面 $p_s$ 由铅垂位置变至工作切削平面 $p_{se}$,从而引起刀具的前角和后角发生变化,有

$$\gamma_{oe} = \gamma_o + \mu, \quad \alpha_{oe} = \alpha_o - \mu, \quad \mu = \arctan\frac{f}{\pi d} \tag{2-1}$$

式中:$\gamma_{oe}$、$\alpha_{oe}$——刀具的工作前角和工作后角。

由式(2-1)可知,进给量 $f$ 增大,则 $\mu$ 值增大;瞬时直径 $d$ 减小,$\mu$ 值也增大。因此,车削至接近工件中心时,$d$ 值很小,$\mu$ 值急剧增大,工作后角 $\alpha_{oe}$ 将变为负值,致使工件最后被挤断。对于横向切削不宜选用过大的进给量,并应适当加大刀具的标注后角。

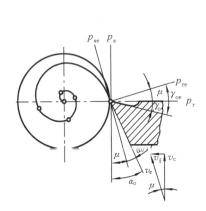

图 2-39 横向进给运动对工作角度的影响

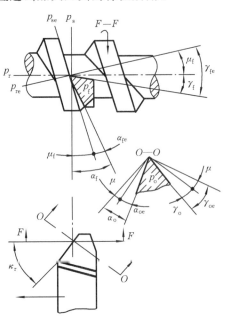

图 2-40 纵向进给运动对工作角度的影响

(2) 纵向进给运动对工作角度的影响。

图 2-40 所示为车削右螺纹的情况,假定车刀 $\lambda_s = 0$,若不考虑进给运动,则基面 $p_r$ 平行于刀杆底面,切削平面 $p_s$ 垂直于刀杆底面,正交平面中的前角和后角为 $\gamma_o$ 和 $\alpha_o$,在进给平面(平行于进给方向并垂直于基面的平面)中的前角和后角为 $\gamma_f$ 和 $\alpha_f$。若考虑进给运动,则加工表面为一螺旋面,这时切削平面变为切于该螺旋面的平面 $p_{se}$,基面变为垂直于

合成切削速度矢量的平面 $p_{re}$，它们分别相对于 $p_s$ 和 $p_r$ 在空间偏转同样的角度，这个角度在进给平面中为 $\mu_f$，在正交平面中为 $\mu$，从而引起刀具前角和后角的变化。在上述进给平面内刀具的工作角度为

$$\gamma_{fe} = \gamma_f + \mu_f$$
$$\alpha_{fe} = \alpha_f - \mu_f$$
$$\tan\mu_f = \frac{f}{\pi d_w} \tag{2-2}$$

式中：$f$——被切螺纹的导程(mm)或进给量(mm/r)；

$d_w$——工件直径(mm)。

在正交平面内，刀具的工作前角、工作后角分别为

$$\gamma_{oe} = \gamma_o + \mu$$
$$\alpha_{oe} = \alpha_o - \mu$$
$$\tan\mu = \tan\mu_f \sin\kappa_r = \frac{f}{\pi d_w}\sin\kappa_r$$

由以上各式可知，进给量 $f$ 越大，工件直径 $d_w$ 越小，则工作角度值变化就越大。上述分析适合于车右螺纹时车刀的左侧刃，此时右侧刃工作角度的变化情况正好相反。所以车削右螺纹时，车刀左侧刃应适当加大刃磨后角，而右侧刃应适当增大刃磨前角，减小刃磨后角。一般外圆车削时，由进给运动所引起的 $\mu$ 值不超过 $30'\sim1°$，故其影响可忽略不计。但在车削大螺距或多头螺纹时，纵向进给的影响便不可忽视，必须考虑它对刀具工作角度的影响。

(3) 刀尖安装高低对工作角度的影响。

现以切槽刀为例进行分析，如图 2-41 所示，当刀尖与工件中心等高时，工作角度与刃磨角度相同，即工作前角 $\gamma_{oe}=\gamma_o$，工作后角 $\alpha_{oe}=\alpha_o$（见图 2-41(b)）；当刀尖高于工件中心时，切削平面将变为 $p_{se}$，基面变到 $p_{re}$ 位置，工作前角 $\gamma_{oe}$ 增大，工作后角 $\alpha_{oe}$ 减小，即 $\gamma_{oe}=\gamma_o+\theta$，$\alpha_{oe}=\alpha_o-\theta$（见图 2-41(c)）。反之，当刀尖低于工件中心时，则工作前角 $\gamma_{oe}$ 减小，工作后角 $\alpha_{oe}$ 增大。对于外圆车刀，工作角度也有同样的变化关系。生产中常利用这种方法来适当改变刀具角度，$h$ 常取为 $\left(\frac{1}{100}\sim\frac{1}{50}\right)d_w$，这时 $\theta$ 值为 $2°\sim4°$，这样就可不必改磨刀具，而迅速获得更为合理的 $\gamma_{oe}$ 和 $\alpha_{oe}$。粗车外圆时，使刀尖略高于工件中心，以增大前角，降低切削力；精车外圆时，使刀尖略低于工件中心，以增大后角，减少后刀面的磨损；车成形表面时，刀刃应与工件中心等高，以免产生误差。

(4) 刀杆中心线安装偏斜对工作角度的影响。

当刀杆中心线与进给方向不垂直时，工作主偏角 $\kappa_{re}$ 和工作副偏角 $\kappa'_{re}$ 将发生变化，如图 2-42 所示。在自动车床上，为了在一个刀架上装几把刀，常使刀杆偏斜一定角度；在普通车床上为了避免振动，有时也将刀杆偏斜安装以增大主偏角。

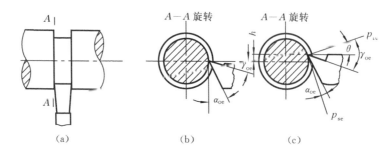

图 2-41 刀尖安装高低对工作角度的影响

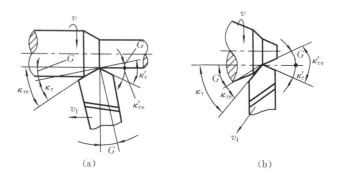

图 2-42 刀杆中心线安装偏斜对工作角度的影响

### 2.2.4 刀具材料

刀具材料性能的优劣是影响加工表面质量、切削效率、刀具寿命(刀具耐用度)的基本因素。刀具新材料的出现,往往能成倍地提高生产率,并能解决某些难加工材料的加工。正确选择刀具材料是设计和选用刀具的重要内容之一。

1. **刀具材料应具备的性能**

刀具切削部分在工作时要承受高温、高压、强烈的摩擦、冲击和振动,因此,刀具材料必须具备以下基本性能。

(1) 高的硬度。刀具材料的硬度必须高于工件材料的硬度。刀具材料的常温硬度,一般要求在 64 HRC 以上。

(2) 高的耐磨性。耐磨性是指刀具抵抗磨损的能力,它是刀具材料力学性能、组织结构和化学性能的综合反映。一般刀具材料的硬度越高,耐磨性越好。材料中硬质点的硬度越高,数量越多,颗粒越小,分布越均匀,则耐磨性就越高。

(3) 足够的强度和韧度,以便承受切削力、冲击和振动,而不致于产生崩刃和折断。

(4) 高的耐热性。耐热性是指刀具材料在高温下仍能保持足够的硬度、强度、韧度和良好的耐磨性,并有良好的抗黏结、抗扩散、抗氧化的能力。

(5) 良好的导热性和耐热冲击性能,即刀具材料的导热性能要好,不会因受到大的热冲击产生刀具内部裂纹而导致刀具断裂。

(6) 良好的工艺性能和经济性,即刀具材料应具有良好的锻造性能、热处理性能、焊接性能、切削加工性能、磨削加工性能等,而且要有高的性能价格比。另外,随着切削加工自动化和柔性制造系统的发展,还要求刀具磨损和刀具寿命等性能指标具有良好的可预测性。

应该指出,上述要求中有些是相互矛盾的,例如硬度越高、耐磨性越好的材料的韧度和抗破损能力往往越差,耐热性较好的材料其韧度也往往较差。实际工作中,应根据具体的切削条件选择最合适的材料。

2. 常用刀具材料

目前常用刀具材料有碳素工具钢、合金工具钢、高速钢、硬质合金、陶瓷、立方碳化硼及金刚石等。碳素工具钢及合金工具钢,因耐热性较差,通常只用于手工工具及切削速度较低的刀具,陶瓷、金刚石和立方氮化硼仅用于有限的场合。目前,刀具材料中用得最多的是高速钢和硬质合金。

1) 高速钢

高速钢是含有较多钨、钼、铬、钒等合金元素的高合金工具钢。高速钢具有较高的硬度和耐热性,在切削温度达 550~600 ℃时,仍能进行切削。与碳素工具钢和合金工具钢相比,高速钢能提高切削速度 1~3 倍,提高刀具使用寿命 10~40 倍甚至更多。高速钢具有较高的强度和韧度,其抗弯强度为一般硬质合金的 2~3 倍,抗冲击振动能力强。常用的几种高速钢的力学性能和应用范围如表 2-6 所示。

表 2-6 常用高速钢的力学性能和应用范围

| 种类 | 牌号 | 常温硬度/HRC | 抗弯强度/GPa | 冲击韧度/(MJ·m$^{-2}$) | 高温(600 ℃)硬度/HRC | 主要性能和应用范围 |
|---|---|---|---|---|---|---|
| 普通型高速钢 | W18Cr4V(W18) | 63~66 | 3.0~3.4 | 0.18~0.32 | 48.5 | 综合性能和磨削性能好,适于制造精加工刀具和复杂刀具,如钻头、成形车刀、拉刀、齿轮刀具等 |
| | W6Mo5Cr4V2(M2) | 63~66 | 3.5~4.0 | 0.30~0.40 | 47~48 | 强度和韧度高于 W18 的,磨削性能稍差,热塑性好,适于制造热成形刀具及承受冲击的刀具 |

续表

| 种类 | 牌号 | 常温硬度/HRC | 抗弯强度/GPa | 冲击韧度/(MJ·m$^{-2}$) | 高温(600℃)硬度/HRC | 主要性能和应用范围 |
|---|---|---|---|---|---|---|
| 高性能高速钢 | W2Mo9Cr4VCo8 (M42) | 67～69 | 2.7～3.8 | 0.23～0.30 | 55 | 硬度高,磨削性能好,用于切削高强度钢、高温合金等难加工材料,适于制造复杂刀具等,但价格较贵 |
| | W6Mo5Cr4V2Al (501) | 67～69 | 2.9～3.9 | 0.23～0.30 | 55 | 切削性能相当于M42,磨削性能稍差,用于切削难加工材料,适于制造复杂刀具等 |

高速钢的工艺性能较好,能锻造,容易磨出锋利的刀刃,适宜制造各类切削刀具,尤其在复杂刀具(钻头、丝锥、成形刀具、拉刀、齿轮刀具等)的制造中,高速钢占有重要的地位。

高速钢按切削性能分,可分为通用型高速钢和高性能高速钢;按制造工艺方法不同,可分为熔炼高速钢和粉末冶金高速钢。

通用型高速钢是切削硬度在 250～280 HBS 以下的大部分结构钢和铸铁的基本刀具材料,应用最广泛。切削普通钢料时的切削速度一般不高于 40～60 m/min。高性能高速钢较通用型高速钢有着更好的切削性能,适合于加工奥氏体不锈钢、高温合金、钛合金和高强度钢等难加工材料。

粉末冶金高速钢具有很多优点:有良好的力学性能和磨削性能;淬火变形只有熔炼钢的 1/3～1/2;耐磨性可提高 20%～30%;质量稳定可靠。它可以切削各种难加工材料,特别适于制造精密刀具和复杂刀具等。

2) 硬质合金

硬质合金是用高硬度、难熔的金属碳化物(WC、TiC 等)和金属黏结剂(Co、Ni 等)在高温条件下烧结而成的粉末冶金制品。硬质合金的常温硬度达 89～93 HRA,760℃时其硬度为 77～85 HRA,在 800～1 000℃时硬质合金还能进行切削,刀具寿命比高速钢刀具高几倍到几十倍,可加工包括淬硬钢在内的多种材料。但硬质合金的强度和韧度比高速钢的要差,常温下的冲击韧度仅为高速钢的 1/30～1/8,因此,硬质合金承受切削振动和冲击的能力较差。硬质合金是最常用的刀具材料之一,常用于制造车刀和面铣刀,也可用来制造深孔钻、铰刀、拉刀和滚刀。尺寸较小和形状复杂的刀具可采用整体硬质合金制造,但整体硬质合金刀具成本高,其价格是高速钢刀具的 8～10 倍。

ISO(国际标准化组织)把切削用硬质合金分为三类:P 类、K 类和 M 类。表 2-7 列出了几种常用的硬质合金的牌号、性能及其使用范围。

(1) P类(相当于我国的YT类)硬质合金由WC、TiC和Co组成,也称钨钛钴类硬质合金。这类合金主要用于加工钢料。常用牌号有YT5(TiC的质量分数为5%)、YT15(TiC的质量分数为15%)等,随着TiC质量分数的提高,钴质量分数相应减少,硬度及耐磨性增高,抗弯强度下降。此类硬质合金不宜加工不锈钢和钛合金。

(2) K类(相当于我国的YG类)硬质合金由WC和Co组成,也称钨钴类硬质合金。这类合金主要用来加工铸铁、非铁金属及其合金。常用牌号有YG6(钴的质量分数为6%)、YG8(钴的质量分数为8%)等,随着钴质量分数增多,硬度和耐磨性下降,抗弯强度和韧度增高。

(3) M类(相当于我国的YW类)硬质合金是在WC、TiC、Co的基础上再加入TaC(或NbC)制成的。加入TaC(或NbC)后,改善了硬质合金的综合性能。这类硬质合金既可以加工铸铁和非铁金属,又可以加工钢料,还可以加工高温合金和不锈钢等难加工材料,有通用硬质合金之称。常用牌号有YW1和YW2等。

表2-7 几种常用的硬质合金的牌号、性能及其使用范围

| 类型 | 牌号 | 物理力学性能 | | 使用性能 | | | 使用范围 | | 相当的ISO牌号 |
|---|---|---|---|---|---|---|---|---|---|
| | | 硬度/HRA | 抗弯强度/GPa | 耐磨 | 耐冲击 | 耐热 | 材料 | 加工性质 | |
| K类 | YG3 | 91 | 1.08 | ↑ | ↓ | ↑ | 铸铁,非铁金属 | 连续切削时精加工、半精加工 | K05 |
| | YG6X | 91 | 1.37 | | | | 铸铁,耐热合金 | 精加工、半精加工 | K10 |
| | YG6 | 89.5 | 1.42 | | | | 铸铁,非铁金属 | 连续切削粗加工,间断切削半精加工 | K20 |
| | YG8 | 89 | 1.47 | | | | 铸铁,非铁金属 | 间断切削粗加工 | K30 |
| P类 | YT5 | 89.5 | 1.37 | ↓ | ↑ | ↓ | 钢 | 粗加工 | P30 |
| | YT14 | 90.5 | 1.25 | | | | 钢 | 间断切削半精加工 | P20 |
| | YT15 | 91 | 1.13 | | | | 钢 | 连续切削粗加工,间断切削半精加工 | P10 |
| M类 | YW1 | 92 | 1.28 | — | 较好 | 较好 | 难加工钢材 | 精加工、半精加工 | M10 |
| | YW2 | 91 | 1.47 | | 好 | — | 难加工钢材 | 半精加工、粗加工 | M20 |

为提高高速钢刀具、硬质合金刀具的耐磨性和使用寿命,近年来研究开发了一种称之为涂层刀具的技术,即在高速钢或硬质合金基体上涂覆一层难熔金属化合物,如TiC、TiN、$Al_2O_3$等。一般采用CVD法(化学气相沉积法)或PVD法(物理气相沉积法)涂覆。涂层刀具表面硬度高、耐磨性好,其基体有良好的抗弯强度和韧度。涂层硬质合金刀片的

寿命可提高 1～3 倍以上,涂层高速钢刀具的寿命可提高 1.5～10 倍以上。随着涂层技术的发展,涂层刀具的应用会越来越广泛。

3) 其他刀具材料

(1) 陶瓷。陶瓷可分为两大类,$Al_2O_3$ 基陶瓷和 $Si_3N_4$ 基陶瓷。陶瓷刀具的硬度可达到 91～95 HBA,耐磨性好,耐热温度可达 1 200 ℃(此时硬度为 80 HRA),它的化学稳定性好,抗黏结能力强,但它的抗弯强度很低,仅有 0.7～0.9 GPa,故陶瓷刀具一般用于高硬度材料的精加工。

(2) 人造金刚石。它是碳的同素异形体,通过合金触媒的作用在高温高压下由石墨转化而成。人造金刚石的硬度很高,其显微硬度可达 10 000 HV,是除天然金刚石之外最硬的物体,它的耐磨性极好,与金属的摩擦系数很小;但它的耐热温度较低,在 700～800 ℃时易脱碳,失去其硬度;它与铁族金属亲和作用大,故人造金刚石多用于对非铁金属及非金属材料的超精加工以及用做磨具磨料。

(3) 立方氮化硼。它是由六方氮化硼经高温高压转变而成,其硬度仅次于人造金刚石,达到 8 000～9 000 HV,它的耐热温度可达 1 400 ℃,化学稳定性很好,可磨削性能也较好,但它的焊接性能差些,其抗弯强度略低于硬质合金的抗弯强度,它一般用于高硬度、难加工材料的精加工。

### 2.2.5 常用刀具

1. 车刀

车刀按用途分为外圆车刀、端面车刀、内孔车刀、切断刀、切槽刀等多种形式。常用车刀种类及用途如图 2-43 所示。外圆车刀用于加工外圆柱面和外圆锥面,它分为直头和弯头两种。弯头车刀通用性较好,可以车削外圆、端面和倒棱。外圆车刀又可分为粗车刀、精车刀和宽刃光刀,精车刀刀尖圆弧半径较大,可获得较小的残留面积,以减小表面粗糙度;宽刃光刀用于低速精车;当外圆车刀的主偏角 $\kappa_r=90°$ 时,可用于车削阶梯轴、凸肩、端面及刚度较低的细长轴。外圆车刀按进给方向又分为左偏刀和右偏刀两种。

车刀在结构上可分为整体式车刀、焊接式车刀和机械夹固式车刀,机械夹固式车刀简称机夹车刀,根据使用情况不同又分为机夹重磨车刀和机夹可转位车刀,如图 2-44 所示。整体式车刀主要是整体式高速钢车刀,耗用刀具材料较多,一般只用作切槽、切断刀使用。焊接式车刀是将硬质合金刀片用焊接的方法固定在普通碳钢刀体上。它的优点是结构简单、紧凑、刚度好、使用灵活、制造方便,而它的缺点是由焊接产生的应力会降低硬质合金刀片的使用性能,有的甚至会产生裂纹。机夹重磨车刀(见图 2-44(c))是采用普通硬质合金刀片,用机械夹固的方法将其夹持在刀柄上使用的车刀,切削刃用钝后可以重磨,经适当调整后仍可继续使用。机夹可转位车刀(见图 2-44(d))是采用机械夹固的方法将可转位刀片固定在刀体上。将刀片制成多个刀刃,当一个刀刃用钝后,只需将刀片转位、重新夹固,即可使新的刀刃投入工作。机夹可转位车刀又称为机夹不重磨车刀。机夹可转位

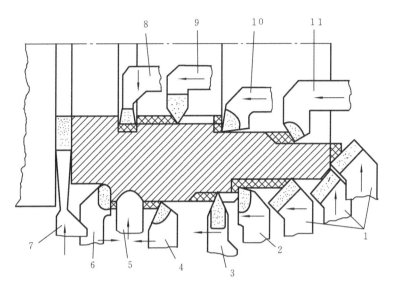

图 2-43 车刀的类型与用途

1—45°弯头车刀;2—90°外圆车刀;3—外螺纹车刀;4—75°外圆车刀;5—成形车刀;
6—90°左切外圆车刀;7—割槽刀;8—内孔槽刀;9—内螺纹车刀;10—盲孔镗刀;11—通孔镗刀

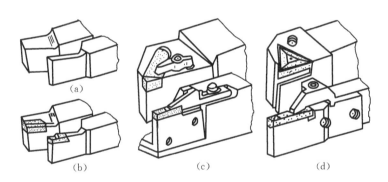

图 2-44 车刀的结构

(a)整体式车刀;(b)焊接式车刀;(c)机夹重磨车刀;(d)机夹可转位车刀

车刀的刀片夹固机构应满足夹紧可靠、装卸方便、定位精确等要求。常用的硬质合金机夹可转位刀片如图 2-45 所示。

2. 孔加工刀具

在金属切削加工中,孔加工刀具是在实心材料上钻孔、扩孔或修整已有孔的刀具。它是应用得十分广泛的刀具之一,其种类很多,按其用途可分为两大类:一类是在实心材料上加工出孔的刀具,如麻花钻、中心钻、扁钻和深孔钻等;另一类是对工件上已有孔进行再加工的刀具,如扩孔钻、锪钻、铰刀和镗刀等。

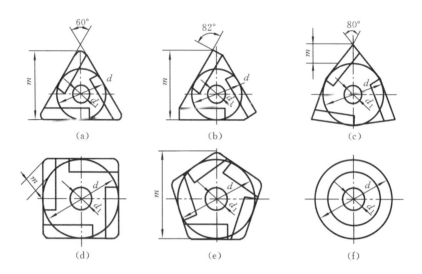

图 2-45 硬质合金可转位刀片

(a) 三角形；(b) 偏 8°三角形；(c) 凸三角形；(d) 正方形；(e) 五角形；(f) 圆形

1) 麻花钻

麻花钻是应用最广泛的孔加工刀具，特别适合于 $\phi$30 mm 以下孔的粗加工，有时也可用于扩孔。麻花钻直径规格为 $\phi$0.1～80 mm。标准麻花钻的结构如图 2-46(a)所示，其柄部是钻头的夹持部分，并用来传递扭矩；钻头柄部有直柄与锥柄两种，前者用于小直径（$d_0 \leqslant 12$ mm）钻头，后者用于大直径（$d_0 > 12$ mm）钻头。颈部供制造时磨削柄部退砂轮

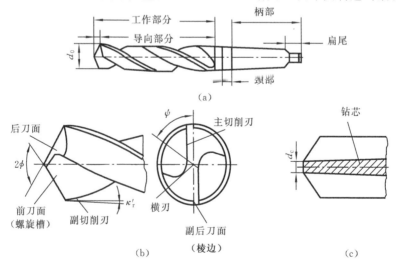

图 2-46 标准麻花钻的结构

(a) 麻花钻的结构；(b) 钻头；(c) 钻芯

用,也是钻头打标记的地方,为制造方便,直柄麻花钻一般不设颈部。工作部分包括切削部分和导向部分。切削部分担负着主要切削工作,钻头有两条主切削刃、两条副切削刃和一条横刃,如图 2-46(b)所示;螺旋槽表面为钻头的前刀面,切削部分顶端的锥曲面为后刀面;刃带为副后刀面;横刃是两主后刀面的交线。导向部分有两条对称的螺旋槽和刃带,螺旋槽用来形成切削刃和前角,并起排屑和输送切削冷却液作用;刃带起导向和修光孔壁的作用;刃带有很小的倒锥,由切削部分向柄部每 100 mm 长度上直径减小 0.03～0.12 mm,以减小钻头与孔壁的摩擦。麻花钻的两个刃瓣由钻芯连接在一起,为了增加钻头的强度和刚度,钻芯制成正锥,如图 2-46(c)所示。

麻花钻的主要几何参数有:螺旋角 $\beta$、顶角 $2\phi$(主偏角 $\kappa_r \approx \phi$)、前角 $\gamma_o$、后角 $\alpha_o$、横刃长度 $b_\phi$、横刃斜角 $\psi$ 等。

由于标准麻花钻的结构所限,它存在着许多问题。如前角变化太大,从外缘处的 +30° 到钻芯处减至 -30°,横刃前角约为 -60°;副后角为零,加剧了钻头与孔壁间的摩擦;主切削刃长,切屑较宽,排屑困难;横刃长,定心困难,轴向力大,切削条件很差等。因此在使用时经常要进行修磨,以改变标准麻花钻切削部分的几何形状,提高钻头的切削性能。主要修磨方法有:将横刃磨短并增大横刃前角;将钻头磨成双重顶角;将两条主切削刃磨成圆弧刃或增开分屑槽等。如有条件,可按群钻进行修磨,将大大改善麻花钻的切削效率,提高加工质量和钻头的使用寿命。

2) 扩孔钻

扩孔钻是对工件已有孔进行再加工,以扩大孔径和提高加工质量的加工工具。扩孔钻的刀齿一般有 3～4 个,故导向性好,切削平稳;由于扩孔余量较小,容屑槽较浅,刀体强度和刚度较好;扩孔钻没有横刃,改善了切削条件。因此,大大提高了切削效率和加工质量。

扩孔钻的主要类型有高速钢整体式(见图 2-47(a))和镶齿套式(见图 2-47(b))及硬质合金可转位式(见图 2-47(c))等。整体式扩孔钻的扩孔范围为 $\phi$10～32 mm;套式扩孔钻的扩孔范围为 $\phi$25～80 mm。

3) 锪钻

锪孔是用锪钻在已加工孔上锪各种沉头孔和锪孔端面的凸台平面,如图 2-48 所示。图 2-48(a)所示为锪圆柱形沉头孔;图 2-48(b)、(c)所示为锪圆锥形沉头孔(锥角 $2\phi$ 有 60°、90°、120° 三种);图 2-48(d)所示为锪孔端面的凸台平面。锪钻上带有定位导柱 $d_1$,是用来保证被锪孔或端面与原来孔的同轴度或垂直度。导柱应尽可能做成可拆卸的,以便于刀具的制造和刃磨。根据锪钻直径的大小,可做成带柄锪钻或套式锪钻,既可用高速钢制造,也可镶焊硬质合金刀片。其中以硬质合金锪钻应用较广。

4) 铰刀

铰刀一般分为手用铰刀及机用铰刀两种,如图 2-49 所示。机用铰刀可分为带柄的铰刀(见图 2-49(a),加工直径为 $\phi$1～20 mm 时用直柄,加工直径为 $\phi$10～32 mm 时用锥柄)

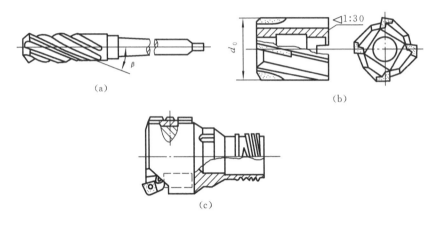

图 2-47 扩孔钻
(a) 高速钢整体式；(b) 镶齿套式；(c) 硬质合金可转位式

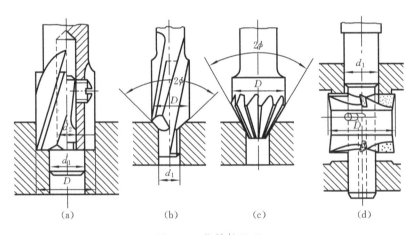

图 2-48 锪钻的类型
(a) 带导柱平底锪钻；(b) 带导柱锥面锪钻；(c) 不带导柱锥面锪钻；(d) 端面锪钻

和套式的铰刀(见图 2-49(b))。手用铰刀柄部为直柄，工作部分较长，导向作用较好。手用铰刀的加工直径范围一般为 $\phi1\sim50$ mm。铰刀形式有直槽式和螺旋槽式(见图 2-49(c))两种。铰刀不仅可加工圆形孔，也可用锥度铰刀加工锥孔。铰制锥孔时由于铰制余量大，锥铰刀常分为粗铰刀和精铰刀，一般做成 2 把或 3 把一套(见图 2-49(d))。

铰刀由工作部分、颈部及柄部组成。工作部分又分为切削部分与校准(修光)部分，如图 2-50 所示。铰刀切削部分的主偏角 $\kappa_r$ 对孔的加工精度、表面粗糙度和铰削时轴向力的大小影响很大。$\kappa_r$ 值过大，切削部分短，铰刀的定心精度低，会增大轴向力；$\kappa_r$ 值过小，切削宽度增宽，不利于排屑；手用铰刀 $\kappa_r$ 值一般取为 $0.5°\sim1.5°$，机用铰刀 $\kappa_r$ 值取为 $5°\sim15°$。校准部分起校准孔径、修光孔壁及导向作用；增加校准部分长度，可提高铰削时的导

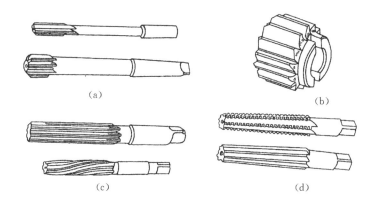

图 2-49 铰刀

(a) 机用直柄和锥柄铰刀；(b) 机用套式铰刀；
(c) 手用直槽与螺旋槽铰刀；(d) 锥孔的粗铰刀与精铰刀

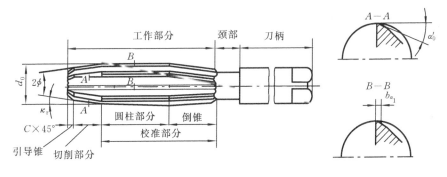

图 2-50 铰刀的结构

向作用，但这会使摩擦增大，排屑困难。对于手用铰刀，为增加导向作用，校准部分应做得长些；对于机用铰刀，为减少摩擦，校准部分应做得短些。校准部分包括圆柱部分和倒锥部分，被加工孔的加工精度和表面粗糙度取决于圆柱部分的尺寸精度和形位公差精度等；倒锥部分的作用是减少铰刀与孔壁的摩擦。

5) 镗刀

镗刀的种类很多，一般可分为单刃镗刀与双刃镗刀两大类。

(1) 单刃镗刀。单刃镗刀结构简单，制造容易，通用性好，故使用较多。单刃镗刀一般均有尺寸调节装置，如图 2-51 所示。在精镗机床上常采用微调镗刀以提高调整精度（见图 2-52）。

(2) 双刃镗刀（见图 2-53）。双刃镗刀两边都有切削刃，工作时可以消除径向力对镗杆的影响，工件的孔径尺寸与精度由镗刀径向尺寸保证。镗刀上的两个刀片径向可以调整，因此，可以加工一定尺寸范围的孔。双刃镗刀多采用浮动连接结构，镗刀片插在镗杆

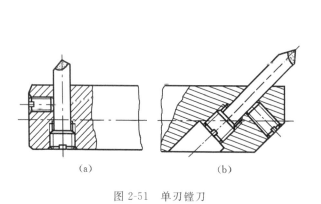

图 2-51 单刃镗刀

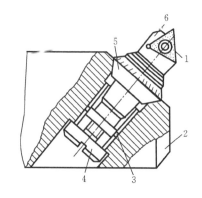

图 2-52 微调镗刀

1—刀片；2—镗杆；3—导向键；
4—紧固螺钉；5—精调螺母；6—刀块

的槽中，依靠作用在两个切削刃上的径向力自动平衡其位置，可消除因镗刀安装误差或镗杆偏摆引起的加工误差。双刃浮动镗应在单刃镗之后进行。

3. 铣刀

铣刀为多齿回转刀具，其每一个刀齿都相当于一把车刀固定在铣刀的回转面上。铣刀种类很多，结构不一，应用范围很广，按其用途可分为加工平面用铣刀、加工沟槽用铣刀、加工成形面用铣刀等三大类。通用规格的铣刀已标准化，一般均由专业工具厂生产。

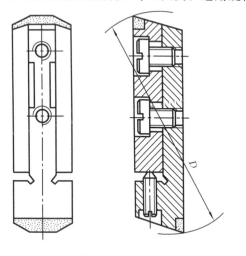

图 2-53 双刃镗刀

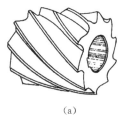

图 2-54 圆柱铣刀
(a) 整体式；(b) 镶齿式

1) 圆柱铣刀

圆柱铣刀如图 2-54 所示。它一般都是用高速钢制成整体的，螺旋形切削刃分布在圆柱表面上,没有副切削刃,螺旋形的刀齿切削时是逐渐切入和脱离工件的,所以切削过程较平稳,主要用于卧式铣床上加工宽度小于铣刀长度的狭长平面。

根据加工要求不同,圆柱铣刀有粗齿、细齿之分,粗齿的容屑槽大,用于粗加工;细齿的用于精加工。铣刀外径较大时,常制成镶齿的。

2) 面铣刀

面铣刀如图 2-55 所示,主切削刃分布在圆柱或圆锥表面上,端面切削刃为副切削刃,铣刀的轴线垂直于被加工表面。按刀齿材料可分为高速钢和硬质合金两大类,多制成套式镶齿结构,主要用在立式铣床或卧式铣床上加工台阶面和平面,特别适合较大平面的加工,主偏角为 90°的面铣刀可铣底部较宽的台阶面。用面铣刀加工平面,同时参加切削的刀齿较多,又有副切削刃的修光作用,使加工表面粗糙度值小,因此可以用较大的切削用量,生产率较高,应用广泛。

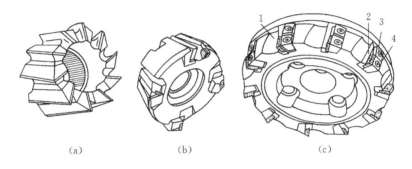

图 2-55 面铣刀

(a) 整体式面铣刀;(b) 焊接式硬质合金面铣刀;(c) 机夹式可转位硬质合金面铣刀

1—不重磨可转位夹具;2—定位座;3—定位座夹具;4—刀片夹具

3) 立铣刀

立铣刀如图 2-56 所示,一般由 3~4 个刀齿组成,圆柱面上的切削刃是主切削刃,端面上分布着副切削刃,工作时不能沿铣刀轴线方向作进给运动。它主要用于加工凹槽、台阶面以及利用靠模加工成形面。此外,还有粗齿大螺旋角立铣刀、硬质合金波形刃立铣刀等,它们的直径较大,可以采用大的进给量,生产率很高。

4) 键槽铣刀

键槽铣刀如图 2-57 所示。它的外形与立铣刀的外形相似,不同的是它在圆周上只有两个螺旋刀齿,其端面刀齿的刀刃延伸至中心,因此在铣两端不通的键槽时,可以作适量的轴向进给。它主要用于加工闭式圆头键槽,使用时,要作多次垂直进给和纵向进给才能完成键槽加工。

5) 三面刃铣刀

三面刃铣刀如图 2-58 所示,可分为直齿式三面刃铣刀和错齿式三面刃铣刀、镶齿式

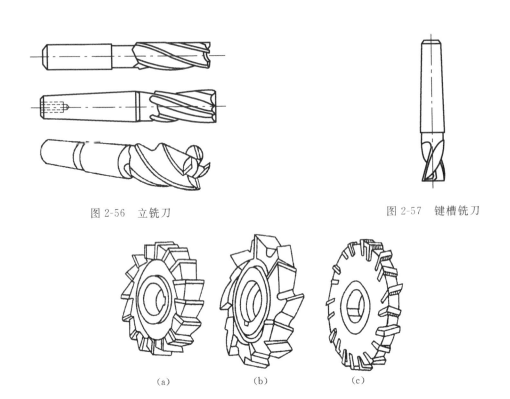

图 2-56 立铣刀　　　　　图 2-57 键槽铣刀

图 2-58 三面刃铣刀
(a) 直齿式三面刃铣刀；(b) 错齿三面刃铣刀；(c) 镶齿三面刃铣刀

三面刃铣刀。它主要用在卧式铣床上加工台阶面和一端或两端贯穿的浅沟槽。三面刃铣刀除圆周具有主切削刃外，两侧面也有副切削刃，从而改善了切削条件，提高了切削效率，减小了表面粗糙度值。但重磨后宽度尺寸变化较大，镶齿三面刃铣刀可解决这一个问题。

6）其他铣刀

除了上面介绍的铣刀外，还有锯片铣刀、角度铣刀、成形铣刀、T 形槽铣刀、燕尾槽铣刀、仿形铣用的指状铣刀等，如图 2-59 所示。

4. 拉刀

拉削可以加工各种不同形状的通孔、各种槽形，以及各种内、外成形表面。拉削是一种先进的切削方法，拉削过程是在拉床上实现的，拉削所用的刀具称为拉刀。拉刀是一种多齿刀具，拉削时由于后一个（或一组）刀齿高出前一个（或一组）刀齿，从而能够一层层地从工件上切去金属，以获得所要求的工件表面，拉削过程如图 2-60 所示。拉刀的种类很多，若按加工表面的不同，可分为内拉刀和外拉刀。前者用于加工工件内表面，后者用于加工工件外表面。

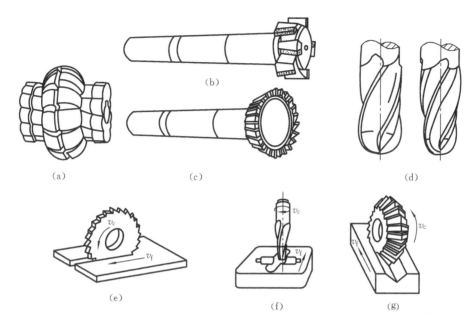

图 2-59 其他铣刀

(a) 成形铣刀；(b) T 形铣刀；(c) 燕尾槽铣刀；(d) 指状铣刀；
(e) 锯片铣刀；(f) 模具铣刀；(g) 角度铣刀

下面以圆孔拉刀为例介绍拉刀的组成，其结构如图 2-61 所示。拉刀主要由以下几个部分组成。

(1) 前柄部。它与机床相连，用以传递动力。

(2) 颈部。它是拉刀前柄部和过渡锥的连接部分，拉刀的规格等标记一般都打在颈部上。

(3) 过渡锥。它引导拉刀前导部进入工件预加工孔的锥度部分，有对准中心的作用。

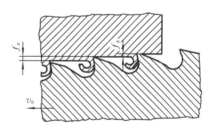

图 2-60 拉刀拉孔过程

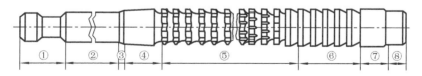

图 2-61 圆孔拉刀的组成

①—前柄部；②—颈部；③—过渡锥；④—前导锥；
⑤—切削部；⑥—校准部；⑦—后导部；⑧—后柄部

(4) 前导锥。它引导拉刀切削齿正确地进入工件待加工表面的部分,并可检查拉前孔径是否太小,以免拉刀第一个刀齿负荷太重而损坏。

(5) 切削部。切削部刀齿起切削作用,切除工件上的全部加工余量,由粗切齿、过渡齿和精切齿组成,各齿直径依次递增。

(6) 校准部。校准部具有几个尺寸形状相同的齿,起校准和储备作用。

(7) 后导部。后导部是保证拉刀最后刀齿正确地离开工件的导向部分,以防止拉刀在即将离开工件时工件下垂而损坏已加工表面和拉刀刀齿。

(8) 后柄部。当拉刀长而重时,拉床的托架或夹头支撑在后柄部上,防止拉刀下垂而影响加工质量,并减轻了装卸拉刀的劳动强度。

5. 螺纹刀具

在各种传动机构、紧固零件和测量工具等很多方面都广泛应用了螺纹。由于它的用途不同,其形状、精度、表面粗糙度也各有要求。根据螺纹的形状、表面粗糙度、精度和生产批量的不同,其加工方法及所采用的刀具也各不相同。

按加工螺纹的方法,螺纹刀具可分为以下几类:螺纹车刀、螺纹梳刀、丝锥和板牙、螺纹切头、螺纹铣刀、螺纹高速铣削刀盘、螺纹砂轮和螺纹滚压工具等。下面介绍几种常用的螺纹刀具。

1) 丝锥

丝锥本质上是一带有纵向容屑槽的螺栓,具有切削刀刃和几何角度,是加工圆柱形和圆锥形内螺纹的标准刀具之一,其结构简单,使用方便,故应用极为广泛。

丝锥的种类很多,按不同用途和结构可分为手用丝锥、机用丝锥、螺母丝锥、锥形螺纹丝锥、梯形螺纹丝锥等。

图 2-62 所示为最常用的三角牙形丝锥,它的工作部分由切削锥与校准部分组成。切削部分磨出锥角 $2\varphi$,以便使切削负荷分配在几个刀齿上。校准部分有完整齿形,控制螺纹尺寸参数并引导丝锥沿轴向运动。柄部方尾与机床连接,或者通过扳手传递扭矩。丝锥轴向开槽以容纳切屑,同时形成前角。切削锥顶刃及齿形侧刃经铲磨形成后角。丝锥心部留有锥心,其直径约为外径的一半,以保持丝锥的强度。

2) 板牙

板牙实质上是具有切削角度的螺母,端面上制出容屑孔以形成刀刃,是加工与修整外螺纹的标准刀具。如图 2-63 所示,板牙两端面上都磨出切削锥角 $2\varphi$,齿顶经铲磨形成后角。使用时将板牙放在板牙套中并用螺钉紧固。一端切削锥磨钝后可调头使用。中间部分为校准齿。

3) 螺纹铣刀

螺纹铣刀有盘形铣刀、梳形铣刀及铣刀盘三种,多用于螺纹的粗加工,生产率较高。

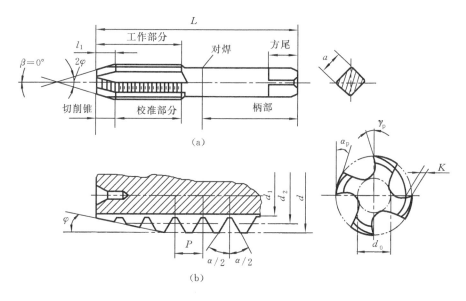

图 2-62 丝锥结构

(a) 结构图；(b) 齿形放大图

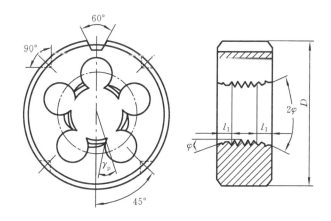

图 2-63 圆板牙

(1) 盘形螺纹铣刀。

盘形螺纹铣刀用于粗切蜗杆或梯形螺纹，工作情况如图 2-64(a)所示。铣刀与工件轴线交错 $\psi$ 角（$\psi$ 等于工件螺纹升角）。盘形铣刀是加工螺旋槽的成形铣刀，为减少铣槽时干涉，直径应尽可能设计得小；为保证铣削的平稳性，齿数应尽可能多。为此，螺纹铣刀多设计成尖齿结构。为改善切削条件，刀齿两侧做成错齿结构，以增大侧刃容屑槽，但每把铣刀应保留一个完整齿，以便检验齿形。

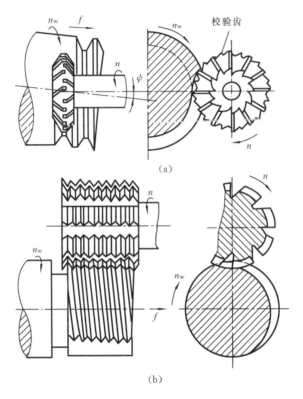

图 2-64 螺纹铣刀
(a) 盘形铣刀；(b) 梳形铣刀

(2) 梳形螺纹铣刀。

梳形螺纹铣刀是由若干个环形齿纹构成的，其宽度大于工件长度，一般做成铲齿结构，用在专用铣床上加工螺距不大、长度较短的三角形螺纹，其工作情况如图 2-64(b)所示。工件转一周，铣刀相对工件沿轴线移动一个导程，即可全部铣出螺纹。

(3) 铣刀盘。

铣刀盘是指应用硬质合金刀头的高速铣削螺纹刀具，也称旋风铣削刀盘。铣削时，刀盘高速旋转，工件每转一周，旋风切头沿工件轴线移动一个导程。切削刃与工件相对运动轨迹包络形成螺纹。工作时，铣刀盘轴线相对工件轴线倾斜了一个螺纹升角，以保持刀尖运动方向与螺纹方向一致。如图 2-65 所示，铣刀盘有内切、外切两种。

(4) 螺纹切头。

螺纹切头是一种高生产率的刀具，常用的有圆梳刀外螺纹切头和径向平梳刀内螺纹切头，其外形如图 2-66 所示。切削过程中可手动或自动使梳刀径向开合，能在较高切削速度下工作，行程到达终点后能快速退回，生产效率很高。梳刀可多次重磨，使用寿命长，

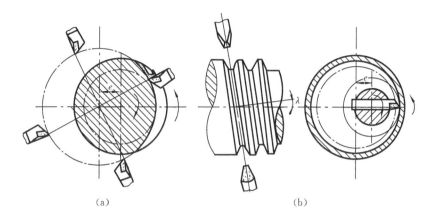

图 2-65 高速铣削方式
(a) 铣削外螺纹；(b) 铣削内螺纹

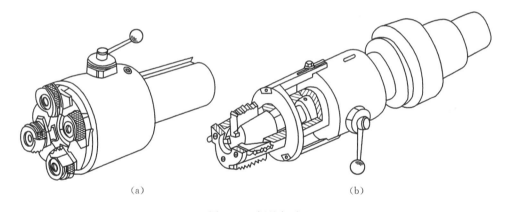

图 2-66 螺纹切头
(a) 圆梳刀外螺纹切头；(b) 径向平梳刀内螺纹切头

加工精度也较高，但结构复杂、成本高。圆梳刀螺纹切头可加工 M4～M60 的外螺纹。径向平梳刀内螺纹切头能加工米制螺纹和锥管螺纹，可以加工几乎所有规格的三角形螺纹和大于 M36 的内螺纹。

6. 齿轮刀具

齿轮刀具是用来加工齿形的。为满足各种齿轮加工需要，齿轮刀具种类很多，结构复杂。按照齿轮齿形的形成原理，齿轮刀具可分为成形法齿轮刀具和展成法齿轮刀具两大类。

1) 成形法齿轮刀具

这类刀具是以成形的方法加工齿形，常用的成形齿轮刀具主要有以下几种。

(1) 指形齿轮铣刀。

如图 2-67(a)所示,指形齿轮铣刀是成形立铣刀,可做成铲齿或尖齿结构。切齿过程中工件沿齿向作进给运动,铣完一个齿后,用分度头分度铣下一个齿。这种铣刀适合加工人字齿轮及大模数的直齿、斜齿轮。由于刀齿负荷大,进给量小,齿形精度也不高,因而加工效率和精度都较低。

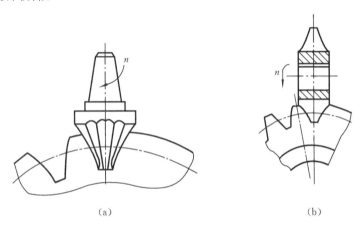

图 2-67　成形齿轮铣刀
(a) 指形齿轮铣刀；(b) 盘形齿轮铣刀

(2) 盘形齿轮铣刀。

如图 2-67(b)所示,盘形齿轮铣刀就是一把铲齿成形铣刀,可用于加工直齿轮或斜齿轮。切齿过程中刀具旋转,沿齿槽方向进给,铣完一个齿槽后需分度。由于这种方法的加工精度和生产率都很低,故盘形齿轮铣刀多用于机修工作中低精度配件的加工或单件小批量生产。

成形法齿轮刀具除上述两种外,还有用于大批量生产的专用成形齿轮拉刀、成形齿轮切割刀盘等。

2) 展成法齿轮刀具

这类刀具是以展成的方法加工齿轮的刀具。用展成法加工齿轮齿形的刀具有许多种,在生产中最常用的有齿轮滚刀(见图 2-68)、插齿刀(见图 2-69)等。刀具本身相当于一个齿轮,切齿时刀具与工件之间有相对的啮合运动(又称展成运动)。被加工齿轮的齿形由刀具切削刃在展成过程中多次切削包络而成,因而刀具的齿形不同于被切齿轮任何截面中的形状。一把刀具可加工模数相同而齿数不同的齿轮,这是展成法切齿的主要优点。这种切齿方法加工精度和生产率都较高,广泛地应用于成批和大量生产中。齿轮滚刀工作原理如图 2-70 所示,插齿刀工作原理如图 2-71 所示。

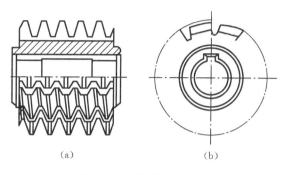

图 2-68 整体式齿轮滚刀

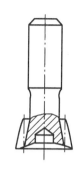

图 2-69 整体式插齿刀

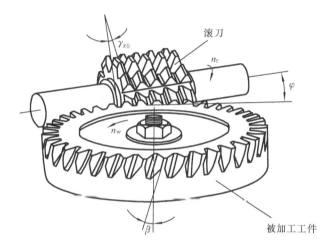

图 2-70 齿轮滚刀的工作原理

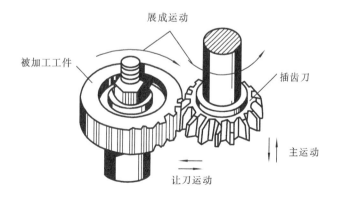

图 2-71 插齿刀的工作原理

### 2.2.6 磨料与磨具

磨削是现代机械制造中最常用的加工方法之一,磨削所用的主要工具是磨轮。砂轮是用得最多的一种磨轮。它是由结合剂将磨料黏合而成的多孔体。砂轮的特性主要由磨料、粒度、结合剂、硬度、组织及形状尺寸等因素所决定。

#### 1. 磨料及其选择

磨料是砂轮的主要成分,它直接担负着切削工作。在磨削时,它要经受高速的摩擦、剧烈的挤压,因此磨料必须具有很高的硬度、耐磨性、耐热性及相当的韧性,还要具有比较锋利的形状,以便磨下金属。

磨料可分为天然磨料和人造磨料两大类。一般天然磨料含杂质多,质地不匀;天然金刚石虽好,但价格昂贵,故目前使用的主要是人造磨料。制造砂轮的磨料有氧化铝(刚玉)、碳化硅、金刚石和立方氮化硼四大类。

(1) 氧化铝类的主要成分是 $Al_2O_3$。它的硬度比碳化硅类低,但韧度较好,故适合磨削抗拉强度较好的材料,如各种钢材。

(2) 碳化硅类的硬度比氧化铝类的高,磨粒锋利(刃口圆弧半径比氧化铝类的小30%),导热性好,但韧性较差,不宜磨削钢料等韧性金属材料,适合于磨削脆性材料,如铸铁、硬质合金等。碳化硅类不能磨削钢的另一个原因是:在高温下,碳化硅中的碳原子会向铁素体中扩散,造成磨粒的扩散磨损。

(3) 金刚石是目前已知物质中最硬的一种材料,其刃口非常锋利,导热性好,切削性能优良,但价格昂贵。它主要用于加工其他磨料难以加工的高硬度材料及高精度磨削,如精磨硬质合金和光学玻璃等。工业生产中使用的大多是人造金刚石。

(4) 立方氮化硼呈棕黑色,其硬度略低于金刚石,是与金刚石互为补充的优质磨料。金刚石砂轮在磨削硬质合金和非金属材料时具有独特的效果。但在磨削钢料时,尤其是磨削特种钢材料时,效果不显著,这是因为高温下金刚石中的碳原子会向钢中扩散。立方氮化硼砂轮磨削钢料的效率比氧化铝砂轮要高近百倍,比金刚石高 5 倍,但磨削脆性材料时其磨削效率不及金刚石,适合磨削高速钢、不锈钢、耐热钢及其他难加工材料。

#### 2. 粒度及其选择

粒度是指磨料颗粒的大小。粒度号有以下两种表示方法。

① 对于用筛选法来区别的较大的颗粒(砂轮上用的都是这种),以每英寸长度上筛孔的数目来表示。例如,46# 粒度是指其大小正好能通过每英寸长度上有 46 个孔眼的筛网。粒度号越大,磨料颗粒越小。

② 对于用沉淀法或显微测量法来区别的微小颗粒(常称微粉,作研磨用),就用颗粒的最大尺寸(以 $\mu m$ 计)为粒度号。例如,W20 表示微粉的颗粒尺寸在 20~14 $\mu m$ 之间。

选择砂轮粒度的一般原则如下所述。

(1) 粗磨时,应选择粒度号较小的砂轮,以保证较高的生产率;精磨时,应选择粒度号较大的砂轮,以减小工件的表面粗糙度值。

(2) 砂轮与工件的接触面积较大时,应选较小的粒度号,以免发热过多,使工件表面烧伤。

(3) 磨削软而韧的金属时,应选粒度号较小的砂轮,以减少砂轮堵塞现象;磨削硬而脆的金属时,宜选择粒度号大的砂轮。

(4) 磨削薄壁工件时,为了减少热变形,应选粒度号较小的砂轮。

(5) 成形磨削时,要求砂轮外形保持的时间长些,应选用粒度号较大的砂轮。

通常,磨毛坯时选用 $12^\#\sim24^\#$;外圆、内圆和平面磨削时选用 $36^\#\sim70^\#$;刃磨刀具时选用 $46^\#\sim100^\#$;螺纹磨削、成形磨削和要求工件表面粗糙度值较小时的磨削选用 $100^\#\sim280^\#$。

3. 结合剂及其选择

结合剂是将细小的磨粒黏固成砂轮的结合物质。砂轮的强度、耐冲击性、耐热性主要取决于结合剂的性能。此外,结合剂对磨削温度、磨削表面粗糙度等也有一定的影响。

常用的结合剂有以下几种。

1) 陶瓷结合剂

它是一种无机结合剂,由黏土、长石、滑石、硼玻璃和硅石等材料配成。除薄片砂轮外,它可以做成各种粒度、硬度、组织、形状和尺寸的砂轮,应用范围最广。

2) 树脂结合剂

它是一种有机结合剂,其主要成分为酚醛树脂,也可采用环氧树脂。树脂砂轮的应用场合为:①磨断钢锭,铸件去毛刺,粗磨;②精磨、抛光;③磨窄槽,切断工件。

3) 橡胶结合剂

它是一种有机结合剂,多数采用人造橡胶。橡胶结合剂的应用不如以上两种结合剂普遍,只用于切断、磨窄槽、磨滚动轴承滚道、作无心磨床导轮,以及制成抛光砂轮抛光成形面等。

4) 金属结合剂

常用的是青铜结合剂,其特点是强度高,成形性好,有一定的韧度,但自锐性差,主要用于制作金刚石砂轮。

4. 硬度及其选择

砂轮的硬度是指结合剂黏结磨粒的牢固程度,也是指磨粒在磨削力作用下从砂轮表面上脱落下来的难易程度。砂轮硬,就是磨粒黏得牢,不易脱落;砂轮软,就是磨粒黏得不牢,容易脱落。选择砂轮硬度时可参考以下原则。

(1) 磨削硬材料时,磨粒易磨损,为了使磨钝了的磨粒能及时脱落,应选较软的砂轮;磨削软材料时,磨粒不易磨损,应选较硬的砂轮,但磨削很软的材料(如有色金属)时,砂轮易被堵塞,故应选较软的砂轮。

(2) 砂轮与工件接触面积愈大,磨粒参加切削的时间愈长,磨粒愈易磨损,故应选愈软的砂轮。如内圆磨削用的砂轮应比外圆磨削用的软一些,而端磨平面的砂轮应更软。

(3) 磨削导热性差的材料(如不锈钢、硬质合金等)和薄壁零件时,因不易散热,表面常会烧伤,故要选择较软的砂轮。

(4) 成形磨削时,应选较硬的砂轮,以使砂轮轮廓能维持较长的时间。

(5) 清理铸件、锻件和粗磨时,为了使砂轮不致消耗过快,应选较硬的砂轮。

5. 组织及其选择

砂轮的组织是指砂轮中磨料、结合剂和气孔三者体积的比例关系。磨料在砂轮中所占的体积比例越大,砂轮的组织越紧密,气孔越小;反之,磨料的比例越小,组织越松,气孔越大。砂轮组织松,砂轮不易被磨屑堵塞,切削液和空气能带入磨削区域,可降低磨削区域的温度,减少工件发热变形和烧伤,也可以提高磨削效率。但表面粗糙度值增加,且不易保持砂轮的轮廓形状。

砂轮的组织分为紧密(0~3级)、中等(4~7级)和疏松(8~12级)三个类别,并细分为13级。紧密组织的砂轮适于重压力下的磨削。在成形磨削和精密磨削时,紧密组织的砂轮能保持砂轮的成形性,并可获得较高的加工表面质量。中等组织的砂轮适于一般的磨削工作,如淬火钢磨削、刀具刃磨等。疏松组织的砂轮不易堵塞,适于平面磨、内圆磨等磨削接触面积较大的工序,还可用于磨削热敏性强的材料或薄工件。

6. 砂轮的标志方法

根据不同的用途、磨削方式和磨床类型,砂轮被制成各种形状和尺寸,并已标准化。一般在砂轮的端面都印有标志,将砂轮的各种特性等以代号标注,其顺序是:形状、尺寸、磨料、粒度号、硬度、组织号、结合剂和最高线速度。例如:

$$\underset{\substack{\text{形状代号}\\(\text{双面凹砂轮})}}{\text{PSA}} \quad \underset{\substack{\text{外径×厚度×孔径}\\(D\times H\times d)}}{400\times100\times127} \quad \underset{\substack{\text{磨料}\\(\text{棕刚玉})}}{A} \quad \underset{\substack{\text{粒度}\\(60^{\#})}}{60} \quad \underset{\substack{\text{硬度}\\(\text{中软})}}{L} \quad \underset{\substack{\text{组织号}\\(\text{中等})}}{5} \quad \underset{\substack{\text{结合剂}\\(\text{树脂})}}{B} \quad \underset{\substack{\text{最高线速度}\\(\text{m/s})}}{35}$$

## 2.2.7 刀具选用

在切削过程中,刀具的切削能力直接影响着生产率、加工质量及加工成本,而刀具的切削能力主要取决于刀具材料的性能和刀具的合理几何参数。

1. 刀具种类的选择

刀具种类主要根据被加工表面的形状、尺寸、精度、加工方法、所用机床及要求的生产率等进行选择。

2. 刀具材料的选择

刀具材料主要根据被加工工件材料、刀具形状和类型及加工要求等进行选择(参见本书2.2.4节相关内容)。

(1) 高速钢的特点是强度高、韧度好、工艺性好、刃磨性好,常用于复杂、小型、刚度差(如钻头、丝锥、成形刀具、拉刀、齿轮刀具等)及中、低速切削的各种刀具和精加工的刀具。

(2) 硬质合金的特点是硬度高、热硬性高、耐磨性好,但较脆,常用于刚度好、刃形简单的刀具,具体选择如下。

① YG 类(≈ISO 的 K 类):数字越大,韧度越好;切铸铁、非铁金属、非金属、高温合金。

② YT 类(≈ISO 的 P 类):数字越小,韧度越好;切碳素钢、合金钢。

③ YW 类(≈ISO 的 M 类):数字越大,韧度越好;切耐热钢、不锈钢、普通钢和铸铁。

④ YN 类:数字越大,韧度越好;切钢和铸铁。

⑤ 粗加工:选韧度好、耐冲击的材料。

⑥ 精加工:选硬度高、耐高温、细晶粒的材料。

(3) 陶瓷的特点是硬度高,耐高温,可高速切削,但脆性大,常用于钢、铸铁、非铁金属材料的精加工、半精加工。

(4) 人造金刚石的特点是硬度高、与金属摩擦系数小,但不太耐高温,不宜切钢铁材料,常用于高硬度耐磨材料、非铁金属、非金属的超精加工或作磨具。

(5) 立方氮化硼的特点是硬度高、耐高温,磨削性能较好,但焊接性能差些,其抗弯强度较硬质合金的低,常用于加工高温合金、淬硬钢、冷硬铸铁。

3. 刀具角度的选择

刀具角度的选择直接影响切削效率、刀具寿命、表面质量和加工成本。因此必须重视刀具角度的合理选择,以充分发挥刀具的切削性能。刀具角度的选择主要包括刀具的前角、后角、主偏角和刃倾角的选择。

1) 前角

前角 $\gamma_o$ 对切削的难易程度有很大影响。增大前角能使刀刃变得锋利,使切削更为轻快,并减小切削力和切削热。但前角过大,刀刃和刀尖的强度下降,刀具导热体积减少,影响刀具使用寿命。前角的大小对表面粗糙度、排屑和断屑等也有一定影响。工件材料的强度、硬度低,前角应选得大些,反之则小些;刀具材料韧度好(如高速钢),前角可选得大些,反之应选得小些(如硬质合金);精加工时,前角可选得大些;粗加工时应选得小些。

2) 后角

后角 $\alpha_o$ 的主要功用是减小后刀面与工件间的摩擦和后刀面的磨损,其大小对刀具耐用度和加工表面质量都有很大影响。一般来说,切削厚度越大,刀具后角越小;工件材料越软,塑性越大,后角就越大。工艺系统刚度较差时应适当减小后角,尺寸精度要求较高的刀具,后角宜取小值。

3) 主偏角

主偏角 $\kappa_r$ 的大小影响切削条件和刀具耐用度。在工艺系统刚度很好时,减小主偏角可提高刀具耐用度、减小已加工表面粗糙度,所以 $\kappa_r$ 宜取小值;在工件刚度较差时,为避免工件的变形和振动,应选用较大的主偏角。

4) 副偏角

副偏角 $\kappa_r'$ 的作用是可减小副切削刃和副后刀面与工件已加工表面之间的摩擦,防止切削振动。$\kappa_r'$ 的大小主要影响已加工表面粗糙度,为了减小工件表面粗糙度值,通常取较小的副偏角。

5) 刃倾角

刃倾角 $\lambda_s$ 主要影响刀头的强度和切屑流动的方向。当 $\lambda_s > 0°$ 时,切屑流向待加工表面;当 $\lambda_s < 0°$ 时,切屑流向已加工表面;当 $\lambda_s = 0°$ 时,切屑沿正交平面方向流出。

增大 $\lambda_s$ 可增加实际工作前角和刃口锋利程度,可提高加工质量。选用负刃倾角,可提高刀具强度,改变刀刃受力方向,提高刀刃抗冲击能力,但负刃倾角过大会使背向力增大。

一般钢、铸铁精加工时,取 $\lambda_s = 0° \sim +5°$,粗加工时,取 $\lambda_s = -5° \sim 0°$。在加工高硬质、高强度金属,加工断续表面或有冲击载荷时,取 $\lambda_s = -5° \sim -15°$。

### 2.2.8 自动化加工中的刀具

与普通机床加工方法相比,数控加工对刀具提出了更高的要求,不仅需要刚度好、精度高,而且要求尺寸稳定,耐用度高,断屑和排屑性能好;同时要求安装调整方便,以满足数控机床高效率的要求。数控机床上所选用的刀具常采用适应高速切削的刀具材料(如高速钢、超细粒度硬质合金),并使用可转位刀片。

同时,刀具方面必须能对生产现场的问题做出及时快速的响应,提供有力高效的技术支持,并能控制和追溯刀具的制造过程。面对激烈的市场竞争,机械工业正在全面实行精益生产,同时要求不断降低刀具成本,对刀具物流、库存等的要求也提高了。与此同时,由于环境保护、健康和职业卫生等方面标准和要求的提高,对金属切削加工及刀具就有了新的、更高的要求。所有这一切都要求切削及刀具行业不断开发新技术、新材料、新工艺及新的管理方法,以适应机械制造过程中不断出现的新技术、新材料和新工艺及新的管理体系。

1. 数控刀具的基本特点

(1) 切削刀具由传统的机械工具实现了向高科技产品的飞跃,刀具的切削性能有显著的提高。

(2) 切削技术由传统切削工艺向创新制造工艺的飞跃,大大提高了切削加工的效率。

(3) 刀具工业由脱离使用、脱离用户的低级阶段向面向用户、面向使用的高级阶段的飞跃,成为用户可利用的专业化的社会资源和合作伙伴。

切削刀具从低值易耗品过渡到全面进入"三高一专(高效率、高精度、高可靠性和专用化)"的数控刀具时代,实现了向高科技产品的飞跃,成为现代数控加工技术的关键技术,与现代科学的发展紧密相连,是综合应用材料科学、制造科学、信息科学等领域的高科技成果的结晶。

数控加工刀具必须适应数控机床高速、高效和自动化程度高的特点,一般应包括通用刀具、通用连接刀柄及少量专用刀柄。刀柄要连接刀具并装在机床动力头上,因此已逐渐标准化和系列化。

2. 数控刀具的分类

数控刀具的分类有多种方法,具体如下。

(1) 按照刀具结构可分为整体式(钻头、立铣刀等)、镶嵌式(包括刀片采用焊接式和机夹式)和特殊形式(复合式、减振式等)。

(2) 按照切削工艺可分为车削刀具(外圆、内孔、螺纹、成形车刀等)、铣削刀具(面铣刀、立铣刀、螺纹铣刀等)、钻削刀具(钻头、铰刀、丝锥等)和镗削刀具(粗镗刀、精镗刀等)。

3. 数控机床的工具系统

由于在数控机床上要加工多种工件,并完成工件上多道工序的加工,因此需要使用的刀具品种、规格和数量较多。要加工不同工件所需刀具更多,品种规格繁多将造成很大困难。为了减少刀具的品种规格,有必要发展柔性制造系统和加工中心使用的工具系统。在加工中心上,各种刀具分别装在刀库中,按程序的规定进行自动换刀。因此必须采用标准刀柄,以便使钻、镗、扩、铣削等工序用的刀具能迅速、准确地装到机床主轴上,与此同时,编程人员应充分了解机床上所用刀柄的结构尺寸、调整方法及调整范围,以便在编程时确定刀具的径向和轴向尺寸。加工中心所用的刀具必须适应加工中心高速、高效和自动化程度高的特点,其刀柄部分要连接通用刀具并装在机床主轴上。由于加工中心类型不同,其刀柄柄部的形式及尺寸也不尽相同。加工中心刀具的刀柄分为整体式工具系统和模块式工具系统两大类。工具系统一般为模块化组合结构,在一个通用的刀柄上可以装多种不同的刀具,使数控加工中的刀具品种规格大大减少,同时也便于刀具的管理。

数控机床的工具系统具体可分为车削类工具系统和镗铣类工具系统。

1) 车削类工具系统

数控机床车削类工具系统的构成和结构,与机床刀架的形式、刀具类型及刀具是否需要动力驱动等因素有关。数控车床常采用立式或卧式转塔刀架作为刀库,刀库容量一般为4~8把刀具,常按加工工艺顺序布置,由程序控制实现自动换刀,其特点是结构简单,换刀快速,每次换刀仅需1~2 s。图2-72所示为数控机床车削加工用工具系统的一般结构体系。目前广泛采用的德国DIN69880工具系统具有重复定位精度高、夹持刚度好、互换性强等特点。

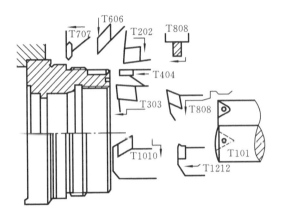

图 2-72 数控机床车削加工用刀具

2) 镗铣类工具系统

镗铣类工具系统可分为整体式工具系统和模块式工具系统两大类。

图 2-73 所示为镗铣类整体式工具系统。该系统是把工具柄部和装夹刀具的工作部分做成一体,要求不同工作部分都具有同样结构的刀柄,以便与机床的主轴相连,所以具有可靠性强、使用方便、结构简单、调换迅速及刀柄种类较多的特点。

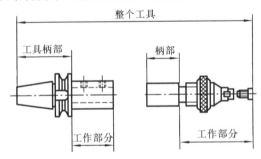

图 2-73 镗铣类整体式工具系统

图 2-74 所示为镗铣类模块式工具系统。该系统是把整体式刀具分解成柄部(主柄模块)、中间连接部(连接模块)、工作头部(工作模块)三个主要部分,然后通过各种连接结构,在保证刀杆连接精度、强度、刚度的前提下,将这三部分连接成整体。

模块式工具系统由于其定位精度高,装卸方便,连接刚度好,具有良好的抗振性,是目前用得较多的一种类型,它由刀柄、中间接杆及工作头组成。它具有单圆柱定心、径向销钉锁紧的连接特点,它的一部分为孔,而另一部分为轴,两者之间进行插入连接,构成一个刚性刀柄,一端和机床主轴连接,另一端安装上各种可转位刀具便构成一个工具系统。根据加工中心类型,可以选择莫氏及公制锥柄。中间接杆有等径和变径两类,根据不同的内

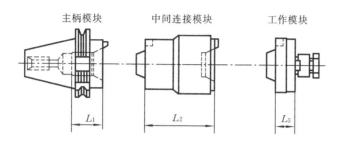

图 2-74 镗铣类模块式工具系统

外径及长度将刀柄和工作头模块相连接。工作头有可转位钻头、粗镗刀、精镗刀、扩孔钻、立铣刀、面铣刀、弹簧夹头、丝锥夹头、莫氏锥孔接杆、圆柱柄刀具接杆等多种类型。可以根椐不同的加工工件尺寸和工艺方法,按需要组合成铣、钻、镗、铰、攻丝等各类工具进行切削加工。例如,国内生产的 TMG10、TMG21 模块工具系统,发展迅速,应用广泛,是加工中心使用的基本工具。

4．刀具识别

刀具的识别是通过识别刀具的编码来实现的。识别的方法有两种:接触式识别和非接触式识别。两种识别方法的编码和识别装置均不一样。图 2-75 所示为钻头的接触式识别装置简图。刀具的编码通过数码环 3 实现。所谓数码环实际上是一组具有两种不同直径,并按一定顺序排列的圆环,大直径的数码为 1,小直径的数码为 0。因此,图 2-75 所示钻头的编码为 11010。数码环的多少由要求的刀库容量决定,容量大的环数多。图 2-75 中共有五个环,可对刀库容量为 $2^5=32$ 的刀库中的每一把刀进行编码。编码的识别通过位于数码环旁边的接触装置上的五个触针(触针数量与数码环数量相同)来实现。当触针与数码环接触时,编码为 1,否则为 0。

图 2-76 所示为条形码识别系统(属非接触式)的示意图。所谓条形码,是指一组粗细不同,印在浅色衬底上的深色条形码符。通过这种长条形码符和衬底的不同排列组合来对被识别对象进行编码,这是国际上通用的编码方法。条形码识别系统由光源、条形码标

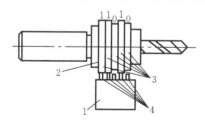

图 2-75 接触式识别装置简图
1—接触装置;2—刀套;3—数码环;4—触针

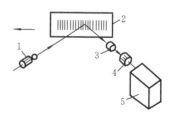

图 2-76 条形码识别系统示意图
1—光源;2—条形码标记;3—聚光镜;
4—光敏元件;5—控制装置

记、光敏元件和读出控制电路组成。当光源发出的光线射向移动刀具上的条形码标记时,由于条形码标记上线条本身粗细不同,线条间隙的宽窄和衬底的反射率不同,故产生强度不同的反射光。反射光经聚光镜聚焦在光敏元件上,使光敏元件产生不同大小的电流信号。将电流信号送入读出控制电路,经放大整形后即转换为数字信号。计算机或其他逻辑电路就根据这些数字信号的不同,识别不同的刀具。非接触式识别消除了因机械磨损和接触不良而造成的识别错误,比接触式识别更为可靠。

5. 选刀方式

以单台加工中心为例,从刀库中选刀的方式有以下两种。

(1) 顺序选择方式。已调好的刀具组件按零件加工的工艺顺序依次插在刀库中,加工时机械手根据数控指令依次从刀库中取出刀具,而刀库随着刀具的取出依次转动一个刀座位置。这种选刀方式的特点是刀库驱动控制简单,但刀库中的任意一把刀具在零件的整个加工过程中不能重复使用。

(2) 任意选择方式。刀库中的每把刀具(或刀座)都经过预先编码。刀具管理系统在刀库运转中,利用识别装置识别刀具的编码号的方式来选择刀具。当某一刀具的编码与选刀的数控指令代码相符时,刀具识别装置发出信号,控制刀库将该刀具输送到换刀位置,以便机械手取用。这种方式的优点是刀具可重复使用,减少了刀具库存量,刀库容量也相对较小,但刀库驱动控制比较复杂。这种选刀方式适用于多品种小批量的随机生产,并可用于加工复杂的工件。

## 2.3 机床夹具

### 2.3.1 概述

1. 机床夹具的定义

在机床上加工工件时,为了使工件在该工序所加工的表面能达到图样规定的尺寸、几何形状以及与其他表面间的相互位置等技术要求,在开动机床进行加工前,必须首先将工件装好夹牢。机械加工中,在机床上用以确定工件位置并将其夹紧的工艺装备称为机床夹具(简称为夹具)。

2. 机床夹具的功用

一般情况下机床夹具的功用有下列几点。

(1) 保证被加工表面的位置精度。采用夹具装夹工件,可以准确确定工件与刀具、机床之间的相对位置,因而能比较可靠、稳定地获得较高的位置精度。

(2) 提高劳动生产率。采用夹具后,可以省去对工件的逐个找正和对刀,使辅助时间显著减少。另外,用夹具装夹工件,比较容易实现多件、多工位加工,以及使机动时间与辅助时间重合等。当采用机械化、自动化程度较高的夹具时,可进一步减少辅助时间,从而可以大大提高劳动生产率。

(3) 扩大机床的使用范围。在机床上配备专用夹具,可以使机床使用范围扩大。例如:在车床床鞍上或在摇臂钻床工作台上安放镗模后,可以进行箱体孔系的镗削加工,使车床、钻床具有镗床的功能。

(4) 降低对工人的技术要求和减轻工人的劳动强度。

3. 机床夹具的分类

随着机械制造业的发展,机床夹具的种类不断地增加,出现了许多新颖的夹具结构。按夹具的使用范围和使用特点,机床夹具可分为以下几类。

1) 通用夹具

通用夹具是指结构、尺寸已规格化,具有一定通用性,在一定范围内可用于加工不同工件的夹具。通用夹具通常作为某种机床的附件,例如:车床的三爪卡盘或四爪卡盘;铣床的平口钳或回转工作台、万能分度头;平面磨床上的磁力工作台等。通用夹具的特点是适应性强,不需调整或稍加调整就可以用来安装一定形状和尺寸范围内的不同工件。采用这类夹具可缩短生产准备周期,减少夹具品种,从而降低产品加工的制造成本。这类夹具的缺点是工件定位精度不高,对工人操作水平要求较高,生产效率较低,主要用于多品种的单件小批生产。近年来随着产品加工特点和精度要求的日益提高,出现了一批高精度、高效率的通用夹具,如高精度的自动定心卡盘、液压虎钳、多角度磁性工作台等。由于此类夹具已作为机床附件由专门机床附件工厂制造供应,因此无须进行自行设计与制造,所以本书不予介绍。

2) 专用夹具

专用夹具是针对某一个工件的某道工序加工要求而专门设计、制造的专用装置。它一般是在产品批量生产加工中使用,是机械制造厂应用数量最多的一种机床夹具,是在使用通用机床夹具难以保证产品零件加工精度和生产数量较大的情况下才采用的夹具。此类夹具的特点是针对性强,结构紧凑,操作简便,生产率高,缺点是设计制造周期长,产品更新换代后,只要被加工工件尺寸形状变化,夹具即报废。此类夹具是本书的主要研究对象。

3) 可调夹具

可调夹具是根据待加工的零件结构相似、尺寸不同的特点而专门设计制造的一种夹具。在使用该夹具时,只需调整或更换原夹具上的个别定位元件或夹紧元件便可使用。目的是减少设计和制造专用夹具的数量。它一般分为通用可调夹具和成组夹具。前者的加工对象不很确定,通用性大,如滑柱式钻模夹具、带各种钳口的通用虎钳等;后者是针对成组工艺中某一组零件的加工而设计的,加工对象明确,使用时只需稍加调整或更换部分元件即可用于装夹同一组内的各个零件。由于可调夹具可以多次使用,减少了夹具的重复设计,降低了金属材料的消耗、夹具制造劳动量和制造费用,因此,可获得较高的经济效益,适宜在多品种小批量生产中应用。

4) 组合夹具

组合夹具是用一套预先制造好的标准元件及合件组装成的专用夹具。这些元件和合件具有精度高、耐磨、可完全互换、组装及拆卸方便、迅速等特点。夹具用完后即可拆卸,将元件清洗分类存放在夹具库里,留待组装新的夹具。由于使用组合夹具可缩短生产准备周期,元件能重复多次使用,并具有减少夹具品种、数量和存放空间等优点,因此组合夹具除适用新产品试制和单件小批生产外,还适应于柔性制造系统及批量生产中。组合夹具的缺点是一次性投资较大。

5) 自动线夹具

自动线夹具用于大批量生产的自动生产线之中。自动线夹具一般分为两类:一类为工位固定式夹具,又称为随机夹具,一般与专用机床夹具相似;另一类为随行夹具,适用于工件形状复杂而又无良好定位基面或输送基面的情况下。在使用随行夹具的过程中,先将工件装夹在随行夹具上,然后由随行夹具通过生产输送线上的拨动机构将工件沿着自动线从一个位置移到下一个位置,进行不同工序的加工。

机床夹具也可按所适用的机床不同分为钻床夹具、车床夹具、铣床夹具、磨床夹具、镗床夹具、拉床夹具、插床夹具和齿轮加工机床夹具等。

按所使用的动力源,机床夹具又可分为手动夹具、气动夹具、液压夹具、电动夹具、磁力夹具、真空夹具及离心力夹具等。

### 2.3.2 机床夹具的组成

机床夹具一般由以下几部分组成。

1. 定位元件和装置

它与工件的定位基准面相接触,用于确定工件在夹具中的正确位置,从而保证加工时工件相对于刀具和机床间的相对正确位置,如图2-86中的定位心轴6。

2. 夹紧装置

用于夹紧工件,在切削时使工件在夹具中保持既定位置,保证加工顺利进行的元件和装置,如图2-77中的螺母5和开口垫圈4。

3. 对刀、引导元件和装置

这些元件的作用是保证工件与刀具之间的正确位置。用于确定刀具在加工前正确位置的元件,称为对刀元件,如对刀块。用于确定刀具位置并引导刀具进行加工的元件,称为引导元件,如图2-77中的快换钻套1。

4. 夹具体

夹具体是夹具的基础元件,用于连接并固定夹具上各元件及装置,使其成为一个整

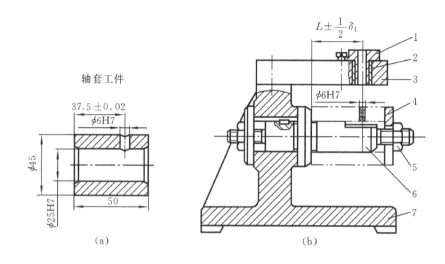

图 2-77 机床夹具的组成部分

1—快换钻套;2—导向套;3—钻模板;4—开口垫圈;5—螺母;6—定位心轴;7—夹具体

体。它与机床有关部件进行连接、对定,使夹具相对机床具有确定的位置,如图 2-77 中的夹具体 7。

5. 其他元件及装置

有些夹具根据工件的加工要求,为使工件在一次安装中多次转位而加工不同位置上的表面所设置的分度机构,铣床夹具还要有定位键等。

以上这些组成部分,并不是对每种机床夹具都是缺一不可的,但是任何夹具都必须有定位元件、夹紧装置和夹具体,它们是夹具的基本组成部分。

### 2.3.3 工件在夹具中的定位

工件在夹具中定位的任务是使同一工序中的一批工件都能在夹具中占据正确的位置。工件位置正确与否,应由加工要求来衡量。能满足加工要求的为正确,不能满足加工要求的为不正确。一批工件逐个在夹具上定位时,各个工件在夹具中占据的位置不可能完全一致,也不必要求它们完全一致,但各个工件的位置变动量必须控制在加工要求所允许的范围之内。

由此可知,定位方案是否合理,将直接影响加工质量,同时,它还是夹具上其他装置的设计依据。所以在拟定夹具设计方案时,首先要解决工件在夹具中的定位问题,它包括下列三项基本任务:①从理论上进行分析,如何使同一批工件在夹具中占据一致的正确位置;②选择合适的定位元件,设计相应的定位装置;③保证有足够的定位精度,即工件在夹具中定位时虽有一定误差,但仍能保证工件的加工要求。

1. 基准及其类型

工件上任何一个点、线、面的位置总是要用它与另外一些点、线、面的相互关系(如尺寸距离、平行度、垂直度、同轴度等)来确定。将用来确定加工对象上几何要素之间的几何关系所依据的那些点、线或面称为基准。从设计和工艺两方面看,基准可分为设计基准和工艺基准两大类。

1) 设计基准

设计者在设计零件时,根据零件在装配结构中的装配关系以及零件本身结构要素之间的相互位置关系,确定标注尺寸(或角度)的起始位置。这些尺寸(或角度)的起始位置称为设计基准。简言之,设计图样上所采用的基准就是设计基准。

2) 工艺基准

零件在加工和装配过程中所采用的基准称为工艺基准。工艺基准又进一步可分为工序基准、定位基准、测量基准和装配基准。

(1) 工序基准。

在工序图上用来确定本道工序所加工的表面加工后的尺寸、形状、位置的基准,称为工序基准。在设计工序基准时,主要应考虑以下三个方面的问题:①首先考虑用设计基准为工序基准;②所选工序基准应尽可能用于工件的定位和工序尺寸的检验;③当采用设计基准为工序基准有困难时,可另选工序基准,但必须可靠地保证零件的设计尺寸和技术要求。

(2) 定位基准。

在加工时用于工件定位的基准,称为定位基准,它是获得零件尺寸的直接基准。定位基准可以进一步分为粗基准、精基准及辅助基准。使用未经机械加工的表面作定位基准,称为粗基准;使用已经过机械加工的表面作定位基准,称为精基准;而零件上仅仅是根据机械加工工艺需要专门设计的定位基准,称为辅助基准。例如,轴类零件常用的顶尖孔定位、某些箱体零件加工所用的工艺孔定位、支架类零件用到的工艺凸台定位都属于辅助基准。

(3) 测量基准。

在加工中或加工后用来测量工件的形状、位置和尺寸偏差时所采用的基准,称为测量基准。

(4) 装配基准。

在装配时用来确定零件或部件在产品中的相对位置所采用的基准,称为装配基准。装配基准一般与零件的主要设计基准相一致。

作为基准的点、线、面有时在工件上并不一定实际存在(如孔和轴的轴心线,两平面之间的对称中心面等),而常常是由某些具体表面来体现的,这些表面称为定位基面。工件以回转表面(如孔、外圆等)定位时,回转表面的轴心线是定位基准,而回转表面就是定位基面。工件以平面定位时,其定位基准与定位基面一致。图2-78所示为各基准之间的关系。

2. 六点定位原理

任何未定位的工件在空间直角坐标系中都具有六个自由度,如图2-79所示。它在空间的位置是任意的,将未定位工件(粗线所示长方体)放在空间直角坐标系中,工件可以沿$x$、$y$、$z$轴有不同的位置,称为工件沿$x$、$y$和$z$轴的移动自由度,用$\vec{x}$、$\vec{y}$、$\vec{z}$表示;也可以绕

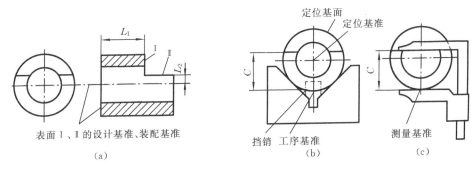

图 2-78 各基准之间的关系

$x$、$y$、$z$ 轴有不同的位置,称为工件绕 $x$、$y$ 和 $z$ 轴的转动自由度,用 $\hat{x}$、$\hat{y}$、$\hat{z}$ 表示。用以描述工件位置不确定性的 $\vec{x}$、$\vec{y}$、$\vec{z}$ 和 $\hat{x}$、$\hat{y}$、$\hat{z}$ 称为工件的六个自由度。

工件定位的任务就是根据加工要求限制工件的全部或部分自由度。如果按图 2-80 所示设置六个固定点,工件的三个面分别与这些点保持接触,工件的六个自由度都被限制了。这些用来限制工件自由度的固定点,称为定位支承点,简称支承点。

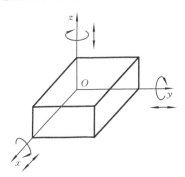

图 2-79 工件在空间的自由度

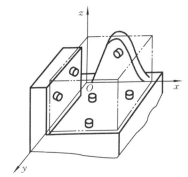

图 2-80 工件的六点定位

工件的六点定位原理是指用合理分布的六个支承点去限制工件的六个自由度,使工件在空间得到唯一确定的位置的方法。

在实际工作过程中,一个定位元件可以体现一个或多个支承点。具体情况要视定位元件的具体工作方式及其与工件接触范围的大小而论。如一个较小的支承平面与尺寸较大的工件相接触时只相当于一个支承点,只能限制一个自由度;一个平面支承在某一方向上并与工件有较大范围的接触,就相当于两个支承点或一条线,能限制两个自由度;一个支承平面在二维方向与工件有大范围接触,就相当于三个支承点,能限制三个自由度;一个与工件内孔的轴向接触范围小的圆柱定位销相当于两个支承点,可以限制两个自由度;一个与工件内孔在轴向有大范围接触的圆柱销相当于四个支承点,可以限制四个自由度等。常用的典型定位元件及其所限制的自由度情况如表 2-8 所示。

表 2-8 常用定位元件所能限制的自由度

| 工件的定位面 | | 夹具的定位元件 | | | |
|---|---|---|---|---|---|
| 平面 | 支承钉 | 定位情况 | 1个支承钉 | 2个支承钉 | 3个支承钉 |
| | | 图示 | 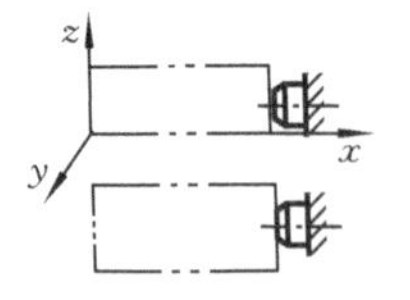 (图) | 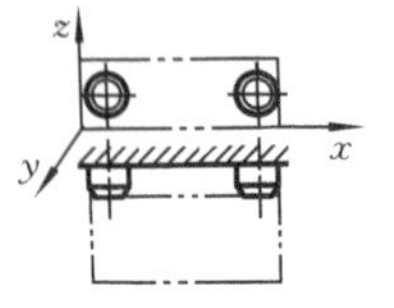 (图) | 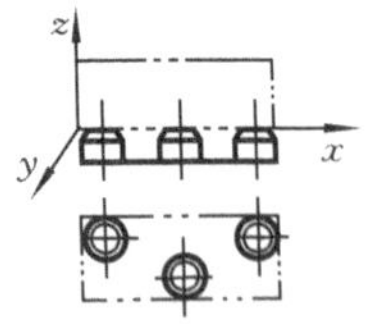 (图) |
| | | 限制的自由度 | $\vec{x}$ | $\vec{y}\ \widehat{z}$ | $\vec{z}\ \widehat{x}\ \widehat{y}$ |
| | 支承板 | 定位情况 | 一块条形支承板 | 两块条形支承板 | 一块矩形支承板 |
| | | 图示 | 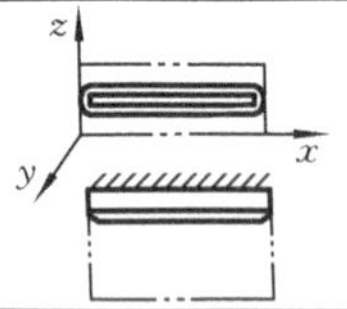 (图) | 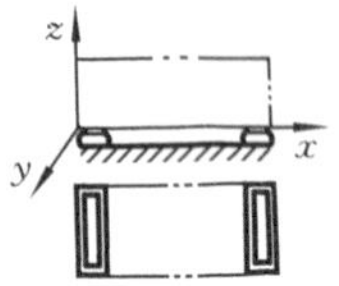 (图) | 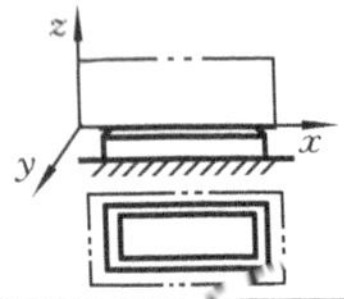 (图) |
| | | 限制的自由度 | $\vec{y}\ \widehat{z}$ | $\vec{z}\ \widehat{x}\ \widehat{y}$ | $\vec{z}\ \widehat{x}\ \widehat{y}$ |
| 圆孔 | 圆柱销 | 定位情况 | 短圆柱销 | 长圆柱销 | 两段短圆柱销 |
| | | 图示 | 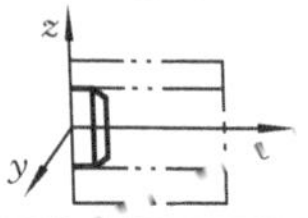 (图) | 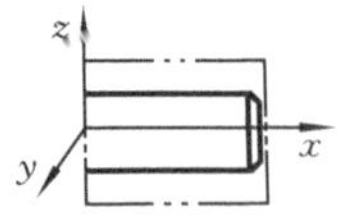 (图) | 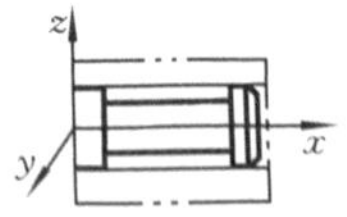 (图) |
| | | 限制的自由度 | $\vec{y}\ \vec{z}$ | $\vec{y}\ \vec{z}\ \widehat{y}\ \widehat{z}$ | $\vec{y}\ \vec{z}\ \widehat{y}\ \widehat{z}$ |
| | | 定位情况 | 菱形销 | 长销小平面组合 | 短销大平面组合 |
| | | 图示 | 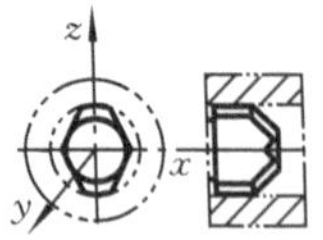 (图) | 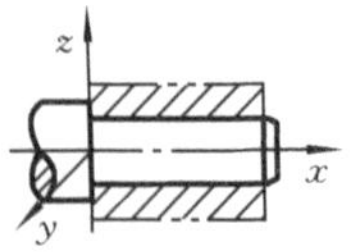 (图) | 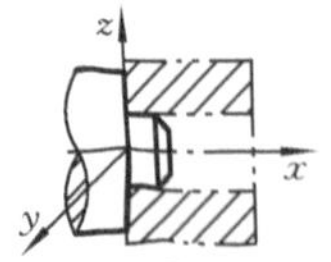 (图) |
| | | 限制的自由度 | $\vec{z}$ | $\vec{x}\ \vec{y}\ \vec{z}\ \widehat{y}\ \widehat{z}$ | $\vec{x}\ \vec{y}\ \vec{z}\ \widehat{y}\ \widehat{z}$ |
| | 圆锥销 | 定位情况 | 固定锥销 | 浮动锥销 | 固定锥销与浮动锥销组合 |
| | | 图示 | 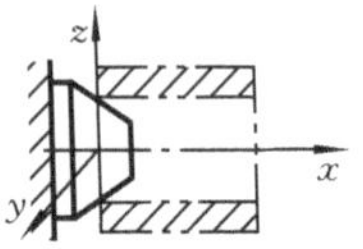 (图) | 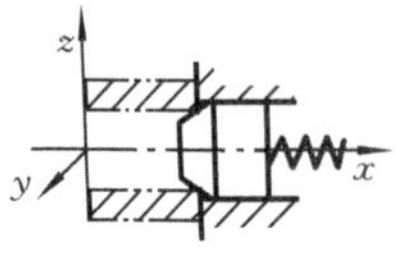 (图) | 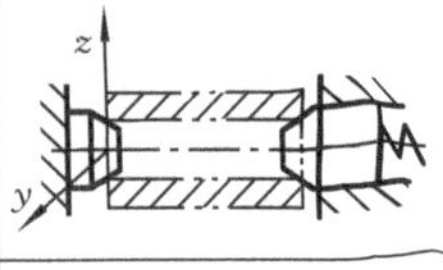 (图) |
| | | 限制的自由度 | $\vec{x}\ \vec{y}\ \vec{z}$ | $\vec{y}\ \vec{z}$ | $\vec{x}\ \vec{y}\ \vec{z}\ \widehat{y}\ \widehat{z}$ |

续表

| 工件的定位面 | 夹具的定位元件 | | | | |
|---|---|---|---|---|---|
| | | 定位情况 | 长圆柱心轴 | 短圆柱心轴 | 小锥度心轴 |
| 圆孔 | 心轴 | 图示 | | | |
| | | 限制的自由度 | $\vec{x}\ \vec{z}\ \hat{x}\ \hat{z}$ | $\vec{x}\ \vec{z}$ | $\vec{x}\ \vec{z}$ |
| 外圆柱面 | V形块 | 定位情况 | 一块短V形块 | 两块短V形块 | 一块长V形块 |
| | | 图示 | 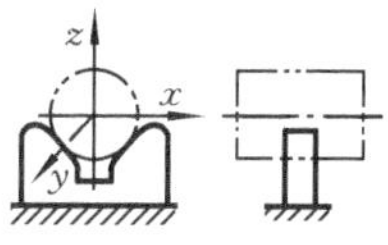 | 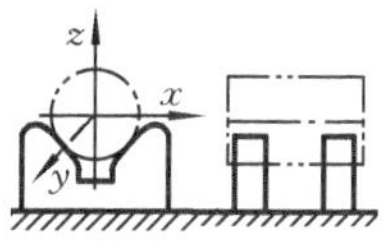 | 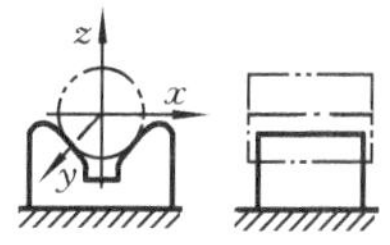 |
| | | 限制的自由度 | $\vec{x}\ \vec{z}$ | $\vec{x}\ \vec{z}\ \hat{x}\ \hat{z}$ | $\vec{x}\ \vec{z}\ \hat{x}\ \hat{z}$ |
| | 定位套 | 定位情况 | 一个短定位套 | 两个短定位套 | 一个长定位套 |
| | | 图示 | 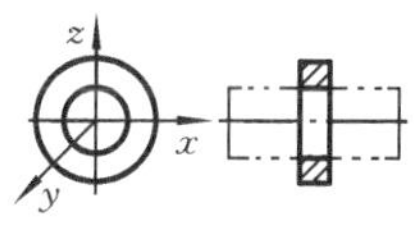 | 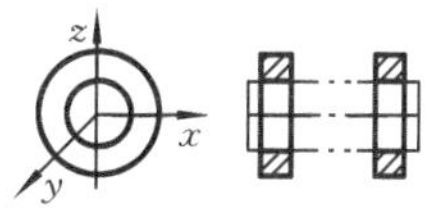 | 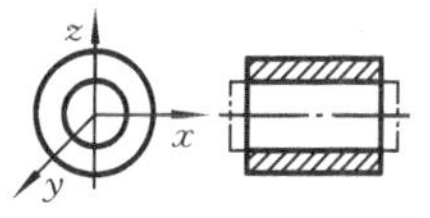 |
| | | 限制的自由度 | $\vec{x}\ \vec{z}$ | $\vec{x}\ \vec{z}\ \hat{x}\ \hat{z}$ | $\vec{x}\ \vec{z}\ \hat{x}\ \hat{z}$ |
| 圆锥孔 | 锥顶尖和锥度心轴 | 定位情况 | 固定顶尖 | 浮动顶尖 | 锥度心轴 |
| | | 图示 | 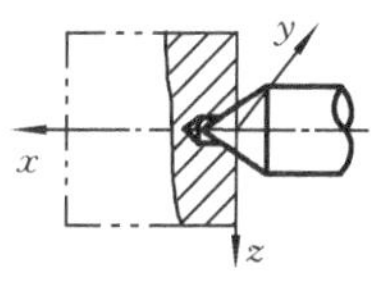 | 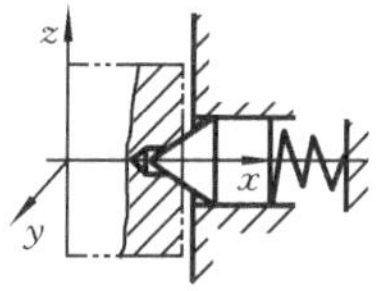 | 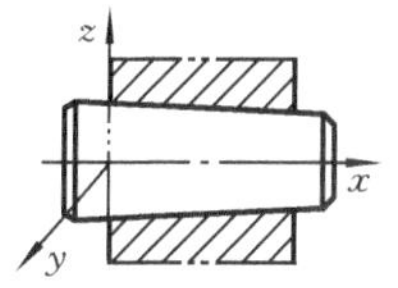 |
| | | 限制的自由度 | $\vec{x}\ \vec{y}\ \vec{z}$ | $\vec{y}\ \vec{z}$ | $\vec{x}\ \vec{y}\ \vec{z}\ \hat{y}\ \hat{z}$ |

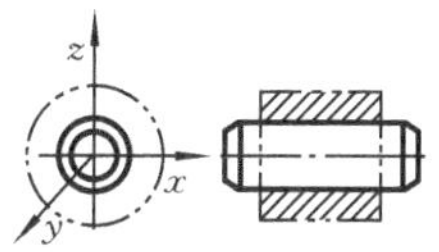

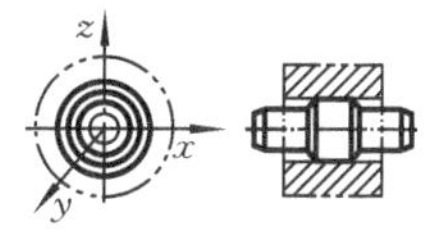

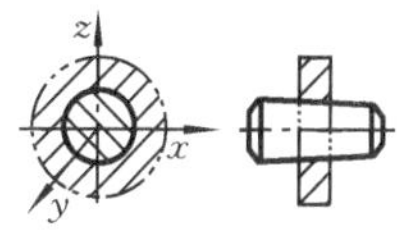

### 3. 工件定位时的几种现象

加工时工件的定位需要限制几个自由度,完全由工件的加工要求所决定。

#### 1) 完全定位

工件的六个自由度完全被限制的定位称为完全定位。图 2-81(a)所示为用立铣刀采用定程法加工六面体工件上的槽,要求保证工序尺寸 $A$、$B$、$C$,保证槽的侧面和底面分别与工件的侧面和底面平行。加工时就必须限制全部六个自由度,即完全定位。

2) 不完全定位

根据加工要求,并不需要限制工件全部自由度的定位,称为不完全定位。如图 2-81(b)所示,在工件上铣通槽,要求保证工序尺寸 $A$、$B$ 及槽的两侧面和底面分别平行于工件的侧面和底面,那么加工时只要限制除 $\vec{y}$ 以外的其余五个自由度就行了。

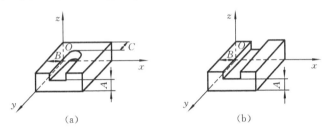

图 2-81 不同加工表面的要求

3) 欠定位

根据加工要求,工件应该限制的自由度未被限制,这样的定位方式称为欠定位。在夹具设计中欠定位是不允许的。例如在图 2-81(a)中,若 $\vec{y}$ 没有被限制,出现欠定位,就无法保证尺寸 $C$ 的精度。

4) 过定位

工件的同一自由度被两个或两个以上的支承点重复限制的定位方式,称为过定位。通常过定位的结果将使工件的定位精度受到影响,定位不确定或使工件(或定位件)产生变形。所以在一般情况下,过定位是应该避免的。图 2-82(a)所示为某工件以孔与端面联合定位情况,长销与工件孔配合限制工件 $\vec{x}$、$\vec{z}$、$\hat{y}$、$\hat{y}$ 四个自由度,支承大端面限制工件 $\vec{z}$、$\hat{y}$、$\hat{z}$ 三个自由度,可见 $\hat{x}$、$\hat{y}$ 被两个定位元件重复限制,出现过定位。由于工件孔和端面间、长销轴线与支承平面间存在着垂直度误差,因此工件定位时,将出现支承平面与工件端面之间产生不完全接触,若用夹紧力迫使其接触,则会造成定位销或工件发生变形。不

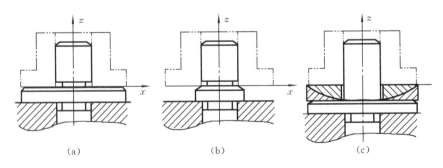

图 2-82 工件过定位情况及改善措施

论是工件还是夹具的定位元件发生变形,其结果都将破坏工件的定位要求,从而严重影响工件的定位精度。

消除过定位及其干涉一般有两个途径。一是改变定位元件的结构,以消除被重复限制的自由度。如将图 2-82(b)中大端面改为小端面,又如在图 2-82(c)中将工件与大端面间加球形垫圈。二是提高工件定位基面之间及夹具定位元件工作表面之间的位置精度,以减少或消除过定位引起的干涉。

4.定位方式及定位元件

工件定位方式不同,夹具定位元件的结构形式也不同,这里只介绍几种常用定位方式及所用定位元件。实际生产中使用的定位元件都是这些基本定位元件的组合。

1) 工件以平面定位

机械加工中,利用工件上一个或几个平面作为定位基准来限制工件自由度的定位方式,称为平面定位,如机座、箱体盘盖类零件,多以平面作定位基准。以平面作定位基准所用的定位元件主要是基本支承,包括固定支承(如支承钉、支承板等)、可调支承和自位支承,另外还有辅助支承。

(1) 支承钉。

常用支承钉的结构形式如图 2-83 所示。平头支承钉(见图 2-83(a))用于支承精基准面;球头支承钉(见图 2-83(b))用于支承粗基准面;网纹顶面支承钉(见图 2-83(c))能产生较大的摩擦力,但网槽中的切屑不易清除,常用在工件以粗基准定位且要求产生较大摩擦力的侧面定位场合。一个支承钉相当于一个支承点,限制一个自由度;在一个平面内,两个支承钉限制两个自由度;不在同一直线上的三个支承钉限制三个自由度。

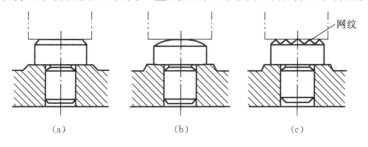

图 2-83 常用支承钉的结构形式

(2) 支承板。

常用支承板的结构形式如图 2-84 所示。平面型支承板(见图 2-84(a))结构简单,但沉头螺钉处清理切屑比较困难,适于作侧面和顶面定位;带斜槽型支承板(见图 2-84(b))在带有螺钉孔的斜槽中允许容纳少许切屑,适于作底面定位。当工件定位平面较大时,常用几块支承板组合成一个平面。一个支承板相当于两个支承点,限制两个自由度;两个(或多个)支承板组合,相当于一个平面,可以限制三个自由度。

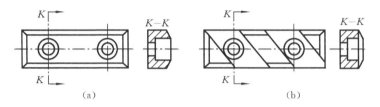

图 2-84　常用支承板的结构形式

(3) 可调支承。

支承点位置可以调整的支承称为可调支承。常用可调支承的结构形式如图 2-85 所示。可调支承多用于支承工件的粗基准面,支承高度可以根据需要进行调整,调整到位后用螺母锁紧。一般每批工件(毛坯)调整一次。可调支承也可用作成组夹具的调整元件。一个可调支承限制一个自由度。

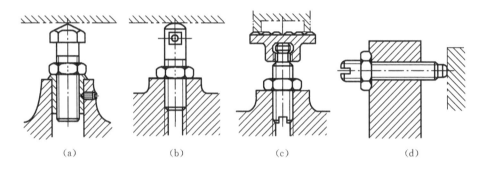

图 2-85　常用可调支承的结构形式

(4) 自位支承。

自位支承在定位过程中,支承本身可以随工件定位基准面的变化而自动调整并与之相适应。常用自位支承的结构形式如图 2-86 所示。由于自位支承是活动的或是浮动的,无论结构上是两点或三点支承,其实质只起一个支承点的作用,所以自位支承只限制一个自由度。使用自位支承的目的在于增加与工件的接触点,减小工件变形或减少接触应力。

(5) 辅助支承。

辅助支承是在工件定位后参与支承的元件,它不起定位作用,不能限制工件的自由度,只用来增加工件在加工过程中的刚度。图 2-87 列出了辅助支承的几种结构形式:图(a)所示结构简单,但在调整时支承钉要转动,会损坏工件表面,也容易破坏工件定位;图(b)所示结构在旋转螺母 1 时,支承螺钉 2 受装在套筒 4 键槽中的止动销 3 的限制,只作直线移动;图(c)所示为自动调节支承,支承销 6 受下端弹簧 5 的推力作用与工件接触,当工件定位夹紧后,回转手柄 9,通过锁紧螺钉 8 和斜面顶销 7,将支承销 6 锁紧;图(d)所示为推式辅助支承,支承滑柱 11 通过推杆 10 向上移动与工件接触,然后回转手柄 13,通过

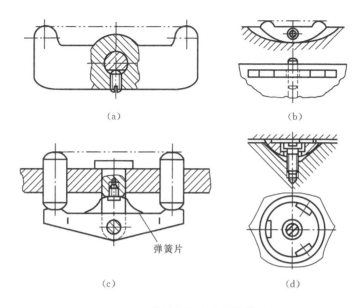

图 2-86 常用自位支承的结构形式

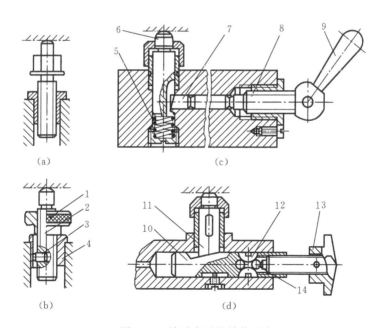

图 2-87 辅助支承的结构形式

1—旋转螺母;2—支承螺钉;3—止动销;4—套筒;5—弹簧;6—支承销;
7—斜面顶销;8—锁紧螺钉;9、13—手柄;10—推杆;11—支承滑柱;12—半圆键;14—钢球钢球 14 和半圆键 12 将支承滑柱 11 锁紧。

2) 工件以圆孔定位

工件(如套筒、法兰盘、拨叉等)以孔作为定位基准的定位方式。工件以圆孔定位所用定位元件有定位销、圆锥销和定位心轴等。

(1) 定位销。

定位销分为固定式和可换式两类,每类中又可分为圆柱销和菱形销两种。它们主要用于零件上的小孔定位,直径一般不大于 50 mm。图 2-88 所示为各种圆柱销的结构:图 2-88(a)用于直径小于 10 mm 的孔;图 2-88(b)为带凸肩的定位销;图 2-88(c)为直径大于 16 mm 的定位销;图 2-88(d)为带有衬套的定位销,它便于磨损后进行更换。图 2-89 所示为菱形销,它也有上述四种结构。为便于工件顺利装入,定位销的头部应有 15°倒角。

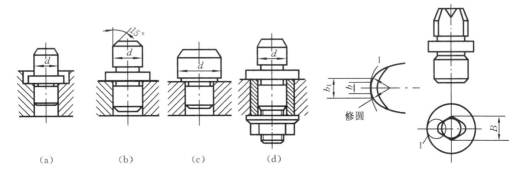

图 2-88 圆柱销的结构形式     图 2-89 菱形销的结构形式
(a) $d<10$;(b) $d>10\sim16$;(c) $d>16$;(d) $d>10\sim16$

(2) 圆锥销。

图 2-90 所示为工件以孔在圆锥销上的定位情况,其中图 2-90(a)所示的用于粗基准,

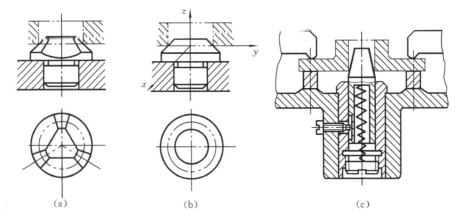

图 2-90 圆锥销的结构形式

图 2-90(b)所示的用于精基准,可限制三个移动自由度。由于孔与锥销只能在圆周上作线接触,工件容易倾斜,为避免这种现象产生,常和其他元件组合定位。如图 2-90(c)所示,工件以底面安放在定位圆环的端面上,圆锥销依靠弹簧力插入定位孔中,这样消除了孔和圆锥销间的间隙,使圆锥销起到较好的定心作用,此时圆锥销只限制两个自由度,而定位圆环端面可限制工件三个自由度,避免了工件轴线倾斜。

（3）定位心轴。

定位心轴主要用于加工盘类或套类零件时的定位。常用的几种心轴如图 2-91 所示,图 2-91(a)为过盈配合心轴,限制工件四个自由度;图 2-91(b)为间隙配合心轴,其中心轴外圆部分限制四个自由度,轴肩面限制一个自由度,共限制工件五个自由度;图 2-91(c)为小锥度(1:5 000～1:1 000)心轴,装夹工件时,通过工件孔和心轴接触表面的弹性变形夹紧工件,使用小锥度心轴定位可获得较高的定心精度(可达 $\phi 0.005 \sim 0.01$ mm,但轴向基准位移较大),可以限制五个自由度。

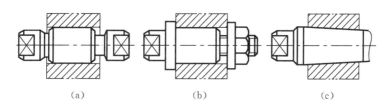

图 2-91 定位心轴

3) 工件以外圆柱面定位

工件以外圆柱面定位在生产中较常用到,如轴套类零件等。经常使用的定位元件有 V 形块、定位套、半圆套等。

（1）V 形块。

工件以外圆柱面支承定位时常用的定位元件是 V 形块。V 形块两斜面之间的夹角一般取 60°、90°或 120°,其中 90°最多。90°夹角 V 形块结构已标准化(见图 2-92)。使用 V 形块定位的特点是:①对中性好;②可用于非完整外圆表面的定位。V 形块有长短之分(见表 2-8);V 形块又有固定和活动之分,其中活动 V 形块在可移动方向上对工件不起定位作用。

V 形块在夹具中的安装尺寸 $T$ 是 V 形块的主要设计参数,该尺寸常作为 V 形块检验和调整的依据。由图 2-92 可以求出

$$T = H + \frac{1}{2}\left(\frac{D}{\sin\frac{\alpha}{2}} - \frac{N}{\tan\frac{\alpha}{2}}\right) \tag{2-3}$$

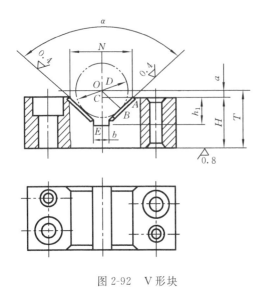

式中：$D$——V形块检验心轴直径，即工件定位基准直径(mm)；

$H$——V形块高度(mm)；

$\alpha$——V形块两工作平面间的夹角；

$T$——V形块的标准定位高度，即检验心轴中心高(mm)。

（2）定位套。

工件以外圆柱面在定位套（圆孔）中定位，与前述的孔在心轴或定位销上的定位情况相似，只是外圆与孔的作用正好对换。

（3）半圆套。

当工件尺寸较大或基准外圆不便直接插入定位套的圆柱孔中时，可用半圆套定位。

图 2-92 V形块

如图2-93所示，采用这种定位方法时，定位套切成上、下两个部分，下半部1固定在夹具体上，上半部2装在铰链盖板上，前者起定位作用，后者起夹紧作用。半圆套的定位情况与V形块的基本相同，但基准外圆与V形块只有两条母线接触，当夹紧力大时，接触应力大，容易损坏工件表面；而采用半圆孔定位时，接触面积增大，可避免上述缺点。但应注意，工件基准外圆直径精度不应低于IT8～IT9级，否则与定位半圆接触不良，以致实际上只有一条母线接触。

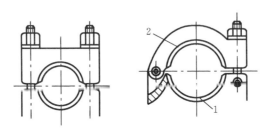

图 2-93 半圆套

1—定位套下半部；2—定位套上半部

4）工件以组合表面定位

在实际生产中为满足加工要求，有时采用几个定位面相结合的方式进行定位，称为组合表面定位。常见的组合形式有：两顶尖孔、一端面一孔、一端面一外圆、一面两孔等，与之相对应的定位元件也是组合式的。例如：长轴类零件采用双顶尖组合定位；箱体类零件采用一面双销组合定位。

几个表面同时参与定位时,各定位基准(基面)在定位中所起的作用有主次之分。例如,轴以两顶尖孔在车床前后顶尖上定位时,前顶尖孔为主要定位基面,前顶尖限制三个自由度,后顶尖只限制两个自由度。

5. 定位误差的分析与计算

使用夹具加工工件时,影响被加工零件位置精度的误差因素很多,其中来自夹具方面的有:定位误差,夹紧误差,对刀或导向误差以及夹具的制造与安装误差等;来自加工过程方面的误差有:工艺系统(除夹具外)的几何误差,受力变形,受热变形,磨损以及各种随机因素所造成的加工误差。上述各项因素所造成的误差总和应当不超过工件允许的工序公差,才能使工件加工合格。可以用下列加工误差不等式表示它们之间的关系,即

$$\Delta_D + \Delta_{az} + \Delta_{gc} \leqslant \delta_k$$

式中:$\Delta_D$——与定位有关的误差,简称定位误差;

$\Delta_{az}$——与夹具有关的其他误差,简称夹具安装误差;

$\Delta_{gc}$——加工过程误差;

$\delta_k$——工件的工序公差。

在设计夹具时,应尽量减小与夹具有关的误差,以满足加工精度的要求。在作初步估算时,可粗略地先按三项误差平均分配,各不超过相应工序公差的 1/3。下面仅对其中的定位误差 $\Delta_D$ 进行分析和计算。

1) 定位误差及其产生的原因

定位误差是指一批工件在夹具中定位时,工件的工序基准在工序尺寸方向或加工要求方向上的最大变化量。引起定位误差的原因有两项:一项是基准不重合误差,另一项是基准位移误差。

(1) 基准不重合误差 $\Delta_B$。

在定位方案中,若工件的工序基准与定位基准不重合而造成的加工误差,称为基准不重合误差,以 $\Delta_B$ 表示。如图 2-94 所示,其中图(a)为工序简图,在工件上铣缺口,加工尺寸为 $A$ 和 $B$;图(b)是加工示意图。工件以底面和 $E$ 面定位,尺寸 $C$ 是确定夹具与刀具相互位置的对刀尺寸,在一批工件的加工过程中,尺寸 $C$ 的大小是不变的。对尺寸 $A$ 而言,工序基准是 $F$ 面,定位基准是 $E$ 面,两者不重合。当一批工件逐个在夹具上定位时,受尺寸 $S\pm(T_S/2)$ 的影响,工序基准 $F$ 面的位置是变动的,而 $F$ 面的变动影响了尺寸 $A$ 的大小,给尺寸 $A$ 造成误差,这就是基准不重合误差。

显然,基准不重合误差的大小等于因定位基准与工序基准不重合而造成的加工尺寸的变动范围,即

$$\Delta_B = A_{max} - A_{min} = S_{max} - S_{min} = T_S$$

$S$ 是定位基准 $E$ 与工序基准 $F$ 间的距离尺寸,称为定位尺寸。这样,当工序基准的

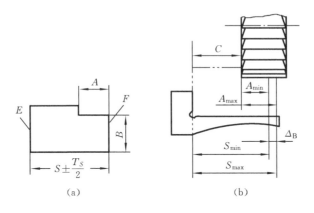

图 2-94 基准不重合误差

变动方向与加工尺寸的方向相同时,基准不重合误差等于定位尺寸的公差,即

$$\Delta_B = T_S$$

注意,当工序基准的变动方向与加工尺寸的方向成夹角时,基准不重合误差等于定位尺寸的公差在加工尺寸方向上的投影。

(2) 基准位移误差 $\Delta_Y$。

工件在夹具中定位时,由于定位副(工件的定位表面与定位元件的工作表面)的制造公差和最小配合间隙的影响,使定位基准在加工尺寸方向上产生位移,导致各个工件的位置不一致,造成加工误差,这个误差称为基准位移误差,用 $\Delta_Y$ 表示。

图 2-95(a)是在圆柱面上铣槽的工序简图,工序尺寸为 $A$ 和 $B$。图 2-95(b)是加工示意图,工件以内孔 $D$ 在圆柱心轴(直径为 $d$)上定位,$O$ 是心轴轴心,即调刀基准,$C$ 是对刀尺寸。尺寸 $A$ 的工序基准是内孔中心线,定位基准也是内孔中心线,两者重合,$\Delta_B = 0$。但是,由于定位副(工件内孔面与心轴圆柱面)有制造误差和配合间隙,使得定位基准(工件内孔中心线)与调刀基准(心轴轴线)不能重合,在夹紧力 $F_J$ 的作用下,定位基准相对于调刀基准下移了一段距离。定位基准的位置变动影响到尺寸 $A$ 的大小,造成了尺寸 $A$ 的误差,这个误差就是基准位移误差。

同样,基准位移误差的大小应等于因定位基准与调刀基准不重合造成的加工尺寸的变动范围。

由图 2-95(b)可知,当工件孔的直径为最大($D_{max}$),定位销直径为最小($d_{0min}$)时,定位基准的位移量 $i$ 为最大($i_{max} = \overline{OO_1}$),此时加工尺寸 $A$ 也最大($A_{max}$);当工件孔的直径为最小($D_{min}$),定位销直径为最大($d_{0max}$)时,定位基准的位移量 $i$ 为最小($i_{min} = \overline{OO_2}$),此时加工尺寸也最小($A_{min}$)。因此

$$\Delta_Y = A_{max} - A_{min} = i_{max} - i_{min} = \delta_i$$

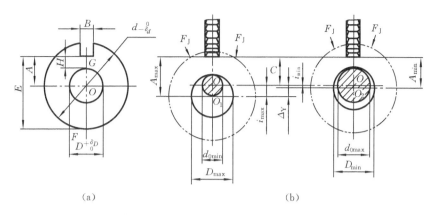

图 2-95 基准位移误差

式中：$i$——定位基准的位移量；

$\delta_i$——一批工件定位基准的变动范围。

当定位基准的变动方向与加工尺寸的方向不一致，两者之间成夹角 $\alpha$ 时，基准位移误差等于定位基准的变动范围在加工尺寸方向上的投影，即

$$\Delta_Y = \delta_i \cos\alpha$$

因此，基准位移误差 $\Delta_Y$ 是一批工件逐个在夹具上定位时，定位基准相对于调刀基准的最大变化范围 $\delta_i$ 在加工尺寸方向上的投影。

2）定位误差的计算方法

定位误差的常用计算方法为合成法。

由于定位基准与工序基准不重合以及定位基准与调刀基准不重合是造成定位误差的原因，因此，定位误差应是基准不重合误差与基准位移误差的矢量合成。计算时，可先算出 $\Delta_B$ 和 $\Delta_Y$，然后将两者矢量合成而得 $\Delta_D$，即

$$\Delta_D = \Delta_Y \pm \Delta_B$$

其中，"＋"、"－"号的确定方法为：首先分析定位基面直径由小变大（或由大变小）时，定位基准的变动方向；再分析当定位基面直径作同样变化时，设定位基准的位置不变动，分析工序基准的变动方向；最后判断两者的变动方向，相同时，取"＋"号；相反时，取"－"号。

**例 2-1** 用合成法求图 2-95 所示加工尺寸 $E$ 的定位误差。

**解** （1）加工尺寸 $E$ 的工序基准为工件外圆面的下母线 $F$，而定位基准为工件内孔中心线 $O$，两者不重合，存在基准不重合误差 $\Delta_B$，其大小等于尺寸 $\overline{OF}$ 的公差在加工尺寸方向上的投影，因 $\overline{OF}$ 与加工尺寸 $\overline{E}$ 方向一致，所以 $\Delta_B = \delta_d/2$。

（2）定位基准与调刀基准不重合，存在基准位移误差 $\Delta_Y$。因为定位基准的变动方向与加工尺寸的方向一致，即 $\alpha = 0$，$\cos\alpha = 1$，故

$$\Delta_Y = \delta_i \cos\alpha = i_{\max} - i_{\min} = X_{\max}/2 - X_{\min}/2 = (\delta_D + \delta_{d0})/2$$

式中：$X_{max}$——孔、轴配合最大间隙；

$X_{min}$——孔、轴配合最小间隙。

(3) 因为工序基准和定位基准变动方向相同，所以
$$\Delta_D = \Delta_Y + \Delta_B = (\delta_D + \delta_{d0} + \delta_d)/2$$

**例 2-2** 求图 2-95 中加工尺寸 $H$ 的定位误差。

**解** (1) 工序基准是孔的上母线 $G$，定位基准为孔的中心线 $O$，基准不重合，基准不重合误差为 $\Delta_B = \delta_D/2$。

(2) 定位基准与调刀基准不重合，由例 2-1 可知，$\Delta_Y = (\delta_D + \delta_{d0})/2$。

(3) 当定位孔由小变大时，$\Delta_Y$（或定位基准 $O$）向下移动，而 $\Delta_B$（或工序基准 $G$）则向上变动（考虑工序基准变动方向时，设定位基准的位置不变），两者方向相反，故取"－"号，所以
$$\Delta_D = \Delta_Y - \Delta_B = \delta_{d0}/2$$

由此例可见，合成法直观，有助于初学者理解定位误差产生的原因。一般采用合成法计算定位误差。本书即采用合成法计算。

3) 定位误差计算实例

**例 2-3** 图 2-96 为在金刚镗床上镗活塞销孔的示意图，活塞销孔轴线对活塞裙部内孔中心线的对称度要求为 0.2 mm。以裙部内孔及端面定位，内孔与定位销的配合为 $\phi 95 \dfrac{H7}{g6}$。求对称度的定位误差，并分析定位质量。

**解** 查表得 $\phi 95H7 = \phi 95^{+0.035}_{0}$ mm，$\phi 95g6 = \phi 95^{-0.012}_{-0.034}$ mm。

(1) 对称度的工序基准是裙部内孔中心线，定位基准也是裙部内孔中心线，两者重合，故 $\Delta_B = 0$。

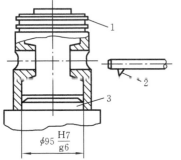

图 2-96 镗活塞销孔示意图
1—工件；2—镗刀；3—定位销

(2) 由于定位销垂直放置，定位基准可任意方向移动，所以
$$\delta_i = \frac{\delta_D + \delta_d + X_{min}}{2} = \frac{D_{max} - D_{min}}{2}$$

$\Delta_Y = 2\delta_i = D_{max} - D_{min}$
$= [95.035 - (95 - 0.034)]$ mm $= 0.069$ mm

(3) $\Delta_D = \Delta_Y = 0.069$ mm。

(4) 由于 $\Delta_D = 0.069$ mm $\approx \dfrac{1}{3} \times 0.2$ mm $= 0.067$ mm，所以该定位方案可行。

**例 2-4** 铣如图 2-97 所示工件上的键槽，工件以外圆柱面 $d^{\ 0}_{-\delta_d}$ 在 $\alpha = 90°$ 的 V 形块上定位，求工序尺寸分别为 $A_1$、$A_2$、$A_3$ 时的定位误差。

**解** (1) 计算 $A_1$ 的定位误差。

① 工序基准是圆柱轴线，定位基准也是圆柱轴线，两者重合，$\Delta_B = 0$。

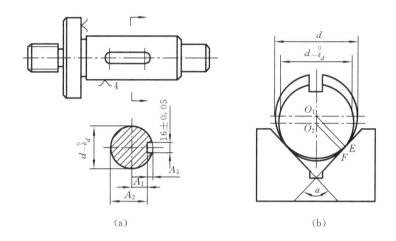

图 2-97　铣槽工序
(a) 工序简图；(b) 定位误差分析

② 由图 2-97(b)可知，由于工件外圆柱面直径有制造误差，由此产生的基准位移误差为

$$\Delta_Y = \overline{O_1O_2} = \frac{d}{2\sin(\alpha/2)} - \frac{d-\delta_d}{2\sin(\alpha/2)} = \frac{\delta_d}{2\sin(\alpha/2)}$$

③ $\Delta_{DA_1} = \Delta_Y = \dfrac{\delta_d}{2\sin(\alpha/2)}$。

(2) 计算 $A_2$ 的定位误差。

① 工序基准是圆柱下母线，定位基准是圆柱轴线，两者不重合，$\Delta_B = \delta_d/2$。

② 同理，基准位移误差 $\Delta_Y = \dfrac{\delta_d}{2\sin(\alpha/2)}$。

③ 工序基准在定位基面上。当定位基面直径由大变小时，定位基准朝下变动；当定位基准位置不动、定位基面直径由大变小时，工序基准朝上变动。两者的变动方向相反，取"－"号，故

$$\Delta_{DA_2} = \Delta_Y - \Delta_B = \frac{\delta_d}{2\sin(\alpha/2)} - \frac{\delta_d}{2} = \frac{\delta_d}{2}\left[\frac{1}{\sin(\alpha/2)} - 1\right]$$

(3) 计算 $A_3$ 的定位误差。

① 定位基准与工序基准不重合，$\Delta_B = \delta_d/2$。

② $\Delta_Y = \dfrac{\delta_d}{2\sin(\alpha/2)}$。

③ 工序基准在定位基面上。当定位基面直径由大变小时，定位基准朝下变动；当定位基准位置不动、定位基面直径由大变小时，工序基准也朝下变动。两者变动方向相同，取"＋"号，故

$$\Delta_{DA_3} = \Delta_Y + \Delta_B = \frac{\delta_d}{2\sin(\alpha/2)} + \frac{\delta_d}{2} = \frac{\delta_d}{2}\left[\frac{1}{\sin(\alpha/2)} + 1\right]$$

通过该例可知:在 $\alpha$ 与 $\delta_d$ 相同的情况下,定位误差随着加工尺寸的标注而异,以下母线为工序基准时,定位误差最小。而以上母线为工序基准时,定位误差最大。故控制轴类零件键槽深度的尺寸,一般多以下母线作为工序基准,或以轴心线作为工序基准。

### 2.3.4 工件在夹具中的夹紧

**1. 夹紧装置的组成**

工件在夹具中正确定位后,由夹紧装置将工件夹紧。夹紧装置由以下3部分组成(见图2-98)。

(1) 动力装置,产生夹紧动力的装置。

(2) 夹紧元件,直接用于夹紧工件的元件。

(3) 中间传力机构,将原动力以一定的大小和方向传递给夹紧元件的机构。

在图2-98中,气缸1为动力装置,压板4为夹紧元件,由斜楔2、滚子3和杠杆等组成的斜楔铰链传力机构为中间传力机构。在有些夹具中,夹紧元件(如图2-98中的压板4)往往就是中间传力机构的一部分,难以区分,统称为夹紧机构。

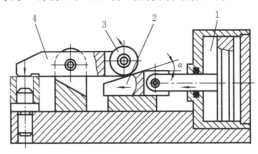

图 2-98 夹紧装置的组成
1—气缸;2—斜楔;3—滚子;4—压板

**2. 对夹紧装置的要求**

(1) 夹紧过程不得破坏工件在夹具中占有的定位位置。

(2) 夹紧力要适当,既要保证工件在加工过程中定位的稳定性,又要防止因夹紧力过大损伤工件表面或使工件产生过大的夹紧变形。

(3) 操作安全、省力。

(4) 结构应尽量简单,便于制造、维修。

**3. 夹紧力的确定**

1) 夹紧力作用点的选择

(1) 夹紧力的作用点应正对定位元件或位于定位元件所形成的支承面内。图2-99所示夹具的夹紧作用点就违背了这项原则,夹紧力作用点位于定位元件1之外,使工件2发生翻转,破坏了工件的定位位置。图2-99中实线箭头给出了夹紧力作用点的正确位置。

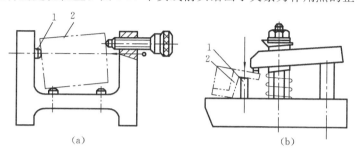

图 2-99　夹紧力作用点的选择
1—定位元件；2—工件

(2) 夹紧力的作用点应位于工件刚度较好的部位。图2-100(a)中夹紧时连杆容易产生变形,图2-100(b)所示的方案夹紧力作用点位置工件刚度较大,工件变形小。

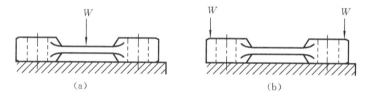

图 2-100　夹紧力的作用点应位于工件刚度较好的部位

(3) 夹紧力作用点应尽量靠近加工表面,使夹紧稳固可靠。在图2-101所示两种滚齿加工工件装夹方案中,图2-101(a)中夹紧力的作用点离工件加工面远,不正确；图2-101(b)中夹紧力作用点选择正确。

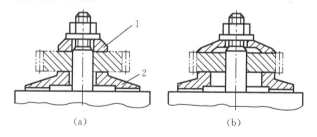

图 2-101　夹紧力的作用点应靠近加工表面
1—压盖；2—基座

2) 夹紧力作用方向的选择
(1) 夹紧力的作用方向应垂直于工件的主要定位基面。图2-102所示镗孔工序要求

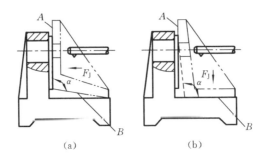

图 2-102 夹紧力的方向应垂直于主要定位面

保证孔中心线与 A 面垂直,夹紧力方向应与 A 面垂直。图 2-102(a)所选夹紧力作用方向正确;图 2-102(b)所选夹紧力作用方向不正确。

(2) 夹紧力的作用方向应尽可能与切削力、工件重力方向一致,以减少所需夹紧力。

(3) 夹紧力的作用方向应尽量与工件刚度最大的方向相一致,以减少工件变形。如图 2-103 所示,由于工件的轴向刚度比径向刚度大,故采用图 2-103(b)所示的夹紧形式,工件不易产生变形,比图 2-103(a)所示的夹紧形式好。

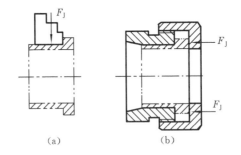

图 2-103 夹紧力的方向应与工件刚度最大方向一致

3) 夹紧力大小的估算

夹紧力方向和作用点位置确定后,还需合理地确定夹紧力的大小。夹紧力不可过小,否则会因夹紧力不足引起加工过程中工件的位移;夹紧力也不可过大,否则会使工件产生变形。计算夹紧力是一个很复杂的问题,一般只能粗略地估算。因为在加工过程中,工件受到切削力、重力、离心力和惯性力等的作用,从理论上讲,夹紧力的作用效果必须与上述作用力(矩)相平衡。但是在不同条件下,上述作用力在平衡系中对工件所起的作用各不相同。如采用一般切削规范加工中、小工件时起决定作用的因素是切削力(矩);加工笨重的大型工件时,还须考虑工件的重力作用;高速切削时,不能忽视离心力和惯性力的作用。此外,影响切削力的因素也很多,例如工件材质不均,加工余量大小不一致,刀具的磨损程度以及切削时的冲击等因素都使得切削力随时发生变化。为简化夹紧力的计算,通常假设工艺系统是刚性的,切削过程是稳定的,在这些假设条件下,根据切削原理公式或切削力计算图表求出切削力,然后找出在加工过程中最不利的瞬时状态,按静力学原理(即夹具和工件处于静力平衡下)求出夹紧力大小。为了保证夹紧可靠,尚需再乘以安全系数即得实际需要的夹紧力。

$$F_J = KF_计 \tag{2-4}$$

式中:$F_计$——在最不利条件下由静力平衡计算求出的夹紧力;

$F_J$——实际需要的夹紧力;

$K$——安全系数,一般取 $K=1.5\sim3.0$,粗加工时 $K$ 取较大值,精加工时 $K$ 取较小值。

4. 常用夹紧机构

夹紧机构的种类虽然很多,但其结构大都以斜楔夹紧机构、螺旋夹紧机构和偏心夹紧机构为基础,这三种夹紧机构合称为基本夹紧机构。

1) 斜楔夹紧机构

利用斜面直接或间接压紧工件的机构称为斜楔夹紧机构。图 2-104 所示为几种用斜楔夹紧机构夹紧工件的实例。图 2-104(a)所示为用斜楔直接夹紧工件。工件装入后,锤

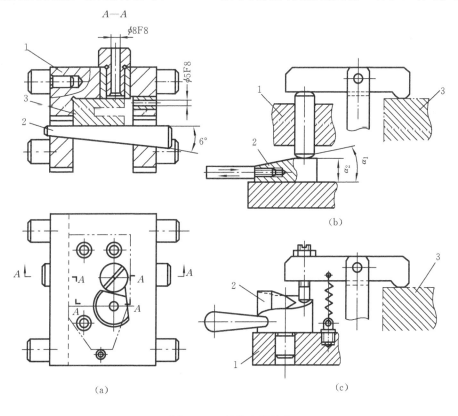

图 2-104 斜楔夹紧机构
1—夹具体;2—斜楔;3—工件

击斜楔大头,夹紧工件。加工完毕后,锤击斜楔小头,松开工件。这种机构夹紧力较小,且操作费时,所以实际生产中常将斜楔与其他机构联合起来使用。图 2-104(b)所示的是将斜楔与滑柱组合而成的一种夹紧机构,可以手动,也可以气压驱动。图 2-104(c)所示的是由端面斜楔与压板组合而成的夹紧机构。

(1) 斜楔的夹紧力。

图 2-105(a)所示的是在外力 $F_Q$ 作用下斜楔的受力情况。建立平衡方程式

$$F_1 + F_{Rr} = F_Q \tag{2-5}$$

而

$$F_1 = F_J \tan\varphi_1, \quad F_{Rr} = F_J \tan(\alpha + \varphi_2)$$

所以

$$F_J = \frac{F_Q}{\tan\varphi_1 + \tan(\alpha + \varphi_2)} \tag{2-6}$$

式中:$F_J$——斜楔对工件的夹紧力(N);

$\alpha$——斜楔升角(°);

$F_Q$——加在斜楔上的作用力(N);

$\varphi_1$——斜楔与工件间的摩擦角(°);

$\varphi_2$——斜楔与夹具体间的摩擦角(°)。

设 $\varphi_1 = \varphi_2 = \varphi$,当 $\alpha$ 很小($\alpha \leq 10°$)时,可得

$$F_J = \frac{F_Q}{\tan(\alpha + 2\varphi)}$$

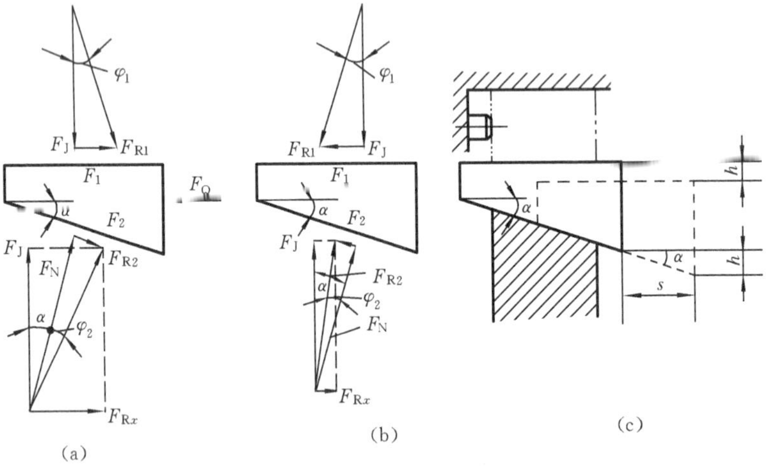

图 2-105 斜楔受力分析

(2) 斜楔自锁条件。

图 2-105(b)所示的是作用力 $F_Q$ 撤去后斜楔的受力情况。从图中可看出,要自锁,必

须满足下式：
$$F_1 > F_{Rr}$$

因 $F_1 = F_J \tan\varphi_1$, $F_{Rr} = F_J \tan(\alpha - \varphi_2)$，则有
$$F_J \tan\varphi_1 > F_J \tan(\alpha - \varphi_2), \quad \tan\varphi_1 > \tan(\alpha - \varphi_2)$$

由于 $\varphi_1$、$\varphi_2$、$\alpha$ 都很小，$\tan\varphi_1 \approx \varphi_1$，$\tan(\alpha - \varphi_2) \approx \alpha - \varphi_2$，所以有
$$\varphi_1 > \alpha - \varphi_2, \quad \alpha < \varphi_1 + \varphi_2 \tag{2-7}$$

因此斜楔的自锁条件是：斜楔的升角小于斜楔与工件、斜楔与夹具体之间的摩擦角之和。一般钢件接触面的摩擦系数 $f = 0.10 \sim 0.15$，则得摩擦角 $\varphi = \arctan(0.10 \sim 0.15) = 5°43' \sim 8°30'$，故当 $\alpha \leq 10° \sim 14°$ 时自锁。

通常为保证自锁可靠，手动夹紧机构一般取 $\alpha = 6° \sim 8°$。用气压或液压装置驱动的斜楔不需要自锁，可取 $\alpha = 15° \sim 30°$。

(3) 斜楔的扩力比与夹紧行程。

夹紧力与作用力之比称为扩力比（$i = F_J/F_Q$）或称增力系数。$i$ 的大小表示夹紧机构在传递力的过程中扩大（或缩小）作用力的倍数。

由夹紧力计算公式可知，斜楔的扩力比为
$$i = \frac{F_J}{F_Q} = \frac{1}{\tan\varphi_1 + \tan(\alpha + \varphi_2)} \tag{2-8}$$

如取 $\varphi_1 = \varphi_2 = 6°$，$\alpha = 10°$，代入式(2-8)，得 $i = 2.6$。可见，在作用力 $F_Q$ 不很大的情况下，斜楔的夹紧力是不大的。

在图 2-105(c)中，$h$(mm)是斜楔的夹紧行程，$s$(mm)是斜楔夹紧工件过程中移动的距离，则有
$$h = s \tan\alpha$$

由于 $s$ 受到斜楔长度的限制，要增大夹紧行程，就得增大斜角 $\alpha$，而斜角太大，便不能自锁。当要求机构既能自锁，又有较大的夹紧行程时，可采用双斜角斜楔。如图 2-104(b)所示，斜楔上大斜角的一段使滑柱迅速上升，小斜角的一段确保自锁。

斜楔夹紧机构结构简单，有自锁性，能改变夹紧力的方向，且 $\alpha$ 越小，增力越大，但夹紧行程变小，故一般用于工件毛坯质量高的机动夹紧装置中，且很少单独使用。

2）螺旋夹紧机构

由螺钉、螺母、垫圈、压板等元件组成的夹紧机构，称为螺旋夹紧机构。螺旋夹紧机构结构简单，容易制造。由于螺旋升角小，螺旋夹紧机构的自锁性能好，夹紧力和夹紧行程都较大，在手动夹具上应用较多。螺旋夹紧机构可以看做是绕在圆柱表面上的斜面，将它展开就相当于一个斜楔。

图 2-106(a)所示的是一个最简单的螺旋夹紧机构，螺钉头部直接压紧工件表面。这

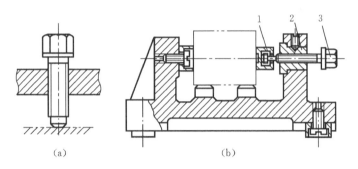

图 2-106 单螺旋夹紧机构
1—活动压块;2—衬套;3—螺杆

种结构在使用时容易压坏工件表面,而且拧动螺钉时容易使工件产生转动,破坏工件的定位,一般应用较少。图 2-106(b)中螺杆 3 的头部通过活动压块 1 与工件表面接触,拧螺杆时,压块不随螺杆转动,故不会带动工件转动;用压块 1 压工件时,由于承压面积大,故不会压坏工件表面;采用衬套 2 可以提高夹紧机构的使用寿命,螺纹磨损后通过更换衬套 2 可迅速恢复螺旋夹紧功能。

图 2-107 所示为螺旋压板夹紧机构。图 2-107(a)中,拧动螺母 1 通过压板 4 压紧工件表面。采用螺旋压板组合夹紧时,由于被夹紧表面的高度尺寸有误差,压板位置不可能一直保持水平,在螺母端面和压板之间设置球面垫圈 2 和锥面垫圈 3,可防止在压板倾斜时,螺栓不致因受弯矩作用而损坏。图 2-107(b)所示螺旋压板夹紧机构通过锥面垫圈将夹紧力均匀地作用在薄壁工件上,可减少夹紧变形。

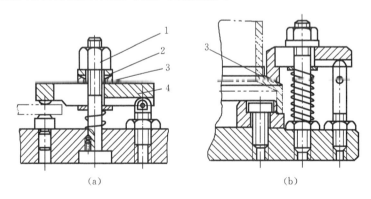

图 2-107 螺旋压板夹紧机构
1—螺母;2—球面垫圈;3—锥面垫圈;4—压板

3) 偏心夹紧机构

用偏心件直接或间接夹紧工件的机构称为偏心夹紧机构,偏心夹紧机构是斜楔夹紧机构的一种变形。常用的偏心件是圆偏心轮和偏心轴,图 2-108 所示为常见的一种偏心夹紧机构。偏心夹紧机构操作方便、夹紧迅速,但是夹紧力和夹紧行程都较小。一般用于切削力不大、振动小的场合。铣削加工属断续切削,振动较大,铣床夹具一般都不采用偏心夹紧机构。

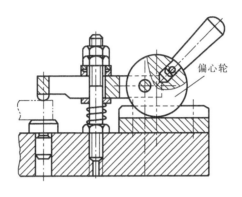

图 2-108 偏心夹紧机构

上述三种基本夹紧机构都利用斜面原理以增大夹紧力。但扩力比各不同,最大的是螺旋夹紧机构,如球面单线螺钉夹紧机构,其扩力比为 168~176,而正常结构尺寸的圆偏心夹紧机构,其扩力比为 12~15,前者比后者大 12~14 倍,比斜楔夹紧机构大得更多。在使用性能方面,螺旋夹紧机构的工作行程不受限制,夹紧可靠,但夹紧较费时;圆偏心夹紧机构则夹紧迅速,但工作行程小,自锁性能比较差。这两种夹紧方式一般多用于要求自锁的手动夹紧机构。斜楔夹紧机构因夹紧力不大,常与其他元件组合成为增力机构。

4) 定心夹紧机构

定心夹紧机构是一种能同时实现对工件定心、定位和夹紧作用的夹紧机构。这种机构在夹紧过程中能使工件的某一轴线或对称面位于夹具中的指定位置,即所谓实现了定心夹紧作用。定心夹紧机构中与工件定位基面相接触的元件,既是定位元件,又是夹紧元件,被称为定心-夹紧元件。

定心夹紧机构,主要是依靠各定心-夹紧元件以相同的速度趋近或退离夹具上的某一中心线或对称面,使工件定位基面的尺寸偏差平均对称地分配在夹紧方向上,从而实现定心夹紧。一般定心夹紧机构主要用于几何形状对称于轴线、对称于中心或对称于平面的工件的定位夹紧。

定心夹紧机构的结构形式虽然很多,但从工作原理上可以归纳为依靠定心-夹紧元件向心等速移动实现定心夹紧和依靠定心-夹紧元件产生均匀弹性变形实现定心夹紧两种基本类型。

图 2-109 所示为一螺旋定心夹紧机构,螺杆 3 的两端分别有螺距相等的左、右螺纹,转动螺杆,通过左、右螺纹带动 2 个 V 形块 1 和 2 同步向中心移动,从而实现工件的定心夹紧。叉形件 7 可用来调整对称中心的位置。

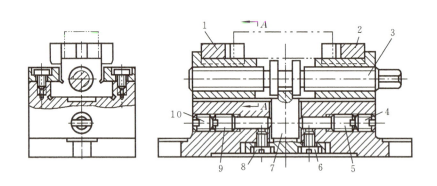

图 2-109　螺旋定心夹紧机构

1、2—V 形块;3—螺杆;4、5、6、8、9、10—螺钉;7—叉形件

图 2-110(a)所示为工件以外圆柱面定位的弹簧夹头,旋转螺母 4,其内螺孔端面推动弹性筒夹 2 向左移动,锥套 3 内锥面迫使弹性筒夹 2 上的簧瓣向里收缩,将工件定心夹紧。图 2-110(b)所示为工件以内孔定位的弹簧心轴,旋转带肩螺母 8 时,其端面向左推动锥套 7 迫使弹性筒夹 6 上的簧瓣向外涨开,将工件定心夹紧。

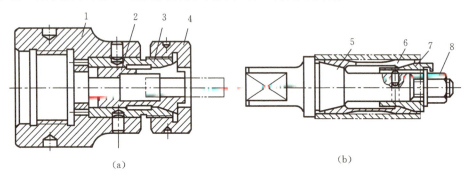

图 2-110　弹性定心夹紧机构

1—夹具体;2、6—弹性筒夹;3、7—锥套;4、8—螺母;5—锥度心轴

5) 联动夹紧机构

在夹紧机构的设计中,有时需要对一个工件上的几个点或多个工件同时进行夹紧。此时为简化结构,减少工件装夹时间,常常采用各种联动夹紧机构。图 2-111 所示为对几个工件同时夹紧的平行联动夹紧机构。考虑到工件的尺寸变化,夹紧头采用浮动机构。

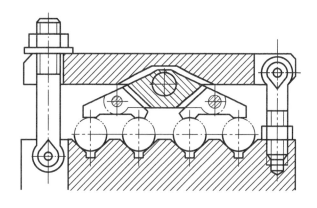

图 2-111　联动夹紧机构

5. 夹紧的动力装置

动力装置有气动、液压、电磁、真空夹紧装置等,其中用得最广泛的是气动与液压动力装置。

1) 气动夹紧装置

气动夹紧装置所使用的压缩空气是由工厂压缩空气站供给的,经管路损失实用压力为 0.4～0.6 MPa。在设计时,通常以 0.4 MPa 来计算。气动夹紧装置一般有以下特点。

(1) 夹紧力基本恒定,因为压缩空气的工作压力可以控制,所以由它产生的夹紧力也就基本恒定。

(2) 夹紧动作迅速、省力。

(3) 由于空气是可压缩的,故夹紧刚度较差。

(4) 压缩空气的工作压力较小,一般为 0.4～0.6 MPa,所以对同样夹紧力而言,气动夹紧装置的气缸直径大于液压装置的液缸直径,因而结构较庞大。

典型的气压传动系统如图 2-112 所示,其中主要由如下部件组成。

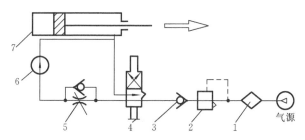

图 2-112　典型气压传动系统

1—雾化器;2—减压阀;3—单向阀;4—分配阀;5—调整阀;6—压力表;7—气缸

① 雾化器。由气源送来的压缩空气,经过雾化器,其中的润滑油被雾化而随之进入送气系统,以对其中的运动部件进行充分润滑。

② 减压阀,可将气源送来的压缩空气的压力减至气动夹紧装置所要求的工作压力。

③ 单向阀,主要起安全保护作用,防止气源供气中断或压力突降而使夹紧机构松开。

④ 分配阀,控制压缩空气对气缸的进气和排气。

⑤ 调速阀,调节压缩空气进入气缸的速度,以控制气缸活塞的移动速度。

⑥ 压力表,指示气缸中压缩空气压力。

⑦ 气缸,将压缩空气的工作压力转换为活塞的移动,产生原始作用力推动夹紧机构动作。

有些气压传动系统还设有油水分离器及储能器,前者用于将压缩空气中的油水进行分离,使气体干燥、纯净,以免气路中的其他元件锈蚀,在总气路及分气路中都宜设置;后者为一存气的气罐,主要保证气压波动时能及时补充,使夹紧压力稳定,当对夹紧压力的稳定性要求高时,宜配备储能器。

图 2-112 中所用的雾化器 1、减压阀 2、单向阀 3、分配阀 4、调整阀 5、压力表 6、气缸 7 等的结构尺寸都已标准化、系列化,设计时可查阅有关资料和设计手册。除气缸(或气盒)、分配阀、调速阀为必需之外,其他附件则应根据实际情况选用。气压传动系统的设计是根据使用的机床、夹具、加工方式等因素来确定的。单一机床上机动夹紧装置中的气压传动系统同生产自动线多台机床的气压传动系统的设计有一定的区别,在设计时要注意这一点。

2) 液压夹紧装置

液压夹紧装置是利用压力油作为动力,通过中间传动机构或直接使夹紧件实现夹紧动作。它与气动夹紧比较有以下优点。

(1) 油压高达 0.5~0.65 MPa,传动力大,可采用直接夹紧方式,结构尺寸也较小。

(2) 油液不可压缩,比气动夹紧刚度大,工作平稳,夹紧可靠。

(3) 操作简便,无噪声,容易实现自动化夹紧。

采用液压夹紧时需要设置专用的液压系统,增加了制造成本,所以一般多在液压机床上使用,此时可利用已有的液压系统来控制夹紧机构。

### 2.3.5 机床夹具的其他装置

1. 分度装置

在机械加工中,往往会遇到一些工件要求在夹具的一次安装中加工一组表面(如孔系、槽系或多面体等),而此组表面是按一定角度或一定距离分布的。这样便要求该夹具在工件加工过程中能进行分度,即当工件加工好一个表面后,应使夹具的某些部分连同工件转过一定角度或移动一定距离。使工件在一次装夹中,每加工完一个表面之后,通过夹具上的可动部分连同工件一起转动一定的角度或移动一定的距离,以改变工件加工位置的装置,称为分度装置。

分度装置可分为两类:回转分度装置和直线分度装置。两者的基本结构形式和工作原理都是相似的,而生产中又以回转分度装置应用较多。

回转分度装置按其回转轴的位置,可分为立(轴)式、卧(轴)式和斜(轴)式三种。图2-113 所示的是用来加工扇形工件上三个等分径向孔的回转式钻模。工件以内孔、键槽和侧平面为定位基面,分别在夹具上的定位销轴 6、键 7 和圆支承板 3 上定位,限制 6 个自由度。由螺母 5 和开口垫圈 4 夹紧工件。分度装置由分度盘 9、等分定位套 2、拨销 1 和锁紧手柄 11 组成。工件分度时,拧松手柄 11,拨出拨销 1,旋转分度盘 9 带动工件一起分度,当转至拨销 1 对准下一个定位套时,将拨销 1 插入,实现分度定位,然后再拧紧手柄 11,锁紧分度盘,即可加工工件上另一个孔。

由图 2-113 可知,分度装置一般由以下几个部分组成。

(1) 转动(或移动)部分。它实现工件的转位(或移位),如图 2-113 中分度盘 9。

(2) 固定部分。它是分度装置的基体,常与夹具体连接成一体,如图 2-113 中的底座 13。

(3) 对定机构。它保证工件正确的分度位置,并完成插销、拨销动作,如图 2-113 中

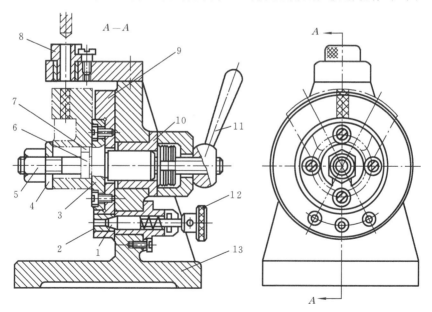

图 2-113　卧式轴向分度式钻模

1—拨销;2—等分定位套;3—支承板;4—开中垫圈;5—螺母;6—定位销轴;
7—键;8—钻套;9—分度盘;10—套筒;11—锁紧手柄;12—手柄;13—底座

的分度盘 9、等分定位套 2、拨销 1 等。

(4) 锁紧机构。它将转动(或移动)部分与固定部分紧固在一起,起减小加工时的振动和保护对定机构的作用,如图 2-113 中的锁紧手柄 11、套筒 10 等。

根据分度盘和分度定位元件相互位置的配置情况,分度装置又可以分为轴向分度与径向分度两种。常见的转角分度装置的基本形式如图 2-114 所示。

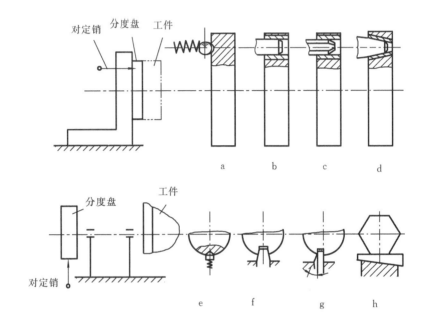

图 2-114 常见的转角分度装置的基本形式
a—钢球对定;b、e—圆柱销对定;c—菱形销对定;d—圆锥销对定;
f—双斜面楔对定;g—单斜面楔对定;h—正多面体对定

分度定位元件中对定销的运动方向与分度盘的回转轴线平行的称为轴向分度,图 2-114 中 a、b、c、d 即属此类。对定销的运动方向与分度盘的回转轴线垂直的称为径向分度,图 2-114 中 e、f、g、h 即是。

显然,当分度盘的直径相同时,如果分度盘上的分度孔(槽)距分度盘的回转轴线愈远,则由于分度对定机构中定位副存在某种间隙时所引起的分度转角误差就愈小。因此,就这一点而言,径向分度的精度要比轴向分度的高。这也是目前常见的利用分度对定机构组成高精度分度装置时,往往采用径向分度方式的一个原因。但是,就分度装置的外形尺寸、结构紧凑以及保护分度对定机构来说,则轴向分度又优于径向分度,所以轴向分度方式应用也很广。

分度装置能使工件加工工序集中,减少安装次数,从而减轻劳动强度和提高生产率,因此广泛用于钻、铣、车、镗等加工中。分度装置在夹具中的应用及具体结构可参阅《机床夹具图册》中有关图例及有关资料和设计手册。

2. 对刀装置

对刀装置是用来确定刀具和夹具的相对位置的装置,它由对刀块和塞尺组成。图 2-115 表示了水平面、直角、V 形和圆弧形加工的几种形式的对刀块。采用对刀装置对刀时,为防止损坏刀刃和使对刀块过早磨损,刀具与对刀面一般都不直接接触,在对刀面移近刀具时,工人在对刀面和铣刀之间塞入具有规定厚度的塞尺,凭抽动的松紧感觉来判断刀具的正确位置。

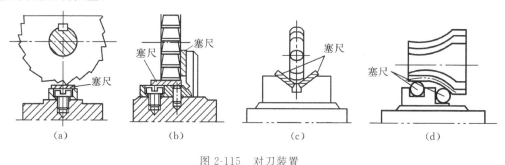

图 2-115 对刀装置

3. 连接元件

夹具在机床上必须定位夹紧。在机床上进行定位夹紧的元件称为连接元件,它一般有以下几种形式。

(1) 在铣床、刨床、镗床上工作的夹具通常通过定位键与工作台 T 形槽的配合来确定夹具在机床上的位置。图 2-116 所示为定位键结构及其应用情况。定位键与夹具体的配合多采用 H7/h6,安装时应将其靠在 T 形槽的一侧面,以提高定位精度。一副夹具一般要配置两个定位键。对于定位精度要求高的夹具和重型夹具,不宜采用定位键,而采用夹具体上精加工过的狭长平面来找正安装夹具。

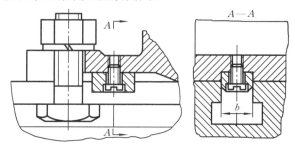

图 2-116 定位键连接图

(2) 车床和内外圆磨床的夹具一般安装在机床的主轴上,连接方式如图 2-117 所示。

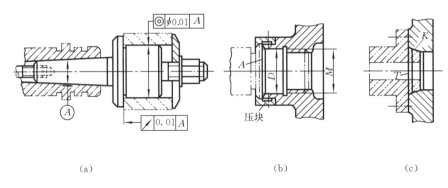

图 2-117 夹具在机床主轴上的安装

图 2-117(a)所示采用长锥柄(莫氏锥度)安装在主轴锥孔内,这种方式定位精度高,但刚度较差,多用于小型机床。图 2-117(b)所示夹具以端面 $A$ 和圆孔 $D$ 在主轴上定位,孔与主轴轴颈的配合一般取 H7/h6,这种连接方法制造容易,但定位精度不很高。图 2-117(c)所示夹具以端面 $T$ 和短锥面 $K$ 定位,这种方法不但定位精度高,而且刚度也好。值得注意的是,这种定位方法是过定位,因此,要求制造精度很高,夹具上的端面和锥孔需进行配磨加工。

除此之外,还经常使用过渡盘与机床主轴连接。

4. 引导元件

在钻、镗等孔加工夹具中,常用引导元件来保证孔加工的正确位置。常用引导元件主要有钻床夹具中的钻套、镗床夹具中的镗套等。

1) 钻套

钻套的作用是确定钻头、铰刀等刀具的轴线位置,防止刀具在加工中发生偏斜。根据使用特点,钻套可分为固定式、可换式、快换式等多种结构形式。

(1) 固定钻套。

固定钻套直接被压装在钻模板上,其位置精度较高,但磨损后不易更换,图 2-118 所示为固定钻套的两种结构,图 2-118(a)所示的是无肩的固定钻套,图 2-118(b)所示的是有肩的固定钻套。钻模板较薄时,为使钻套具有足够的引导长度,应采用有肩钻套。

钻套中引导孔的基本尺寸及其极限偏差应根据所引导的刀具尺寸来确定。通常取刀具的最大极限尺寸为引导孔的基本尺寸,孔径极限公差依被加工件精度要求来确定。钻孔和扩孔时可取 F7,粗铰时取 G7,精铰时取 G6。若钻套引导的不是刀具的切削部分,而是刀具的导向部分,常取刀具导向部分与钻套导引孔之间的配合为 H7/f7、H7/g6、H6/g5。

钻套导向部分高度尺寸 $H$ 越大,刀具的导向性就越好,但刀具与钻套的摩擦也越大,

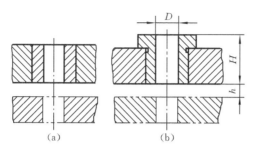

图 2-118 固定钻套

一般取 $H=(1.0\sim2.5)D$;孔径小、精度要求较高时,$H$ 取较大值。

为便于排屑,钻套下端与被加工工件间应留有适当距离 $h$,称为排屑间隙。$h$ 值不能取得太大,否则会降低钻套对钻头的导向作用,影响加工精度。根据经验,加工钢件时,取 $h=(0.7\sim1.5)D$;加工铸铁件时,取 $h=(0.3\sim0.4)D$;大孔取较小的系数时,小孔取较大的系数。

(2) 可换钻套。

在成批生产、大量生产中,为便于更换钻套,采用可换钻套,其结构如图 2-119(a)所示。钻套 1 装在衬套 2 中,衬套 2 压装在钻模板 3 中;为防止钻套在钻模板孔中上下滑动或转动,钻套用螺钉 4 紧固。

(3) 快换钻套。

在工件的一次装夹中,若顺序进行钻孔、扩孔、铰孔或攻螺纹等多个工步加工,需使用不同孔径的钻套来引导刀具,此时应使用快换钻套,其结构如图 2-119(b)所示。更换钻套时,只需逆时针转动钻套使削边平面转至螺钉位置,即可向上快速取出钻套。

上述三种钻套的结构和尺寸均已标准化,设计时可参阅有关国家标准。

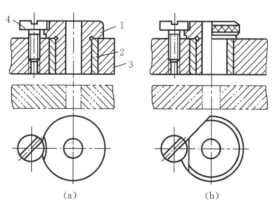

图 2-119 可换钻套与快换钻套的结构

1—钻套;2—衬套;3—钻模板;4—螺钉

(4) 专用钻套。

专用钻套又称为特殊钻套,它是在一些特殊场合,根据具体要求自行设计的钻套。图 2-120 所示的是几种专用钻套的结构形式,图 2-120(a)所示的钻套用于在斜面上钻孔;图 2-120(b)所示的钻套用于钻孔表面离钻模板较远的场合;图 2-120(c)所示的钻套用于两孔孔距过小而无法分别采用钻套的场合。

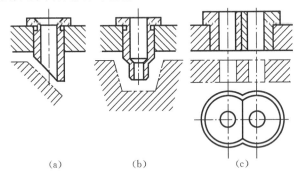

图 2-120 专用钻套的结构形式

2) 镗套

镗套用于引导镗杆,根据其在加工中是否随镗杆一起转动可分为固定式镗套和回转式镗套两类。固定式镗套的结构与钻套的基本相似,镗孔过程中不随镗杆转动,且位置精度较高。但由于镗套与镗杆之间的相对运动使之易于磨损,一般用于速度较低的场合。当镗杆的线速度大于 20 m/min 时,应采用回转式镗套,回转式镗套随镗杆一起转动。回转式镗套又有滑动式和滚动式两种,滚动式镗套中又有内滚式和外滚式两种形式。图 2-121 所示为回转式镗套,图中左端 a 所示结构为内滚式镗套,镗套 2 固定不动,镗杆 4 装在导向滑套 3 内的滚动轴承上,镗杆相对于导向滑套回转,并连同导向滑套一起相对于镗套移动,这种镗套的精度较好,但尺寸较大,因此多用于后导向。图 2-121 中右端 b 的结构为外滚式镗套,镗杆与镗套 5 一起回转,两者之间只有相对移动而无相对转动。镗套的整

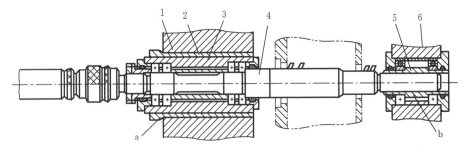

图 2-121 回转式镗套

1,6—导向支架;2,5—镗套;3—导向滑套;4—镗杆

体尺寸小,应用广泛。

5. 夹具体

夹具体是夹具的基础件。在夹具体上,要安装组成该夹具所需要的各种元件、机构及装置,并且还必须便于装卸工件,因此夹具体应该具有一定的形状和尺寸。在加工工件的过程中,夹具体还必须承受切削力、夹紧力以及由此产生的冲击和振动。为了使夹具体不致受力变形或破坏,夹具体应该具有足够的强度和刚度。此外,加工过程中所产生的切屑,有一部分是落在夹具体上,若夹具体上切屑积聚过多,则将严重影响工件可靠的定位和夹紧,为此,在夹具体的结构设计中应该考虑便于清除切屑的要求。如果夹具体须与机床工作台或机床主轴保持正确的相对位置,则夹具体上还要设置与机床正确连接的结构。对加工中要翻转或移动的夹具体,应设置手柄或便于操作的结构。大型夹具的夹具体应设置吊装结构。

在选择夹具体的毛坯制造方法时,应考虑其工艺性、结构合理性、制造周期、经济性及工厂的具体条件等。生产中用到的夹具体毛坯制造方法有铸造、焊接、锻造和装配夹具体四种。

## 2.3.6 专用夹具的设计方法

**1. 专用夹具设计的基本要求**

对机床夹具的基本要求可概括为以下四个方面。

(1) 保证工件加工的各项技术要求。这是设计夹具最基本的要求,其关键在于正确确定定位方案和夹紧方案,合理选用与设计定位元件、夹紧装置以及对刀-导向元件装置等,确定合适的尺寸、公差和技术要求。

(2) 提高生产率和降低生产成本。应根据工件生产批量的大小选用不同复杂程度的快速高效夹紧装置,如采用多件装夹、夹紧与定位联动、联动夹紧装置等,缩短辅助时间。

(3) 工艺性好。所设计的夹具应便于制造、检验、装配、调整和维修等。

(4) 使用性好。夹具的操作应简便、省力(可采用气动、液压和气液联动等机械化夹紧装置)、安全可靠、排屑方便。

**2. 专用夹具的设计方法和步骤**

1) 研究原始资料明确设计任务

为明确设计任务,首先应分析研究工件的结构特点、材料、生产规模和本工序加工的技术要求以及前后工序的联系,然后了解加工所用设备、辅助工具中与设计夹具有关的技术性能和规格,了解工具车间的技术水平等。必要时还要了解同类工件的加工方法和所使用夹具的情况,以作为设计的参考。

2) 考虑和确定夹具的结构方案绘制结构草图

确定夹具的结构方案时,主要解决如下问题。

(1) 确定工件的定位方案,设计定位装置。

(2) 确定工件的夹紧方案,设计夹紧装置。

(3) 确定刀具的引导方式,选择或设计引导元件或对刀元件。

(4) 确定其他元件或装置的结构形式,如定位键、分度装置等。

考虑各种装置、元件的布局,确定夹具体和总体结构。对夹具的总体结构,最好考虑几个方案,画出草图,经过分析比较,从中选取较合理的方案。

3) 绘制夹具总图

夹具总图应遵循国家标准绘制,图形大小的比例尽量取 1∶1,使所绘的夹具总图有良好的直观性,如工件过大时可用 1∶2 或 1∶5 的比例,过小时可用 2∶1 的比例。总图中的视图应尽量少,但必须能够清楚地表示出夹具的工作原理和构造,表示各种装置或元件之间的位置关系等。主视图应取操作者实际工作时的位置,以作为装配夹具时的依据并供使用时参考。

绘制总图的顺序是:先用双点画线绘出工件的轮廓外形,并显示出加工余量;把工件轮廓线视为透明体,然后按照工件的形状及位置依次绘出定位、导向、夹紧及其他元件或装置的具体结构;最后绘制夹具体,形成一个夹具整体。

夹具总图上应标出夹具名称、零件编号,填写零件明细表和标题栏。其余和一般机械装配图相同。

4) 确定并标注有关尺寸和夹具技术要求

(1) 在夹具总图上应标注以下几类尺寸。

① 夹具外形上的最大尺寸。夹具外形的最大轮廓尺寸包括长、宽、高三个方向。如果夹具有活动部分,应用双点画线画出最大活动范围,标出活动部分与处于极限位置时的尺寸。

② 影响定位精度的尺寸。主要指定位元件之间、工件与定位元件之间的尺寸和公差。

③ 影响对刀精度的尺寸和公差。它们主要指刀具与对刀元件或导向元件之间的尺寸及公差,钻头与钻套内孔的配合尺寸及公差等。

④ 影响夹具在机床上安装精度的尺寸和公差。它们主要是指夹具安装基面与机床相应配合表面之间的尺寸及公差。

⑤ 影响夹具精度的尺寸和公差。它们主要指定位元件、对刀元件、安装基面三者之间的位置尺寸和公差。

⑥ 其他装配尺寸和公差。它们主要指夹具内部各连接副的配合、各组成元件之间的

位置关系等。如定位销(心轴)与夹具体的配合、钻套与夹具体的配合等,设计时可查阅有关手册。

(2) 夹具的公差。

在夹具设计中,除了合理设计夹具结构外,正确制定夹具的公差和技术要求也是一项极为重要的工作内容。若夹具公差控制得过严或过松,不仅影响夹具本身的使用性能和经济性,而更重要的是直接影响产品零件的加工精度。因此,必须重视夹具公差和技术要求的制定工作。

一般夹具的公差,按其是否与工件的加工尺寸公差有关,可分为两类。

① 直接与工件的加工尺寸公差有关,例如:夹具上定位元件之间(常见的一面双孔定位时定位销间的中心距)、导向对刀元件之间(孔系加工时钻套间的中心距)、导向对刀元件与定位元件之间(对刀块工作表面至定位元件工作表面间的距离)等有关尺寸公差或位置尺寸公差。这类夹具公差是与工件的加工精度密切相关的,必须按工件加工尺寸的公差来决定。

由于目前在误差的分析计算方面还很不完善,因此在制定这类夹具公差时,还不可能采用分析计算方法,而仍然沿用工厂在夹具设计和制造中积累的实际经验来确定。在确定这类公差时,一般可取夹具的公差为工件相应加工尺寸公差的 $1/5 \sim 1/2$。在具体选取时,必须结合工件的加工精度要求、批量大小以及工厂在制造夹具方面的生产技术水平等因素进行细致分析和通盘考虑。

在夹具总装图上标注这类尺寸公差时,一律采用双向对称分布公差制。因此,在按工件加工尺寸公差来确定夹具的尺寸公差时,都必须首先将工件的尺寸公差换算成双向对称分布公差;否则不可能保持工件加工尺寸的精度。

② 与工件加工尺寸公差无关。属于这类公差的,限于夹具内部的结构配合尺寸公差。例如:定位元件与夹具体的配合尺寸公差,夹紧机构上各组成零件间的配合尺寸公差等。这类尺寸公差主要是根据零件的功用和装配要求,按照一般的公差配合标准来决定。

(3) 夹具的技术要求。

夹具总图上无法用符号标注而又必须说明的问题可作为技术要求用文字写在总图的空白处。

5) 绘制夹具零件图

夹具中的非标准零件都必须绘制零件图。在确定这些零件的尺寸、公差或技术要求时,应注意使其满足夹具总图的要求。

在夹具设计图纸全部绘制完毕后,设计工作没有结束。因为所设计的夹具还有待于实践的验证,只有夹具制造出来了,使用合格后才能算完成设计任务。

在实际工作中,上述设计程序并非一成不变,但设计程序在一定程度上反映了设计夹具所要考虑的问题和设计经验,因此对于缺乏设计经验的人员来说,遵循一定的方法、步骤进行设计是很有益的。

3. 设计实例

**例 2-5** 图 2-122(a)所示为加工摇臂零件的小头孔($\phi$18H7)的工序简图。零件材料为 45 钢,毛坯为模锻件,成批生产规模,所用机床为 Z525 型立式钻床。设计该工序所用的夹具。

**解** 设计过程如下。

(1) 精度与批量分析。

本工序有一定的位置精度要求,属于批量生产,使用夹具加工是适当的。但考虑到生产批量不是很大,因而夹具结构应尽可能简单,以减小夹具制造成本。

(2) 确定夹具的结构方案。

① 确定定位方案,选择定位元件。本工序加工要求保证的位置精度主要是中心距尺寸 120±0.08 mm 及平行度公差 0.05 mm。根据基准重合原则,应选择 $\phi$36H7 孔为主要定位基准,即工序简图中所规定的定位基准是恰当的。为使夹具结构简单,选择间隙配合的刚性心轴加小端面的定位方式(若端面 B 与 $\phi$36H7 孔中心线垂直度误差较大,则端面处应加球面垫圈)。又为保证小头孔处壁厚均匀,采用活动 V 形块来确定工件的角向位置,如图 2-122(b)所示。定位孔与定位销的配合尺寸取为 $\phi$36H7/g6 mm(定位孔$\phi 36^{+0.025}_{0}$ mm,定位销 $\phi 36^{-0.009}_{-0.025}$ mm)。对于工序尺寸(120±0.08) mm 而言,定位基准与工序基准重合 $\Delta_B=0$;由于定位副制造误差引起的定位误差 $\Delta_D=X_{max}=[0.025-(-0.025)]$ mm$=0.050$ mm,小于该工序尺寸制造公差 0.16 的 1/3,说明上述定位方案可行。

② 确定导向装置。本工序小头孔加工的精度要求较高,一次装夹要完成钻—扩—粗铰—精铰四个工步,才能最终达到工序简图上规定的加工要求($\phi$18H7 mm),故采用快换钻套(机床上相应的采用快换夹头)。又考虑到要求结构简单且能保证精度,采用固定式钻模板(见图 2-122(c))。钻套高度 $H=1.5\times D=1.5\times 18$ mm$=27$ mm,排屑空间 $h=D=18$ mm。

③ 确定夹紧机构。理想的夹紧方式应使夹紧力作用在主要定位面上,本例中可采用可涨心轴、液塑心轴等。但这样做夹具结构较复杂,制造成本较高。为简化结构,确定采用螺旋夹紧机构,即在心轴上直接做出一段螺纹,并用螺母和开口垫圈锁紧(见图 2-122(d))。装夹工件时,先将工件定位孔装入带有螺母的定位销 2 上;接着向右移动 V 形块 5 使之与工件小头外圆相靠,实现定位;然后在工件与螺母之间插上开口垫圈 3,拧螺母压紧工件。

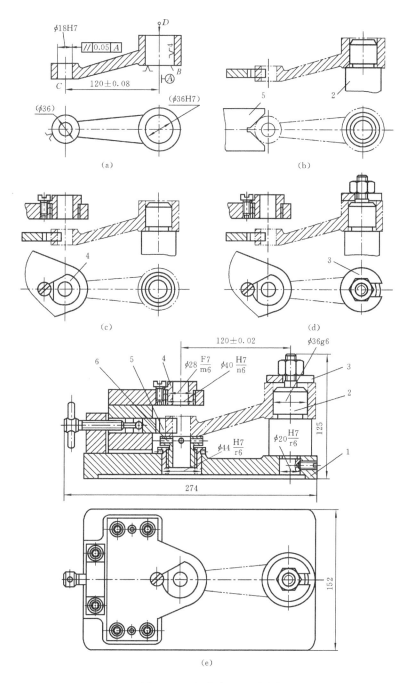

图 2-122 机床夹具设计实例
1—夹具体；2—定位销；3—开口垫圈；4—钻套；5—V形块；6—辅助支承

④ 确定其他装置和夹具体。为提高工艺系统的刚度,减小加工时工件的变形,应在靠近工件的加工部位(工件小头孔端面)增加辅助支承。夹具体的设计应通盘考虑,使上述各部分通过夹具体能有机地联系起来,形成一个完整的夹具。此外,还应考虑夹具与机床的连接。因为是在立式钻床上使用,夹具安装在工作台上可直接用钻套找正并用压板固定,故只需在夹具体上留出压板压紧的位置即可。又考虑到夹具的刚度和安装的稳定性,夹具体底面设计成周边接触的形式(见图 2-122(e))。

(3) 绘制夹具总图。

(4) 在夹具装配图上标注尺寸、配合及技术要求。

① 根据工序简图上规定的两孔中心距要求,确定钻套中心线与定位销中心线之间的基本尺寸为 120 mm,其公差取零件相应尺寸($120\pm0.08$ mm)公差值的 1/4,即钻套中心线与定位销中心线之间的尺寸为($120\pm0.02$)mm;钻套中心线对定位销中心线的平行度公差取为 0.02 mm。

② 活动 V 形块对称平面相对于钻套中心线与定位销中心线所决定的平面的对称度公差取为 0.05 mm。

③ 定位销中心线与夹具底面的垂直度公差取为 0.01 mm。

④ 参考《机床夹具设计手册》标注关键件的配合尺寸,具体如图 2-122(e)所示。

(5) 对零件进行编号、填写明细表、绘制零件图。(略)

## 本章重点、难点和知识拓展

**本章重点**　机床的传动原理及传动系统,车床传动系统和滚齿机传动系统分析,机床的选用原则。刀具切削部分的构造和刀具角度的定义,常用刀具的类型及选用要领,选择常用刀具材料的基本原则和方法,六点定位原理,机床夹具的设计方法。

**本章难点**　车床车螺纹进给传动链,滚齿机展成运动传动链,定位误差的分析与计算。

**知识拓展**　在熟悉掌握有关机械制造装备的结构、特点后,再结合第 5 章机械加工工艺规程设计的学习,在编制中等复杂零件的机械加工工艺规程的基础上,正确选择和确定每道工序的机床设备和工艺装备(如刀具、夹具等),并能进行某道工序专用机床夹具的设计。

# 思考题与习题

2-1 机床的传动链中为什么要设置换置机构？分析传动链一般有哪几个步骤？在什么情况下机床的传动链可以不设置换置机构？

2-2 写出在CA6140型车床上进行下列加工时的运动平衡式，并说明主轴的转速范围。

(1) 米制螺纹 $p=16$ mm，$K=1$；

(2) 英制螺纹 $a=8$ 牙/英寸（1 in≈25.4 mm）；

(3) 模数螺纹 $m=2$ mm，$K=3$。

2-3 证明CA6140型车床的机动进给量 $f_横≈0.5 f_纵$。

2-4 CA6140型车床主轴箱中有几个换向机构？能否取消其中一个？为什么？

2-5 能否用CA6140型车床主轴箱中Ⅸ～Ⅹ轴间的换向机构代替溜板箱中的两个换向机构？

2-6 根据Y3150E型机床的传动系统图（见图2-16），指出该机床的主运动、展成运动、进给运动及差动传动链的传动路线。

2-7 在Y3150E型滚齿机上加工斜齿轮时，

(1) 如果进给挂轮的传动比有误差，是否会导致斜齿圆柱齿轮的螺旋角 $\beta$ 产生误差？为什么？

(2) 如果滚刀主轴的安装角度有误差，是否会导致斜齿圆柱齿轮的螺旋角 $\beta$ 产生误差？为什么？

2-8 在滚齿机上加工一对齿数不同的斜齿圆柱齿轮，当其中一个齿轮加工完成后，在加工另一个齿轮前应对机床进行哪些调整？

2-9 各类机床中，能用于加工外圆、内孔、平面和沟槽的各有哪些机床？它们的适用范围有何区别？

2-10 简述数控机床的特点及应用范围。

2-11 数控机床是由哪些部分组成的？各有什么作用？

2-12 什么是开环、闭环、半闭环伺服系统？各适用于什么场合？

2-13 确定外圆车刀切削部分几何形状最少需要几个基本角度？试画图标出这些基本角度。

2-14 刀具标注角度正交平面参考系由哪些平面组成？它们是如何定义的？

2-15 试述刀具标注角度和工作角度的区别。为什么车刀进行横向切削时，进给量取值不能过大？

2-16 刀具切削部分的材料必须具备哪些基本性能?
2-17 普通高速钢有什么特点?常用的牌号有哪些?主要用来制造哪些刀具?
2-18 什么是硬质合金?常用的牌号有哪几大类?一般如何选用?
2-19 试说明陶瓷、人造金刚石、立方氮化硼刀具材料的特点及应用范围。
2-20 常用车刀有哪几大类?各有什么特点?
2-21 常用的孔加工刀具有哪些?它们的应用范围如何?
2-22 麻花钻的结构有何特点?比较麻花钻、扩孔钻、铰刀在结构上的异同。
2-23 铣刀主要有哪些类型?它们的用途如何?
2-24 砂轮硬度与磨粒硬度有何不同?二者有无联系?
2-25 自动化加工中刀具的主要特点是什么?
2-26 为什么夹具具有扩大机床工艺范围的作用?试举例说明。
2-27 为什么说夹紧不等于定位?
2-28 根据六点定位原理,分析图 2-123 所示各定位方案中,各定位元件分别限制了哪些自由度。

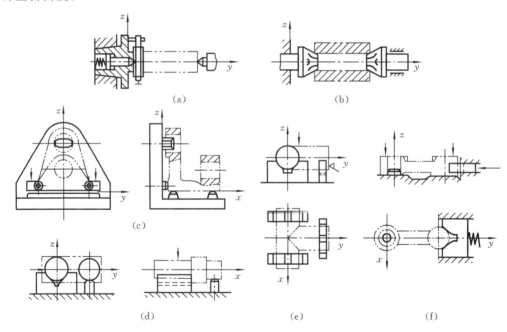

图 2-123 定位方案

2-29 工件装夹在夹具中,凡是有六个定位支承点,即为完全定位;凡是有六个定位支承点就不会出现欠定位;凡是超过六个定位支承点就是过定位,不超过六个定位支承点就不会出现过定位。这些说法对吗?为什么?

2-30 图 2-124 所示连杆在夹具中定位,定位元件分别为支承平面 1、短圆柱销 2 和固定短 V 形块 3。试分析该定位方案的合理性,若不合理,试提出改进办法。

2-31 何谓定位误差?产生定位误差的原因有哪些?

2-32 图 2-125 所示齿坯在 V 形块上定位插键槽,要求保证工序尺寸 $H=38.5^{+0.2}_{0}$ mm。已知:$d=\phi 80^{0}_{-0.1}$ mm,$D=\phi 35^{+0.025}_{0}$ mm。若不计内孔与外圆同轴度误差的影响,试求此工序的定位误差。

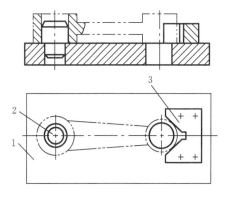

图 2-124 连杆定位

1—支承平面;2—短圆柱销;3—固定短 V 形块

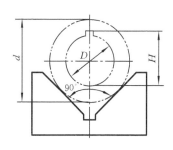

图 2-125 齿坯定位

2-33 图 2-126(a)所示为铣键槽工序的加工要求,已知轴径尺寸为 $\phi 80^{0}_{-0.1}$ mm,试分别计算图 2-126(b)、图 2-126(c)所示两种定位方案的定位误差。

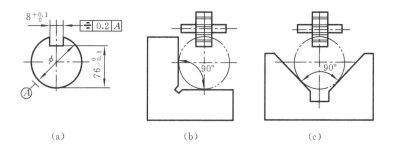

图 2-126 铣键槽

2-34 试分析图 2-127 所示各夹紧方案是否合理。若有不合理之处,应如何改进?

2-35 试分析三种基本夹紧机构的优缺点。

2-36 已知切削力 $F$,若不计小轴 1、2 的摩擦损耗,试计算图 2-128 所示夹紧装置作用在斜楔左端的作用力 $F_Q$。

2-37 对专用夹具的基本要求是什么?

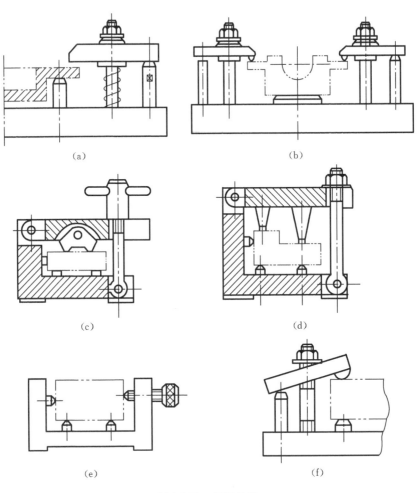

图 2-127 夹紧方案

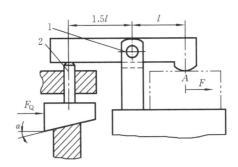

图 2-128 夹紧装置

# 第 3 章　金属切削过程及控制

**引入案例**

　　机械制造中的零件大都通过切除其多余的金属材料而获得。在这一切削过程中,操作者必须根据具体的情况选择合适的切削用量。由于操作者对金属切削过程的认识不同,因而对同一零件在同一过程中切削用量的选择也会是各种各样的,这样就导致了劳动生产率和经济效益上的差异。金属切削过程中到底会产生什么物理现象?这些物理现象之间有什么联系?这些联系究竟有什么规律可循?这些规律对切削用量的选择到底有什么影响?切削用量的选择应遵从什么原则?如何尽可能选择出最合理(即最能符合当时生产条件)的切削用量?有无可能改变常规思路,将常规加工中精加工所用的磨削工艺直接引入到粗加工中去,在保证产品质量的前提下提高劳动生产率和经济效益?这些问题都是每个机械制造行业的从业人员需要知道的问题。

　　金属切削过程是指将工件上多余的金属层,通过切削加工使其被刀具切除成为切屑从而得到所需要的零件几何形状的过程。在这一过程中,始终存在着刀具切削工件和工件材料抵抗切削的矛盾。从而产生一系列现象,如切削变形、切削力、切削热与切削温度以及有关刀具的磨损与刀具寿命、卷屑与断屑等。对这些现象进行研究,揭示其内在的机理,探索和掌握金属切削过程的基本规律,从而主动地加以有效控制,对保证加工精度和表面质量,提高切削效率,降低生产成本和劳动强度具有十分重大的意义。

## 3.1　切削过程及切屑类型

### 3.1.1　切屑形成过程及切削变形区的划分

　　大量的实验和理论分析证明,塑性金属切削过程中切屑的形成过程就是切削层金属的变形过程。图 3-1 是用显微镜直接观察低速直角自由切削工件侧面得到的切削层的金属变形情况。根据该图可绘制出图 3-2 所示的金属切削过程中的滑移线和流线示意图。流线表示被切削金属的某一点在切削过程中流动的轨迹。由图 3-2 可见,可大致划分为三个变形区。

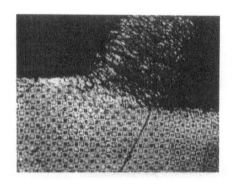

图 3-1　金属切削层变形图像

工件材料：Q235A，　$v=0.01$ m/min，
　　　　　　$a_c=0.15$ mm，$\gamma_o=30°$

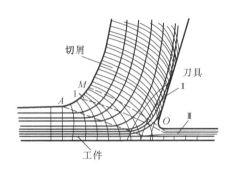

图 3-2　金属切削过程中的滑移线和流线示意图

(1) 第一变形区。从 $OA$ 线开始发生塑性变形，到 $OM$ 线晶粒的剪切滑移基本完成。这一部分称为第一变形区（Ⅰ）。

(2) 第二变形区。切屑沿前刀面排出时进一步受到前刀面的挤压和摩擦，使靠近前刀面处金属纤维化，基本上和前刀面相平行。这一部分称为第二变形区（Ⅱ）。

(3) 第三变形区。已加工表面受到切削刃钝圆部分与后刀面的挤压和摩擦，产生变形与回弹，造成纤维化和加工硬化。这一部分的变形也是比较密集的，称为第三变形区（Ⅲ）。

这三个变形区汇集在切削刃附近，此处的应力比较集中而复杂，金属的被切削层就在此处与工件本体分离，大部分变成切屑，很小一部分留在已加工表面上。

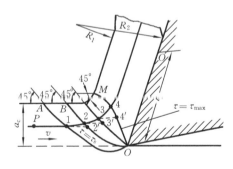

图 3-3　第一变形区金属的滑移

图 3-2 中的虚线 $OA$、$OM$ 实际上就是等切应力曲线。如图 3-3 所示，当切削层中金属某点 $P$ 向切削刃逼近，到达点 1 的位置时，其切应力达到材料的屈服点 $\tau_s$，点 1 在向前移动的同时，也沿 $OA$ 线滑移，其合成运动将使点 1 流动到点 2。$2'-2$ 就是它的滑移量。随着滑移的产生，切应力将逐渐增加，也就是当 $P$ 点向 1，2，3，… 各点流动时，它的切应力不断增加，直到点 4 位置，其流动方向与前刀面平行，不再沿 $OM$ 线滑移。所以 $OM$ 线称为终滑移线，$OA$ 线称为始滑移线。在整个第一变形区（$OA$ 线到 $OM$ 线之间），变形的主要特征就是沿滑移线的剪切变形，以及随之产生的加工硬化。在切削速度较高时，这一变形区较窄。

沿滑移线的剪切变形，从金属晶体结构的角度来看，就是沿晶格中晶面的滑移。滑移的情况可用图 3-4 所示的模型来说明。工件原材料的晶粒可假定为圆的颗粒（见图 3-4

(a)),当它受到切应力时,晶格内的晶面就发生位移,而使晶粒呈椭圆形。这样,圆的直径 $AB$ 就变成椭圆的长轴 $A'B'$(见图 3-4(b))。$A''B''$ 就是金属纤维化的方向(见图 3-4(c))。可见晶粒伸长的方向即纤维化方向,是与滑移方向即剪切面方向不重合的,它们成一夹角 $\psi$,如图 3-5 所示。图中第一变形区较宽,代表切削速度很低的情况。在一般的切削速度范围内,第一变形区的宽度仅为 0.2~0.02 mm,所以可用一剪切面来表示。剪切面和切削速度方向的夹角称为剪切角,以 $\phi$ 表示(见图 3-6)。

根据上述的变形过程,可以把塑性金属的切削过程粗略地模拟为如图 3-6 所示的示意图。被切材料好比一叠卡片 $1',2',3',4'$ 等,当刀具切入时,这叠卡片受力被擦到 1,2,3,4 等位置,卡片之间发生滑移,其滑移方向就是剪切面方向。

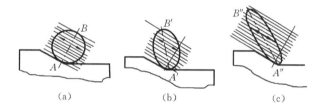

图 3-4 晶粒滑移示意图

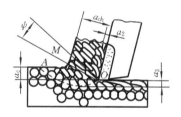

图 3-5 滑移与晶粒的伸长

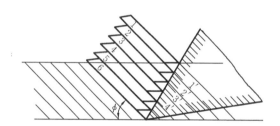

图 3-6 金属切削过程示意图

实验证明,剪切角 $\phi$ 的大小和切削力的大小有直接关系。对于同一工件材料,用同样的刀具切削同样大小的切削层,当切削速度高时,$\phi$ 角较大,剪切面积变小(见图 3-7),切

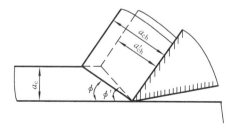

图 3-7 $\phi$ 角与剪切面面积的关系

削比较省力,说明剪切角的大小可以作为衡量切削过程情况的一个标志。可以用剪切角来作为衡量切削过程变形的参数。

### 3.1.2 变形程度的表示方法

切削变形程度有三种不同的表示方法,分述如下。

**1. 变形系数 $\Lambda_h$**

在切削过程中,刀具切下的切屑厚度 $h_{ch}$ 通常都大于工件切削层厚度 $h_D$,而切屑长度 $l_{ch}$ 却小于切削层长度 $l_c$,如图 3-8 所示。切屑厚度 $h_{ch}$ 与切削层厚度 $h_D$ 之比称为厚度变形系数 $\Lambda_{ha}$;而切削层长度 $l_c$ 与切屑长度 $l_{ch}$ 之比称为长度变形系数 $\Lambda_{hl}$。由图 3-8 知

$$\Lambda_{ha} = \frac{h_{ch}}{h_D} = \frac{\overline{OM} \cdot \sin(90° - \phi + \gamma_o)}{\overline{OM} \cdot \sin\phi} = \frac{\cos(\phi - \gamma_o)}{\sin\phi} \tag{3-1}$$

$$\Lambda_{hl} = \frac{l_c}{l_{ch}}$$

由于切削层变成切屑后宽度变化很小,根据体积不变原理,可求得

$$\Lambda_{ha} = \Lambda_{hl}$$

$\Lambda_{ha}$ 与 $\Lambda_{hl}$ 可统一用符号 $\Lambda_h$ 表示。变形系数 $\Lambda_h$ 的值是大于 1 的数,它直观地反映了切屑的变形程度,$\Lambda_h$ 越大,变形越大。$\Lambda_h$ 值可通过实测求得。

由式(3-1)知,$\Lambda_h$ 与剪切角 $\phi$ 有关,$\phi$ 增大,$\Lambda_h$ 减小,切削变形减小。

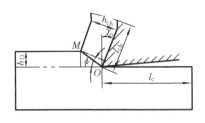

图 3-8 变形系数 $\Lambda_h$ 的计算

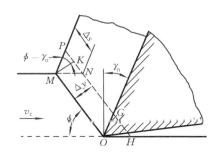

图 3-9 剪切变形示意图

**2. 相对滑移 $\varepsilon$**

既然切削过程中金属变形的主要形式是剪切滑移,当然就可以用相对滑移 $\varepsilon$(剪应变)来衡量切削过程的变形程度。图 3-9 中,平行四边形 $OHNM$ 发生剪切变形后,变为平行四边形 $OGPM$,其相对滑移

$$\varepsilon = \frac{\Delta S}{\Delta y} = \frac{\overline{NP}}{\overline{MK}} = \frac{\overline{NK} + \overline{KP}}{\overline{MK}}$$

$$\varepsilon = \cot\phi + \tan(\phi - \gamma_o) \tag{3-2}$$

## 3. 剪切角 φ

由式(3-1)知，剪切角 φ 与切削变形有密切关系，也可以用剪切角 φ 来衡量切削变形的程度。在剪切面上金属产生了滑移变形，最大剪应力就在剪切面上。根据在直角自由切削状态下的作用力分析，在垂直于切削合力 $F$ 方向的平面内剪应力为零，切削合力 $F$ 的方向就是主应力的方向。根据材料力学平面应力状态理论，主应力方向与最大剪应力方向的夹角应为 45°，即 $F_s$ 与 $F$ 的夹角应为 45°，故有

$$\phi + \beta - \gamma_o = \frac{\pi}{4}$$

则

$$\phi = \frac{\pi}{4} - (\beta - \gamma_o) \qquad (3-3)$$

式中：$\beta - \gamma_o$——合力与切削速度方向的夹角，称为作用角，用 ω 表示。

### 3.1.3 积屑瘤的形成及其对切削过程的影响

1. 积屑瘤的形成及其影响

在切削速度不高而又能形成带状切屑的情况下，加工一般钢料或铝合金等塑性材料时，常在前刀面处黏着一块剖面呈三角状（见图 3-10）的硬块，它的硬度很高，通常是工件材料硬度的 2~3 倍，这块黏附在前刀面上的金属硬块称为积屑瘤。

切削时，切屑与前刀面接触处发生强烈摩擦，当接触面达到一定温度，同时又存在较高压力时，被切材料会黏结（冷焊）在前刀面上。连续流动的切屑从黏在前刀面上的底层金属上流过时，如果温度与压力适当，切屑底部材料也会被阻滞在已经"冷焊"在前刀面上的金属层上，黏成一体，使黏结层逐步长大，形成积屑瘤。积屑瘤的产生及其成长与工件材

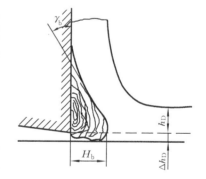

图 3-10 积屑瘤前角 $\gamma_b$ 和伸出量 $\Delta h_D$

料的性质、切削区的温度分布和压力分布有关。塑性材料的加工硬化倾向越强，越易产生积屑瘤；切削区的温度和压力很低时，不会产生积屑瘤；温度太高时，由于材料变软，也不易产生积屑瘤。对碳钢来说，切削区温度处于 300~350 ℃ 时积屑瘤的高度最大，切削区温度超过 500 ℃ 时积屑瘤便自行消失。在背吃刀量 $a_p$ 和进给量 $f$ 保持一定时，积屑瘤高度 $H_b$ 与切削速度 $v_c$ 有密切关系，因为切削过程中产生的热是随切削速度的提高而增加的。图 3-11 中，Ⅰ区为低速区，不产生积屑瘤；Ⅱ区积屑瘤高度随 $v_c$ 的增大而增大；Ⅲ区

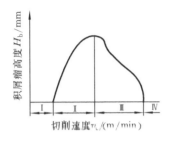

图 3-11 积屑瘤高度与切削速度的关系

积屑瘤高度随 $v_c$ 的增大而减小;Ⅳ区不产生积屑瘤。

2. 积屑瘤对切削过程的影响

(1) 使刀具前角变大。阻滞在前刀面上的积屑瘤有使刀具实际前角增大的作用(见图 3-10),使切削力减小。

(2) 使切削厚度变大。积屑瘤前端超过了切削刃,使切削厚度增大,其增量为 $\Delta h_D$,如图 3-10 所示。$\Delta h_D$ 将随着积屑瘤的变大逐渐增大,一旦积屑瘤从前刀面上脱落或断裂,$\Delta h_D$ 值就将迅速减小。切削厚度变化必然导致切削力产生波动。

(3) 使加工表面粗糙度增大。积屑瘤伸出切削刃之外的部分高低不平,形状也不规则,会使加工表面粗糙度增大;破裂脱落的积屑瘤也有可能嵌入加工表面使加工表面质量下降。

(4) 对刀具寿命(即刀具耐用度)的影响。黏在前刀面上的积屑瘤,可以替代刀刃切削,有减小刀具磨损、提高刀具寿命的作用;但如果积屑瘤从刀具前刀面上频繁脱落,可能会把前刀面上的刀具材料颗粒拽去(这种现象易发生在硬质合金刀具上),反而使刀具寿命下降。

3. 防止积屑瘤产生的措施

积屑瘤对切削过程的影响有积极的一面,也有消极的一面。精加工时必须防止积屑瘤的产生,可采取的控制措施有如下几种。

(1) 正确选择切削速度,使切削速度避开产生积屑瘤的区域。

(2) 使用润滑性能好的切削液,目的在于减小切屑底层材料与刀具前刀面间的摩擦。

(3) 增大刀具前角 $\gamma_o$,减小刀具前刀面与切屑之间的压力。

(4) 适当提高工件材料硬度,减小加工硬化倾向。

### 3.1.4 切屑的类型及控制

1. 切屑的类型及其分类

由于工件材料不同,切削过程中的变形程度也就不同,因而产生的切屑种类也就多种多样,如图 3-12 所示,其中图(a)至图(c)为切削塑性材料的切屑,图(d)为切削脆性材料的切屑。

(1) 带状切屑。这是最常见的一种切屑(见图 3-12(a))。它的内表面是光滑的,外表面呈毛茸状。如用显微镜观察,在外表面上也可看到剪切面的条纹,但每个单元很薄,肉眼看来大体上是平整的。加工塑性金属材料,当切削厚度较小、切削速度较高、刀具前角

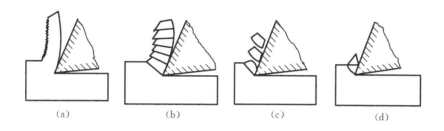

图 3-12 切屑类型
(a) 带状切屑;(b) 挤裂切屑;(c) 单元切屑;(d) 崩碎切屑

较大时,一般常形成这类切屑。它的切削过程平稳,切削力波动较小,已加工表面粗糙度较小。

(2) 挤裂切屑。如图 3-12(b)所示,这类切屑与带状切屑不同之处在外表面呈锯齿状,内表面有时有裂纹。这类切屑之所以呈锯齿状,是由于它的第一变形区较宽,在剪切滑移过程中滑移量较大。由滑移变形所产生的加工硬化使剪切力增加,在局部达到材料的破裂强度。这种切屑大多在切削速度较低、切削厚度较大、刀具前角较小时产生。

(3) 单元切屑。如果在挤裂切屑的剪切面上,裂纹扩展到整个面上,则整个单元被切离,变为梯形的单元切屑,如图 3-12(c)所示。

以上三种切屑只有在加工塑性材料时才可能产生。其中,带状切屑的切削过程最平稳,单元切屑的切削力波动最大。在生产中最常见的是带状切屑,有时得到挤裂切屑,单元切屑则很少见。假如改变挤裂切屑的条件,如进一步减小刀具前角,减低切削速度或增大切削厚度,就可以得到单元切屑;反之,则可以得到带状切屑。这说明切屑的形态是可以随切削条件而转化的。掌握了它的变化规律,就可以控制切屑的变形、形态和尺寸,以达到卷屑和断屑的目的。

(4) 崩碎切屑。这属于脆性材料的切屑。这种切屑的形状是不规则的,加工表面是凹凸不平的,如图 3-12(d)所示。从切削过程来看,切屑在破裂前变形很小,和塑性材料的切屑形成机理也不同。它的脆断主要是由于材料所受的应力超过了它的抗拉极限。加工脆性材料,如高硅铸铁、白口铁等,特别是当切削厚度较大时常得到这种切屑。由于它的切削过程很不平稳,容易破坏刀具,也有损于机床,且已加工表面又粗糙,因此在加工中应力求避免,其方法是减小切削厚度,使切屑呈针状或片状;同时提高切削速度,以增加工件材料的塑性。

以上是四种典型的切屑,但加工现场获得的切屑,其形状是多种多样的。在现代切削加工中,切削速度与金属切削率达到了很高的水平,切削条件很恶劣,常常产生大量"不可接受"的切屑。这类切屑或拉伤已加工的表面,使表面粗糙度恶化;或划伤机床,卡在机床运动副之间;或造成刀具的早期破损;有时甚至影响操作者的安全。特别对于数控机床、生产自动线以及柔性制造系统,如不能进行有效的切屑控制,轻则限制了机床能力的发挥,重则使生产无法正常进行。所谓切屑控制(又称切屑处理,工厂中一般简称为"断屑"),是指在切削加工中采取适当的措施来控制切屑的卷曲、流出与折断,使形成"可接受"的良好屑形。

从切屑控制的角度出发,国际标准化组织(ISO)制定了切屑分类标准,如图3-13所示。测量切屑可控性的主要标准是:不妨碍正常的加工(即不缠绕在工件、刀具上,不飞溅到机床运动部件中);不影响操作者的安全;易于清理、存放和搬运。ISO分类法中的3-1、2-2、3-2、4-2、5-2、6-2类切屑单位质量所占空间小,易于处理,属于良好的屑形。对于不同的加工场合,如不同的机床、刀具或者不同的被加工材料,有相应的可接受屑形。因而,在进行切屑控制时,要针对不同情况采取相应的措施,以得到可接受的良好屑形。

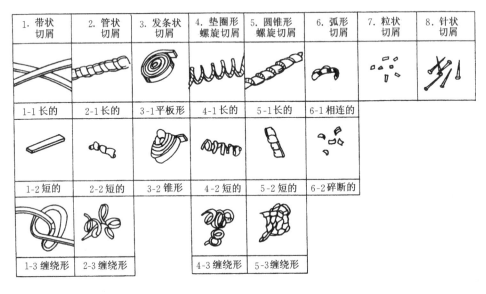

图3-13 国际标准化组织的切屑分类法

2. 切屑的控制

在生产实践中会看到不同的排屑情况。有的切屑打成螺卷状,到一定长度时自行折断;有的切屑折成C形、6字形;有的呈发条状卷屑;有的碎成针状或小片,四处飞溅,影响安全;有的带状切屑缠绕在刀具和工件上,易造成事故。不良的排屑状态会影响生产的正常运行,因此切屑的控制具有重要意义,这在自动化生产线上加工时尤为重要。

切屑经第Ⅰ、第Ⅱ变形区的剧烈变形后,硬度增加,塑性下降,性能变脆。在切屑排出过程中,当碰到刀具后刀面、工件上过渡表面或待加工表面等障碍时,如某一部分的应变超过了切屑材料的断裂应变值,切屑就会折断。图3-14所示为切屑碰到工件或刀具后刀面折断的情况。

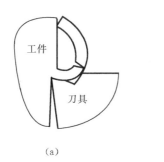

图 3-14 切屑碰到工件或刀具后刀面折断

(a) 切屑碰到工件折断；(b) 切屑碰到刀具后刀面折断

研究表明,工件材料脆性越大(断裂应变值越小)、切屑厚度越大、切屑卷曲半径越小,切屑就越容易折断。生产中可采用以下措施对切屑实施控制。

(1) 采用断屑槽。通过设置断屑槽对流动中的切屑施加一定的约束力,使切屑应变增大,切屑卷曲半径减小。断屑槽的尺寸参数应与切削用量的大小相适应,否则会影响断屑效果。常用的断屑槽截面形状有折线形、直线圆弧形和全圆弧形,如图 3-15 所示。前角较大时,采用全圆弧形断屑槽刀具的强度较好。断屑槽位于前刀面上的形式有平行、外斜、内斜三种,如图 3-16 所示。外斜式常形成 C 形屑和 6 字形屑,能在较宽的切削用量范围内实现断屑;内斜式常形成长紧螺卷形屑,但断屑范围窄;平行式的断屑范围居于上述两者之间。

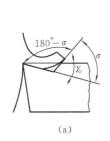

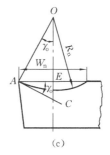

图 3-15 断屑槽截面形状

(a) 折线形；(b) 直线圆弧形；(c) 全圆弧形

由于磨槽与压块的调整工作一般是由操作者单独进行的,因此使用效果取决于他们的经验与技术水平,往往难以获得满意的效果。一个可行的而且较为理想的解决方法就是结合推广使用可转位刀具,由专业化生产的刀具厂家和研究单位来集中解决合理的槽形设计和精确的制造工艺问题。

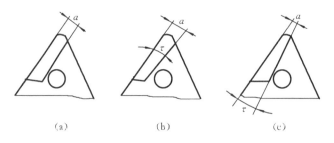

图 3-16 前刀面上的断屑槽形状
(a) 平行式;(b) 外斜式;(c) 内斜式

(2) 改变刀具角度。增大刀具主偏角 $\kappa_r$,切削厚度变大,有利于断屑。减小刀具前角 $\gamma_o$ 可使切屑变形加大,切屑易于折断。刃倾角 $\lambda_s$ 可以控制切屑的流向,当 $\lambda_s$ 为正值时,切屑常卷曲后碰到后刀面折断形成 C 形屑或自然流出形成螺卷屑;当 $\lambda_s$ 为负值时,切屑常卷曲后碰到已加工表面折断成 C 形屑或 6 字形屑。

(3) 调整切削用量。提高进给量 $f$ 使切削厚度增大,对断屑有利;但增大 $f$ 会增大加工表面粗糙度。适当地降低切削速度使切削变形增大,也有利于断屑,但这会降低材料切除效率。生产中须根据实际条件适当选择切削用量。

## 3.2 切 削 力

金属切削过程中,刀具施加于工件使工件材料产生变形,并使多余材料变为切屑所需的力称为切削力。切削力直接影响切削热、刀具磨损与耐用度,是影响加工工件质量、工艺系统强度和刚度的重要因素,是金属切削过程中的基本物理现象之一。分析研究和计算切削力,是计算切削功率,设计和使用刀具、机床、夹具以及制定合理的切削用量,优化刀具几何参数的重要依据,同时对分析切削过程并进一步弄清切削机理,指导生产实际也具有非常重要的意义。

### 3.2.1 切削力的来源、切削合力及分解、切削功率

1. 切削力的来源

刀具要切下金属材料,必须使被切金属产生弹性变形、塑性变形,并要克服金属材料对刀具的摩擦。因此,切削力的来源有以下三个方面(见图 3-17):

(1) 切削层金属、切屑和工件表面金属的弹性变形所产生的抗力;
(2) 切削层金属、切屑和工件表面金属的塑性变形所产生的抗力;
(3) 刀具与切屑、工件表面间的摩擦阻力。

要顺利进行切削,切削力必须克服上述各力。

## 2. 切削力合力及分解

如图 3-17 所示，切削时作用在刀具上的力，有变形抗力分别作用在前、后刀面，有摩擦力分别作用在前、后刀面。对于锐利的刀具，作用在前刀面上的力是主要的，作用在后刀面上的力很小，分析时可以忽略不计。上述各力的总和形成作用在刀具上的合力 $F_r$（国标为 $F$），即作用在刀具上的总切削力。切削时，合力 $F_r$ 作用在近切削刃空间某方向，其大小与方向都不易确定，因此，为便于测量、计算和实际应用，常将合力 $F_r$ 分解成三个互相垂直的分力。

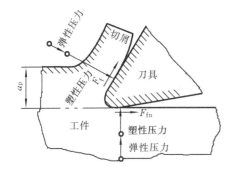

图 3-17 切削力的来源

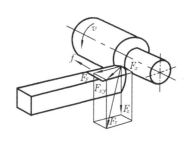

图 3-18 切削合力与分力

如图 3-18 所示车削外圆时的切削合力与分力，三个互相垂直的分力分别为 $F_z$（国标为 $F_c$）、$F_y$（国标为 $F_p$）和 $F_x$（国标为 $F_f$）。

(1) $F_z$——主切削力或切向力。它切于过渡表面且与基面垂直，并与切削速度 $v$ 的方向一致。$F_z$ 是确定机床的电动机功率，计算车刀强度，设计主轴粗细、齿轮大小、轴承号数等机床零件所必需的。生产中所说的切削力一般都是指主切削力，该力会将刀头向下压，过大时，可能会使刀具崩刃或折断。

(2) $F_y$——切深抗力或背向力、径向力、吃刀力。它处于基面内并与进给方向垂直，是加工表面法线方向上的分力。该力会将刀具推离工件表面，是造成刀具在切削中"让刀"的主要原因，引起工件的弯曲，尤其是在切削加工细长工件时更为明显。它虽不做功，但能使工件变形或振动，对加工精度和已加工表面质量影响较大。

(3) $F_x$——进给力或轴向力、走刀力。它处于基面内并与工件轴线方向相平行，它是与进给方向相反的力。该力是检验进给机构强度，计算车刀进给功率所必需的数据。该力会将工件压向主轴，因此加工时工件和刀具都必须夹紧，以免在轴线方向产生窜动。

由图 3-18 可知，切削合力与各分力之间的关系为

$$F_r = \sqrt{F_z^2 + F_{xy}^2} = \sqrt{F_z^2 + F_y^2 + F_x^2} \tag{3-4}$$

$$F_y = F_{xy}\cos\kappa_r \tag{3-5}$$

$$F_x = F_{xy}\sin\kappa_r \tag{3-6}$$

随着刀具材料、刀具几何角度、切削用量及工件材料等加工情况的不同,这三个分力之间的比例可在较大范围内变化,其中 $F_y$ 约为 $(0.15\sim 0.7)F_z$,$F_x$ 约为 $(0.1\sim 0.6)F_z$。例如,通过实验可知:当 $\kappa_r=45°,\gamma_o=15°,\lambda_s=0°$ 时,$F_z:F_y:F_x=1:(0.4\sim 0.5):(0.3\sim 0.4)$,$F_r=(1.12\sim 1.18)F_z$,总切削力 $F_r$ 的大小主要取决于主切削力 $F_z$,$F_z$ 在各分力中最大。

**3. 切削功率**

消耗在切削过程中的功率称为切削功率,用 $P_m$(国标为 $P_c$)表示。计算切削功率主要用于核算加工成本和计算能量消耗,并在设计机床时根据它来选择机床主电动机功率。

切削加工中,主运动消耗的功率为 $F_z v_c \times 10^{-3}$ (kW),进给运动消耗的功率为 $\dfrac{F_x n_w f}{1\,000} \times 10^{-3}$ (kW),因为在 $F_y$ 分力方向没有位移,故 $F_y$ 不消耗功率,因此总切削功率 $P_m$ (kW) 为 $F_z$ 和 $F_x$ 所消耗功率之和,于是

$$P_m = \left(F_z v_c + \frac{F_x n_w f}{1\,000}\right) \times 10^{-3} \tag{3-7}$$

式中:$F_z$——主切削力(N);
　　　$F_x$——进给力(N);
　　　$v_c$——切削速度(m/s);
　　　$n_w$——工件转速(r/s);
　　　$f$——进给量(mm/r)。

其中,$F_z$ 所消耗功率占总切削功率的 95% 左右,$F_x$ 所消耗功率占总切削功率的 5% 左右。由于消耗在进给运动中的功率所占比例很小,通常可略而不计。即

$$P_m = F_z v_c \times 10^{-3} \tag{3-8}$$

计算出切削功率后,可以进一步计算出机床电动机的功率 $P_E$,以便选择机床电动机,此时还应考虑到机床的传动效率。

机床电动机功率 $P_E$ 应满足:

$$P_E = P_m / \eta_m \tag{3-9}$$

式中:$\eta_m$——机床的传动效率,一般取为 $0.75\sim 0.85$,大值适用于新机床,小值适用于旧机床。

由式(3-9)可检验和选取机床电动机的功率。

### 3.2.2　切削力的测量

在生产实际中,切削力的大小一般使用由实验结果建立起来的经验公式进行计算。但是在需要较为准确地知道某种切削条件下的切削力时,还需进行实际测量。随着测试手段的现代化,切削力的测量方法有了很大的发展,在很多场合下已经能很精确地测量切

削力。当前采用测力仪直接测量切削力是一种研究切削力行之有效的手段。

测力仪必须具备以下性能:足够的刚度;较高的固有频率;足够的灵敏度;各分力间相互干扰要小;测力仪的输出应不受力作用点位置变化的影响;测力仪的输出应具有较好的线性及较小的滞后现象。

测力仪按其工作原理可以分为机械式测力仪、油压式测力仪和电测力仪。电测力仪又可分为电阻应变式测力仪、电感式测力仪、电容式测力仪及压电式测力仪,目前常用的是电阻应变式测力仪和压电式测力仪。

就电阻应变式测力仪而言,尽管它种类繁多、结构各异,但其工作原理是一样的,即在测力仪弹性元件的适当位置上粘贴具有一定电阻值 $R$ 的电阻应变片,然后将电阻应变片连接成电桥。如图 3-19 所示的电阻应变片组成的电桥,设电桥各臂的电阻分别为 $R_1$、$R_2$、$R_3$ 和 $R_4$。如果 $\frac{R_1}{R_2}=\frac{R_3}{R_4}$,则电桥平衡,B、D 两点间电位差为 0,电流表中没有电流通过。切削时,弹性元件受力变形,于是紧贴在其上的电阻应变片也随之变形,电阻值 $R$ 发生了变化($R\pm\Delta R$)。当电阻应变片受拉伸变形时,长度增大,截面积缩小,电阻值增大($R+\Delta R$);当电阻应变片受压缩变形时,长度缩短,截面积增大,电阻值减小($R-\Delta R$)。在上述两种情况下,电桥的平衡条件受到破坏,于是,B、D 两点之间产生电位差。由于电阻应变片的电阻变化很小,所以一般还需要用电阻应变仪将其放大。一般还要通过其他仪表将这两点间的电流、电压或电功率的数值放大、显示和记录下来。这几个电参数与切削力成正比,经过机械标定和电标定,可以得到电参数与切削力之间的关系曲线。测力时,只要知道电参数,便能从标定曲线上查得切削力的数值。当测得了三个方向的分力后,还应通过计算扣除相互间的干扰误差,获得真实的各方向分力和总切削力。

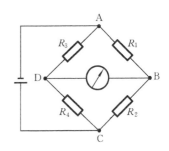

图 3-19 电阻应变片组成的电桥

压电式测力仪的工作原理是基于石英晶体的正压电效应。当晶体受力的作用时,产生变形,从而在晶体表面产生电荷,所产生的电荷量与外力成正比,这种现象称为压电效应。三向压电晶体传感器由三组石英晶片所组成,当空间任意方向的力作用于传感器上时,能自动地将作用力分解为三个相互垂直的分力。由于在力的作用下压电式测力仪的石英晶片所产生的电荷很少,因此尚需配用电荷放大器进行放大,再用光线示波器或数字电压表进行记录。由于压电式测力仪刚度好、灵敏度高,且可以测量动态切削力,因此应用逐渐增多。

除此之外,还可通过测定机床功率来计算切削力。根据上面分析,用功率表测出机床电动机在切削过程中所消耗的功率 $P_E$ 后则可计算出切削功率;当切削速度 $v_c$ 为已知时,即可求出主切削力。但这种方法只能粗略估算切削力的大小,不够精确。

随着计算机的广泛应用,也可以利用计算机对切削力进行辅助测试。

### 3.2.3 切削力的计算及经验公式

目前计算切削力多采用经验公式,它是通过大量的实验,用切削力测量仪测得切削力后,对所得数据用图解法、线性回归法等方法进行处理而得到的。

在生产中计算切削力的经验公式可分为两类:一类是指数公式;一类是按单位切削力进行计算的公式。

1. 计算切削力的指数公式

常用的指数公式形式如下:

$$\left. \begin{aligned} F_z &= C_{F_z} \cdot a_p^{x_{F_z}} \cdot f^{y_{F_z}} \cdot v_c^{n_{F_z}} \cdot K_{F_z} \\ F_y &= C_{F_y} \cdot a_p^{x_{F_y}} \cdot f^{y_{F_y}} \cdot v_c^{n_{F_y}} \cdot K_{F_y} \\ F_x &= C_{F_x} \cdot a_p^{x_{F_x}} \cdot f^{y_{F_x}} \cdot v_c^{n_{F_x}} \cdot K_{F_x} \end{aligned} \right\} \tag{3-10}$$

式中:$F_z$——主切削力;

$F_y$——切深抗力(背向力);

$F_x$——进给抗力(进给力);

$C_{F_z}$、$C_{F_y}$、$C_{F_x}$——与被加工金属材料和切削条件有关的系数;

$x_{F_z}$、$x_{F_y}$、$x_{F_x}$——背吃刀量 $a_p$ 的影响指数;

$y_{F_z}$、$y_{F_y}$、$y_{F_x}$——进给量 $f$ 的影响指数;

$n_{F_z}$、$n_{F_y}$、$n_{F_x}$——切削速度 $v_c$ 的影响指数;

$K_{F_z}$、$K_{F_y}$、$K_{F_x}$——计算条件与实验条件不同时的总修正系数。

金属切削用量手册记录了在某特定加工条件下对应的各系数、指数的值,式(3-10)中的系数和指数可在手册中查得。手册中的数值是在特定的刀具几何参数(包括几何角度和刀尖圆弧半径等)条件下针对不同的加工材料、刀具材料和加工形式,由大量的实验结果处理得到的。表3-1列出了车削时切削力指数公式中的系数和指数,其中对硬质合金刀具,$\kappa_r = 45°$,$\gamma_o = 10°$,$\lambda_s = 0°$;对高速钢刀具,$\kappa_r = 45°$,$\gamma_o = 20° \sim 25°$,刀尖圆弧半径 $r_\varepsilon = 1.0 \text{ mm}$。从表3-1可以看出,对于大部分加工形式,在计算主切削力时,背吃刀量 $a_p$ 的影响指数 $x_{F_z}$ 大部分为1.0,进给量 $f$ 的影响指数 $y_{F_z}$ 大部分为0.75,切削速度 $v_c$ 的影响指数 $n_{F_z}$ 大部分为0。这是一组最典型的数值,它反映了切削用量三要素对切削力的影响,可以指导我们的生产实际。当实际加工条件与所求得的经验公式的条件不符时,各种因素应用修正系数进行修正。对于 $F_z$、$F_y$、$F_x$,所有相应修正系数的乘积就是 $K_{F_z}$、$K_{F_y}$、$K_{F_x}$。各个修正系数的值或者计算公式也可由切削用量手册查得。表3-2至表3-4列出了计算条件与实验条件不同时对切削力的修正系数。

表 3-1 切削力指数公式中的系数和指数

| 加工材料 | 刀具材料 | 加工形式 | 主切削力 $F_z$ | | | | 背向力 $F_y$ | | | | 进给力 $F_x$ | | | |
|---|---|---|---|---|---|---|---|---|---|---|---|---|---|---|
| | | | $C_{F_z}$ | $x_{F_z}$ | $y_{F_z}$ | $n_{F_z}$ | $C_{F_y}$ | $x_{F_y}$ | $y_{F_y}$ | $n_{F_y}$ | $C_{F_x}$ | $x_{F_x}$ | $y_{F_x}$ | $n_{F_x}$ |
| 结构钢及铸钢 ($\sigma_b=$ 0.673 GPa) | 硬质合金 | 外圆纵车、横车及镗孔 | 1 433 | 1.0 | 0.75 | −0.15 | 572 | 0.9 | 0.6 | −0.3 | 561 | 1.0 | 0.5 | −0.4 |
| | | 切槽及切断 | 3 600 | 0.72 | 0.8 | 0 | 1 393 | 0.73 | 0.67 | 0 | — | — | — | — |
| | | 车螺纹 | 23 879 | — | 1.7 | 0.71 | | | | | | | | |
| | 高速钢 | 外圆纵车、横车及镗孔 | 1 766 | 1.0 | 0.75 | 0 | 922 | 0.9 | 0.75 | 0 | 530 | 1.2 | 0.65 | 0 |
| | | 切槽及切断 | 2 178 | 1.0 | 1.0 | 0 | | | | | | | | |
| | | 成形车削 | 1 874 | 1.0 | 0.75 | 0 | | | | | | | | |
| 不锈钢 (1Cr18Ni9Ti, 141 HBS) | 硬质合金 | 外圆纵车、横车及镗孔 | 2 001 | 1.0 | 0.75 | 0 | | | | | | | | |
| 灰铸铁 (190 HBS) | 硬质合金 | 外圆纵车、横车及镗孔 | 903 | 1.0 | 0.75 | 0 | 530 | 0.9 | 0.75 | 0 | 451 | 1.0 | 0.4 | 0 |
| | | 车螺纹 | 29 013 | — | 1.8 | 0.82 | | | | | | | | |
| | 高速钢 | 外圆纵车、横车及镗孔 | 1 118 | 1.0 | 0.75 | 0 | 1 167 | 0.9 | 0.75 | 0 | 500 | 1.2 | 0.65 | 0 |
| | | 切槽及切断 | 1 550 | 1.0 | 1.0 | 0 | | | | | | | | |
| 可锻铸铁 (150 HBS) | 硬质合金 | 外圆纵车、横车及镗孔 | 795 | 1.0 | 0.75 | 0 | 422 | 0.9 | 0.75 | 0 | 373 | 1.0 | 0.4 | 0 |
| | 高速钢 | 外圆纵车、横车及镗孔 | 981 | 1.0 | 0.75 | 0 | 863 | 0.9 | 0.75 | 0 | 392 | 1.2 | 0.65 | 0 |
| | | 切槽及切断 | 1 364 | 1.0 | 1.0 | 0 | | | | | — | — | — | — |
| 中等硬度不匀质铜合金 (120 HBS) | 高速钢 | 外圆纵车、横车及镗孔 | 540 | 1.0 | 0.66 | 0 | | | | | | | | |
| | | 切槽及切断 | 736 | 1.0 | 1.0 | 0 | | | | | | | | |
| 铝及铝硅合金 | 高速钢 | 外圆纵车、横车及镗孔 | 392 | 1.0 | 0.75 | 0 | | | | | | | | |
| | | 切槽及切断 | 491 | 1.0 | 1.0 | 0 | | | | | — | — | — | — |

表 3-2 钢和铸铁的强度、硬度改变时,切削力的修正系数

| 加工材料 | 结构钢和铸钢 | 灰铸铁 | 可锻铸铁 |
|---|---|---|---|
| 系数 $K_{mF}$ | $K_{mF}=\left(\dfrac{\sigma_b}{0.637}\right)^{n_F}$ | $K_{mF}=\left(\dfrac{HBS}{190}\right)^{n_F}$ | $K_{mF}=\left(\dfrac{HBS}{150}\right)^{n_F}$ |

上列公式中的指数 $n_F$

| 加工材料 | | 刀具材料 | | | | | |
|---|---|---|---|---|---|---|---|
| | | 硬质合金 | | | 高速钢 | | |
| | | 切削力 | | | | | |
| | | $F_z$ | $F_y$ | $F_x$ | $F_z$ | $F_y$ | $F_x$ |
| | | 指数 $n_F$ | | | | | |
| 结构钢及铸钢 | $\sigma_b \leqslant 0.588$ GPa | 0.75 | 1.35 | 1.0 | 0.35 | 2.0 | 1.5 |
| | $\sigma_b > 0.588$ GPa | | | | 0.75 | | |
| 灰铸铁及可锻铸铁 | | 0.4 | 1.0 | 0.8 | 0.55 | 1.3 | 1.1 |

表 3-3 铜及铝合金的物理力学性能改变时,切削力的修正系数

| 铜合金的系数 $K_{mF}$ | | | | | | 铝合金的系数 $K_{mF}$ | | | |
|---|---|---|---|---|---|---|---|---|---|
| 不均质的 | | 非均质的铜合金和铅的质量分数不足10%的均质合金 | 均质合金 | 铜 | 铅的质量分数大于15%的合金 | 铝及铝硅合金 | 硬铝 | | |
| 中等硬度(120 HBS) | 高硬度 >(120 HBS) | | | | | | $\sigma_b=0.245$ GPa | $\sigma_b=0.343$ GPa | $\sigma_b>0.343$ GPa |
| 1.0 | 0.75 | 0.65~0.70 | 1.8~2.2 | 1.7~2.1 | 0.25~0.45 | 1.0 | 1.5 | 2.0 | 0.75 |

表 3-4 加工钢及铸铁时刀具几何参数改变对切削力的修正系数

| 参数 | | 刀具材料 | 修正系数 | | | |
|---|---|---|---|---|---|---|
| 名称 | 数值 | | 名称 | 切削力 | | |
| | | | | $F_z$ | $F_y$ | $F_x$ |
| 主偏角 | 30° | 硬质合金 | $K_{\kappa_r F}$ | 1.08 | 1.30 | 0.78 |
| | 45° | | | 1.0 | 1.0 | 1.0 |
| | 60° | | | 0.94 | 0.77 | 1.11 |
| | 75° | | | 0.92 | 0.62 | 1.13 |
| | 90° | | | 0.89 | 0.50 | 1.17 |
| | 30° | 高速钢 | | 1.08 | 1.63 | 0.7 |
| | 45° | | | 1.0 | 1.0 | 1.0 |
| | 60° | | | 0.98 | 0.71 | 1.27 |
| | 75° | | | 1.03 | 0.54 | 1.51 |
| | 90° | | | 1.08 | 0.44 | 1.82 |
| 前角 | −15° | 硬质合金 | $K_{\gamma_o F}$ | 1.25 | 2.0 | 2.0 |
| | −10° | | | 1.2 | 1.8 | 1.8 |
| | 0° | | | 1.1 | 1.4 | 1.4 |
| | 10° | | | 1.0 | 1.0 | 1.0 |
| | 20° | | | 0.9 | 0.7 | 0.7 |
| | 12°~15° | 高速钢 | | 1.15 | 1.6 | 1.7 |
| | 20°~25° | | | 1.0 | 1.0 | 1.0 |
| 刃倾角 | +5° | 硬质合金 | $K_{\lambda F}$ | 1.0 | 0.75 | 1.07 |
| | 0° | | | | 1.0 | 1.0 |
| | −5° | | | | 1.25 | 0.85 |
| | −10° | | | | 1.5 | 0.75 |
| | −15° | | | | 1.7 | 0.65 |

续表

| 参数 | | 刀具材料 | 修正系数 | | | |
|---|---|---|---|---|---|---|
| 名称 | 数值 | | 名称 | 切削力 | | |
| | | | | $F_z$ | $F_y$ | $F_x$ |
| 刀尖圆弧半径/mm | 0.5 | 高速钢 | $K_{\gamma_\varepsilon F}$ | 0.87 | 0.66 | 1.0 |
| | 1.0 | | | 0.93 | 0.82 | |
| | 2.0 | | | 1.0 | 1.0 | |
| | 3.0 | | | 1.04 | 1.14 | |
| | 5.0 | | | 1.1 | 1.33 | |

2. 用单位切削力计算主切削力

单位切削力指的是单位切削面积上的主切削力,用 $p(\text{N/mm}^2)$ 表示:

$$p = \frac{F_z}{A_c} = \frac{F_z}{a_p f} = \frac{F_z}{a_c a_w} \tag{3-11}$$

式中:$F_z$——主切削力(N);

$A_c$——切削面积($\text{mm}^2$);

$a_p$——背吃刀量(mm);

$f$——进给量(mm/r);

$a_c$——切削厚度(mm);

$a_w$——切削宽度(mm)。

如果单位切削力已知,则 $F_z$、$F_y$、$F_x$ 可以通过单位切削力用下列公式计算:

$$\left.\begin{array}{l} F_z = p a_p f K_{f_p} K_{v_{F_z}} K_{F_z} \\ F_y = p a_p f K_{f_p} K_{v_{F_z}} (F_y/F_z) K_{F_y} \\ F_x = p a_p f K_{f_p} K_{v_{F_z}} (F_x/F_z) K_{F_x} \end{array}\right\} \tag{3-12}$$

式中:$K_{f_p}$——进给量对单位切削力的修正系数;

$K_{v_{F_z}}$——切削速度改变时对主切削力的修正系数;

$F_y/F_z$、$F_x/F_z$——主偏角不同时,$F_y$、$F_x$ 与 $F_z$ 的比值;

$K_{F_z}$、$K_{F_y}$、$K_{F_x}$——刀具几何参数不同时对切削力的修正系数。

实验结果表明,对于不同材料,单位切削力不同;即使是同一材料,如果切削用量、刀具几何参数不同,单位切削力也不相同。因此,在利用单位切削力的实验值计算切削力时,如果切削条件与实验条件不同,必须引入修正系数加以修正。表 3-5 列举了硬质合金外圆车刀切削几种常见材料的单位切削力。用单位切削力计算主切削力是一种更简便的

表 3-5　硬质合金外圆车刀切削几种常用材料时的单位切削力

| 工件材料 | | | | 单位切削力 /(N/mm²) (kgf/mm²) | 实验条件 | | |
|---|---|---|---|---|---|---|---|
| 名称 | 牌号 | 制造、热处理状态 | 硬度/HBS | | 刀具几何参数 | | 切削用量范围 |
| 钢 | 45 | 热轧或正火 | 187 | 1 962 (200) | $\gamma_o=15°$, $\kappa_r=75°$, $\lambda_s=0$ | 前刀面带卷屑槽 | $b_{\gamma 1}=0$ | $v_c=1.5\sim1.7$ m/s (90~105 m/min), $a_p=1\sim5$ mm, $f=0.1\sim0.5$ mm/r |
| | | 调质(淬火及高温回火) | 229 | 2 305 (235) | | | $b_{\gamma 1}=0.1\sim0.15$ mm, $\gamma_{o1}=-20°$ | |
| | | 淬硬(淬火及低温回火) | 44 (HRC) | 2 649 (270) | | | $b_{\gamma 1}=0$ | |
| | 40Cr | 热轧或正火 | 212 | 1 962 (200) | | | $b_{\gamma 1}=0.1\sim0.15$ mm, $\gamma_{o1}=-20°$ | |
| | | 调质(淬火及高温回火) | 285 | 2 305 (235) | | | | |
| 灰铸铁 | HT20~HT40 | 退火 | 170 | 1 118 (114) | | | $b_{\gamma 1}=0$,平前刀面,无卷屑槽 | $v_c=1.17\sim1.42$ m/s (70~85 m/min), $a_p=2\sim10$ mm, $f=0.1\sim0.5$ mm/r |

形式。在同一切削条件下,用单位切削力计算出的切削力与用指数公式算出的切削力基本相同。在某些场合需要粗略地估计一下切削力,可以暂时忽略其他因素的影响,用初选的切削层面积乘单位切削力即可。例如用硬质合金刀具车削钢材时,单位切削力可大约取为 2 000 N/mm²,若 $a_p=5$ mm,$f=0.4$ mm/r,则 $F_z$ 大约为 $2\,000\times5\times0.4$ N= 4 000 N。

### 3.2.4　影响切削力的因素

实践证明,切削力的影响因素很多,主要有工件材料、切削用量、刀具几何参数、刀具材料、刀具磨损状态和切削液等。总之,凡是影响切削过程变形和摩擦的因素均影响切削力。

**1. 切削用量的影响**

1) 背吃刀量和进给量的影响

由式(3-11)可知,切削力是随着切削面积的增大而增大的,切削面积 $A_c=a_p f$,因此切削力随着背吃刀量 $a_p$ 和进给量 $f$ 的增大而增大。在车削力的经验公式中,多数加工情况下,$a_p$ 的指数 $x_{F_z}=1.0$,即当 $a_p$ 加大一倍时,$F_z$ 也增大一倍;而 $f$ 的指数 $y_{F_z}=0.75$,即当 $f$ 加大一倍时,$F_z$ 只增大 68% 左右。由此可见,背吃刀量 $a_p$ 和进给量 $f$ 对切削力的影响程度不同。这是因为当 $a_p$ 加大一倍时,切削宽度 $a_w$ 也增大一倍,切削力成正比例增大;

而 $f$ 加大一倍时,虽然切削厚度 $a_c$ 也成正比例增加一倍,但平均变形有所减少,使切削力增大不到一倍。因此,切削加工中,如从切削力和切削功率角度考虑,加大进给量比加大背吃刀量有利。生产中可在不减小切削层面积(金属切削量不变)的条件下,减小 $a_p$、增大 $f$,从而减小切削力。如强力切削、轮切式拉削、阶梯铰削、铣削等。

图 3-20 所示为背吃刀量 $a_p$ 和进给量 $f$ 对切削力的影响。

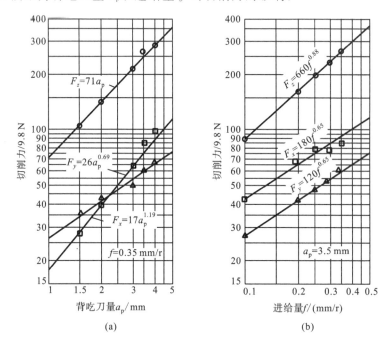

图 3-20 背吃刀量 $a_p$ 和进给量 $f$ 对切削力的影响
(a) 背吃刀量 $a_p$ 对切削力的影响;(b) 进给量 $f$ 对切削力的影响
切削条件:工件材料,正火 45 钢;刀具材料,YT15。
刀具几何参数:$\gamma_o=15°$,$a_o=6°\sim 8°$,$a'_o=4°\sim 6°$,$\kappa_r=75°$,$\kappa'_r=10°\sim 12°$,$\lambda_s=0°$,$b_{\gamma 1}=0$,$r_\epsilon=0.2$ mm;
切削速度:$v_c=115$ m/min

2) 切削速度的影响

切削速度对切削力的影响因材料不同而异。加工塑性金属时,切削速度对切削力的影响规律是受积屑瘤和摩擦作用制约的。如图 3-21 所示切削速度对切削力的影响规律,以 YT15 硬质合金车刀加工 45 钢为例,当切削速度 $v_c$ 在 5～17 m/min 的范围内时,随着速度的增加,产生积屑瘤并且积屑瘤的高度逐渐增加,这时刀具的实际前角加大,故切削力逐渐减小;约在 $v_c=17$ m/min 处,积屑瘤最大,切削力最小;当 $v_c>17$ m/min 时,由于积屑瘤减小,刀具的实际前角也在减小,切削力逐步增大;当 $v_c>30$ m/min 时,积屑瘤消失,随着切削速度的增大,摩擦系数减小,变形系数减小,切削力逐步减小,且随着切削速

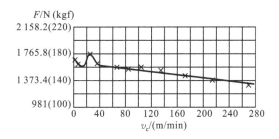

图 3-21 切削速度对切削力的影响
切削条件:工件材料,45 钢;刀具材料,YT15

度增大,切削温度升高,使被加工金属的强度和硬度降低,从而导致切削力的降低。由此可见,加工塑性金属时,受积屑瘤的影响,切削速度对切削力的影响是波浪形的。切削铸铁等脆性金属材料时形成崩碎切屑,因脆性金属材料的塑性变形很小,切屑与前刀面的摩擦也很小,所以切削速度对切削力没有显著的影响。在切削用量三要素中,切削速度对切削力的影响不及切削深度和进给量的影响;对切削力影响最大的是切削深度的变化。

2. 工件材料的影响

工件材料的力学性能、热处理状态、加工硬化能力等对变形和摩擦都有很大的影响,它们将影响切削力的大小,因此工件材料也是影响切削力大小的主要因素之一。

对于塑性金属,材料的强度、硬度越高,其剪切屈服强度越大,虽然变形系数有所下降,但总体上切削力还是增大的。当材料的强度相同时,材料塑性、韧度越高,切屑不易折断,切屑与刀具前刀面间的摩擦越大,切削力会增大。例如,不锈钢 1Cr18Ni9Ti 的硬度接近 45 钢的硬度,但其伸长率是 45 钢的 4 倍,导致在同样的加工条件下产生的切削力比加工 45 钢产生的切削力大 25%。切削铸铁及其他脆性材料时,因为其材料的结构疏松,塑性变形小,崩碎切屑与前刀面摩擦小,故切削力较小,所以铸铁便于加工。铸铁按牌号不同,硬度和强度有高有低,也影响切削力的大小。

当然,切削力的大小不是单纯地受材料原始强度和硬度的影响,它还受材料的加工硬化大小的影响。即使加工材料的原始强度、硬度都较低,但若其强化系数大,加工硬化的能力强,较小的变形都会导致硬度大大的提高,则也会使切削力增大。另外,同一材料在不同的热处理状态下的金相组织不同也会影响切削力的大小。如 45 钢,其正火、调质、淬火状态下的硬度不同,切削力的大小也不同。

3. 刀具几何参数的影响

1) 前角的影响

刀具几何参数中,前角对切削力的影响最大。前角加大,能使刀刃变得锋利,切屑变形减小,有利于切屑的顺利排出,前刀面与切屑之间的摩擦力和正应力也有所下降,使切削更为轻快,切削力减小。尤其是加工材料的韧度、延伸率越高,前角的影响更为显著,切

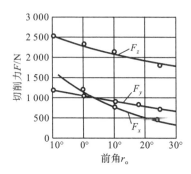

图 3-22 前角对切削力的影响

切削条件：工件材料，正火 45 钢；
刀具材料，YT15；刀具几何参数：$\kappa_r=75°$,
$\kappa_r'=10°\sim12°, \alpha_o=6°\sim8°, \alpha_o'=4°\sim6°$,
$\lambda_s=0°, b_{\gamma1}=0, r_\varepsilon=0.2$ mm；
切削用量：$a_p=4$ mm, $f=0.25$ mm/r,
$v_c=96.5\sim105$ m/min

削力降低较多。从省力省功这一点出发，希望选用大的前角，但还应考虑刀刃的强度及其刀头的散热条件。图 3-22 所示的是前角对切削力的影响情况。

在加工脆性材料时，由于切屑变形和加工硬化很小，故前角的变化对切削力影响不显著。

2) 主偏角的影响

主偏角 $\kappa_r$ 对切削层形状的影响如图 3-23 所示。当主偏角 $\kappa_r$ 增大时，切削厚度 $a_c$ 增加，切削层变形减小，故主切削力 $F_z$ 减小；但主偏角 $\kappa_r$ 增大后，刀尖圆弧在切削刃上所占的比例增大，使切屑变形和挤压摩擦加剧，从而使主切削力 $F_z$ 又增大。

随着主偏角的变化，影响切削分力 $F_x$、$F_y$ 变化从而改变它们之间的比值。径向分力随着主偏角的增大而减小，轴向分力随着主偏角的增大而增大。由于径向分力容易顶弯零件，使加工时产生振动，影响加工精度与

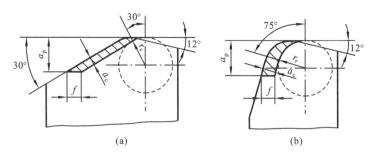

图 3-23 主偏角 $\kappa_r$ 对切削层形状的影响

(a) $\kappa_r=30°$; (b) $\kappa_r=75°$

表面粗糙度，因此当工艺系统刚性较差时，应尽可能使用大的主偏角刀具进行切削。例如，车削轴类零件，尤其是细长轴时，为了减小径向分力的作用，往往采用较大主偏角（$\kappa_r>60°$）的车刀切削。图 3-24 所示为主偏角 $\kappa_r$ 对切削力的影响情况。一般情况下，主偏角 $\kappa_r=60°\sim75°$ 时主切削力最小。

3) 负倒棱的影响

负倒棱可以提高切削刃的强度和散热能力，增加刀具的耐用度。但金属变形增大，会使切削力有所增加。进给量不变时，负倒棱宽度越大，切削力也越大。当切屑除了与负倒棱接触外，还与前面接触，前面仍起作用时，此时切削力比无负倒棱的大。当切屑只与负倒棱接触，不与前面接触，则此时的切削力相当于用负前角车刀加工时的切削力大小。

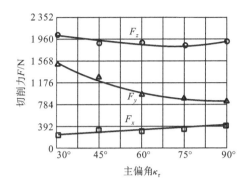

图 3-24　主偏角 $\kappa_r$ 对切削力 $F$ 的影响

切削条件：工件材料，正火 45 钢；刀具材料，YT15；

刀具几何参数：$\gamma_o=15°$，$\kappa_r'=10°\sim12°$，$\alpha_o=6°\sim8°$，$\lambda_s=0°$，$r_\varepsilon=0.2$ mm；

切削用量：$a_p=3$ mm，$f=0.3$ mm/r，$v_c=100$ m/min

4）刃倾角的影响

刃倾角 $\lambda_s$ 的绝对值增大时，主切削刃参加工作的长度增加，摩擦加剧；但在法剖面中刃口圆弧半径 $r_\beta$ 减小，切削刃锋利，切削变形小，上述作用的结果使主切削力变化很小。实验证明，刃倾角在很大范围（从 $-45°\sim+10°$）内变化均对主切削力 $F_z$ 没有什么影响，但对切深抗力 $F_y$、进给力 $F_x$ 的影响很大（$F_y$ 随着刃倾角减小而增大，$F_x$ 随着刃倾角减小而减小），如图 3-25 所示。

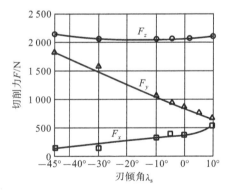

图 3-25　刃倾角 $\lambda_s$ 对切削力 $F$ 的影响

切削条件：工件材料，正火 45 钢；刀具材料，YT15；

刀具几何参数：$\gamma_o=18°$，$\kappa_r=75°$，$\kappa_r'=10°\sim12°$，$\alpha_o=6°$，$\alpha_o'=4°\sim6°$，$r_\varepsilon=0.2$ mm；

切削用量：$a_p=3$ mm，$f=0.35$ mm/r，$v_c=100$ m/min

5）刀尖圆弧半径

通常，刀尖圆弧半径对 $F_x$、$F_y$ 的影响较大，对 $F_z$ 的影响较小。刀尖圆弧半径增大相当于主偏角减小对切削力的影响。如果刀尖圆弧半径增大,则参加切削的圆弧刃长度增加,使圆弧刃部分的平均主偏角减小,因此不宜采用太大的刀尖圆弧半径。

4. 刀具磨损的影响

在加工过程中,随着刀具的磨损,切削力增大。刀具后刀面磨损形成后角为零且有一定宽度的小棱面,使后刀面与加工表面的接触面积增大,从而导致后刀面的正压力和摩擦力都增大,使切削力增大。

5. 切削液的影响

切削液的使用,可以明显降低切削力的大小。特别是润滑作用强的切削液,其润滑作用可以减小切屑与刀具前刀面及其工件表面与后刀面之间的摩擦,从而使切削力减小。例如,当使用高速钢刀具以小于 40 m/min 的切削速度加工钢材料时,用矿物油作切削液可使切削力减少 12%～15%;采用润滑性较好的植物油,则可使切削力减少 20%～25%。但硬质合金和陶瓷刀具对热裂敏感,一般不加切削液。

由以上的分析可知,切削过程中切削力的大小变化是由许多因素综合影响的结果。因此,要减小切削力,应在分析各因素的影响的基础上,找出主要影响因素,兼顾一些次要因素,合理调整加工条件,以达到减小切削力的目的。

## 3.3 切削热、切削温度、切削液

切削热和由它所引起的切削加工区温度的升高是切削过程中的又一个重要物理现象,它直接影响刀具的磨损和耐用度(寿命),限制切削速度的提高,影响工件加工精度和表面质量。研究切削热和切削温度的产生及其变化规律是研究切削过程的一个重要方面。

### 3.3.1 切削热的产生和传导

1. 切削热的产生

切削热是由切削功转化的,切削时所消耗的能量的 98%～99% 转换为切削热。一方面,切削层金属在刀具的作用下发生弹性变形、塑性变形而耗功;另一方面,切屑与前刀面、工件与后刀面之间的摩擦也要耗功,这两个方面都产生了大量的热。具体来讲,切削时共有三个发热区域,如图 3-26 所示。这三个发热区域与三个变形区相对应,即剪切区的变形功转变的热 $Q_p$;切屑与前刀面接触区的摩擦功转变的热 $Q_{yf}$;已加工表面与后刀面接触区的摩擦功转变的热 $Q_{af}$。故产生的总热量 $Q$ 为

图 3-26 切削热的来源和传导

$$Q = Q_p + Q_{\gamma f} + Q_{\alpha f} \tag{3-13}$$

一般而言，切削塑性金属时，切削热主要来自剪切区的变形热和前刀面的摩擦热；切削脆性金属时，则切削热主要来自后刀面的摩擦热。

若忽略进给运动所消耗的功，并假定主运动所消耗的功全部转化为热能，则单位时间内产生的切削热可由下式算出：

$$Q = F_z v_c \tag{3-14}$$

式中：$Q$——单位时间内产生的切削热(J/s)；

$F_z$——主切削力(N)；

$v_c$——切削速度(m/s)。

**2. 切削热的传导**

切削区域的热量由切屑、工件、刀具及周围的介质传出。大部分的切削热被切屑传走，其次被工件和刀具传走。以下是影响切削热传导的一些主要因素。

(1) 工件、刀具材料的导热性能。工件、刀具材料的导热系数高，则由切屑和工件、刀具传导出去的热量就较多，从而降低了切削区温度，提高了刀具耐用度；工件、刀具材料的导热系数低，则切削热不易从切屑和工件、刀具传导出去，从而切削区域温度升高，刀具磨损加剧，刀具耐用度降低。例如，航空工业中常用的钛合金，它的导热系数只有碳素钢的1/4～1/3，切削时产生的热量不易传导出去，切削区域温度增高，刀具易磨损，属于难加工材料。

(2) 加工方式。不同的加工方式中，切屑与刀具接触的时间长短不同。由于切屑中含有大量的热，若不能及时脱离切削区域，则不能迅速把热量带走，将带来不好的影响。如外圆车削时，切屑形成后迅速脱离车刀，切屑与刀具的接触时间短，切屑的热传给刀具的不多。车削加工时，切削热由切屑、刀具、工件和周围介质传出的比例大致如下：50%～86%由切屑带走，40%～10%由车刀传出，9%～3%传入工件，1%传入介质(空气)。切削速度越高或切削厚度越大，则切屑带走的热量就越多。而对于钻削或其他半封闭式容屑的加工，切屑形成后仍与刀具相接触，切屑与刀具的接触时间长，切屑的热传导给刀具的多。钻削加工时，切削热由切屑、刀具、工件和周围介质传出的比例大致如下：28%由切屑带走，14.5%传给刀具，52.5%传入工件，5%传给周围介质。可见，钻削与车削相比，由切屑带走的热量所占比例减少了很多，而刀具、工件传出的热量所占比例增大，对加工带来影响。

(3) 周围介质的状况。若不使用切削液，由周围介质传出的热量很少，所占比例在1%以下；若采用冷却性能好的切削液并采用好的冷却方法，就能吸收大量的热。

## 3.3.2 切削温度的测量

切削温度一般指前刀面与切屑接触区域的平均温度。在生产中，切削热对切削过程的影响是通过切削温度起作用的。研究人员在进行切削理论研究、刀具切削性能试验及被加工材料加工性能试验等研究时,对切削温度的测量非常重视。测量切削温度时,既可测定切削区域的平均温度,也可测量出切屑、刀具和工件中的温度分布。

切削温度的测量方法很多,目前常用的测量方法是热电偶法。热电偶法的工作原理是:当两种不同材质组成的材料副(如切削加工中的刀具-工件)接近并受热时,会因表层电子溢出而产生溢出电动势,并在材料副的接触界面间形成电位差(即热电势);由于特定材料副在一定温升条件下形成的热电势是一定的,因此可根据热电势的大小来测定材料副(即热电偶)的受热状态及温度变化情况。采用热电偶法的测温装置结构简单,测量方便,是目前较成熟也较常用的切削温度测量方法,其中应用较广且简单可靠的方法有自然热电偶法和人工热电偶法。

自然热电偶法主要用于测定切削区域的平均温度。自然热电偶法是利用刀具和工件分别作为热电偶的两极,连接测量仪表,组成测量电路测量切削温度。测温时,刀具与工件引出端应处于室温下,且刀具和工件应分别与机床绝缘。切削加工时,刀具与工件接触区因切削热而产生高温,从而形成热电偶的热端,与刀具、工件各自引出端的室温(冷端)形成温差电动势,利用电位差计或毫伏计测出其值;切削温度越高,该电势值就越大。切削温度与热电动势之间的曲线关系应事先标定得到。根据切削实验中测出的热电动势,可在标定曲线上查出对应的温度值。采用自然热电偶法测量切削温度简便可靠,可方便地研究切削条件(如切削速度、进给量等)对切削温度的影响。值得注意的是,用自然热电偶法只能测出切削区的平均温度,无法测得切削区指定点的温度;同时,当刀具材料或工件材料变换后,切削温度-热电动势曲线也必须重新标定。

人工热电偶法(也称热电偶插入法)可用于测量刀具、切屑和工件上指定点的温度,并可测得温度分布场和最高温度的位置。人工热电偶法的测温方法是在刀具或工件被测点处钻一个小孔(孔径越小越好),孔中插入一对标准热电偶并使其与孔壁之间保持绝缘。切削时,热电偶接点感受出被测点温度,并通过串接在回路中的毫伏计测出电势值,然后参照热电偶标定曲线得出被测点的温度。人工热电偶法的优点是:对于特定的人工热电偶材料只需标定一次;热电偶材料可灵活选择,以改善热电偶的热电敏感性和动态响应速度,提高热电偶传感质量。但由于将人工热电偶埋入超硬刀具材料(如陶瓷、PCBN、PCD等)内比较困难,因此限制了该方法的推广应用。此外,还有半人工热电偶法(将自然热电偶法和人工热电偶法结合起来即组成了半人工热电偶法)及等效热电偶法等,都有较广泛的应用。

除上述切削温度测量方法外,常见的测温方法还有辐射温度计法、热敏颜料法、金属组织观察法等。

各种测量切削温度的方法各有其优缺点和不同的适用范围。因此,为了在生产现场对切削温度进行更精确、更方便、更及时的测量,应根据具体情况选用最适当的切削温度测量方法。在切削碳素结构钢时,还可以按照切屑的颜色大致来识别切削温度的高低。一般,当切屑呈淡黄色时约为220 ℃,呈深蓝色时约为300 ℃,呈淡灰色时约为400 ℃。

### 3.3.3 切削温度的分布

前面所分析的切削温度是前刀面与切屑接触区域的平均温度。实际上,工件、切屑和刀具上各点的温度都是变化的,存在一个温度场。图 3-27 所示的是直角自由切削低碳钢时工件、切屑和刀具上的切削温度分布情况,图中的曲线称为等温线,等温线上各点的温度相同。图 3-28 所示的是车削不同的工件材料时,主剖面内前、后刀面上的温度分布情况。

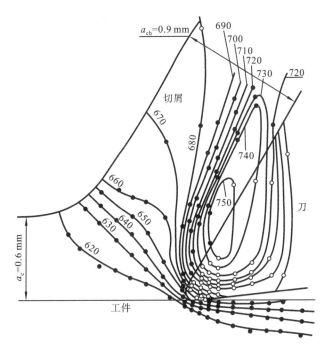

图 3-27 直角自由切削时切削温度(单位:℃)分布

工件材料:低碳钢;刀具几何参数:$\gamma_o = 30°$,$\alpha_o = 7°$;

切削用量:$a_c = 0.6$ mm,$a_w = 6.4$ mm,$v_c = 22.9$ m/min;

不加切削液;预热温度 611 ℃

切削时的温度场对刀具磨损的部位、工件材料性能的变化、已加工表面质量都有很大的影响。根据对图 3-27 和图 3-28 的分析以及对温度分布的研究,可以归纳出下面的温度分布规律。

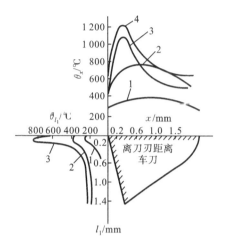

图 3-28 切削不同材料的温度分布

切削速度 $v_c=30$ m/min,进给量 $f=0.2$ mm/r;
1—45钢-YT15;2—GCr15-YT14;3—钛合金 BT2-YG8;4—BT2-YT15

(1) 剪切面上各点温度几乎相同。由此可以推断剪切面上各点的应力应变规律基本上是变化不大的。图中与剪切面近似平行的一条条等温线,说明切削温度在这一区域内迅速提高。

(2) 前刀面和后刀面上的最高温度都不在刀刃上,而是在离刀刃有一定距离的地方。这是因为切屑在通过第一变形区后,温度已经升高。而在流过前刀面的过程中,切屑底层金属还在继续变形,产生热量,摩擦热沿着刀面不断增加,在离开刀刃一段距离处出现最大摩擦,此处的切削温度也最高。

(3) 在切屑靠近前刀面的底层上,离前刀面 $0.1\sim 0.2$ mm,温度就可能下降一半。此处的等温线密集,温度梯度很大。这说明前刀面上的摩擦热量是集中在切屑的底层。切屑上层的温度较低,相对来看也较均衡,说明在切屑流过前刀面的短时间内,切屑底层的热量来不及向上层传导。很明显,摩擦热对切屑底层金属的剪切强度将有很大的影响。因此,切削温度对前刀面的摩擦系数有很大的影响。

(4) 后刀面的接触长度较小,因此温度的升降是在极短时间内完成的。加工表面受到的是一次热冲击。

(5) 工件材料的导热系数愈低,则刀具的前、后刀面的温度愈高。这是一些高温合金和钛合金切削加工性低的主要根源之一。工件材料的塑性越大,则前刀面上的接触长度愈大,切削温度的分布也就较均匀;反之,工件材料的脆性愈大,则最高温度所在的点离刀刃愈近。

### 3.3.4 影响切削温度的主要因素

前面分析了切削热的产生和传导,在产生相同的切削热的情况下,若工件、刀具材料的导热性好,切屑与刀具接触时间短,使用切削液,则切削区域的热量传出较多,切削区域温度随之降低。这就告诉我们,切削温度的高低不仅取决于产生多少切削热,同时受到切削热传散情况的影响,是产生的热和传出的热两方面综合作用的结果。因此,凡是影响切削热产生与传出的因素都会影响切削温度的高低。

**1. 切削用量对切削温度的影响**

切削用量是影响切削温度的主要因素。由实验得到的切削温度经验公式为

$$\theta = C_\theta v_c^{z_\theta} f^{y_\theta} a_p^{x_\theta} K_\theta \tag{3-15}$$

式中:$x_\theta$、$y_\theta$、$z_\theta$——切削用量三要素对切削温度的影响指数;

$C_\theta$——与实验条件有关的影响系数;

$K_\theta$——切削条件改变后的修正系数。

表 3-6 列出了用高速钢和硬质合金刀具切削中碳钢时,不同加工方法对应的指数与系数。从表中可看出 $z_\theta > y_\theta > x_\theta$,即 $v_c$ 的指数最大,$f$ 的指数其次,$a_p$ 的指数最小,这说明切削速度对切削温度的影响最大,进给量的影响次之,背吃刀量的影响最小。

表 3-6 切削温度的系数和指数

| 刀具材料 | 加工方法 | $C_\theta$ | $z_\theta$ | $y_\theta$ | $x_\theta$ |
| --- | --- | --- | --- | --- | --- |
| 高速钢 | 车削 | 140~170 | 0.35~0.45 | 0.2~0.3 | 0.08~0.10 |
| | 铣削 | 80 | | | |
| | 钻削 | 150 | | | |
| 硬质合金 | 车削 | 320 | $f$/(mm/r)<br>0.1   0.41<br>0.2   0.31<br>0.3   0.26 | 0.15 | 0.05 |

这是因为随着切削速度的提高,在短时间内切屑底层与前刀面发生强烈摩擦而产生的大量切削热来不及向切屑内部传导散出,于是大量切削热积聚在切屑底层,从而使切削温度升高,同时,随着切削速度的提高,单位时间内的金属切除量成正比例增加,切削功率增大,切削热也会增大,故使切削温度上升。随着进给量的增大,切削温度略有上升。因为随着进给量的增大,单位时间内的金属切除量增多,切削功率增大,切削热增多,同时刀具与切屑接触长度增大,摩擦热增大,使切削温度上升;另一方面进给量增大后,切屑变厚,切屑的热容量增大,由切屑带走的热量增多。各因素综合作用的结果使切削区的温度

略有上升,不甚显著。背吃刀量增加,切削区产生的热量虽增加,但切削刃参加工作长度增加,切削宽度按比例增加,刀具的传热面积也按比例增加,散热条件改善,故切削温度升高不明显,背吃刀量对切削温度的影响很小。

综上所述,为了有效控制切削温度,在机床功率允许的情况下,在选择切削用量时,为使切削温度较低,选用较大的背吃刀量或进给量,比选用大的切削速度有利。但对于硬质合金刀具而言,由于常温下刀具材料太脆,而适当的切削温度能提高刀具材料的韧度,可以提高刀具的耐用度(寿命),但是切削温度又不能太高,否则刀具会急剧磨损。车削碳钢时,其速度一般不宜低于 50 m/min,不大于 200~300 m/min。高速钢刀具的切削速度一般小于 30 m/min。

2. 工件材料对切削温度的影响

工件材料是通过材料强度、硬度和导热系数等性能的不同对切削温度产生影响的。工件材料的硬度和强度高,切削时切削力大,所消耗的功多,产生的热量多,切削温度就高。材料塑性好、变形大,切削时产生的热量多,切削温度就高。工件材料导热系数大,热量容易传出,则切削温度低。

例如,低碳钢的强度、硬度低,热导率大,因此产生的热量少,热量传散快,切削温度低;而高碳钢的强度、硬度高,切削时产生的热量多,热量传散慢,切削温度高。又如,不锈钢 1Cr18Ni9Ti 和高温合金 GH131,不仅导热系数小,且在高温下仍有较高的强度和硬度,故其切削温度高于一般钢料的切削温度。切削灰铸铁等脆性材料时,金属塑性变形小,形成崩碎切屑,与前刀面摩擦小,产生切削热少,故切削温度一般都低于切削钢料时的温度。

3. 刀具几何参数对切削温度的影响

图 3-29 所示为刀具前角对切削温度的影响曲线,当前角增大时,变形和摩擦减少,产生的热量少,切削温度低;反之,前角小,切削温度就高。实验证明:切削中碳钢时,当前角从 $10°$ 增加到 $18°$ 时,切削温度将下降约 15%;但当前角达 $18°\sim20°$ 后,若继续增大,会使楔角变小,使刀具散热条件变差,反而使切削温度升高。

图 3-30 所示为主偏角与切削温度的关系曲线,随着主偏角的减小,切削温度降低。这是因为主偏角 $\kappa_r$ 减小时,切削宽度增大,切削刃工作长度加大,刀具散热条件改善,切削温度降低。而主偏角 $\kappa_r$ 加大后,切削宽度减小,切削刃工作长度缩短,切削热相对集中,同时刀尖角减小,散热条件变差,切削温度将升高。因此,适当减小主偏角,既能使切削温度较大幅度降低,又能提高刀具强度,对提高刀具耐用度起到一定的作用,但是工艺系统应有足够的刚度。

刀尖圆弧半径 $r_\varepsilon$ 增大,刀具切削刃的平均主偏角会减小,切削宽度增大,刀具散热能力增强,切削温度降低。刀具的其余几何参数对切削温度的影响较小。

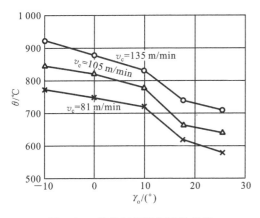

图 3-29 前角与切削温度的关系

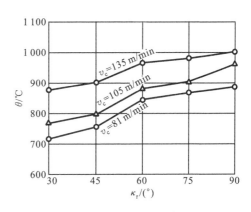

图 3-30 主偏角与切削温度的关系

**4. 刀具磨损对切削温度的影响**

刀具磨损后切削刃变钝,刀具后刀面磨损处后角等于零,与工件的摩擦挤压加剧,刀具磨损后切削温度上升。图 3-31 所示为后刀面磨损量与切削温度的关系。

**5. 切削液对切削温度的影响**

采用冷却性能良好的切削液能吸收大量的热量,可明显降低切削温度。图 3-32 所示为切削液对切削温度的影响。

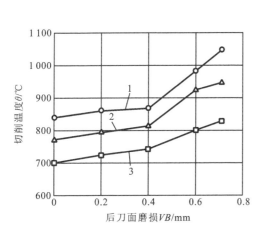

图 3-31 后刀面磨损量与切削温度的关系
1—$v_c$=117 m/min;2—$v_c$=94 m/min;3—$v_c$=71 m/min

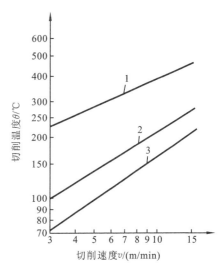

图 3-32 用 $\phi$21.5 mm 钻头钻削 45 钢时,切削液对切削温度的影响
1—无冷却;2—10%乳化液;
3—1%硼酸钠及 0.3%磷酸钠的水溶液

### 3.3.5 切削液的作用机理

切削液在金属切削、磨削加工过程中具有相当重要的作用。实践证明,选用合适的金属切削液,能降低切削温度和切削力,减小已加工表面粗糙度值,减少工件热变形,还可以减少切屑、工件与刀具的摩擦,减缓刀具磨损,成倍地提高刀具和砂轮的使用寿命,并能把铁屑和灰末从切削区冲走,因而提高了生产效率和产品质量,故它在机械加工中应用极为广泛。

1. 切削液的冷却作用

切削液的冷却作用是通过将切削液浇注到切削区域,使它和因切削而发热的刀具(或砂轮)、切屑和工件间的对流和汽化作用把切削热从刀具和工件处带走,使切屑、刀具、工件上的热量散逸,起到冷却作用,从而有效地降低切削温度,尤其是降低前刀面上的最高温度,减少工件和刀具的热变形,保持刀具硬度和尺寸,提高加工精度和刀具耐用度(刀具寿命)。

切削液的导热系数、比热、汽化热、汽化速度、流量、流速等物理性能决定了其冷却性能的好坏。上述各量值越大,则其冷却性能就越好。如水的导热系数、比热均高于油的,故水的冷却性能要比油类的好。另外,改变液体的流动条件,如提高流速和加大流量,可以有效地提高切削液的冷却效果,特别对于冷却效果差的油基切削液,加大切削液的供液压力和流量,可有效提高其冷却性能。

2. 切削液的润滑作用

切削液在切削过程中能渗入刀具与工件和切屑的接触表面,形成部分润滑膜,可以减小前刀面与切屑、后刀面与已加工表面间的摩擦,从而减小切削力、表面摩擦和功率消耗,降低刀具与工件坯料摩擦部位的表面温度和刀具磨损,改善工件材料的切削加工性能。

切削液的润滑性能与其成膜能力、润滑膜强度及渗透性有关。表面张力小、黏度低、与金属亲和力强的切削液的渗透性好。切削液吸附性能的好坏取决于其成膜能力、润滑膜强度。在切削液中添加油性添加剂或含硫、氯等元素的极压添加剂后,会与金属表面形成物理吸附膜或化学吸附膜,使边界润滑层保持较好的润滑性能。

3. 切削液的清洗作用

在金属切削过程中,要求切削液有良好的清洗作用。它可以冲走黏附在机床、刀具、夹具及其工件上的细碎切屑或磨屑以及铁粉、砂粒,防止污染机床和工件、刀具,使刀具或砂轮的切削刃口保持锋利,防止划伤已加工表面和机床导轨,不致影响切削效果。精密磨削加工和自动线加工更是要求切削液具有良好的清洗作用。

清洗性能的好坏,与切削液的渗透性和使用的压力有关。为了提高切削液的渗透性和流动性,可加入剂量较大的表面活性剂和少量润滑油,用大的稀释比(水占95%左右)

制成乳化液或水溶液以提高清洗效果。另外,使用中施加一定的压力,提高流量,也可提高清洗和冲刷能力。

4. 切削液的防锈作用

为防止环境介质及残存在切削液中的油泥等腐蚀性物质对工件、机床、刀具产生侵蚀,要求切削液有一定的防锈能力。防锈作用的好坏,取决于切削液本身的性能和所加入防锈添加剂的性质。例如,油比水的防锈性能好,而加入防锈添加剂,可提高防锈能力。在我国南方地区潮湿多雨季节,更应注意工序间的防锈措施。

上述切削液的冷却、润滑、清洗、防锈四个作用并不是每一种切削液都能完全满足,如切削油的润滑、防锈性能较好,但冷却、清洗性能较差;水溶液的冷却、洗涤性能较好,但润滑和防锈性能差。因此,在选用切削液时要全面权衡利弊,针对具体加工要求选用合适的切削液。

除了上述作用外,切削液还应当具备性能稳定,不污染环境,对人体无害、价廉、易配制等要求。

### 3.3.6 切削液的类型及选用

1. 常用切削液种类

1) 水溶性切削液

水溶性切削液(水基切削液)有良好的冷却作用和清洗作用,主要包括水溶液和乳化液、离子型切削液等。

水溶液的主要成分为水和一定的添加剂,其冷却性能最好,加入防锈添加剂和油性添加剂后又具有一定的润滑和防锈性能,呈透明状,便于操作者观察,广泛应用于普通磨削和粗加工中。表 3-7 所示为常用的水溶液。

表 3-7 常用的水溶液

| 碳酸钠水溶液 | | | 磷酸三钠水溶液 | | |
|---|---|---|---|---|---|
| 水 | 亚硝酸钠 | 碳酸钠 | 水 | 磷酸三钠 | 亚硝酸钠 |
| 99% | 0.3%~0.2% | 0.7%~0.8% | 99% | 0.75% | 0.25% |

乳化液是由 95%~98% 的水加入适量的乳化油(由矿物油、乳化剂及其他添加剂配制而成)形成的乳白色或半透明切削液。乳化油是一种油膏,由矿物油和表面活性乳化剂配制而成。表面活性乳化剂的分子上带极性一头与水亲和,不带极性一头与油亲和,由它使水油均匀混合,添加乳化稳定剂使乳化液中的油水不分离。乳化液中加入一定量的油性添加剂、防锈添加剂和极压添加剂,可配成防锈乳化液或极压乳化液,磨削难加工材料时就宜采用润滑性能较好的极压乳化液。按乳化油的含量不同,可配制成不同浓度的乳化液。低浓度乳化液主要起冷却作用,适用于磨削、粗加工;高浓度乳化液主要起润滑作用,适用于精加工及复杂工序的加工。表 3-8 列出了加工碳钢时不同浓度乳化液的用途。

表 3-8 乳化液的选用

| 加工要求 | 粗车、普通磨削 | 切割 | 粗铣 | 铰孔 | 拉削 | 齿轮加工 |
|---|---|---|---|---|---|---|
| 浓度/% | 3～5 | 10～20 | 5 | 10～15 | 10～20 | 15～20 |

离子型切削液是由阴离子型、非离子型表面活性剂和无机盐配制而成的母液加水稀释而成。母液在水溶液中能离解成各种强度的离子,通过切削液的离子反应,可迅速消除在切削或磨削中由于强烈摩擦所产生的静电荷,使刀具和工件不产生高热,起到良好的冷却效果,以提高刀具耐用度(刀具寿命)。这类离子型切削液已广泛用作高速磨削和强力磨削的冷却润滑液。

2) 非水溶性切削液

非水溶性切削液(油基切削液)主要包括切削油、极压切削油及固体润滑剂等。

切削油有各种矿物油(如机械油、轻柴油、煤油等)、动植物油(如豆油、猪油等)和加入矿物油与动植物油的混合油,主要起润滑作用。其中动植物油易变质,故较少使用。生产中常使用矿物油,其资源丰富、热稳定性好、价格便宜,但其润滑性能较差,主要用于切削速度较低的加工,以及易切削钢和非铁金属的切削。而机械油的润滑性能较好,故在普通精车、螺纹精加工中使用甚广。纯矿物油不能在摩擦界面上形成坚固的润滑膜,通常在其中加入油性添加剂、防锈添加剂和极压添加剂,以提高润滑和防锈性能。

极压切削油是在切削油中加入硫、氯、磷等极压添加剂组成的。它在高温下不破坏润滑膜,具有较好的润滑、冷却效果,特别是在精加工、关键工序和切削难加工材料时更是如此。

固体润滑剂的主要成分为二硫化钼、硬脂酸和石蜡,常做成蜡棒,涂在刀具上,切削时减小摩擦,起润滑作用,可用于车、铣、钻、拉和攻螺纹等加工,也可添加在切削液中使用,能防止黏结和抑制积屑瘤的形成,减小切削力,显著延长刀具寿命和减小加工表面粗糙度。

2. 切削液的选用

金属切削过程中,要根据加工性质、工件材料、刀具材料和加工方法等来合理选择切削液。如选用不当,就得不到应有的效果。

一般选用切削液的步骤大致如下。首先根据工艺条件及要求,初步判定是选用油基(切削液)还是水基(切削液)。对产品质量要求高、刀具复杂时用油基(切削液),用油基(切削液)可获得较低的产品表面粗糙度、较长的刀具寿命;但加工速度高时用油基(切削液)会造成严重烟雾。希望有效地降低切削温度、提高加工效率时,用水基(切削液)。其次,应考虑到有关消防的规定、车间的通风条件、废液处理方法及能力,以及前后加工工序的切削液使用情况,考虑工序间是否有清洗及防锈处理等措施。最后,再根据加工方法及条件、被加工材料以及对加工产品的质量要求选用具体品种,根据切削时的供液条件及冷却要求选用切削油的黏度等。具体选用可参照以下方式进行。

粗加工时,切削用量大,以降低切削温度为主,应选用冷却性能好的切削液,如水溶液、离子型切削液或3%~5%乳化液。精加工时,为减小工件表面粗糙度值和提高加工精度,选用的切削液应具有良好的润滑性能,如高浓度乳化液或切削油等。

使用高速钢刀具时同样遵循上述原则,粗加工时以冷却为主,精加工时以润滑为主;使用硬质合金刀具一般不用切削液,如要使用切削液,可使用低浓度乳化液或水溶液,但需注意应连续地、充分地浇注,以免因冷热不均产生很大的内应力,从而导致裂纹,损坏刀具。

钻孔、攻丝、拉削等加工属于半封闭、封闭状态的排屑方式,其摩擦严重,易用乳化液或极压切削油。成形刀具、齿轮刀具由于要求保持形状及尺寸精度,因此要采用润滑性能好的极压切削油或高浓度极压切削油。

磨削加工时温度高,大量的细屑、砂末会划伤已加工表面。因而,磨削时使用的切削液应具有良好的冷却清洗作用,并有一定的润滑性能和防锈作用,故一般常用乳化液和离子型切削液。

加工高强度钢、高温合金等难加工材料时,其在切削加工时处于高温高压边界摩擦状态,对冷却和润滑都有较高的要求,因此选用极压切削油或极压乳化液较好。

由于硫能腐蚀铜,所以在切削铜件时,不宜用含硫的切削液。切削镁合金时,严禁使用乳化液作为切削液,以防燃烧引起事故。

螺纹加工时,为了减少刀具磨损,可采用润滑性良好的蓖麻油或豆油。轻柴油具有冷却和润滑作用,黏度小,流动性好,可在自动机上兼作自身润滑液和切削液用。

## 3.4 刀具磨损及刀具耐用度

刀具在切削金属的过程中与切屑、工件之间产生了剧烈的摩擦和挤压,切削刃由锋利逐渐变钝甚至有时会突然损坏。刀具磨损程度超过允许值后,必须及时进行重磨或更换新刀。刀具损坏的形式主要有磨损和破损两类。前者是刀具正常的连续逐渐磨损;后者则是刀具在切削过程中突然或过早产生的损坏现象。刀具磨损后,导致切削力加大,切削温度上升,切屑颜色改变,甚至产生振动,使工件加工精度降低,表面粗糙度增大,不能继续正常切削。因此,刀具磨损直接影响加工效率、质量和成本。

### 3.4.1 刀具磨损形态及其原因

**1. 刀具磨损形态**

刀具正常磨损时,按其发生的部位不同,可分为前刀面磨损、后刀面磨损及边界磨损三种形式,如图3-33所示。

1) 前刀面磨损

所谓前刀面磨损是指切屑沿前刀面流出时,在刀具前刀面上经常会磨出一个月牙洼,如图 3-34 所示,月牙洼发生在刀具前刀面上切削温度最高的地方。在连续磨损过程中,月牙洼的宽度、深度不断增大,并逐渐向切削刃方向发展(见图 3-35),当接近刃口时,会使刃口突然崩去。

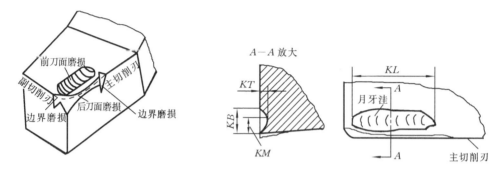

图 3-33　刀具的磨损形态　　　　　图 3-34　前刀面磨损形态

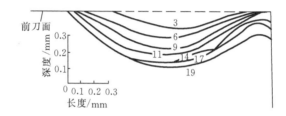

图 3-35　前刀面的磨损痕迹随时间而变化(单位:min)

切削塑性材料时,当切削速度较高,切削厚度较大时较容易产生前刀面的磨损。

前刀面磨损量的大小,用月牙洼的宽度 $KB$ 和深度 $KT$ 来表示。

2) 后刀面磨损

切削加工中,后刀面沿主切削刃与工件加工表面实际上是小面积接触,它们之间的接触压力很大,存在着强烈的挤压摩擦,在后刀面上毗邻切削刃的地方很快被磨损出后角为零的小棱面,这种形式的磨损就是后刀面磨损。

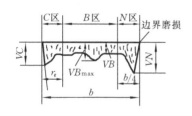

图 3-36　后刀面的磨损

如图 3-36 所示,在切削刃参加切削工作的各点上,一般后刀面磨损是不均匀的。$C$ 区刀尖部分强度较低,散热条件又差,磨损比较严重,其最大值为 $VC$。主切削刃靠近工件外表面处的 $N$ 区,由于加工硬化层或毛坯表面硬层等影响,往往被磨成比较严重的深沟,以 $VN$ 表示。在后刀面磨损带中间部位的 $B$ 区上,磨损比较均匀,平均磨损带宽度以 $VB$ 表示,而

最大磨损带宽度以 $VB_{max}$ 表示。加工脆性材料时,由于形成崩碎切屑,一般出现后刀面的磨损;切削塑性材料时,当切削速度较低、切削厚度较薄时较容易产生后刀面的磨损。

当采用中等切削速度及中等切削厚度加工塑性金属时,会经常出现前、后刀面同时磨损的形式。这种磨损发生时,月牙洼与刀刃之间的棱边和楔角逐渐减小,切削刃强度下降,因此多数情况下伴随着崩刃的发生。

3) 边界磨损

切削时,在刀刃附近的前、后刀面上,应力与温度都较高,但在工件外表面处的切削刃上的应力突然下降,温度也较低,造成了较高的应力梯度和温度梯度,因此常在主切削刃靠近工件外皮处以及副切削刃靠近刀尖处的后刀面上磨出较深的沟纹,这就是边界磨损。这两处分别是在主、副切削刃与工件待加工或已加工表面接触的地方。

另外,在加工铸件、锻件等外皮粗糙的工件时,也容易发生边界磨损。由于在大多数情况下,后刀面都有磨损,而且磨损量 $VB$ 的大小对加工精度和表面质量的影响较大,测量也比较方便,故一般常以后刀面磨损带的平均宽度 $VB$ 来衡量刀具的磨损程度。

2. 刀具磨损的原因

切削时刀具的磨损是在高温高压条件下产生的,而且由于工件材料、刀具材料和切削条件变化很大,刀具磨损形式又各不相同,因此刀具磨损原因比较复杂,但是究其对温度的依赖程度,刀具磨损是机械的、热的和化学的三种作用的综合结果。

1) 磨料磨损

由于切屑或工件表面经常含有一些硬度极高的微小的硬质颗粒,如一些碳化物($Fe_3C$、$TiC$)、氮化物($Si_3N_4$、$AlN$)和氧化物($SiO_2$、$Al_2O_3$)等硬质点以及积屑瘤碎片等,它们不断滑擦前、后刀面,在刀具表面划出沟纹,这就是磨料磨损。这是一种纯机械的作用。

实践证明,由磨料磨损产生的磨损量与刀具和工件相对滑移距离或切削路程成正比。而且,虽然磨料磨损在各种切削速度下都存在,但由于低速切削时,切削温度比较低,其他原因产生的磨损还不显著,因此磨料磨损往往是低速切削刀具磨损的主要原因。刀具抵抗磨料磨损的能力主要取决于其硬度和耐磨性。例如,高速钢及工具钢刀具材料的硬度和耐磨性低于硬质合金、陶瓷刀具材料的硬度和耐磨性等,故其发生这种磨损的比例较大。

减少磨粒磨损的措施有:尽量用硬质合金代替高速钢;采用高速钢刀具时,应进行表面处理或用超硬度高速钢。另外,应避免在硬皮层中切削。

2) 黏结磨损

黏结是指刀具与工件材料接触到原子间距离时所产生的结合现象。切削时,工件表面、切屑底面与前刀面、后刀面之间,存在着很大的压力和强烈的摩擦,形成新鲜表面的接触,在足够大的压力和温度的作用下发生冷焊黏结。由于摩擦面之间的相对运动,黏结处将被撕裂,刀具表面上强度较低的微粒被切屑或工件带走,而在刀具表面上形成黏结凹坑,造成刀具的黏结磨损。在产生积屑瘤的条件下,切削刃可能很快因黏结磨损而损坏。

黏结磨损的程度与压力、温度和材料之间的亲和力有关。一般在中等偏低的切削速度下切削塑性材料金属时,黏结磨损比较严重。又如用 YT 类硬质合金刀具加工钛合金或含钛不锈钢时,在高温作用下钛元素之间的亲和作用也会产生黏结磨损;高速钢有较大的抗剪、抗拉强度,因而有较大的抗黏结磨损能力。

要减小黏结磨损,一般采用降低刀具表面粗糙度,减小切削力和摩擦,选用与工件材料亲和力小的刀具材料等措施。

3) 相变磨损

刀具材料都有一定的相变温度。当刀具上最高温度超过材料相变温度时,刀具表面金相组织发生变化,如马氏体组织转变为奥氏体,使刀具硬度显著下降,磨损加剧。工具钢刀具在高温时易产生相变磨损。它们的相变温度为:合金工具钢,300～350 ℃;高速钢,550～600 ℃。

4) 扩散磨损

扩散磨损是指在切削金属材料时,切削高温下,在刀具表面与切出的工件、切屑新鲜表面的接触过程中,双方金属中的化学元素会从高浓度处向低浓度处迁移,互相扩散到对方去,使两者的原来材料的化学成分和结构发生改变,刀具表层因此变得脆弱,使刀具容易被磨损。这是在更高温度下产生的一种化学性质的磨损。

例如用硬质合金刀具切削钢料时,在高温下硬质合金中的碳化钨分解,钨、碳、钴等元素扩散到切屑、工件中去,而切屑中的铁元素会向硬质合金刀具表面扩散,形成低硬度、高脆性的复合碳化物。随着切削过程的进行,切屑和工件都在高速运动,它们和刀具表面在接触区内始终保持着扩散元素的浓度梯度,从而使扩散现象得以持续。扩散的结果使刀具磨损加剧。

扩散磨损的快慢和程度与刀具材料中化学元素的扩散速率关系密切。如硬质合金中,钛元素的扩散速率低于钴元素、钨元素的扩散速率,故 YT 类合金的抗扩散磨损能力优于 YG 类合金的抗扩散磨损能力,YG 类硬质合金的扩散温度为 850～900 ℃,YT 类硬质合金的扩散温度为 900～950 ℃。氧化铝陶瓷和立方氮化硼的抗扩散磨损能力较强。

减少扩散磨损的措施有:选择相互扩散速度较低的刀具材料;硬质合金表面涂覆 TiC、TiN、$Al_2O_3$ 等。另外,还应尽量避免采用过高的切削速度。

5) 化学磨损

化学磨损是指在一定温度下,刀具材料与空气中的氧、切削液中的硫和氯等某些周围介质之间起化学作用,在刀具表面形成一层较软的化合物,从而使刀具表面层硬度下降,较软的氧化物被切屑或工件带走,加速了刀具的磨损。由于空气不易进入刀-屑接触区,化学磨损中因氧化而引起的磨损最容易在主、副切削刃的工作边界处形成,从而产生较深的磨损沟纹。例如,硬质合金中的碳化钨、钴与空气中的氧化合成为脆性、低强度的氧化膜(WO)磨料,它受到工件表层中的氧化皮、硬化皮等的摩擦和冲击作用,形成了化学磨损。

减少化学磨损的措施是,选用化学稳定性好的刀具材料,并适当控制极压添加剂的含量。

6) 热电磨损

热电磨损是指刀具与工件两种不同材料在切削区高温下会产生一个热电势(1~20 mV),并通过机床产生一个热电流(电流在几十毫安以内)。实验表明,这会加速刀具的磨损。如将刀具或工件对机床绝缘,并且不影响机床-工件-刀具-夹具系统的刚度,则在不同程度上会提高刀具的耐用度。例如,用W18Cr4V钻头钻铬镍不锈钢时,如果将钻套绝缘(绝缘的方法是在钻套表面涂一层塑料),则钻头的耐用度可提高2~6倍。

不同的刀具材料在不同的使用条件下造成磨损的主要原因是不同的。对高速钢刀具来说,磨料磨损和黏结磨损是使它产生正常磨损的主要原因,相变磨损是使它产生急剧磨损的主要原因。对硬质合金刀具来说,在中、低速切削时,磨料磨损和黏结磨损是使它产生正常磨损的主要原因;在高速切削时,刀具磨损主要由磨料磨损、扩散磨损和化学磨损所造成,而扩散磨损是使它产生急剧磨损的主要原因。其他工具钢刀具低速切削时,磨粒磨损是主要原因。当碳素工具钢切削温度高至200~250 ℃,合金工具钢切削温度高至300~350 ℃时,将发生相变磨损。

### 3.4.2 刀具磨损过程及磨钝标准

**1. 刀具磨损过程**

根据切削实验,可得图3-37所示的刀具磨损过程的典型磨损曲线。该图分别以切削时间和后刀面上$B$区平均磨损量$VB$为横坐标与纵坐标。由图可知,刀具磨损过程可分为以下三个阶段。

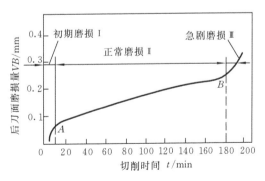

图3-37 典型的刀具磨损曲线

1) 初期磨损阶段

这一阶段的磨损较快。因为新刃磨的刀具切削刃较锋利而且其主后刀面存在着粗糙不平、显微裂纹、氧化及其脱碳层等缺陷,所以主后刀面与加工表面之间为凸峰点接触,实际接触面积很小,压应力较大,导致在极短的时间内 VB 上升很快。初期磨损量 VB 的大小与刀具主后刀面刃磨质量关系较大。经过仔细研磨的刀具,其初期磨损量较小而且耐用。初期磨损量 VB 的值一般为 0.05~0.10 mm。

2) 正常磨损阶段

经过初期磨损阶段后,刀具主后刀面的粗糙表面已经磨平,主后刀面与工件接触面积增大,压应力减小,所以使磨损速率明显减小,进入到正常磨损阶段。这个阶段的时间较长,是刀具工作的有效阶段。这一阶段中,磨损曲线基本上是一条上行的斜线,刀具的磨损量随切削时间延长而近似成比例增加,其斜率代表刀具正常工作时的磨损强度。磨损强度是衡量刀具切削性能的重要指标之一。

3) 急剧磨损阶段

刀具经过一段时间的正常使用后,切削刃逐渐变钝。当磨损带宽度增加到一定限度后,刀具与工件接触情况恶化,摩擦增加,切削力、切削温度均迅速升高,VB 在较短的时间内增加很快,以致刀具损坏而失去切削能力。生产中为合理使用刀具,保证加工质量,应当在这个阶段到来之前,及时更换刀具或重新刃磨刀具。

2. 刀具的磨钝标准

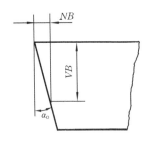

图 3-38 车刀的磨损量

刀具磨损到一定限度就不能继续使用,这个磨损限度称为刀具的磨钝标准。在生产中评定刀具材料切削性能和研究实验都需要规定刀具的磨钝标准。由于主后刀面磨损最常见,且易于控制和测量,因此通常按主后刀面磨损宽度来制定磨钝标准。国际标准化组织(ISO)统一规定以 1/2 背吃刀量处主后刀面上测定的磨损带宽度 VB 作为刀具磨钝标准(见图 3-38)。表 3-9 是几种刀具的后刀面磨钝标准 VB 的参考值。

表 3-9 几种刀具的后刀面磨钝标准 VB 的参考值 (单位:mm)

| 刀具名称 | 磨损部位 | 工件材料 | 刀具材料 | | | |
|---|---|---|---|---|---|---|
| | | | 高 速 钢 | | 硬 质 合 金 | |
| | | | 粗 加 工 | 精 加 工 | 粗 加 工 | 精 加 工 |
| 外圆车刀 | 后刀面 | 钢 | 有切削液,1.0~2.0;<br>无切削液,0.3~0.5 | 0.1~0.3 | 0.6~0.8 | 0.1~0.3 |
| | | 铸铁 | 2.0~3.0 | 0.1~0.3 | 0.8~1.2 | 0.1~0.3 |
| 端铣刀 | 后刀面 | 钢 | 1.2~1.5 | 0.2~0.4 | 0.8~1.0 | 0.2~0.4 |
| | | 铸铁 | 1.5~1.8 | 0.2~0.4 | 1.0~1.2 | 0.2~0.4 |

续表

| 刀具名称 | 磨损部位 | 工件材料 | 刀具材料 | | | |
|---|---|---|---|---|---|---|
| | | | 高速钢 | | 硬质合金 | |
| | | | 粗加工 | 精加工 | 粗加工 | 精加工 |
| 麻花钻($d_0$>20 mm) | 后刀面转角处 | 钢 | 1.0~1.4 | — | — | — |
| | | 铸铁 | 1.2~1.6 | — | 0.8~1.0 | — |

对于粗加工和半精加工,为充分利用正常磨损阶段的磨损量,充分发挥刀具的切削性能,充分利用刀具材料,减少换刀次数,使刀具的切削时间达到最大,其磨钝标准较大,一般取正常磨损阶段终点处的磨损量VB作为磨钝标准,该标准称为经济磨损限度。

对于精加工,为了保证零件的加工精度及其表面质量,应根据加工精度和表面质量的要求确定磨钝标准,此时,磨钝标准应取较小值,该标准称为工艺磨损限度。

自动化生产中用的精加工刀具,常以沿工件径向的刀具磨损尺度作为衡量刀具的磨钝标准,称为刀具径向磨损量,以NB表示(见图3-38)。

在柔性加工设备上,经常用切削力的数值作为刀具的磨钝标准,从而实现对刀具磨损状态的自动监控。

当机床-夹具-刀具-工件组成的工艺系统刚度较差时,应规定较小的磨钝标准,否则会使加工过程产生振动,影响加工过程的进行。

加工难加工材料时,由于切削温度较高,因此一般选用较小的磨钝标准。

### 3.4.3 刀具耐用度及其经验公式

1. 刀具耐用度的定义

所谓刀具耐用度(又称刀具寿命)是指刃磨后的刀具自开始切削直到磨损量达到磨钝标准为止的切削时间,以 T 表示,单位为 min。在生产实际中,经常卸刀来测量磨损量是否达到磨钝标准是不现实的,采用刀具耐用度是确定换刀时间的重要依据。

刀具耐用度所指的切削时间是不包括在加工中用于对刀、测量、快进、回程等非切削时间的,一般单位为 min。此外,刀具耐用度还可以用达到磨损限度时刀具所经过的切削路程 $L_m$ 来定义,$L_m$ 等于切削速度 $v_c$ 和耐用度 $T$ 的乘积,即 $L_m = v_c T$;或者可以用加工出来的零件数 N 来表示。一把新刀从开始投入切削到报废为止总的实际切削时间,称为刀具总寿命。因此刀具总寿命等于这把刀的刃磨次数(包括新刀开刃)乘以刀具耐用度。

刀具耐用度也是衡量工件材料切削加工性、刀具切削性能好坏、刀具几何参数和切削用量选择是否合理等的重要指标。在相同切削条件下切削某种工件材料时,可以用耐用度来比较不同刀具材料的切削性能;同一刀具材料切削各种工件材料时,可以用耐用度来比较工件材料的切削加工性的好坏,还可以用耐用度来判断刀具几何参数是否合理。在一定的加工条件下,当工件、刀具材料和刀具几何形状选定之后,切削用量是影响刀具耐用度的主要因素。

2. 刀具耐用度的经验公式

为了合理地确定刀具的耐用度,必须首先求出刀具耐用度与切削速度的关系。由于切削速度对切削温度影响最大,因而对刀具磨损影响最大,因此切削速度是影响刀具耐用度的最主要因素。它们的关系是用试验方法求得的。试验中,在一定的加工条件下,在常用的切削速度范围内,取不同的切削速度 $v_{c1},v_{c2},v_{c3},\cdots$ 进行刀具磨损试验,得到一组刀具磨损曲线,如图 3-39 所示,选定刀具主后刀面的磨钝标准,在各条磨损曲线上根据规定的磨钝标准 $VB$ 求出在各种切削速度下所对应的刀具耐用度 $T_1,T_2,T_3,\cdots$。

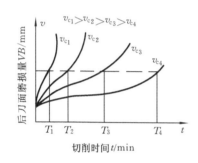

图 3-39 不同速度下的刀具磨损曲线

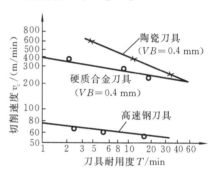

图 3-40 各种刀具材料的 $T$-$v_c$ 曲线

如果将 $T$-$v_c$ 画在双对数坐标上,则在一定的切削速度范围内,可发现这些点基本上在一条直线上,如图 3-40 所示不同刀具材料的 $T$-$v_c$ 曲线。

经过处理,$T$-$v_c$ 关系式可以写成

$$v_c T^m = C_0 \tag{3-16}$$

式中:$m$——直线的斜率,表示 $T$-$v_c$ 影响的程度;

$C_0$——与刀具、工件材料和切削条件有关的系数。

$T$-$v_c$ 关系式反映了切削速度与刀具耐用度之间的关系。耐热性越低的刀具材料,指数 $m$ 越小,斜率应该越小,表示切削速度对刀具耐用度的影响越大,即切削速度稍稍改变一点,刀具耐用度的变化就很大。例如:高速钢刀具,一般 $m=0.1\sim0.125$;硬质合金刀具,$m=0.2\sim0.3$;陶瓷刀具,$m\approx0.4$;陶瓷刀具的曲线斜率比硬质合金刀具和高速钢刀具的都大,表示陶瓷刀具的耐热性很高。

同样地,按照求 $T$-$v_c$ 关系式的方法,固定其他切削条件,分别改变进给量和背吃刀量,求得 $T$-$f$ 和 $T$-$a_p$ 关系式:

$$fT^{m_1} = C_1 \tag{3-17}$$

$$a_p T^{m_2} = C_2 \tag{3-18}$$

综合整理后,得出下列刀具耐用度的经验公式:

$$T = \frac{C_T}{v_c^{\frac{1}{m}} f^{\frac{1}{m_1}} a_p^{\frac{1}{m_2}}} \tag{3-19}$$

式中:$C_T$——与工件材料、刀具材料和其他切削条件有关的常数。

例如:用 YT5 硬质合金车刀切削 $\sigma_b = 0.63$ GPa(65 kgf/mm²)的碳钢时,切削用量三要素的指数分别为:$1/m = 5$,$1/m_1 = 2.25$,$1/m_2 = 0.75$,它们分别表示各切削用量对刀具耐用度的影响程度。可见,切削速度 $v_c$ 对刀具耐用度的影响最大,进给量 $f$ 次之,背吃刀量 $a_p$ 最小。这与三者对切削温度的影响顺序完全一致,说明切削温度对刀具耐用度有着重要的影响。在保证一定刀具耐用度的条件下,为提高生产率,首先尽量选用大的背吃刀量,然后根据加工条件和加工要求选取允许的最大进给量,最后才在刀具耐用度或机床功率允许的情况下选取最大的切削速度。

### 3.4.4 影响刀具耐用度的因素

**1. 切削用量**

从前面的分析中我们已经知道切削用量三要素对刀具耐用度的影响先后顺序。

将式(3-19)经过整理,可得切削速度 $v_T$(单位为 m/min)的计算公式为

$$v_T = \frac{C_v}{T^m a_p^{x_v} f^{y_v}} K_v \tag{3-20}$$

式中:$C_v$——与耐用度实验条件有关的系数;

$m$、$x_v$、$y_v$——表示 $T$、$a_p$、$f$ 的影响程度的指数;

$K_v$——切削条件与实验条件不同时的修正系数。

纵车外圆时计算 $v_T$ 的系数和指数值可参考表 3-10,或参考有关手册资料选取。

表 3-10 纵车外圆时计算 $v_T$ 的系数和指数值

| 加工材料 | 刀具材料 | 进给量/(mm/r) | $C_v$ | $x_v$ | $y_v$ | $m$ |
|---|---|---|---|---|---|---|
| 碳钢和合金钢 | YT15(干切削) | $f \leqslant 0.30$ | 291 | 0.15 | 0.20 | 0.2 |
| | | $f \leqslant 0.70$ | 242 | | 0.35 | |
| | | $f > 0.70$ | 235 | | 0.45 | |
| | W18Cr4V(加切削液) | $f \leqslant 0.25$ | 67.2 | 0.25 | 0.33 | 0.125 |
| | | $f > 0.25$ | 43 | | 0.66 | |
| 灰铸铁 | YG6(干切削) | $f \leqslant 0.40$ | 189.8 | 0.15 | 0.20 | 0.20 |
| | | $f > 0.40$ | 158 | | 0.40 | |
| | W18Cr4V(干切削) | $f \leqslant 0.25$ | 24 | 0.15 | 0.30 | 0.10 |
| | | $f > 0.25$ | 22.7 | | 0.40 | |

## 2. 刀具几何参数

合理选择刀具的几何参数,可提高刀具的耐用度。

(1) 前角。刀具前角增大,切削温度降低,刀具耐用度增高;但前角太大,切削刃强度低、散热差,且易于破损,刀具耐用度 T 反而下降。

(2) 主、副偏角,刀尖圆弧半径。主偏角减小,刀具强度增加,散热条件得到改善,故刀具耐用度 T 增高。适当减小副偏角和增大刀尖圆弧半径都能提高刀具强度,改善散热条件,使刀具耐用度 T 增高。

表 3-11 至表 3-13 分别为主偏角及副偏角和刀尖圆弧半径改变时对切削速度 $v_T$ 的修正系数值。

表 3-11 主偏角改变时对切削速度 $v_T$ 的修正系数值

| 修正系数　　主偏角<br>工件材料 | 30° | 45° | 60° | 75° | 90° |
|---|---|---|---|---|---|
| 结构钢,可锻铸铁 | 1.13 | 1.0 | 0.92 | 0.86 | 0.81 |
| 灰铸铁,铜合金 | 1.20 | 1.0 | 0.88 | 0.83 | 0.73 |

表 3-12 副偏角改变时对切削速度 $v_T$ 的修正系数值

| 副偏角 | 10° | 15° | 20° | 30° | 45° |
|---|---|---|---|---|---|
| 修正系数 | 1.0 | 0.97 | 0.94 | 0.91 | 0.87 |

表 3-13 刀尖圆弧半径改变时对切削速度 $v_T$ 的修正系数值

| 刀尖圆弧半径/mm | 1 | 2 | 3 | 4 |
|---|---|---|---|---|
| 修正系数 | 0.94 | 1.0 | 1.03 | 1.13 |

## 3. 工件材料

工件材料的强度或硬度越大,切削力、切削时消耗的功率及产生的切削热越多,切削温度越高,刀具的磨损就会加剧,从而使刀具耐用度下降。特别是切削高温强度和硬度大的材料时,刀具耐用度更低。

工件材料的塑性越大,切削时的金属变形和切削力就越大,消耗的切削功率及产生的切削热越多,切削温度越高。此外,塑性越大的材料,冷加工硬化现象越严重,刀具的磨损就越严重。但工件材料的塑性太小时,切屑与前刀面接触长度较短,切削力和切削热集中在刃口附近,且切削力波动较大,使刀具易于磨损。因此,工件材料的塑性太大或太小时,刀具耐用度都会降低。

工件材料的导热系数大,则由工件和切屑传导出去的切削热亦多,使切削温度降低,热磨损较轻,刀具耐用度较高;反之,工件材料的导热系数小,则刀具耐用度降低。

工件材料中的硬质点（如高温碳化物）越多，形状越尖锐，则刀具的磨粒磨损就越严重，刀具耐用度降低。

提高刀具耐用度，可在不影响零件使用性能的前提下，调整工件材料的化学成分，或进行适当的热处理，以改变材料的物理力学性能，改善切削加工性。

表 3-14 至表 3-16 分别为工件材料不同、加工表面状态和毛坯供应状况不同以及车削方式不同时切削速度 $v_T$ 的修正系数。

**表 3-14　加工材料强度 $\sigma_b$ 和硬度（HBS）改变时切削速度 $v_T$ 的修正系数**

| 加工材料 | 硬质合金刀具 | 高速钢刀具 |
|---|---|---|
| 碳钢和合金钢 | $K_{Mv}=\dfrac{0.637}{\sigma_b}$ | $K_{Mv}=C_M\left(\dfrac{0.637}{\sigma_b}\right)^{n_v}$ |
| 灰铸铁 | $K_{Mv}=\left(\dfrac{190}{HBS}\right)^{1.25}$ | $K_{Mv}=\left(\dfrac{190}{HBS}\right)^{n_v}$ |
| 公式中的系数及指数 | 加工材料 | $C_M$ | $n_v$ |
| | 碳钢（$w(C)\leqslant 0.6\%$） | 1.0 | 1.75 |
| | 碳钢（$w(C)>0.6\%$）、锰钢 | 0.9 | 1.75 |
| | 铬钢 | 0.8 | 1.75 |
| | 灰铸铁 | — | 1.7 |

注：当 $\sigma_b<0.441$ GPa 时，$n_v=-1.0$；当 $\sigma_b<0.539$ GPa 时，$n_v=-0.9$。

**表 3-15　毛坯表面状态改变时切削速度 $v_T$ 的修正系数**

| 表 面 状 态 | 无外皮 | 棒料 | 锻件 | 铸钢及铸铁 | |
|---|---|---|---|---|---|
| | | | | 一般 | 带砂外皮 |
| 修正系数 | 1.0 | 0.9 | 0.8 | 0.8～0.85 | 0.5～0.6 |

**表 3-16　车削方式改变时切削速度 $v_T$ 的修正系数**

| 车削方式 | 外圆纵车 | 横车（$d:D$） | | | 切断 | 切槽（$d:D$） | |
|---|---|---|---|---|---|---|---|
| | | 0～0.4 | 0.5～0.7 | 0.8～1.0 | | 0.5～0.7 | 0.8～0.95 |
| 修正系数 | 1.0 | 1.24 | 1.18 | 1.04 | 1.0 | 0.96 | 0.84 |

**4. 刀具材料**

刀具材料的性能对刀具耐用度的影响，仅次于工件材料的切削加工性对刀具耐用度的影响。刀具材料的高温硬度越高，耐磨性越好，刀具耐用度也越高。但在有冲击切削、重型切削和难加工材料切削时，影响刀具耐用度的主要因素是冲击韧度和抗弯强度。韧性越好，抗弯强度越高，刀具耐用度越高，越不易产生破损。另外，实践证明：未经研磨的刀具，表面及刃口的细微缺陷是导致裂纹、缺口和崩刃的重要原因。经研磨后的刀具由于消除了上述缺陷，刀具耐用度可成倍提高。表 3-17 为刀具材料改变时切削速度 $v_T$ 的修

表 3-17　刀具材料改变时切削速度 $v_T$ 的修正系数

| 修正系数\刀具牌号\加工材料 | YT5 | YT14 | YT15 | YT30 | YG8 | YG6 | YG3 |
|---|---|---|---|---|---|---|---|
| 结构钢、铸钢 | 0.65 | 0.8 | 1.0 | 1.4 | — | 0.4 | — |
| 灰铸铁、可锻铸铁 | — | — | — | — | 0.83 | 1.0 | 1.15 |

正系数。

**5. 切削液对刀具耐用度的影响**

正确选用切削液的种类和冷却润滑方式,可以减轻黏结磨损,降低切削温度,从而减小刀具的磨损,提高刀具耐用度。

其他如切削方式、加工系统的刚度、排屑顺利与否等都会影响刀具的耐用度。

### 3.4.5　刀具耐用度的选择

从以上的分析可以得知,刀具磨损到磨钝标准后即需要重磨或换刀。刀具切削多长时间换刀比较合适？刀具耐用度采用的数值为多大比较合理？这些都要从生产率和加工成本两个角度来考虑。

从生产率的角度看,若刀具耐用度选得过高,即规定的切削时间过长,则在其他加工条件不变时,切削用量势必被限制在很低的水平,使切削工时增加,虽然此时刀具的消耗及其费用较少,但过低的加工效率也会使经济效果变得很差。若刀具耐用度选得过低,即规定的切削时间过短,虽可提高切削用量,可以降低切削工时,但由于刀具磨损加快而使装刀、卸刀刃磨的工时及其调整机床的时间和费用显著增加,同样达不到高效率、低成本的要求,生产率反而会下降。因此,在生产实际中存在着最大生产率所对应的耐用度 $T_p$。

从加工成本的角度看,若刀具耐用度选得过高,同样切削用量被限制在很低的水平,使用机床费用及工时费用增大,因而加工成本提高；若刀具耐用度选得过低,提高切削用量,可以降低切削工时,但由于刀具磨损加快而使刀具消耗以及与磨刀有关的成本也在增加,机床因换刀停车的时间也增加,加工成本也增高。在生产实际中就存在着最低加工成本所对应的耐用度 $T_c$。

因此,可以分别从满足最高生产率与最低加工成本的两个不同的原则方面来制定刀具耐用度的合理数值。

**1. 最大生产率耐用度**

最大生产率耐用度是以单位时间内加工工件的数量为最多,或以加工每个零件所消耗的生产时间为最少的原则来确定的刀具耐用度,用 $T_p$ 表示。

通常分析单件工序的工时时,建立工时与刀具耐用度之间的关系式。

完成一道工序所需的工时 $t_w$ 为

$$t_w = t_m + t_1 + t_c \frac{t_m}{T} \tag{3-21}$$

式中：$t_m$——工序的切削时间（机动工时，min）；

$t_1$——除换刀时间外的其他辅助时间（与 $T$、$v_c$ 无关，min）；

$t_c$——一次换刀所需的工时（包括卸刀、装刀、对刀等时间，min）。

以纵车外圆为例，若工件切削长度为 $L$(mm)，直径为 $d$(mm)，加工余量为 $Z$(mm)，切削速度、进给量和切削深度（背吃刀量）分别为 $v_c$、$f$ 和 $a_p$，则有

$$t_m = \frac{LZ}{nfa_p} = \frac{LZ\pi d}{1\,000 v_c f a_p} \tag{3-22}$$

将式(3-16)、式(3-22)代入式(3-21)整理后得

$$t_w = \frac{LZ\pi d T^m}{1\,000 f a_p C_0} + t_1 + t_c \frac{LZ\pi d T^{m-1}}{1\,000 f a_p C_0} \tag{3-23}$$

设 $K = \dfrac{LZ\pi d}{1\,000 f a_p C_0}$，则

$$t_w = KT^m + t_1 + t_c KT^{m-1} \tag{3-24}$$

令 $dt_w/dT = 0$，可求出最大生产率耐用度

$$T_p = t_c \left(\frac{1-m}{m}\right) \tag{3-25}$$

**2. 最低成本耐用度**

最低成本耐用度是以每件产品或工序的加工费用为最低的原则来确定的刀具耐用度，用 $T_c$ 表示。它是分析每道工序的成本，然后建立成本与刀具耐用度的关系式。一个零件在一道工序中的加工费用是由与机动工时有关的费用，与换刀工时有关的费用，与其他辅助工时有关的费用，以及与刀具消耗有关的费用四部分组成。

于是，每个工件的工序成本为

$$C = t_m M + t_1 M + t_c \frac{t_m}{T} M + C_t \frac{t_m}{T} \tag{3-26}$$

式中：$M$——该工序单位时间内所分担的全厂开支；

$C_t$——每次刃磨刀具后分摊的费用，包括刀具、砂轮消耗和工人工资等（元）。

式(3-26)可写为

$$C = KT^m M + t_1 M + t_c KT^{m-1} M + C_t KT^{m-1} \tag{3-27}$$

令 $dC/dT = 0$，求出最低成本耐用度 $T_c$：

$$T_c = \left(t_c + \frac{C_t}{M}\right)\left(\frac{1-m}{m}\right) \tag{3-28}$$

比较 $T_p$ 与 $T_c$，可知 $T_p < T_c$。刀具成本 $C_t$ 越低，则 $T_c$ 越接近 $T_p$。

通常，根据最低成本耐用度来确定刀具耐用度，当任务紧迫或生产中出现不平衡的薄

弱环节时才采用最大生产率耐用度。另外,简单的刀具,如车刀、钻头等,耐用度选得低些;结构复杂和精度高的刀具,如拉刀、齿轮刀具等,耐用度选得高些;装卡、调整比较复杂的刀具,如多刀车床上的车刀,组合机床上的钻头、丝锥、铣刀,以及自动机及自动线上的刀具,耐用度应选得高一些,一般为通用机床上同类刀具的 2~4 倍;生产线上的刀具耐用度应规定为一个班或两个班,以便能在换班时间内换刀。如有特殊快速换刀装置时,可将刀具耐用度减少到正常数值;精加工尺寸很大的工件时,刀具耐用度应按零件精度和表面粗糙度要求决定。为避免在加工同一表面时中途换刀,耐用度应规定至少能完成一次走刀。

表 3-18 列出了常用刀具耐用度的参考值。

表 3-18 常用刀具耐用度的参考值

| 刀具类型 | 耐用度 $T$/min | 刀具类型 | 耐用度 $T$/min |
| --- | --- | --- | --- |
| 高速钢车刀、刨刀、镗刀 | 30~60 | 硬质合金面铣刀 | 90~180 |
| 硬质合金焊接车刀 | 15~60 | 齿轮刀具 | 200~300 |
| 硬质合金可转位车刀 | 15~45 | 自动机、组合机床、自动线刀具 | 240~480 |
| 钻头 | 80~120 | | |

### 3.4.6 刀具的破损

刀具在一定的切削条件下使用时,如果它经受不住强大的应力(切削力或热应力),就可能发生突然损坏,使刀具提前失去切削能力的情况,这种情况就称为刀具破损。

刀具破损有脆性破损和塑性破损两种类型。

1. 刀具的脆性破损

刀具的脆性破损又有崩刃、碎断、剥落及裂纹等几种不同的形式。硬质合金刀具和陶瓷刀具在进行断续切削或加工高硬度材料时,在机械冲击力和热效应作用下,经常发生脆性破损。

崩刃是指在切削刃上产生小的缺口,在断续、冲击切削条件下,或用脆性刀具材料切削时易引起崩刃,如陶瓷刀具最常发生这种崩刃。碎断是指在切削刃上发生小块碎裂或大块断裂,不能继续正常切削。剥落是指在前、后刀面上几乎平行于切削刃而剥下一层碎片,经常连切削刃一起剥落,有时也在离切削刃一小段距离处剥落,常因为刃磨造成内应力、积屑瘤脱落和重载切削而形成。裂纹破损是指在较长时间切削后,由于疲劳而引起裂纹的一种破损,当这些裂纹不断扩展合并,就会引起切削刃的碎裂或断裂。

2. 刀具的塑性破损

切削时,由于高温和高压的作用,有时在切削刃或刀面上发生塌陷或隆起的塑性变形现象,这就是刀具的塑性破损,如卷刃等。刀具材料和工件材料的硬度比越高,越不容易发生塑性破损。硬质合金、陶瓷刀具的高温硬度高,一般不容易发生这种破损;高速钢刀具因其耐热性比较差,就容易出现塑性破损。

刀具破损和刀具磨损一样,都是刀具失效的形式。破损是一种非正常的磨损,由于它的突然性,给破损的预防带来困难,也因此很容易在生产过程中造成较大的危害和经济损失。刀具破损的主要原因是由机械破损和热应力引起的裂纹。机械破损是指刀具内的最大应力超过强度极限产生裂纹而引起的破损;热应力引起的裂纹是指在断续切削的情况下,切入与切出的温度差所引起的裂纹。切削速度越高、热应力越大,刀具表面和下层的变形越剧烈,当频繁变化的应力超过疲劳极限时就会产生热裂而造成刀具的破损。防止刀具破损的措施有如下几种。

(1) 注意合理选择刀具材料。针对工件材料和加工特点,选取韧性好、抗热裂性能好、抗氧化及抗塑性变形能力强的刀具材料。如在 WC-TiC-Co 硬质合金中添加 TiC 可以提高抗疲劳强度,减少对热裂的敏感性。在遇到冲击切削、重型切削和难加工材料的切削时,必须采用具有较高的冲击韧度、疲劳强度和热疲劳抗力的刀具材料。

(2) 调整刀具几何角度,增加切削刃和刀尖的强度。合理选择刀具的角度,如减少前角可以改善刀具内的应力状态,在切削刃上磨出负倒棱等以减少崩刃现象的发生。

(3) 选择合适的切削用量。一方面避免切削速度过低时导致切削力过大而崩刃,另一方面也要防止切削速度过高时可能产生热裂纹。切削面积太大,易使刀具过载,当切削面积超过一定数值后,易引起刀具破损。

(4) 保证焊接和刃磨质量,避免因焊接、刃磨不善而带来的各种弊病。重要工序所用刀具需经过研磨以提高表面质量,并检查有无裂纹。

(5) 要尽可能的保证工艺系统有较好的刚度,以减小切削时的振动。

(6) 采用合适的操作方法,尽量使刀具不受突变性的冲击负荷。如端铣刀铣削平面时,合理地调整铣刀相对工件的切入、切出位置,可明显地减少破损现象。

### 3.4.7 刀具状态监控

在自动化加工中,若刀具磨损或破损未能及时发现,将会导致工件报废,甚至造成机床损坏。因此,随时监测刀具磨损和破损的情况,及时发出警报,自动停机是非常重要的。

刀具破损监测可分为直接监测和间接监测两种。所谓直接监测,即直接观察刀具状态,确认刀具是否破损。其中最典型的方法是光学摄像监测法。该方法的原理是利用光学探头(显微镜)接收切削刃部分图像,输送给电视摄像机,在电视屏幕上观察刀具是否磨损或破损,这种方法很直观,易于观察监视。另外,直接监测法中用得较多的还有用测杆或电测头等接触式传感器直接测切削刃位置。这种检测刀具破损的方法简单可靠,在实际生产中用得较多。但这种检测方法不能检测刀具的磨损和微小崩刃,这是它的不足之处。直接监测法有两个致命的弱点:一是由于切削过程中刀具切削部分总是被切屑或工件覆盖着,因此难以实现真正的在线(in-process)监测;再者是只有当刀具破损后才能观察到,难以实现预报。

间接监测法即利用与刀具破损相关的其他物理量或物理现象,间接判断刀具是否已经破损或是否有即将破损的先兆。这样的方法有测力法、测温法、测振法、测主电动机电流法和声发射法等。

1. 切削力变化监测法

刀具磨损和破损均会使切削力明显变化,但因为工件切削余量不均匀,材料硬度变化也会使切削力发生改变,因此为避免监测时接收到错误干扰信号,可采用切削分力比值变化或比值的变化率作为监测信号。

2. 电动机功率(电流)监测法

刀具磨损破损时,电动机功率(电流)会发生变化。当刀具磨损急剧增加或突然破损时,电动机的功率(或电流)发生较大的波动。电动机功率(或电流)的变化测量简单方便,用以监测刀具磨损或破损简单易行。用这种方法监测时,可预先设定一功率门槛值和新刀切削时功率波形图样本存储在控制系统中。采用这两种监控模式可同时监控主轴、进给两个通道。无论哪个方面出现异常,都会自动报警。这种方法的缺点是灵敏度低,监测精度受机床热变化影响。

3. 声发射监测法

刀具因原始裂纹扩展而破损时,刀具材料中储藏的弹、塑性变形能,一部分转化为新生表面能,其余部分将以热能、声能等形式释放出来。根据声发射波的频率和波幅的变化,即可判断刀具是否发生破损。刀具破损声发射监控系统,有以下几个优点。

(1) 由于声发射的频率范围远远超过机械振动和机械噪声的频率范围,因此很容易通过滤波消除环境噪声信号的影响。

(2) 传感器可以很方便地吸附在刀杆上,无需特制的刀、夹具系统,对切削过程毫无影响。

(3) 传感器制造方便,信号处理也较简单。

4. 多种方法综合监测

为提高监测的可靠性,目前在研究多种方法多种参数的综合监测,如切削力和切削功率的综合监测,切削力、切削功率和声发射的综合监测等。多方法多参数的综合监测的可靠性会更高,更稳定。

间接监测法可以克服直接监测法的两大缺点,能够真正实现在切削过程中在线监测刀具破损,同时也大多能够做到及时发现甚至预报刀具破损。其缺点是需要做大量的系统标定工作,标定精度决定了系统的监测精度。

随着各种自动化加工系统的发展和需要,灵敏可靠的刀具破损预报监测系统的作用也越来越大,有些已取得很大进展,并在实际生产中应用。

# 3.5 工件材料的切削加工性

材料的切削加工性,笼统地说是指对某种材料进行切削加工的难易程度。研究材料切削加工性的目的,是为了找出改善材料切削加工性的途径。

## 3.5.1 衡量材料切削加工性的指标

由于工件材料接受切削加工的难易程度是随着加工要求和加工条件而变的,因此,材料的切削加工性是一个相对的概念。例如,对于粗加工而言,其加工目的是迅速切除掉大部分的加工余量,因此从提高切削加工生产率而言,若可以采用的切削速度越高,则材料的切削加工性就越好。又如,纯铁粗加工时切除余量很容易,但精加工要获得较好的表面质量则比较难,这时则应以是否容易获得好的表面质量作为衡量材料切削加工性的指标。因此,根据不同的加工要求,可以用不同的指标来衡量材料的切削加工性。

1. 刀具耐用度 $T$ 或一定耐用度下允许的切削速度 $v_T$ 指标

在切削普通金属材料时,常用刀具耐用度达到 60 min 时所允许的切削速度来评定材料加工性的好坏,记作 $v_{60}$。$v_{60}$ 较高,则该加工材料的切削加工性较好;反之,其切削加工性较差。

此外,衡量金属材料的切削加工性,经常使用相对加工性指标,即以正火状态 45 钢的 $v_{60}$ 为基准,写作 $(v_{60})_j$,然后把其他各种材料的 $v_{60}$ 同它相比,这个比值 $K_r$,称为该材料的相对加工性,即

$$K_r = v_{60}/(v_{60})_j \tag{3-29}$$

根据 $K_r$ 的值,可将常用工件材料的相对加工性分为 8 级(见表 3-19)。当 $K_r > 1$ 时,该材料比 45 钢易切削,如非铁金属、易切削钢、较易切削钢;当 $K_r = 1$ 时,材料的切削加工性与 45 钢相当;当 $K_r < 1$ 时,材料的切削加工性比 45 钢差,如调质 45Cr 钢等。

表 3-19 材料的切削加工性等级

| 加工性等级 | 名称及种类 | | 相对加工性 $K_r$ | 典 型 材 料 |
| --- | --- | --- | --- | --- |
| 1 | 很容易切削材料 | 一般非铁金属 | >3.00 | 5-5-5 铜铅合金,9-4 铝铜合金,铝镁合金 |
| 2 | 容易切削材料 | 易切削钢 | 2.50~3.00 | 退火 15Cr,$\sigma_b = 0.37 \sim 0.441$ GPa (38~45 kg/mm²); 自动机钢,$\sigma_b = 0.393 \sim 0.491$ GPa (40~50 kg/mm²) |
| 3 | | 较易切削钢 | 1.60~2.50 | 正火 30 钢,$\sigma_b = 0.441 \sim 0.549$ GPa (45~56 kg/mm²) |

续表

| 加工性等级 | 名称及种类 | | 相对加工性 $K_r$ | 典型材料 |
|---|---|---|---|---|
| 4 | 普通材料 | 一般钢及铸铁 | 1.00～1.60 | 45钢,灰铸铁 |
| 5 | | 稍难切削材料 | 0.65～1.00 | 2Cr13调质,$\sigma_b=0.834$ GPa(85 kg/mm²);<br>85钢,$\sigma_b=0.883$ GPa(90 kg/mm²) |
| 6 | 难切削材料 | 较难切削材料 | 0.50～0.65 | 45Cr,调质,$\sigma_b=1.03$ GPa<br>(105 kg/mm²);<br>65Mn,调质,$\sigma_b=0.932\sim0.981$ GPa<br>(95～100 kg/mm²) |
| 7 | | 难切削材料 | 0.15～0.50 | 50CrV调质,1Cr18Ni9Ti,某些钛合金 |
| 8 | | 很难切削材料 | <0.15 | 某些钛合金,铸造镍基高温合金 |

$v_T$ 和 $K_r$ 在不同的加工条件下都适用,是最常用的材料切削加工性衡量指标。

2. 切削力、切削温度或切削功率指标

在粗加工或机床刚度、动力不足时,可用切削力作为工件材料切削加工性指标。在相同加工条件下,凡切削力大、切削温度高、消耗功率多的材料较难加工,切削加工性差;反之,则切削加工性好。例如,加工铜、铝及其合金时的切削力比加工钢料时的小,故其切削加工性比钢料的好。

3. 加工表面质量指标

对于精加工而言,希望最终获得比较高的精度和表面质量,因此常以易获得好的加工表面质量作为衡量材料切削加工性的指标。加工中凡容易获得好的加工表面质量的材料,其切削加工性较好;反之较差。

4. 切屑控制或断屑的难易指标

对于自动机床或自动线、柔性制造系统,如不能进行有效的切屑控制,轻则限制了机床能力的发挥,重则使生产无法正常进行,因此常以此作为衡量材料切削加工性好坏指标。切削时,凡切屑易于控制或断屑性能良好的材料,其切削加工性好;反之则较差。

此外,还有用切削路程的长短、金属切除率的大小等作为指标来衡量材料切削加工性的。

### 3.5.2 影响切削加工性的基本因素

1. 工件材料的强度、硬度

在一般情况下,切削加工性随工件材料强度的提高而降低。材料的高温强度越高,切削加工性也越差。

工件材料的常温硬度和高温硬度越高,材料中的硬质点数量越多,形状越锐利,分布越广,材料的冷变形强化程度越严重,则刀具磨损就越剧烈,切削加工性就越差。切削试验的结果表明:常温硬度为 140～250 HBS 的材料切削加工性较好,而硬度为 180 HBS

的材料切削加工性最好。

总之,工件材料的强度、硬度越高,则切削力越大,切削温度越高,刀具磨损越快,故切削加工性越差。

2. 工件材料的塑性、韧度

工件材料的塑性越大,切削时的变形越严重,切削力越大,切削温度越高,刀具容易黏结,且加工表面粗糙,故切削加工性差。材料的加工硬化越严重,则加工性也越差。但材料塑性很差时,切削加工性也变差。韧度大的材料切削加工性比较差。

3. 工件材料的弹性模量

材料的弹性模量越大,切削加工性越差。但弹性模量很小的材料,如软橡胶的弹性模量值仅为钢的十万分之一,切削加工性也不好。

4. 工件材料的导热系数

一般情况下,导热系数小的材料切削加工性差。材料热导性差,切削热不易传散,切削温度高,其切削加工性也差。例如塑料导热系数很小,硬度又低,塑性差,切削加工性不好。

按材料的物理力学性能的大小来划分工件材料切削加工性等级,参见表 3-20 所列。

表 3-20 工件材料切削加工性分级表

| 切削加工性 | | 易 切 削 | | | 较易切削 | | 较难切削 | | | 难 切 削 | | | |
|---|---|---|---|---|---|---|---|---|---|---|---|---|---|
| 等级代号 | | 0 | 1 | 2 | 3 | 4 | 5 | 6 | 7 | 8 | 9 | 9a | 9b |
| 硬度 | HBS | ≤50 | >50 ~100 | >100 ~150 | >150 ~200 | >200 ~250 | >250 ~300 | >300 ~350 | >350 ~400 | >400 ~480 | >480 ~635 | >635 | |
| | HRC | — | — | — | — | >14 ~24.8 | >24.8 ~32.3 | >32.3 ~38.1 | >38.1 ~43 | >43 ~50 | >50 ~60 | >60 | |
| 抗拉强度 $\sigma_b$/GPa | | ≤0.196 | >0.196 ~0.441 | >0.441 ~0.588 | >0.588 ~0.784 | >0.784 ~0.98 | >0.98 ~1.176 | >1.176 ~1.372 | >1.372 ~1.568 | >1.568 ~1.764 | >1.764 ~1.96 | >1.96 ~2.45 | >2.45 |
| 伸长率 $\delta$/% | | ≤10 | >10 ~15 | >15 ~20 | >20 ~25 | >25 ~30 | >30 ~35 | >35 ~40 | >40 ~50 | >50 ~60 | >60 ~100 | >100 | — |
| 冲击韧度 $a_k$/ (kJ/m²) | | ≤196 | >196 ~392 | >392 ~588 | 588 ~784 | >784 ~980 | >980 ~1 372 | >1 372 ~1 764 | >1 764 ~1 962 | >1 962 ~2 450 | >2 450 ~2 940 | >2 940 ~3 920 | |
| 热导率 $k$/ [W/(m·K)] | | 418.68 ~293.08 | <293.08 ~167.47 | <167.47 ~83.74 | <83.74 ~62.80 | <62.80 ~41.87 | <41.87 ~33.5 | <33.5 ~25.12 | <25.12 ~16.75 | <16.75 ~8.37 | <8.37 | — | |

### 3.5.3 改善材料切削加工性的途径

在实际生产中,经常通过进行适当的热处理或调整材料的化学成分这样两种方法来改善材料的切削加工性。

1. 采用热处理改善材料切削加工性

同样成分的材料,当金相组织不同时,它们的物理力学性能就不一样,因而可切削加工性就有差别。此时可通过适当的热处理来改善材料的切削加工性。

低碳钢塑性太高,通过正火处理适当提高硬度并降低塑性,减少加工中出现积屑瘤的可能性,改善了低碳钢的切削加工性;热轧中碳钢的组织不均匀,有时表面有硬皮,经正火处理可使其组织与硬度均匀,改善其切削加工性;马氏体不锈钢常要进行调质处理,降低其塑性并提高其硬度,使其较易加工。

高碳钢、工具钢的硬度偏高,且有较多的网状、片状的渗碳体组织,切削加工性差,经过球化退火即可使网状、片状的渗碳体组织发生球化,变成球状渗碳体,得到球状珠光体组织,改善了切削加工性。

铸铁分为白口铸铁、灰铸铁、可锻铸铁、球墨铸铁等,对高硬度的铸铁,一般在切削加工前多采用退火处理,降低表层硬度,消除内应力,提高其切削加工性。

实践证明,通过热处理改变材料的金相组织和力学性能,是有效改善材料的切削加工性的主要方法。

2. 调整材料的化学成分

材料的化学成分直接影响其力学性能,如碳素钢的强度、硬度随其含碳量的增加而提高,而塑性、韧度则降低。因此,高碳钢和低碳钢的切削加工性都不如综合力学性能居于其中的中碳钢的切削加工性。此时可通过在钢中加入适量的其他元素,以略微降低钢的强度,同时又降低钢的塑性,使其切削加工性得到改善。

在钢中添加如硫、磷、铅、钙等元素,对改善钢的切削加工性是有利的,这样的钢叫易切削钢。因为这类元素会产生一种有润滑作用的金属夹杂物而减轻钢对刀具的擦伤能力,从而改善材料的切削加工性。易切削钢加工时的切削力小,易断屑,刀具耐用度高,已加工表面质量好。

铸铁化学成分对切削加工性的影响主要取决于所含元素对碳的石墨化作用。当铸铁中的碳多以游离石墨的形式存在时,则由于石墨硬度低,润滑性能好,且能使铸铁的强度、硬度降低,因而切削加工性好。若铸铁中的碳多以碳化铁形式存在,则由于碳化铁的硬度高而加剧了刀具的磨损,使其切削加工性变差。因此,铸铁中凡能促进石墨化的元素,如硅、铝、镍、铜等都能提高铸铁的切削加工性;而凡能阻碍石墨化的元素,如铅、钒、锰等都能降低铸铁的切削加工性。

综上所述,在具体加工时,一方面要根据工件要求合理选择刀具、切削用量和切削液;另一方面也应从工件材料着手,在工艺允许的范围内选择合适的热处理规范,适当调整化学成分,改善切削加工性,以提高工件的加工质量和刀具的使用寿命。

# 3.6 切削用量的合理选择

## 3.6.1 切削用量的选用原则

选择切削用量就是根据切削条件和加工要求,确定合理的背吃刀量 $a_p$、进给量 $f$ 和切削速度 $v_c$。所谓合理的切削用量,就是指在保证加工质量的前提下,能获得较高生产率和较低生产成本的切削用量。

1. 制定切削用量时考虑的因素

切削用量的合理选择对生产率和刀具耐用度有着重要的影响。机床的切削效率可以用单位时间内切除的材料体积 $Q(\mathrm{mm}^3/\mathrm{min})$ 表示：

$$Q = a_p f v_c \tag{3-30}$$

由式(3-30)可知，$Q$ 同切削用量三要素 $a_p$、$f$、$v_c$ 均有着线性关系，它们对机床切削效率影响的权重是完全相同的。仅从提高生产率看，切削用量三要素 $a_p$、$f$、$v_c$ 中任一要素提高一倍，机床切削效率都能提高一倍，但 $v_c$ 提高一倍与 $f$、$a_p$ 提高一倍对刀具耐用度的影响却是大不相同的。由式(3-19)可知，切削用量三要素中对刀具耐用度影响最大的是 $v_c$，其次是 $f$，最小的是 $a_p$。因此，制定切削用量时不能仅仅单一地考虑生产率，还要兼顾到刀具耐用度。

2. 切削用量的选用原则

据上述分析可知，在保证刀具耐用度一定的条件下，提高背吃刀量 $a_p$ 比提高进给量 $f$ 的生产率高，比提高切削速度 $v_c$ 的生产率更高。由此，切削用量选用的基本原则可以从切削加工的两个阶段来考虑。

1) 粗加工阶段切削用量的选用原则

粗加工阶段的主要特点是：加工精度要求和表面质量要求都低，毛坯余量大且不均匀。此阶段的主要目的是，在保证刀具耐用度一定的前提下，尽可能提高单位时间内的金属切除量，即尽可能提高生产效率。因此，粗加工阶段切削用量应根据切削用量对刀具耐用度的影响大小，首先选取尽可能大的背吃刀量 $a_p$，其次选取尽可能大的进给量 $f$，最后按照刀具耐用度的限制确定合理的切削速度 $v_c$。

2) 精加工阶段切削用量的选用原则

精加工阶段的主要特点是：加工精度要求和表面质量要求都较高，加工余量小而均匀。此阶段的主要目的是，应在保证加工质量的前提下，尽可能提高生产效率。而切削用量三要素 $a_p$、$f$、$v_c$ 对加工精度和表面粗糙度的影响是不同的：提高切削速度 $v_c$ 可使切削变形和切削力减小，且能有效地控制积屑瘤的产生；进给量 $f$ 受残留面积高度（即表面质量要求）的限制；背吃刀量 $a_p$ 受预留精加工余量大小的控制。因此，精加工阶段切削用量应选用较高的切削速度 $v_c$、尽可能大的背吃刀量 $a_p$ 和较小的进给量 $f$。

### 3.6.2 切削用量三要素的选用

1. 背吃刀量 $a_p$ 的选用

背吃刀量 $a_p$ 根据加工余量确定。

粗加工时，一般是在保留半精加工和精加工余量的前提下，尽可能用一次进给切除全部加工余量，以使走刀次数最少。在中等功率的机床上，$a_p$ 可达 8~10 mm。只有在加工余量太大，导致机床动力不足或刀具强度不够；加工余量不均匀，导致断续切削；工艺系统刚度不足等的情况下,为了避免振动才分成两次或多次走刀。采用两次走刀时,通常第一次走刀取 $a_{p1}=(2/3\sim 3/4)$ 加工余量,第二次走刀取 $a_{p2}=(1/4\sim 1/3)$ 加工余量。切削表层有硬皮的铸锻件或切削冷硬倾向较为严重的材料(如不锈钢)时,应尽量使 $a_p$ 值超过硬皮或冷硬层深度,以免刀具过快磨损。

半精加工时,通常取 $a_p=0.5\sim 2$ mm。精加工时背吃刀量不宜过小,若背吃刀量太小,因刀具刃口都有一定的钝圆半径,使切屑形成困难,已加工表面与刃口的挤压、摩擦变形加大,反而会降低加工表面的质量。所以精加工时,通常取 $a_p=0.1\sim 0.4$ mm。

2. 进给量 $f$ 的选用

粗加工时,对加工表面粗糙度的要求不高,进给量 $f$ 的选用主要受切削力的限制。在工艺系统刚度和机床进给机构强度允许的情况下,合理的进给量应是它们所能承受的最大进给量。

半精加工和精加工时,进给量 $f$ 的选用主要受表面粗糙度和加工精度要求的限制。因此,进给量 $f$ 一般选得较小。

实际生产中,经常采用查表法确定进给量。粗加工时,根据加工材料、车刀刀杆直径、工件直径及已确定的背吃刀量 $a_p$ 由《切削用量手册》即可查得进给量 $f$ 的取值,表 3-21 列出了用硬质合金车刀粗车外圆及端面的进给量 $f$ 的推荐值。半精加工和精加工时,需按表面粗糙度选择进给量 $f$,此时可参考表 3-22。使用该表时,一般要参照下列情况,先预估一个切削速度:硬质合金车刀,$v_y > 50$ m/min(在加工表面的表面粗糙度 $Ra=1.25\sim 2.5$ μm 时,取 $v_y > 100$ m/min);高速钢车刀,$v_y < 50$ m/min。待实际切削速度 $v_c$ 确定后,如发现 $v_y$ 与 $v_c$ 相差太大,再修正进给量 $f$。

表 3-21 硬质合金车刀粗车外圆及端面的进给量 $f$ 的推荐值

| 工件材料 | 车刀刀杆尺寸 /(mm×mm) | 工件直径 /mm | 背吃刀量 $a_p$/mm | | | | |
|---|---|---|---|---|---|---|---|
| | | | ≤3 | >3~5 | >5~8 | >8~12 | >12 |
| | | | 进给量 $f$/(mm/r) | | | | |
| 碳素结构钢、合金结构钢及耐热钢 | 16×25 | 20 | 0.3~0.4 | — | — | — | — |
| | | 40 | 0.4~0.5 | 0.3~0.4 | — | — | — |
| | | 60 | 0.5~0.7 | 0.4~0.6 | 0.3~0.5 | — | — |
| | | 100 | 0.6~0.9 | 0.5~0.7 | 0.5~0.6 | 0.4~0.5 | — |
| | | 400 | 0.8~1.2 | 0.7~1.0 | 0.6~0.8 | 0.5~0.6 | — |
| | 20×30 25×25 | 20 | 0.3~0.4 | — | — | — | — |
| | | 40 | 0.4~0.5 | 0.3~0.4 | — | — | — |
| | | 60 | 0.6~0.7 | 0.5~0.7 | 0.4~0.6 | — | — |
| | | 100 | 0.8~1.0 | 0.7~0.9 | 0.5~0.7 | 0.4~0.7 | — |
| | | 400 | 1.2~1.4 | 1.0~1.2 | 0.8~1.0 | 0.6~0.9 | 0.4~0.6 |

续表

| 工件材料 | 车刀刀杆尺寸 /(mm×mm) | 工件直径 /mm | 背吃刀量 $a_p$/mm | | | | |
|---|---|---|---|---|---|---|---|
| | | | ≤3 | >3~5 | >5~8 | >8~12 | >12 |
| | | | 进给量 $f$/(mm/r) | | | | |
| 铸铁及钢合金 | 16×25 | 40 | 0.4~0.5 | — | — | — | — |
| | | 60 | 0.6~0.8 | 0.5~0.8 | 0.4~0.6 | — | — |
| | | 100 | 0.8~1.2 | 0.7~1.0 | 0.6~0.8 | 0.5~0.7 | — |
| | | 400 | 1.0~1.4 | 1.0~1.2 | 0.8~1.0 | 0.6~0.8 | — |
| | 20×30 25×25 | 40 | 0.4~0.5 | — | — | — | — |
| | | 60 | 0.6~0.9 | 0.5~0.8 | 0.4~0.7 | — | — |
| | | 100 | 0.9~1.3 | 0.8~1.2 | 0.7~1.0 | 0.5~0.8 | — |
| | | 400 | 1.2~1.8 | 1.2~1.6 | 1.0~1.3 | 0.9~1.1 | 0.7~0.9 |

注：① 加工断续表面及有冲击的工件时，表内进给量应乘系数 $k=0.75$；② 在无外皮加工时，表内进给量应乘系数 $k=1.1$；③ 加工耐热钢及其合金时，进给量不大于1；④ 加工淬硬钢时，进给量应减小。当钢的硬度为 44~56 HRC 时乘系数 $k=0.8$；当钢的硬度为 57~62 HRC 时，乘系数 $k=0.5$。

表 3-22 按表面粗糙度选择进给量 $f$ 的参考值

| 工件材料 | 表面粗糙度 $Ra$/μm | 切削速度范围 $v_c$/(m/min) | 刀尖圆弧半径 $r_ε$/mm | | |
|---|---|---|---|---|---|
| | | | 0.5 | 1 | 2 |
| | | | 进给量 $f$/(mm/r) | | |
| 铸铁、青铜、铝合金 | 10~5 | 不限 | 0.25~0.40 | 0.40~0.50 | 0.50~0.60 |
| | 5~2.5 | | 0.15~0.25 | 0.25~0.40 | 0.40~0.60 |
| | 2.5~1.25 | | 0.10~0.15 | 0.15~0.20 | 0.20~0.35 |
| 碳钢及合金钢 | 10~5 | <50 | 0.30~0.50 | 0.45~0.60 | 0.55~0.70 |
| | | >50 | 0.40~0.55 | 0.55~0.65 | 0.65~0.70 |
| | 5~2.5 | <50 | 0.18~0.25 | 0.25~0.30 | 0.30~0.40 |
| | | >50 | 0.25~0.30 | 0.30~0.35 | 0.35~0.50 |
| | 2.5~1.25 | <50 | 0.1 | 0.11~0.15 | 0.15~0.22 |
| | | 50~100 | 0.11~0.16 | 0.16~0.25 | 0.25~0.35 |
| | | >100 | 0.16~0.20 | 0.20~0.25 | 0.25~0.35 |

**3. 切削速度 $v_c$ 的选用**

粗加工时，切削速度 $v_c$ 受刀具耐用度和机床功率的限制；精加工时，机床功率足够，

切削速度 $v_c$ 主要受刀具耐用度的限制。

(1) 用公式计算切削速度 $v_c$。

根据已经选定的背吃刀量 $a_p$、进给量 $f$ 及刀具耐用度 $T$，可以用公式计算切削速度 $v_c$。

车削速度的计算公式为

$$v_c = \frac{C_v}{T^m a_p^{x_v} f^{y_v}} K_v \tag{3-31}$$

式中：$C_v$——切削速度系数；

$m, x_v, y_v$——$T$、$a_p$ 和 $f$ 的指数；

$K_v$——切削速度的修正系数（即工件材料、毛坯表面状态、刀具材料、加工方式、主偏角 $\kappa_r$、副偏角 $\kappa_r'$、刀尖圆弧半径 $r_\varepsilon$ 及刀杆尺寸对切削速度的修正系数的乘积）。

上述系数、指数和各项修正系数均可由有关资料查得。

(2) 用查表法确定切削速度 $v_c$。

切削速度 $v_c$ 还可以用查表法确定。表 3-23 列出了车削加工切削速度 $v_c$ 的参考值，其他加工方式 $v_c$ 的参考值可参见有关文献。由表 3-23 可知：

① 粗加工的切削速度通常选得比精加工的小，这是由于粗加工的背吃刀量和进给量比精加工的大；

② 刀具材料的切削加工性能越好，切削速度选得就越高；

③ 硬质合金可转位车刀的切削速度明显高于焊接车刀的切削速度；

④ 工件材料的切削加工性越差，切削速度选得就越低。

(3) 在确定切削速度时，还应考虑以下几点：

① 精加工时，应尽量避开产生积屑瘤的速度区；

② 断续切削时，应适当降低切削速度；

③ 在易产生振动的情况下，机床主轴转速应避开共振转速，选择能进行稳定切削的转速区进行；

④ 加工大件、细长件、薄皮件及带铸、锻外皮的工件时，应选较低的切削速度。

**例 3-1** 工件在 CA6140 型车床上车外圆，如图 3-41 所示。

(1) 毛坯：直径 $d=50$ mm，材料为 45 钢，$\sigma_b=0.637$ GPa；

(2) 加工要求：车外圆至 $\phi 44_{-0.062}^{0}$，表面粗糙度 $Ra$ 为 3.2 μm；

(3) 刀具：焊接式硬质合金外圆车刀，刀片材料为 YT15，刀杆截面尺寸为 16 mm×25 mm；

(4) 车刀切削部分几何参数为 $\gamma_o=15°$，$\alpha_o=8°$，$\kappa_r=75°$，$\kappa_r'=10°$，$\lambda_s=0°$，$r_\varepsilon=1$ mm。

试求该车削工序的切削用量。

## 表 3-23 车削加工的切削速度参考值

| 加工材料 | 硬度 /HBS | 背吃刀量 $a_p$/mm | 高速钢刀具 $v_c$/(m/min) | 高速钢刀具 $f$/(mm/r) | 硬质合金刀具 未涂层 $v_c$/(m/min) 焊接式 | 硬质合金刀具 未涂层 $v_c$/(m/min) 可转位 | 硬质合金刀具 未涂层 $f$/(mm/r) | 硬质合金刀具 涂层 材料 | 硬质合金刀具 涂层 $v_c$/(m/min) | 硬质合金刀具 涂层 $f$/(mm/r) | 陶瓷(超硬材料)刀具 $v_c$/(m/min) | 陶瓷(超硬材料)刀具 $f$/(mm/r) | 说 明 |
|---|---|---|---|---|---|---|---|---|---|---|---|---|---|
| 易切碳钢 | 100~200 | 1 | 55~90 | 0.18~0.20 | 185~240 | 220~275 | 0.18 | YT15 | 320~410 | 0.18 | 550~700 | 0.13 | 切削条件较好时可用冷压 $Al_2O_3$ 陶瓷,切削条件较差时宜用 $Al_2O_3$+TiC 热压混合陶瓷,下同 |
| 易切碳钢 | 100~200 | 4 | 41~70 | 0.40 | 135~185 | 160~215 | 0.50 | YT14 | 215~275 | 0.40 | 425~580 | 0.25 | |
| 易切碳钢 | 100~200 | 8 | 34~55 | 0.50 | 110~145 | 130~170 | 0.75 | YT5 | 170~220 | 0.50 | 335~490 | 0.40 | |
| 中碳钢 | 175~225 | 1 | 52 | 0.20 | 165 | 200 | 0.18 | YT15 | 305 | 0.18 | 520 | 0.13 | |
| 中碳钢 | 175~225 | 4 | 40 | 0.40 | 125 | 150 | 0.50 | YT14 | 200 | 0.40 | 395 | 0.25 | |
| 中碳钢 | 175~225 | 8 | 30 | 0.50 | 100 | 120 | 0.75 | YT5 | 160 | 0.50 | 305 | 0.40 | |
| 低碳 | 125~225 | 1 | 43~46 | 0.18 | 140~150 | 170~195 | 0.18 | YT15 | 260~290 | 0.18 | 520~580 | 0.13 | |
| 低碳 | 125~225 | 4 | 34~38 | 0.40 | 115~125 | 135~150 | 0.50 | YT14 | 170~190 | 0.40 | 365~425 | 0.25 | |
| 低碳 | 125~225 | 8 | 27~30 | 0.50 | 88~100 | 105~120 | 0.75 | YT5 | 135~150 | 0.50 | 275~365 | 0.40 | |
| 中碳 碳钢 | 175~275 | 1 | 34~40 | 0.18 | 115~130 | 150~160 | 0.18 | YT15 | 220~240 | 0.18 | 460~520 | 0.13 | |
| 中碳 碳钢 | 175~275 | 4 | 23~30 | 0.40 | 90~100 | 115~125 | 0.50 | YT14 | 145~160 | 0.40 | 290~350 | 0.25 | |
| 中碳 碳钢 | 175~275 | 8 | 20~26 | 0.50 | 70~78 | 90~100 | 0.75 | YT5 | 115~125 | 0.50 | 200~260 | 0.40 | |
| 高碳 | 175~275 | 1 | 30~37 | 0.18 | 115~130 | 140~155 | 0.18 | YT15 | 215~230 | 0.18 | 460~520 | 0.13 | |
| 高碳 | 175~275 | 4 | 24~27 | 0.40 | 88~95 | 105~120 | 0.50 | YT14 | 145~150 | 0.40 | 275~335 | 0.25 | |
| 高碳 | 175~275 | 8 | 18~21 | 0.50 | 69~76 | 84~95 | 0.75 | YT5 | 115~120 | 0.50 | 185~245 | 0.40 | |
| 低碳 | 125~225 | 1 | 41~46 | 0.18 | 135~150 | 170~185 | 0.18 | YT15 | 220~235 | 0.18 | 520~580 | 0.13 | |
| 低碳 | 125~225 | 4 | 32~37 | 0.40 | 105~120 | 135~145 | 0.50 | YT14 | 175~190 | 0.40 | 365~395 | 0.25 | |
| 低碳 | 125~225 | 8 | 24~27 | 0.50 | 84~95 | 105~115 | 0.75 | YT5 | 135~145 | 0.50 | 275~335 | 0.40 | |
| 中碳 合金钢 | 175~275 | 1 | 34~41 | 0.18 | 105~115 | 130~150 | 0.18 | YT15 | 175~200 | 0.18 | 460~520 | 0.13 | |
| 中碳 合金钢 | 175~275 | 4 | 26~32 | 0.40 | 85~90 | 105~120 | 0.40~0.50 | YT14 | 135~160 | 0.40 | 280~360 | 0.25 | |
| 中碳 合金钢 | 175~275 | 8 | 20~24 | 0.50 | 67~73 | 82~95 | 0.50~0.75 | YT5 | 105~120 | 0.50 | 220~265 | 0.40 | |
| 高碳 | 175~275 | 1 | 30~37 | 0.18 | 105~115 | 135~145 | 0.18 | YT15 | 175~190 | 0.18 | 460~520 | 0.13 | |
| 高碳 | 175~275 | 4 | 24~27 | 0.40 | 84~90 | 105~115 | 0.50 | YT14 | 135~150 | 0.40 | 275~335 | 0.25 | |
| 高碳 | 175~275 | 8 | 18~21 | 0.50 | 66~72 | 82~90 | 0.75 | YT5 | 105~120 | 0.50 | 215~245 | 0.40 | |
| 高强度钢 | 225~350 | 1 | 20~26 | 0.18 | 90~105 | 115~135 | 0.18 | YT15 | 150~185 | 0.18 | 380~440 | 0.13 | >300 HBS 时宜用 W12Cr4V5Co5 及 W2Mo9Cr4VCo8 |
| 高强度钢 | 225~350 | 4 | 15~20 | 0.40 | 69~84 | 90~105 | 0.4 | YT14 | 120~135 | 0.40 | 205~265 | 0.25 | |
| 高强度钢 | 225~350 | 8 | 12~15 | 0.50 | 53~66 | 69~84 | 0.5 | YT5 | 90~105 | 0.50 | 145~205 | 0.40 | |

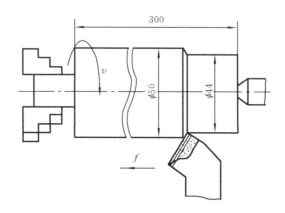

图 3-41 工序草图

**解** 为达到规定的加工要求,此工序应安排粗车和半精车两次走刀,粗车时将 $\phi 50$ mm 外圆车至 $\phi 45$ mm;半精车时将 $\phi 45$ mm 外圆车至 $\phi 44_{-0.062}^{0}$ mm。

(1) 确定粗车切削用量。

① 背吃刀量 $a_p$。$a_p = (50-45) \div 2$ mm $= 2.5$ mm。

② 进给量 $f$。根据已知条件,从表 3-21 中查得 $f = 0.4 \sim 0.5$ mm/r,按 CA6140 车床说明书中实有的进给量,确定 $f = 0.48$ mm/r。

③ 切削速度 $v_c$。切削速度可由式(3-31)计算,也可查表确定,本例采用查表法确定。从表 3-23 查得 $v_c = 100$ m/min,由此可推算出机床主轴转速为

$$n = \frac{1\,000 v_c}{\pi d} \approx \frac{1\,000 \times 100}{3.14 \times 50} \text{ r/min} = 637 \text{ r/min}$$

按 CA6140 车床说明书选取实有的机床主轴转速为 560 r/min,故实际的切削速度为

$$v_c = \frac{\pi n d}{1\,000} \approx \frac{3.14 \times 560 \times 50}{1\,000} \text{ m/min} = 87.9 \text{ m/min}$$

④ 校核机床功率。由有关手册查出相关系数和计算公式,先计算出主切削力 $F_z$,再将主切削力 $F_z$ 代入公式计算出切削功率 $P_m$。通过计算,本例的主切削力 $F_z = 1\,800$ N,切削功率 $P_m = 2.64$ kW。查阅机床说明书知,CA6140 车床主电动机功率 $P_E = 7.5$ kW,取机床传动效率 $\eta_m = 0.8$,则

$$\frac{P_m}{\eta_m} = \frac{2.64}{0.8} \text{ kW} = 3.3 \text{ kW} < P_E = 7.5 \text{ kW}$$

校核结果表明,机床功率是足够的。

⑤ 校核机床进给机构强度。由上可知,主切削力 $F_z = 1\,800$ N,再由同样方法,分别计算出本例的背向力 $F_y = 392$ N,进给力 $F_x = 894$ N。考虑到机床导轨和溜板之间由 $F_z$ 和 $F_y$ 所产生的摩擦力,设摩擦系数 $\mu_s = 0.1$,则机床进给机构承受的力为

$$F_j = F_x + \mu_s(F_z + F_y) = [894 + 0.1 \times (1\,800 + 392)]N = 1\,113.2\ N$$

查阅机床说明书知，CA6140 车床纵向进给机构允许作用的最大抗力为 3 500 N，远大于机床进给机构承受的力 $F_j$。校核结果表明，机床进给机构的强度是足够的。

粗车的切削用量为：$a_p = 2.5$ mm，$f = 0.48$ mm/r，$v_c = 87.9$ m/min。

(2) 确定半精车切削用量。

① 背吃刀量 $a_p$。$a_p = (45-44)/2$ mm $= 0.5$ mm。

② 进给量 $f$。根据表面粗糙度 $Ra$ 为 3.2 $\mu$m，$r_\varepsilon = 1$ mm，从表 3-22 中查得 $f = 0.30 \sim 0.35$ mm/r（预估切削速度 $v_y > 50$ m/min），按 CA6140 车床说明书中实有的进给量，确定 $f = 0.30$ mm/r。

③ 切削速度 $v_c$。根据已知条件，从表 3-23 中选用 $v_c = 130$ m/min，然后算出机床主轴转速为

$$n \approx \frac{1\,000 \times 130}{3.14 \times (50-5)}\ r/min = 920\ r/min$$

按 CA6140 车床说明书选取实有的机床主轴转速为 900 r/min，故实际的切削速度为

$$v_c \approx \frac{3.14 \times (50-5) \times 900}{1\,000}\ m/min = 127.2\ m/min$$

半精车、精车时，切削力很小，通常情况下，可不校核机床功率和机床进给机构的强度。

半精车的切削用量为：$a_p = 0.5$ mm，$f = 0.30$ mm/r，$v_c = 127.2$ m/min。

### 3.6.3 提高切削用量的途径

提高切削用量对于提高生产率有着重大意义。切削用量的提高，主要从以下几个方面考虑。

1. 提高刀具耐用度，以提高切削速度

刀具耐用度是限制提高切削用量的主要因素，尤以对切削速度的影响最大。因而，如何提高刀具耐用度，提高切削速度以实现高速切削成为提高切削用量的首要考虑。而新的刀具材料的开发和使用，给这一目的带来了希望。目前，硬质合金刀具的切削速度已达 200 m/min；陶瓷刀具的切削速度可达 500 m/min；聚晶金刚石和聚晶立方氮化硼新型刀具材料，切削普通钢材时切削速度可达 900 m/min，加工 60 HRC 以上的淬火钢时切削速度在 90 m/min 以上。

2. 进行刀具改革，加大进给量和背吃刀量

由于种种原因，新型刀具材料的广泛使用还有待时日。因此，对刀具本身的几何参数加以改进，从加大进给量和背吃刀量方面予以突破，是提高切削用量的又一途径。强力切削这种高效率的加工方法便是这一途径的成功范例。

3. 改进机床,使其具有足够的刚度

从刀具的因素着手固然是提高切削用量的主要途径,但与此同时,机床的因素也不容忽视。由于切削用量的提高(往往是正常量的几倍或几十倍),切削力也相应增长,因而,机床必须具有高转速、高刚度、大功率和抗振性好等性能。否则,零件的加工质量难以得到保证,切削用量的提高也就失去了意义。

# 3.7 磨削过程及磨削机理

磨削加工在当前工业生产中已获得迅速的发展和广泛的应用,它是借助磨具的切削作用除去工件表面的多余层,使工件表面质量达到预定要求的加工方法。进行磨削加工的机床称为磨床。磨削加工应用范围很广,不仅作为零件(特别是淬硬零件)的精加工工序可以获得很高的加工精度和表面质量,而且用于粗加工毛坯去皮加工能获得较高的生产率和良好的经济性。

## 3.7.1 砂轮特性

砂轮是由磨料加结合剂用制造陶瓷的工艺方法制成的,它由磨料、结合剂、气孔三要素组成。决定砂轮特性的五个因素分别是:磨料、粒度、结合剂、硬度和组织。

1. 磨料

磨料即砂粒,是砂轮的主要成分。它担负着磨削工作,故应具有很高的硬度、耐磨性、耐热性和相当的韧度才能承受磨削时的热和切削力;还应具有相当锋利的棱角,以利磨削金属。常用的磨料有氧化物系、碳化物系和高硬磨料系三类。氧化物系磨料的主要成分是三氧化二铝;碳化物系磨料的主要成分是碳化硅和碳化硼;高硬磨料系中主要有人造金刚石和立方氮化硼(CBN)。常用磨料的特性及使用范围见表3-24。

2. 粒度

粒度表示磨料尺寸的大小。当颗粒尺寸较大时,常用粒度号表示其粒度,即以其能通过的筛网上每英寸(1 in≈25.4 mm)长度上的孔数来表示粒度。如60号粒度表示磨料能通过每英寸有60个孔眼的筛网。粒度号越大,磨料越细。当磨料直径≤40 $\mu m$ 时,粒度以实际尺寸表示,称为微粉。如尺寸为20 $\mu m$ 的微粉,粒度号为W20。W后的数字越小,微粉越细。

粒度选择的要求是:粗磨使用颗粒较粗的磨料(即粒度号小的磨料)制作的砂轮,以提高生产率;精磨使用颗粒较细的磨料(即粒度号大的磨料)制作的砂轮,以减小加工表面粗糙度。当工件材料较软、塑性大或磨削接触面积大时,为避免砂轮堵塞或发热过大而引起工件表面烧伤,也常采用颗粒较粗的磨料制作的砂轮。常用磨料的粒度及使用范围见表3-25。

表 3-24 常用磨料的特性及使用范围

| 系列 | 磨料名称 | 代号 | 显微硬度/HV | 特 性 | 使用范围 |
|---|---|---|---|---|---|
| 氧化物系 | 棕刚玉 | A | 2 200～2 280 | 棕褐色。硬度高,韧度大,价格便宜 | 磨削碳钢、合金钢、可锻铸铁及硬青铜 |
| | 白刚玉 | WA | 2 200～2 300 | 白色。它的硬度比棕刚玉的高,它的韧度较棕刚玉的低 | 磨削淬火钢、高速钢、高碳钢及薄壁零件 |
| 碳化物系 | 黑碳化硅 | C | 2 840～3 320 | 黑色,有光泽。它的硬度比白刚玉的高,性脆而锋利,导热性和导电性良好 | 磨削铸铁、黄铜、铝、耐火材料及非金属材料 |
| | 绿碳化硅 | GC | 3280～3400 | 绿色。它的硬度和脆性比黑碳化硅的高,具有良好的导热性和导电性 | 磨削硬质合金、宝石、陶瓷、玉石、玻璃等材料 |
| 高硬磨料系 | 人造金刚石 | D | 6 000～10 000 | 无色透明或淡黄色、黄绿色、黑色。硬度高,比天然金刚石脆 | 磨削硬质合金、宝石、光学玻璃、半导体等材料 |
| | 立方氮化硼 | CBN | 6 000～8 500 | 黑色或淡白色,立方晶体。它的硬度仅次于金刚石的硬度,耐磨性高 | 磨削各种高温合金、高钼钢、高钒钢、高钴钢、不锈钢等材料 |

表 3-25 常用磨料的粒度及使用范围

| 类别 | 粒 度 | 颗粒尺寸/μm | 使用范围 | 类别 | 粒 度 | 颗粒尺寸/μm | 使用范围 |
|---|---|---|---|---|---|---|---|
| 磨料 | 12#～36# | 2 000～1 600 | 荒磨 | 微粉 | W40～W28 | 40～28 | 珩磨 |
| | | 500～400 | 打毛刺 | | | 28～20 | 研磨 |
| | 46#～80# | 400～315 | 粗磨、半精磨、精磨 | | W20～W14 | 20～14 | 研磨、超级加工、超精磨削 |
| | | 200～160 | | | | 14～10 | |
| | 100#～280# | 160～125 | 精磨 | | W10～W5 | 10～7 | 研磨、超级加工、超精磨削 |
| | | 50～40 | 珩磨 | | | 5～3.5 | |

3. 结合剂

结合剂的作用是将磨料黏合在一起,使砂轮具有一定的强度、气孔、硬度、耐腐蚀和耐潮湿等性能。常用的结合剂有陶瓷结合剂、树脂结合剂、橡胶结合剂和金属结合剂,它们的性能及使用范围见表 3-26。

表 3-26　结合剂的性能及使用范围

| 结合剂 | 代号 | 性　　能 | 使 用 范 围 |
|---|---|---|---|
| 陶瓷 | V | 耐热、耐蚀、气孔率大、易保持廓形、弹性差 | 最常用，适用于各类磨削加工 |
| 树脂 | B | 强度较陶瓷高、弹性好、耐热性差 | 适用于高速磨削、切断、开槽等 |
| 橡胶 | R | 强度较树脂高，更富有弹性，气孔率小，耐热性差 | 适用于切断、开槽及作无心磨的导轮 |
| 青铜 | J | 强度最高、型面保持性好、磨耗少、自锐性差 | 适用于金刚石砂轮 |

**4. 硬度**

砂轮的硬度反映磨料与结合剂的黏结强度。砂轮硬，磨料不易脱落；砂轮软，磨料容易脱落。磨削时，若砂轮太硬，则磨钝了的磨料不能及时脱落，会使磨削温度升高而造成工件烧伤；若砂轮太软，则磨料脱落过快而不能充分发挥磨料的磨削效能。

一般情况下，工件材料硬度较高时应选用较软的砂轮，工件材料硬度较低时应选用较硬的砂轮，但若工件材料太软，则材料易使砂轮堵塞，故也要选用软些的砂轮，这样可使堵塞处较易脱落；磨削薄壁件及导热性差的工件时，选用较软的砂轮；砂轮与工件的磨削接触面大时，砂轮应选软些，使磨料容易脱落，以防止砂轮堵塞；砂轮粒度号大时，选用较软的砂轮，以防止砂轮堵塞；精磨与成形磨时，应选用硬些的砂轮，以利于保持砂轮的廓形。

砂轮的硬度等级名称及代号见表 3-27，机械加工中，最常使用的砂轮硬度等级是软 2(H)至中 2(N)。

表 3-27　砂轮的硬度等级名称及代号

| 大级名称 | 超 软 | 软 | | | 中 软 | | 中 | | 中 硬 | | | 硬 | | 超硬 |
|---|---|---|---|---|---|---|---|---|---|---|---|---|---|---|
| 小级名称 | 超软 | 软1 | 软2 | 软3 | 中软1 | 中软2 | 中1 | 中2 | 中硬1 | 中硬2 | 中硬3 | 硬1 | 硬2 | 超硬 |
| 代号 | D E F | G | H | J | K | L | M | N | P | Q | R | S | T | Y |

**5. 组织**

砂轮组织表示磨料、结合剂、气孔三者之间的比例关系。磨料在砂轮总体积中所占比例越大，则气孔越小(少)，砂轮组织越紧密；反之，亦然。

砂轮组织级别分为紧密、中等、疏松三大类（见图 3-42、表 3-28），紧密组织砂轮适用于重压下的磨削；中等组织砂轮适用于一般磨削；疏松组织砂轮不易堵塞，适用于平面磨、内圆磨等磨削接触面大的磨削，以及磨削热敏性强的材料或薄壁工件。

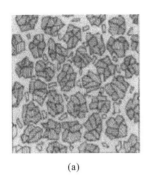 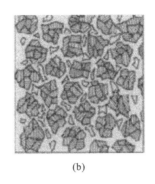 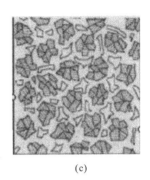

(a) (b) (c)

图 3-42 砂轮的组织

(a) 紧密;(b) 中等;(c) 疏松

表 3-28 砂轮的组织级别

| 组织号 | 0 | 1 | 2 | 3 | 4 | 5 | 6 | 7 | 8 | 9 | 10 | 11 | 12 |
|---|---|---|---|---|---|---|---|---|---|---|---|---|---|
| 磨料率/% | 62 | 60 | 58 | 56 | 54 | 52 | 50 | 48 | 46 | 44 | 42 | 40 | 38 |
| 疏密程度 | 紧密 | | | | 中等 | | | | 疏松 | | | | |

在砂轮的端面上一般都印有标志,用以表示砂轮的特性。例如:1-300×30×75-A60L5V-35 m/s,"1"表示该砂轮为平面砂轮,其余则分别表示外径为 300 mm,厚度为 30 mm,内径为 75 mm,磨料为棕刚玉(A),粒度号为 60,硬度为中软 2(L),组织号为 5,结合剂为陶瓷(V),最高圆周速度为 35 m/s。

### 3.7.2 磨削过程及其机理

1. 磨料切削刃的形状特征

磨削时砂轮表面上有许多磨料参与磨削工作,每颗磨料都可以看做是一把微小的刀具。与通常的刀具相比,砂轮表面微小磨料的切削刃的几何形状是不确定的(前角为 $-60°\sim-85°$,刃口的楔角大多为 $80°\sim145°$,刃尖的钝圆半径为 $3\sim28$ μm),而且切削刃的排列(凹凸、刃距)是随机分布的,磨削厚度非常薄,在几微米以下;磨削速度高达 $1\,000\sim7\,000$ m/min,磨削点的瞬时温度可达 1 000 ℃以上,使去除相同体积的材料所消耗的能量达到车削时的 30 倍。

2. 磨屑的形成过程

磨屑的形成过程大致可分为以下三个阶段(见图 3-43)。

(1) 弹性变形阶段。

由于磨料以大的负前角和钝圆半径对工件进行切削时磨削深度小,且砂轮结合剂及工件和磨床系统的弹性变形,使磨料开始接触工件时产生退让。这样,磨料仅在工件表面

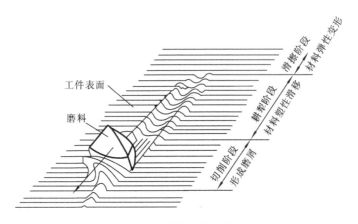

图 3-43 磨料的切削过程

滑擦而过,不能切入工件,仅在工件表面产生热应力。

(2) 塑性变形阶段。

随着磨削深度的增加,磨料已能逐渐刻划入工件,工件表面由弹性变形逐步过渡到塑性变形,使部分材料向磨料两旁隆起,工件表面出现刻痕(耕犁现象),但磨料前刀面上没有磨屑流出。此时除磨料与工件的相互摩擦外,更主要是工件材料内部发生摩擦。磨削表层不仅有热应力,而且有因弹性和塑性变形所产生的应力。

(3) 形成磨屑阶段。

磨料的磨削深度、被切处材料的切应力和温度都达到某一临界值,因此材料明显地沿剪切面滑移,从而形成切屑由前刀面流出。这一阶段工件的表层也产生热应力和变形应力。

以上仅是单颗磨料的磨削过程,当砂轮工作表面上随机排列的每颗磨料与工件在整个接触过程中,都完成了上述过程时,磨削过程也就完成了。

### 3.7.3 磨削力、磨削运动和磨削用量等

1. 磨削力

外圆纵磨时,磨削力 $F$ 可分为相互垂直的三个分力:主磨削力 $F_z$(沿砂轮切向的切向磨削力)、背向力 $F_y$(沿砂轮径向的径向磨削力)和进给力 $F_x$(沿砂轮回转轴线方向的轴向磨削力),如图 3-44 所示。

磨削力有以下主要特征。

(1) 单位磨削力值 $K_c$ 很大。由于磨料几何形状的随机性和几何参数的不合理,单位磨削力值 $K_c$ 可达 70 kN/mm$^2$ 以上,远远高于其他切削加工的单位切削力。

(2) 三项磨削分力中背向力 $F_y$ 最大。在正常的磨削条件下,$F_y/F_z$ 的比值约为 2.0~2.5。

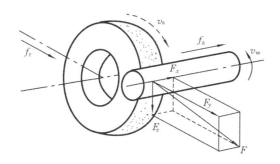

图 3-44 磨削受力分析

(3) 磨削力随不同的磨削阶段而变化。由于 $F_y$ 较大,使工艺系统产生弹性变形,在开始几次进给中,实际径向进给量远小于名义进给量。随着进给次数的增加,实际进给量逐渐加大,直至达到名义进给量,这个阶段称为粗磨阶段。之后磨削进入稳定阶段,实际进给量与名义进给量相等。当余量即将磨完时,进行光磨(无进给磨削),靠工艺系统的弹性变形恢复,磨削至尺寸要求。

(4) 在磨削力的构成中,材料剪切所占的比重较小,而摩擦所占的比例较大,可达 70%~80%。

2. 磨削功率

磨削时,砂轮速度很高,所以功率消耗很大。

$$P_m = F_z v_c \tag{3-32}$$

式中:$P_m$——主运动所消耗的功率(W);

$F_z$——主磨削力(N);

$v_c$——砂轮线速度(m/s)。

通常砂轮硬度较高时,功率消耗大些;同一种工件材料,硬度较高时,功率消耗小些;硬化钢与软钢相比,$F_z$ 小 30%,因而磨削功率较小。

3. 磨削运动和磨削用量

1) 主运动和磨削速度

磨削中,砂轮的回转运动为主运动。主运动速度(砂轮外圆的线速度),即磨削速度,也称砂轮线速度,用 $v_c$ 表示,单位为 m/s。

磨削速度一般比车削速度大 10~15 倍左右,但 $v_c$ 太高时,可能会产生振动或工件表面烧伤。一般 $v_c=30\sim35$ m/s;高速磨削时,可取 $v_c=45\sim100$ m/s 或更高些。

2) 切入进给运动和背吃刀量

砂轮切入工件,以实现一个背吃刀量 $a_p$ 的运动,即工作台每单(双)行程内工件与砂轮之间的相对位移。外(内)圆磨削时,砂轮的切入进给运动为砂轮的径向位移,称径向进给量;平面磨削时,砂轮的切入进给运动为砂轮的垂直位移,称垂直进给量;均用 $f_r$ 表示,单位为 mm/(d·)str。当外(内)圆磨削采用横磨法作连续进给时,则用径向进给速度 $v_r$

表示,单位为 mm/s。实际上,$f_r$ 就是磨削背吃刀量 $a_p$,粗磨时,可取 $f_r = 0.01 \sim 0.07$ mm/(d·)str;精磨时,可取 $f_r = 0.0025 \sim 0.02$ mm/(d·)str;镜面磨削时,可取 $f_r = 0.0005 \sim 0.0015$ mm/(d·)str。

3) 纵向进给运动和工件纵向进给量

工件相对于砂轮轴线方向的运动又称为轴向进给运动。这个工件每转一转(平面磨削时为工件每一行程)工件相对于砂轮轴向的位移量又称工件纵向进给量,用 $f_a$ 表示,单位为 mm/r 或 mm/str;有时还用纵向进给速度 $v_a$ 表示,单位为 mm/s。一般情况下,设砂轮宽度为 $B$(mm),则:粗磨时,取 $f_a = (0.3 \sim 0.85)B$;精磨时,取 $f_a = (0.1 \sim 0.3)B$。

4) 工件圆周(或工作台直线)进给运动和工件速度

该运动在外(内)圆磨削时,为工件的回转运动;平面磨削时,为工作台的直线往复运动。工件速度 $v_w$ 亦指相应的工件圆周线速度或工作台的移动速度,单位为 m/min。

粗磨时,时常取 $v_w = 15 \sim 85$ m/min;精磨时为 $v_w = 15 \sim 50$ m/min。外圆磨时,速比 $q = v_c/v_w = 60 \sim 150$;内圆磨时,$q = v_c/v_w = 40 \sim 80$。$v_w$ 太低时,工件易烧伤;$v_w$ 太高时,磨床可能产生振动。

外圆磨削时,若同时具有 $v_c$、$v_w$ 和 $f_a$ 的连续运动,则为纵向磨削,采用的是纵磨法;若无纵向进给运动,即 $f_a = 0$,则砂轮相对于工件作连续径向进给,为横向磨削,采用的是横磨法(或切入磨法)。

4. 磨削温度

由于磨削时消耗的能量很大,这些能量在磨削中迅速转变为热能,使磨料磨削点和砂轮磨削区的温度急剧升高。而磨削温度对加工表面质量影响很大,必须设法控制。

影响磨削温度的主要因素有磨削用量、工件材料和砂轮特性等。

1) 磨削用量对磨削温度的影响

(1) 随着径向进给量 $f_r$ 的增大,单颗磨料的切削深度增大,产生的热量增多,磨削温度升高。

(2) 随着工件速度 $v_w$ 的增大,单位时间内进入磨削区的工件材料增加,单颗磨料的切削深度增大,磨削温度升高;但从热量传递的方面分析,工件表面被磨削点与砂轮的接触时间缩短,工件上受热影响区的深度较浅,可以有效防止工件表面层产生磨削烧伤和磨削裂纹。

(3) 随着砂轮线速度 $v_c$ 的增大,单位时间内通过工件表面的磨料数增多,单颗磨料的切削深度减小,挤压和摩擦作用加剧,单位时间内产生的热量增加,使磨削温度升高。

所以,要使磨削温度降低,应该采用较小的径向进给量(即磨削深度) $f_r$ 和砂轮线速度 $v_c$,并加大工件速度 $v_w$。

2) 工件材料对磨削温度的影响

磨削韧度大、强度高、导热性差的材料时,因为消耗于金属变形和摩擦的能量大,发热多,散热性能又差,所以磨削温度较高;磨削脆性大、强度低、导热性好的材料时,磨削温度相对较低。

3) 砂轮硬度对磨削温度的影响

砂轮硬度对磨削温度的影响有明显的规律。硬度低,砂轮自锐性好,磨料的切削刃锋利,磨削力小,磨削温度就低;反之,磨削温度就高。砂轮粒度粗,容屑空间大,磨屑不易堵塞砂轮,磨削温度就低;反之,磨削温度就高。

### 3.7.4 砂轮的磨损与修整

1. 砂轮的磨损

磨削过程中,机械、物理和化学的作用会造成砂轮磨损,使其切削能力下降,甚至切削失效。由于砂轮表面上磨料的形状和分布是随机的,因此可将砂轮的磨损分为三种类型。

1) 砂轮的磨耗磨损

磨削过程中,磨料与工件表面的滑擦作用、磨料与磨削区的化学反应以及磨料的塑性变形作用使磨料逐渐变钝,在磨料上形成磨损小平面。

造成砂轮磨耗磨损的主要原因是机械磨损和化学磨损:

(1) 摩擦热使磨料表面剥落成极微小的碎片;

(2) 磨料与被磨材料熔焊,因塑性流动或滞留而加剧磨料磨损;

(3) 摩擦热加速化学反应,弱化磨料;

(4) 摩擦剪切使磨料耗损。

2) 砂轮的破碎磨损

(1) 磨料破碎。在磨削过程中,若作用在磨料上的应力超过磨料本身的强度,磨料上的一部分就会以微小碎片的形式从砂轮上脱落。

(2) 磨料脱落。在磨削过程中,若磨料与磨料之间的结合剂发生断裂,则磨料将从砂轮上脱落下来,从而在原位置留下空洞。

造成破碎磨损的主要原因是作用在磨料上的拉应力的大小和分布;而砂轮的黏附堵塞是引起破碎磨损的另一原因:砂轮发生黏附后,使挤压、摩擦增大,当磨料黏附所产生的磨削力大于磨料破碎的极限应力或大于结合剂的强度时,磨料就会发生破碎脱落,导致砂轮的破碎磨损。

3) 砂轮的堵塞黏附

磨料通过磨削区时,在磨削高温和很大的接触压力作用下,被磨材料会黏附在磨料上。黏附严重时,黏附物糊在砂轮上,使砂轮失去切削作用。

2. 砂轮的磨损过程

按照磨损机理的不同,可将砂轮的磨损过程分为以下三个阶段。

(1) 初期阶段的磨损。这阶段的磨损主要是磨料的破碎。这是由于在砂轮的修整过程中,在修整力的作用下,有些磨料内部产生内应力及微裂纹,这些受损的磨料在磨削力的作用下迅速破碎,造成初期磨损加剧。

(2) 第二阶段的磨损。这阶段的磨损主要是磨耗磨损。

(3) 第三阶段的磨损。这阶段的磨损主要是结合剂破碎,会造成磨料大量脱落。

3. 砂轮修整

砂轮磨损到一定程度而不能工作时,或磨屑严重堵塞砂轮导致砂轮磨削性能下降时,需要对砂轮进行修整。砂轮修整就是用修整工具把砂轮工作表面修整成所要求的廓型和锐度。砂轮修整工具共有三类:第一类修整工具是修整工具本身不作旋转运动,如单颗金刚石、单排金刚石、多排金刚石、金刚石圆刀片和金刚石修整轮等;第二类修整工具是修整工具本身也作旋转运动的,有时还作直线运动,如金刚石修整滚轮;第三类修整工具是钢的或硬质合金的挤压轮。

砂轮修整后的锋利程度及其形状精度取决于砂轮的修整方法。通常的做法是,粗修砂轮时,修整工具应沿砂轮外圆作快速横向进给;而精修砂轮时,修整工具的横向进给速度应大大减慢,以获得光洁的砂轮表面和工件表面。

### 3.7.5 磨削液

磨削时,在磨削区形成高温,使砂轮磨损,零件表面完整性恶化,零件加工精度不易控制等,因此必须把磨削液注入磨削区,以降低磨削温度。磨削液不仅有润滑及冷却作用,而且有洗涤和防锈作用。因而,磨削液的正确应用对于成功的磨削十分重要。

1. 磨削液的种类

磨削液分为油性磨削液(非水溶性磨削液)和水溶性磨削液。常用磨削液见表3-29。油性磨削液的润滑性好,冷却性较差,而水溶性磨削液的润滑性较差,冷却效果好。另外,磨削液中的添加剂包括表面活性剂、极压添加剂和无机盐类等。

表3-29 常用磨削液的种类及成分

| 种 | 类 | 成 分 |
|---|---|---|
| 油性磨削液 | 矿物油 | 低黏度及中黏度轻质矿物油+油溶性防锈添加剂+极压添加剂 |
| | 极压油 | 低黏度及中黏度轻质矿物油+极压添加剂 |
| 水溶性磨削液 | 乳化液 | 1. 水+矿物油+乳化液+防锈添加剂;<br>2. 乳化液+防锈添加剂 |
| | 极压乳化液 | |
| | 化学合成剂 | 1. 水+表面活性剂(非离子型、阴离子型或皂类);<br>2. 水+表面活性剂+防锈添加剂+极压添加剂 |
| | 无机盐磨削液 | 1. 水+无机盐类;<br>2. 水+无机盐类+表面活性剂 |

**2. 磨削液的供给方法**

磨削液应该注到磨削区,而不是简单地注向工件和砂轮的结合部。砂轮的孔隙既可容屑,又有发挥搬运磨削液的功能。所以,磨削液是靠砂轮本身带到切削弧区的,在适当的速度下,磨削液浇注到砂轮外圆就会带向切削弧区。

通常采用的磨削液供给方法是浇注法,由于液体流速低,压力小,并且砂轮高速回转所形成的回转气流像一个吹风器那样,把磨削液从砂轮外圆抛出去,阻碍了磨削液注入磨削区内,因而进入磨削区的冷却液只有很少部分,冷却效果较差。

为冲破环绕砂轮表面的气流阻碍,提高冷却润滑效果,对供液方法作了不少改进,例如:采用压力冷却、砂轮内冷却、喷雾冷却、浇注法与超声波并用,以及对砂轮作浸渍处理,实现固体润滑等。

### 3.7.6 几种高效磨削方法

**1. 高速磨削**

普通磨削时,砂轮线速度为 30~50 m/s,当高于 40 m/s 或 50 m/s 时,称为高速磨削。与普通磨削相比,高速磨削在单位时间内,通过磨削区的磨料数增加。此时,若采用与普通磨削相同的进给量,则高速磨削时每颗磨料的切削厚度变薄,负荷减小,有利于降低磨削表面粗糙度,并可提高砂轮使用寿命;若保持与普通磨削相同的切削厚度,则可相应提高进给量,因而其生产效率可比普通磨削的生产效率高 30%~40%。

高速磨削要注意砂轮的安全与保护,还应避免产生振动。由于高速磨削过程中,磨削温度较高,为避免磨削烧伤和裂纹,宜采用极压润滑液,以减少磨料与工件间的摩擦,从而减小磨削热的产生。

**2. 强力磨削**

强力磨削就是缓进给大切深磨削,即采用较大的径向进给量 $f_r$(背吃刀量 $a_p$ 可达 30 mm 以上)和很低的工件速度 $v_w$(=3~300 mm/min),其特点如下。

(1) 材料去除率高。由于砂轮与工件接触弧长比普通磨削大几倍到几十倍(见图 3-45),故材料去除率高,工件往复次数少,节省了工作台换向和空程时间。

(2) 砂轮磨损小。由于进给速度低,砂轮与工件接触弧长较大,单个磨料承受的切削力小,磨料脱落破碎减少;同时缓进给减轻了磨料与工件边缘的冲击,也使砂轮的使用寿命提高。

(3) 磨削质量好。砂轮在较长时间内可保持原有精度,缓进给减轻了磨料与工件边缘的冲击,这些都有利于保证加工精度和减小表面粗糙度。

(4) 磨削力和磨削热大。由于磨削深度大,磨削时间长,故磨削力和磨削热大。为避免磨削烧伤,宜采用顺磨(见图 3-45(b)),且必须提供充足的冷却,如采用大流量磨削液

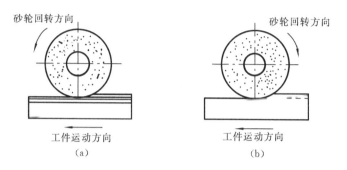

图 3-45　强力磨削与普通磨削对比
(a) 普通磨削；(b) 强力磨削

冷却,以改善冷却条件。

**3. 砂带磨削**

砂带是在带基上(带基材料多采用聚碳酸酯薄膜)黏结细微砂粒(称为"植砂")而构成的。砂带磨削有以下特点。

(1) 磨削表面质量好。砂带与工件柔性接触,磨料载荷小而均匀,且能减振,故有"弹性磨削"之称。加之工件受力小,发热少,散热好,因而可获得好的加工表面质量,粗糙度可达 $Ra=0.02\ \mu m$。

(2) 磨削性能强。静电植砂制作的砂带,磨料有方向性,尖端向上(见图 3-46),摩擦生热少,砂轮不易堵塞,且不断有新磨料进入磨削区,磨削条件稳定。

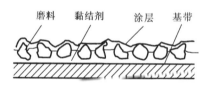

图 3-46　静电植砂砂带结构

(3) 磨削效率高。强力砂带磨削,磨削比(切除工件质量与砂带磨耗质量之比)大,有"高效磨削"之称,加工效率可达铣削的 10 倍。

(4) 经济性好。设备简单,无须平衡和修整,砂带制作方便,成本低。

(5) 使用范围广。可用于内、外表面及成形表面的加工。

图 3-47 示出了几种常见的砂带磨削方式。

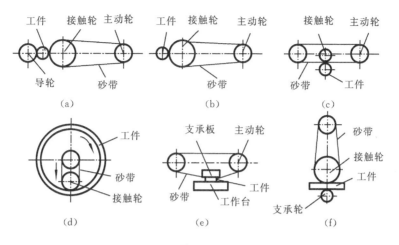

图 3-47 砂带磨削的几种方式
(a)砂带无心外圆磨削(导轮式);(b)、(c)砂带定心外圆磨削(接触轮式);
(d)砂带内圆磨削(回转式);(e)砂带平面磨削(支承板式);(f)砂带平面磨削(支承轮式)

## 本章重点、难点和知识拓展

**本章重点** 金属切削过程中所产生的物理现象及其内在规律及应用;刀具的磨损过程和原因及刀具耐用度和刀具总寿命;合理选择切削用量的原则和方法;磨削过程和磨削机理。

**本章难点** 金属切削过程中内在规律的应用;切削用量的实际选择。

**知识拓展** 结合生产实习,在深刻理解金属切削过程中所产生的物理现象及其内在规律的基础上,能对实际加工中的切削用量做出初步的选择;通过对磨削加工的参观,加深对磨削过程和磨削机理的理解,提高对扩大磨削工艺使用范围的重要性的认识。

## 思考题与习题

3-1 金属切削过程中切削力的来源是什么?

3-2 车削时切削合力为什么常分解为三个相互垂直的分力来分析?各分力对加工有何影响?

3-3 影响切削力的主要因素有哪些？

3-4 切削热是如何产生和传出的？仅从切削热产生的多少能否说明切削区温度的高低？

3-5 背吃刀量和进给量对切削力和切削温度的影响是否一样？如何运用这一规律指导生产实践？

3-6 增大前角可以使切削温度降低的原因是什么？是不是前角越大切削温度就越低？

3-7 切削液的主要作用有哪些？应当如何正确选用切削液？

3-8 刀具的正常磨损过程可分为几个阶段？为何出现这种规律？刀具使用时磨损应限制在哪一阶段？

3-9 试述刀具磨损的各种原因。高速钢刀具、硬质合金刀具各自比较容易发生的磨损是什么？

3-10 何谓刀具耐用度？实际生产中如何来确定刀具已经磨钝了？

3-11 何谓最大生产率刀具耐用度和最低成本刀具耐用度？如何选用？

3-12 在关系式 $vT^m = C_0$ 中，指数 $m$ 的物理意义是什么？不同刀具的 $m$ 值为什么不同？

3-13 刀具破损的主要形式有哪些？高速钢刀具和硬质合金刀具的破损形式有何不同？

3-14 何谓材料的切削加工性？为什么说它是一个相对的概念？$V_T$ 代表什么意义？

3-15 材料的切削加工性通常从哪些方面来衡量？试述改善材料切削加工性的方法。

3-16 试用单个磨料的最大切削厚度计算公式来说明有关磨削要素对磨削效果的影响。

3-17 磨削与切削加工相比，有何特点？

3-18 磨削外圆时三个分力中以背向力 $F_y$ 最大，车削外圆时三个分力中以切削力 $F_z$ 最大，这是为什么？

# 第 4 章 机械制造质量分析与控制

## 引入案例

产品的质量与零件的加工质量、产品的装配质量密切相关,而零件的加工质量是保证产品质量的基础。零件的加工质量一般包括机械加工精度和加工表面质量两个指标。实际加工时不可能也没有必要把零件做得与理想零件完全一致,而总会有一定的偏差,即所谓加工误差。如图 1-1 所示的小轴,在一批工件中随意挑选几个,经实测其左端外圆直径分别为 $\phi 16.985$、$\phi 16.992$、$\phi 16.988$、$\phi 16.989$、$\phi 16.992$、$\phi 16.983$ 等,可以看出在实际加工过程中存在加工误差,那么,这批零件是否合格?如何减少加工误差,以保证零件的加工精度?……这些都是与零件加工质量相关的问题。本章就是研究如何将各种误差控制在允许范围内,分析各种因素对加工精度和表面质量的影响规律,从而找出减少加工误差、提高加工精度的途径和针对性的措施。

## 4.1 机械加工精度

### 4.1.1 概述

1. 加工精度与加工误差

加工精度是指零件加工后的实际几何参数(尺寸、几何形状和各表面间的相互位置)与理想几何参数的符合程度。符合程度愈高,加工精度就愈高;符合程度愈低,加工精度就愈低。零件的加工精度包括尺寸精度、形状精度和相互位置精度。

加工误差是指零件加工后的实际几何参数(尺寸、几何形状和各表面间的相互位置)与理想几何参数的偏离程度。加工误差愈小,则加工精度愈高;反之,亦然。所以说,加工误差的大小反映了加工精度的高低,而生产中加工精度的高低是用加工误差的大小表示的。实际加工中采用任何加工方法所得到的实际几何参数都不会与理想几何参数完全相同。生产实践中,在保证机器工作性能的前提下,零件存在一定的加工误差是允许的,而且只要这些误差在规定的范围内,就认为是保证了加工精度。

加工精度和加工误差是从两个不同的角度来评定加工零件的几何参数的,加工精度的低和高就是通过加工误差的大和小来表示的。研究加工精度的目的,就是要弄清各种原始误差对加工精度的影响规律,掌握控制加工误差的方法,从而找出减少加工误差、提高加工精度的途径。

2. 加工经济精度

由于在加工过程中有很多因素影响加工精度,所以同一种加工方法在不同的工作条件下所能达到的精度是不同的。任何一种加工方法,只要细心操作、精心调整,并选用合适的切削参数进行加工,都能使加工精度得到较大的提高,但这样做会降低生产率,增加加工成本,是不经济的。

加工误差与加工成本总是成反比关系的。用同一种加工方法,如欲获得较高的精度(即加工误差较小),成本就会提高。但对某种加工方法,当加工误差较小时,即使很细心地操作,很精心地调整,精度却提高得很少,甚至不能提高,然而成本却会提高很多;相反,对某种加工方法,即使工件精度要求很低,加工成本也不会无限制的降低,而必须耗费一定的最低成本。通常所说的加工经济精度是指在正常加工条件下(采用符合质量标准的设备、工艺装备和标准技术等级的工人,不延长加工时间)所能保证的加工精度。某种加工方法的加工经济精度一般指的是一个精度范围,在这个范围内都可以说是经济的。当然,加工方法的经济精度并不是固定不变的,随着工艺技术的发展,设备及工艺装备的改进,以及生产中科学管理水平的不断提高等,各种加工方法的加工经济精度等级范围亦将随之不断提高。

3. 原始误差

机械加工中,机床、夹具、刀具和工件构成了一个相互联系的统一系统,此系统称为工艺系统。

由于工艺系统的各组成部分本身存在误差,同时加工中多方面的因素都会对工艺系统产生影响,从而造成各种各样的误差。这些误差都会引起工件的加工误差,把工艺系统的各种误差称为原始误差。这些误差,一部分与工艺系统本身的结构形状有关,一部分与切削过程有关。

按照这些误差的性质,可归纳为以下四个方面。

(1) 工艺系统的几何误差:包括加工方法的原理误差,机床的几何误差,夹具的制造误差,工件的装夹误差以及工艺系统磨损所引起的误差。

(2) 工艺系统受力变形所引起的误差。

(3) 工艺系统热变形所引起的误差。

(4) 工件的内应力引起的误差。

为清晰起见,可将加工过程中可能出现的各种原始误差归纳如下:

4. 加工精度的研究方法

研究机械加工精度的方法主要有分析计算法和统计分析法。分析计算法是在掌握各种原始误差对加工精度影响规律的基础上,分析工件加工中所出现的误差可能是由哪一种或哪几种主要原始误差所引起的,并找出原始误差与加工误差之间的影响关系,通过估算来确定工件加工误差的大小,再通过试验测试来加以验证。统计分析法是对具体加工条件下得到的几何参数进行实际测量,然后运用数理统计学方法对这些测试数据进行分析处理,找出工件加工误差的规律和性质,进而控制加工质量。分析计算法主要是在对单项原始误差进行分析计算的基础上进行的。统计分析法则是在对有关的原始误差进行综合分析的基础上进行的。在实际生产中,上述两种方法常常结合起来使用,可先用统计分析法寻找加工误差产生的规律,初步判断产生加工误差的可能原因,再运用分析计算法进行分析、试验,以便迅速有效地找出影响工件加工精度的主要原因。

## 4.1.2 工艺系统的几何误差

工艺系统的几何误差主要有加工原理误差,机床、刀具、夹具的制造误差和磨损,以及机床、刀具、夹具和工件的安装调整误差等。

1. 加工原理误差

加工原理误差是指由于采用了近似的加工方法、近似的成形运动或近似的刀具轮廓进行加工所产生的误差。为了获得规定的加工表面,刀具和工件之间必须实现准确的成形运动,机械加工中称此为加工原理。理论上应采用理想的加工原理和完全准确的成形运动以获得精确的零件表面。但在实际工作中,完全精确的加工原理常常很难实现:有时加工效率很低;有时会使机床或刀具的结构极为复杂,制造困难;有时由于结构环节多,造成机床传动中的误差增加,或使机床刚度和制造精度很难保证。因此,采用近似的加工原理以获得较高的加工精度是保证加工质量,提高生产率和经济性的有效工艺措施。

例如,齿轮滚齿加工用的滚刀就有两种原理误差:一是近似廓型原理误差,即由于制造上的困难,采用阿基米德基本蜗杆或法向直廓基本蜗杆代替渐开线基本蜗杆;二是由于滚刀刀刃数有限,所切出的齿形实际上是一条由微小折线组成的折线段,和理论上的光滑渐开线有差异。这些都会产生加工原理误差。又如,用模数铣刀成形铣削齿轮时,模数相同而齿数不同的齿轮,其齿形参数是不同的。理论上,对于同一模数、不同齿数的齿轮,就要用相应的锯齿形刀具加工。实际上,为精简刀具数量,常用一把模数铣刀加工某一齿数范围内的齿轮,即采用了近似的刀刃轮廓,同样产生了加工原理误差。

2. 机床的几何误差

机械加工中刀具相对于工件的切削成形运动一般是通过机床完成的,因此工件的加工精度在很大程度上取决于机床的精度。

机床的切削成形运动主要有两大类,即主轴的回转运动和移动件的直线运动。因此,机床的制造误差对工件加工精度影响较大的主要是主轴的回转运动误差、导轨的直线运动误差以及传动链误差。

1) 主轴回转误差

(1) 主轴回转误差的概念及基本形式。

机床主轴是用以装夹工件或刀具的基准,并将运动和动力传递给工件和刀具。因此主轴的回转误差,对工件的加工精度有直接影响。所谓主轴的回转误差,是指主轴的实际回转轴线相对于其理想回转轴线(一般用平均回转轴线来代替)的漂移或偏离量。

理论上,主轴回转时,其回转轴线的空间位置是固定不变的,即瞬时速度为零。而实际上,由于主轴部件在加工、装配过程中的各种误差和回转时的受力、受热等因素,使主轴在每一瞬时回转轴线的空间位置处于变动状态,造成轴线相对于平均回转轴线的漂移,也即产生了回转误差。

主轴的回转误差可分为以下三种基本形式。

① 轴向窜动:主轴实际回转轴线沿平均回转轴线方向的轴向运动,如图 4-1(a)所示。它主要影响端面形状和轴向尺寸精度。

② 径向跳动:主轴实际回转轴线始终平行于平均回转轴线方向的径向运动,如图 4-1(b)所示。

③ 角度摆动:瞬时回转轴线与平均回转轴线成一角度倾斜,交点位置固定不变的运动,如图 4-1(c)所示。它主要影响工件的形状精度,车外圆时,会产生锥形;镗孔时,会使孔呈椭圆形。

主轴工作时,其回转运动误差常常是以上三种基本形式的合成运动造成的。

(2) 主轴回转误差的影响因素。

影响主轴回转精度的主要因素是主轴轴颈的同轴度误差、轴承的误差、轴承的间隙、与轴承配合零件的误差及主轴系统的径向不等刚度和热变形等。

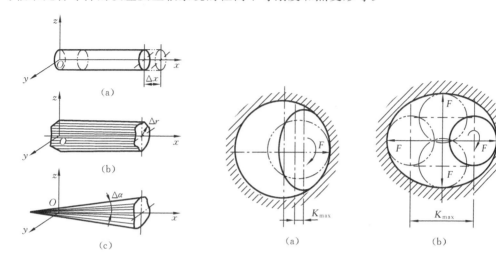

图 4-1　主轴回转误差的基本形式
(a) 轴向窜动；(b) 径向跳动；
(c) 角度摆动

图 4-2　主轴采用滑动轴承的径向跳动
(a) 工件回转类机床；(b) 刀具回转类机床
$K_{max}$——最大跳动量

当主轴采用滑动轴承时，轴承误差主要是指主轴轴颈和轴承内孔的圆度误差和波度。对于工件回转类机床(如车床、磨床等)，切削力的方向大体上是不变的，主轴在切削力的作用下，主轴轴颈以不同部位与轴承内孔的某一固定部位相接触。因此，影响主轴回转精度的主要是主轴轴颈的圆度误差和波度误差，而轴承孔的形状误差影响较小。如果主轴轴颈是椭圆形的，那么，主轴每回转一周，主轴回转轴线就径向圆跳动两次，如图 4-2(a)所示。主轴轴颈表面如有波度，主轴回转时将产生高频的径向圆跳动。对于刀具回转类机床(如镗床等)，由于切削力方向随主轴的回转而回转，主轴轴颈在切削力作用下总是以其某一固定部位与轴承内表面的不同部位相接触。因此，对主轴回转精度影响较大的是轴承孔的圆度误差。如果轴承孔是椭圆形的，则主轴每回转一周，就径向圆跳动一次，如图 4-2(b)所示。轴承内孔表面如有波度，同样会使主轴产生高频径向圆跳动。

主轴采用滚动轴承时，轴承内、外圈滚道的圆度误差和波度对回转精度的影响与上述滑动轴承的情况相似。分析时可视外圈滚道相当于轴承孔，内圈滚道相当于轴颈。因此，对工件回转类机床，滚动轴承内圈滚道圆度误差对主轴回转精度影响较大，主轴每回转一周，径向圆跳动两次；对刀具回转类机床，外圆滚道圆度误差对主轴精度影响较大，主轴每回转一周，径向圆跳动一次。

滚动轴承的内、外圈滚道如有波度，则不管是工件回转类机床还是刀具回转类机床，主轴回转时都将产生高频径向圆跳动。

滚动轴承滚动体的尺寸误差会引起主轴回转的径向圆跳动。当最大的滚动体通过承载区一次时,就会使主轴回转轴线发生一次最大的径向圆跳动。回转轴线的跳动周期与保持架的转速有关。由于保持架的转速近似为主轴转速的1/2,所以主轴每回转两周,主轴轴线就径向圆跳动一次。

推力轴承滚道端面误差会造成主轴的端面圆跳动。圆锥滚子轴承、向心推力球轴承的内、外滚道的倾斜既会造成主轴的端面圆跳动,又会引起径向圆跳动和摆动。

主轴轴承的间隙过大,会使主轴工作时油膜厚度增大,刚度降低(油膜承载能力降低)。当工作条件(载荷、转速等)变化时,油膜厚度变化较大,主轴轴线的跳动量增大。

除轴承本身之外,与轴承相配的零件(主轴轴颈、箱体孔等)的精度和装配质量都对主轴回转精度产生影响。如主轴轴颈的尺寸和形状误差会使轴承内圈变形。主轴前后轴颈之间,箱体前后轴承孔之间的同轴度误差会使轴承内、外圈滚道相对倾斜,引起主轴回转轴线的径向跳动和轴向跳动。此外,轴承定位端面与轴心线的垂直度误差、轴承端面之间的平行度误差等都会引起主轴回转轴线产生轴向窜动。

(3) 提高主轴回转精度的措施。

主轴回转精度是影响加工精度的重要因素之一。为了提高回转精度,主要可采取以下几方面措施。

① 提高主轴部件的精度。根据机床精度要求,选择相应的高精度轴承,并合理确定主轴轴颈、箱体主轴孔、调整螺母等零件的尺寸精度和形状精度。这样可以减少影响回转精度的原始误差。

② 使主轴回转精度不依赖于主轴部件。由于组成主轴部件的零件多,对于累积误差大、对回转精度要求很高的主轴,用进一步提高零件精度的方法来满足要求就比较困难。因此,可以考虑使主轴部件的定位功能和驱动功能分开的办法来提高回转精度。例如,磨外圆时,工件由死顶尖定位,主轴仅起驱动作用。由于用高精度的定位基准来满足回转精度要求,主轴部件的误差就不再产生影响;同时这种方法所用零件少,误差累积也少,所以能提高回转精度,但使用中须注意保持定位元件的精度。

③ 对滚动轴承进行预紧,以消除间隙。

④ 提高主轴箱体支承孔、主轴轴颈和与轴承相配合的零件的有关表面的加工精度。

2) 机床导轨误差

机床导轨是机床中确定某些主要部件相对位置的基准,也是某些主要部件的运动基准,它的各项误差直接影响被加工工件的精度。在机床的精度标准中,直线导轨的导向精度一般包括导轨在水平面内的直线度、在垂直面内的直线度以及前后导轨的平行度(扭曲度)等几项主要内容。

机床安装得不正确、水平调整得不好,会使床身产生扭曲,破坏导轨原有的制造精度,特别是长床身机床,如龙门刨床、导轨磨床,以及重型、刚度差的机床。机床安装时要有良好的基础,否则将因基础下沉而造成导轨弯曲变形。

导轨误差的另一个重要因素是导轨磨损。因机床在使用过程中,由于机床导轨磨损不均匀,使导轨产生直线度、平行度等误差,从而导致溜板分别在水平面内和垂直面内发生位移。

导轨误差对加工精度产生的影响如下。

(1) 在水平面内,车床导轨的直线度误差或导轨对主轴轴心线的平行度误差会使被加工的工件产生鼓形或鞍形。图 4-3(a)表示导轨在水平方向的直线度误差;图 4-3(b)表示由于导轨的直线度误差使工件产生的鞍形误差。由图 4-3(b)知,这个鞍形误差与车床导轨上的直线度误差完全一致,即机床导轨误差将直接反映到被加工的工件上。

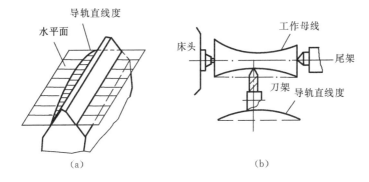

图 4-3　导轨在水平面内的直线度误差引起的加工误差

(2) 在垂直面内车床导轨的直线度误差也同样能使工件产生直径方向的误差,但是这个误差不大(处在误差非敏感方向)。因为当刀尖沿切线方向偏移 $\Delta z$ 时(见图 4-4),工件的半径由 $R$ 增至 $R'$,其增加量为 $\Delta R$,从图可知:

$$R' = \sqrt{R^2 + (\Delta z)^2} \approx R + \frac{(\Delta z)^2}{2R}$$

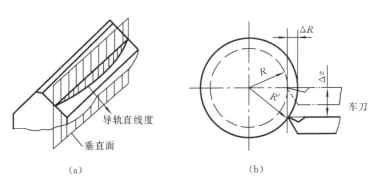

图 4-4　导轨在垂直面内的直线度误差

故

$$\Delta R = R' - R = \frac{(\Delta z)^2}{2R} = \frac{(\Delta z)^2}{D} \tag{4-1}$$

由于 $\Delta z$ 很小，$(\Delta z)^2$ 就更小，而 $D$ 比较大，所以式(4-1)中 $\Delta R$ 是很小的，可以说对零件的形状精度影响很小。但对平面磨床、龙门刨床及铣床等来说，导轨在垂直面的直线度误差会引起工件相对砂轮(刀具)的法向位移，其误差将直接反映到被加工零件上，形成形状误差(见图 4-5)。

(3) 车床导轨的平行度误差也会使刀尖相对工件产生偏移(在水平方向和垂直方向的位移)。如图 4-6 所示，设车床中心高为 $H$，导轨宽度为 $B$，则导轨扭曲量 $\Delta$ 引起的刀尖在工件径向的变化量为

$$\Delta d = 2\Delta y \approx \frac{2H}{B} \cdot \Delta$$

这一误差将使工件产生圆柱度误差。

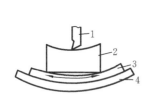

图 4-5　龙门刨床导轨在垂直面
内的直线度误差
1—刨刀；2—工件；3—工作台；4—床身导轨

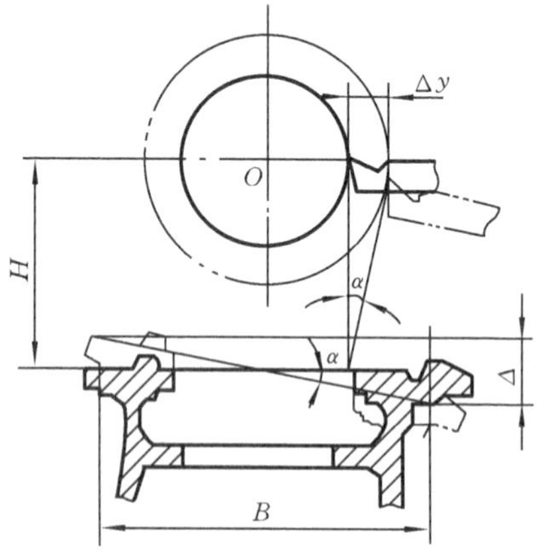

图 4-6　车床导轨的扭曲对工件
形状精度的影响

3) 机床传动链误差

机床传动链误差是指内连传动链始末两端传动元件间相对运动的误差。传动链误差对圆柱表面和平面加工来说，一般不影响其加工精度，但对于工件和刀具运动有严格内联系的加工表面，如车螺纹、滚齿等加工，机床传动链误差则是影响加工精度的主要因素之一。

图 4-7 所示为一台滚齿机的传动系统简图，被加工齿轮装夹在工作台上，它与蜗轮同轴回转。由于传动链中的各个传动元件不可能制造、安装得绝对准确，每个传动元件的误差都将通过传动链影响被加工齿轮的加工精度。其工件转角为

$$\phi_n(\phi_g) = \phi_d \times \frac{64}{16} \times \frac{23}{23} \times \frac{23}{23} \times \frac{46}{46} \times i_c \times i_f \times \frac{1}{96}$$

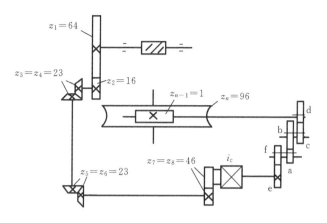

图 4-7 滚齿机传动链图

式中：$\phi_n(\phi_g)$——工件转角；

$\phi_d$——滚刀转角；

$i_c$——差动轮系的传动比，在滚切直齿时，$i_c=1$；

$i_f$——分度挂轮传动比。

传动链传动误差一般可用传动链末端元件的转角误差来衡量，但由于各传动件在传动链中所处的位置不同，它们对工件加工精度（即末端件的转角误差）的影响程度也是不同的。假设滚刀轴均匀旋转，若齿轮 $z_1$ 有转角误差 $\Delta\phi_1$，而其他各传动件无误差，则传到末端件（亦即第 $n$ 个传动元件）上所产生的转角误差为

$$\Delta\phi_{1n} = \Delta\phi_1 \times \frac{64}{16} \times \frac{23}{23} \times \frac{23}{23} \times \frac{46}{46} \times i_c \times i_f \times \frac{1}{96} = k_1 \Delta\phi_1$$

式中：$k_1$——齿轮 $z_1$ 到末端件的传动比。

由于它反映了 $z_1$ 的转角误差对末端元件传动精度的影响，故又称为误差传递系数。

同理，若第 $j$ 个传动元件有转角误差 $\Delta\phi_j$，则该转角误差通过相应的传动链传递到工作台上的转角误差为

$$\Delta\phi_{jn} = k_j \Delta\phi_j$$

式中：$k_j$——第 $j$ 个传动件的误差传递系数。

由于所有的传动件都存在误差，因此，各传动件对工件精度影响的总和 $\Delta\phi_\Sigma$ 为各传动元件所引起的末端元件转角误差的叠加：

$$\Delta\phi_\Sigma = \sum_{j=1}^{n} \Delta\phi_{jn} = \sum_{j=1}^{n} k_j \Delta\phi_j$$

从上式可知，为了减小传动误差，可采取以下措施。

（1）提高传动元件，特别是末端件的制造精度和装配精度。如滚齿机的工作台部件中，作为末端传动件的分度蜗轮副的精度要比传动链中其他齿轮的精度高 1~2 级。

（2）减少传动件数目，缩短传动链，使误差来源减少。

(3) 消除传动链中齿轮的间隙。各传动副零件间存在的间隙会使末端件的瞬时速度不均匀,速比不稳定,从而产生传动误差。例如数控机床的进给系统,在反向时传动链间的间隙会使运动滞后于指令脉冲,造成反向死区,从而影响传动精度。

(4) 采用误差校正机构(校正尺、偏心齿轮、行星校正机构、数控校正装置、激光校正装置等)对传动误差进行补偿。采用此方法是根据实测准确的传动误差值,采用修正装置让机床作附加的微量位移,其大小与机床传动误差相等,但方向相反,以抵消传动链本身的误差。在精密螺纹加工机床上都有此校正装置。

(5) 尽可能采用降速传动。因为传动件在同样原始误差的情况下,采用降速传动时,$k_j<1$,传动误差被缩小,其对加工误差的影响较小。速度降得越多,对加工误差的影响就越小。

3. 刀具几何误差

机械加工中常用的刀具有:一般刀具、定尺寸刀具、成形刀具以及展成法刀具。不同的刀具误差对工件加工精度的影响情况不一样。

一般刀具(如普通车刀、单刃镗刀和面铣刀、刨刀等)的制造误差对加工精度没有直接影响,但对于用调整法加工的工件,刀具的磨损对工件尺寸或形状精度有一定影响。这是因为加工表面的形状主要是由机床精度来保证,加工表面的尺寸主要由调整决定。

定尺寸刀具(如钻头、铰刀、圆孔拉刀、键槽铣刀等)的尺寸误差和形状误差直接影响被加工工件的尺寸精度和形状精度。这类刀具如果安装和使用不当,也会影响加工精度。

成形刀具(如成形车刀、成形铣刀、盘形齿轮铣刀、成形砂轮等)的误差主要影响被加工面的形状精度。

展成法刀具(如齿轮滚刀、花键滚刀、插齿刀等)的刀刃形状必须是加工表面的共轭曲线,因此刀刃的几何形状误差会直接影响加工表面的形状精度。

任何刀具在切削过程中都不可避免地要产生磨损,并由此引起工件尺寸和形状的改变(即误差)。例如用成形刀具加工时,刀具刃口的不均匀磨损将直接复映在工件上,造成形状误差;在加工较大表面(一次走刀需较长时间)时,刀具的尺寸磨损会严重影响工件的形状精度;用调整法加工一批工件时,刀具的磨损会扩大工件尺寸的分散范围。

4. 夹具几何误差

夹具的作用是使工件相对于刀具和机床具有正确的位置,因此夹具的制造误差对工件的加工精度特别是位置精度有很大的影响。例如用镗模进行箱体的孔系加工时,箱体和镗杆的相对位置是由镗模来决定的,机床主轴只起传递动力的作用,这时工件上各孔的位置精度就完全依靠夹具(镗模)来保证。

夹具误差包括制造误差、定位误差、夹紧误差、夹具安装误差、对刀误差等。这些误差主要与夹具的制造与装配精度有关。所以在夹具的设计制造以及安装时,凡影响零件加工精度的尺寸和形位公差应严格控制。

夹具的制造精度必须高于被加工零件的加工精度。精加工(IT6~IT8)时,夹具主要尺寸的公差一般可规定为被加工零件相应尺寸公差的 1/2~1/3;粗加工(IT11 以下)时,因工件的尺寸公差较大,夹具的精度则可规定为工件相应尺寸公差的 1/5~1/10。

夹具在使用过程中,定位元件、导向元件等工作表面的磨损、碰伤会影响工件的定位精度和加工表面的形状精度。例如镗模上镗套的磨损使镗杆与镗套间的间隙增大,并造成镗孔后的几何形状误差。因此夹具应定期检验、及时修复或更换磨损元件。

辅助工具,如各种卡头、心轴、刀夹等的制造误差和磨损,同样也会引起加工误差。

5. 调整误差

在零件加工的每一个工序中,为了获得被加工表面的形状、尺寸和位置精度,需要对机床、夹具和刀具进行这样或那样的调整。而任何调整不会绝对准确,总会带来一定的误差,这种原始误差称为调整误差。

当用试切法加工时,影响调整误差的主要因素是测量误差和进给系统精度。在低速微量进给中,进给系统常会出现"爬行"现象,其结果使刀具的实际进给量比刻度盘的数值要偏大或偏小些,造成加工误差。

在调整法加工中,当用定程机构调整时,调整精度取决于行程挡块、靠模及凸轮等机构的制造精度和刚度,以及与其配合使用的离合器、控制阀等的灵敏度。当用样件或样板调整时,调整精度取决于样件或样板的制造、安装和对刀精度。

### 4.1.3 工艺系统受力变形引起的误差

1. 基本概念

工艺系统在切削力、传动力、惯性力、夹紧力以及重力等外力作用下,会产生相应的弹性变形和塑性变形,从而破坏刀具和工件之间已调整好的正确位置关系,使工件产生几何形状误差和尺寸误差。

例如车削细长轴时,在切削力的作用下,工件因弹性变形而出现"让刀"现象。随着刀具的进给,在工件全长上切削时,背吃刀量会由大变小,然后由小变大,使工件加工后产生腰鼓形的圆柱度误差,如图 4-8(a)所示。又如在内圆磨床上以横向切入法磨孔时,由于内圆磨头主轴的弹性变形,工件孔会出现带锥度的圆柱度误差,如图 4-8(b)所示。所以说工艺系统的受力变形是一项重要的原始误差,它严重影响加工精度和表面质量。

工艺系统受力变形通常是弹性变形,一般来说,工艺系统反抗变形的能力越大,加工精度就越高。通常用刚度的概念来表达工艺系统抵抗变形的能力。

在材料力学中,物体的静刚度 $k$ 是指加到系统上的作用力 $F$ 与由它所引起的在作用力方向上的变形量 $y$ 的比值,即

$$k = \frac{F}{y} \tag{4-2}$$

式中:$k$——静刚度(N/mm);

$F$——作用力(N);

$y$——沿作用力 $F$ 方向的变形(mm)。

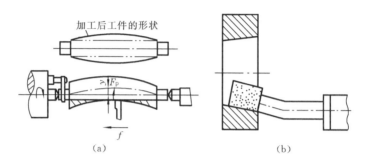

图 4-8 工艺系统受力变形引起的加工误差
(a) 车削细长轴时的变形；(b) 切入法磨孔时磨杆的变形

在机械加工中，在各种外力作用下，工艺系统各部分将在各个受力方向产生相应的变形。对于工艺系统受力变形，主要研究误差敏感方向，即通过刀尖的加工表面的法线方向的位移。因此，工艺系统的刚度 $k_{xt}$ 可定义为：工件和刀具的法向切削分力 $F_p$（第3章中用 $F_y$ 表示）与在总切削力的作用下，工艺系统在 $F_p$ 方向上的相对位移 $y_{xt}$ 的比值，即

$$k_{xt} = \frac{F_p}{y_{xt}}$$

这里的法向位移是在总切削力的作用下工艺系统综合变形的结果，即在 $F_c$、$F_p$、$F_f$ 共同作用下 $y$ 方向的变形。因此，工艺系统的总变形方向（$y_{xt}$ 的方向）有可能出现与 $F_p$ 方向不一致的情况，当 $y_{xt}$ 与 $F_p$ 方向相反时，即出现负刚度。负刚度现象对保证加工质量是不利的，如车外圆时，会造成车刀刀尖扎入工件表面，故应尽量避免，如图 4-9 所示。

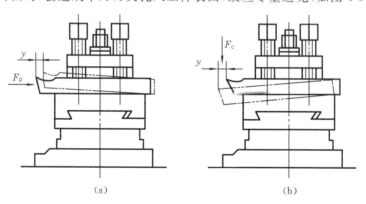

图 4-9 车削加工中的刚度
(a) 正刚度现象；(b) 负刚度现象

2. 工艺系统刚度及其对加工过程的影响

1) 工艺系统刚度的计算

工艺系统在切削力作用下，机床的有关部件、夹具、刀具和工件都有不同程度的变形，

使刀具和工件在法线方向的相对位置发生变化,从而产生相应的加工误差。

工艺系统在某一处的法向总变形 $y_{xt}$ 是各个组成环节在同一处的法向变形的叠加,即

$$y_{xt} = y_{jc} + y_{jj} + y_{dj} + y_{gj} \tag{4-3}$$

当工艺系统某处受法向力 $F_p$ 时,其刚度和工艺系统各部件的刚度为

$$k_{xt} = \frac{F_p}{y_{xt}}, \quad k_{jc} = \frac{F_p}{y_{jc}}, \quad k_{jj} = \frac{F_p}{y_{jj}}, \quad k_{dj} = \frac{F_p}{y_{dj}}, \quad k_{gj} = \frac{F_p}{y_{gj}}$$

式中:$y_{xt}$——工艺系统的总变形(mm);

$y_{jc}$——机床的受力变形(mm);

$y_{jj}$——夹具的受力变形(mm);

$y_{dj}$——刀具的受力变形(mm);

$y_{gj}$——工件的受力变形(mm);

$k_{xt}$——工艺系统的总刚度(N/mm);

$k_{jc}$——机床的刚度(N/mm);

$k_{jj}$——夹具的刚度(N/mm);

$k_{dj}$——刀具的刚度(N/mm);

$k_{gj}$——工件的刚度(N/mm)。

代入式(4-3)得工艺系统刚度的一般式为

$$k_{xt} = \frac{1}{\frac{1}{k_{jc}} + \frac{1}{k_{jj}} + \frac{1}{k_{dj}} + \frac{1}{k_{gj}}} \tag{4-4}$$

式(4-4)表明,已知工艺系统各组成部分的刚度即可求得工艺系统的总刚度。

在用刚度计算一般式求解某一系统刚度时,应针对具体情况进行分析。例如外圆车削时,车刀本身在切削力的作用下的变形对加工误差的影响很小,可略去不计,这时计算式中可省去刀具刚度一项。再如镗孔时,镗杆的受力变形严重地影响着加工精度,而工件(如箱体零件)的刚度一般较大,其受力变形很小,可忽略不计。

2) 切削力引起的工艺系统变形对加工精度的影响

在加工过程中,刀具相对于工件的位置是不断变化的。也就是说,切削力的作用点位置或切削力的大小是变化的。同时,工艺系统在各作用点位置上的刚度(或柔度)一般是不相同的。因此,工艺系统受力变形也随之变化,下面分别进行讨论。

(1) 切削力作用点位置变化而引起的加工误差。

现以在车床顶尖间车削光轴为例来说明这个问题。如图 4-10(a)所示,假定工件短而粗,车刀悬伸长度很短,即工件和刀具的刚度好,其受力变形比机床的变形小到可以忽略不计,也就是说,此时工艺系统的变形只考虑机床的变形。再假定工件的加工余量很均匀,并且随机床变形而造成的背吃刀量(切削深度)变化对切削力的影响也很小,即假定车刀切削过程中切削力保持不变。当车刀以径向力 $F_p$ 进给到图 4-10(a)所示的 $x$ 位置时,

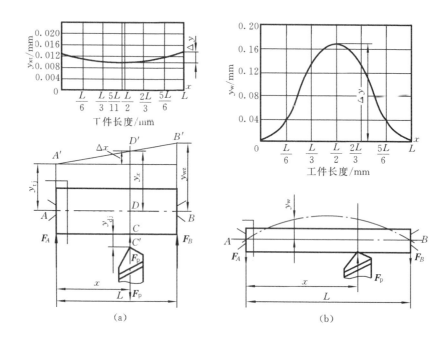

图 4-10 工艺系统变形随切削力位置变化而变化
(a) 短粗轴；(b) 细长轴

车床主轴箱受作用力 $F_A$ 作用，相应的变形 $y_{tj}=\overline{AA'}$；尾座受作用力 $F_B$ 作用，相应的变形 $y_{wz}=\overline{BB'}$；刀架受作用力 $F_p$ 作用，相应的变形 $y_{dj}=\overline{CC'}$。

这时工件轴心线 $AB$ 位移到 $A'B'$，因而刀具切削点处工件轴线的位移 $y_x$ 为

$$y_x = y_{tj} + \Delta x = y_{tj} + \frac{x}{L}(y_{wz} - y_{tj})$$

考虑到刀架的变形 $y_{dj}$ 与 $y_x$ 的方向相反，所以机床的总变形 $y_{jc}$ 为

$$y_{jc} = y_x + y_{dj} \tag{4-5}$$

由刚度的定义有

$$y_{tj} = \frac{F_A}{k_{tj}} = \frac{F_p}{k_{tj}}\left(\frac{L-x}{L}\right), \quad y_{wz} = \frac{F_B}{k_{wz}} = \frac{F_p}{k_{wz}}\frac{x}{L}, \quad y_{dj} = \frac{F_p}{k_{dj}}$$

式中：$k_{tj}$、$k_{wz}$、$k_{dj}$——主轴箱（头架）、尾座和刀架的刚度。

将上式代入式(4-5)得机床总的变形为

$$y_{jc} = F_p\left[\frac{1}{k_{tj}}\left(\frac{L-x}{L}\right)^2 + \frac{1}{k_{wz}}\left(\frac{x}{L}\right)^2 + \frac{1}{k_{dj}}\right] = y_{jc}(x)$$

这说明工艺系统的变形是 $x$ 的函数。随着车刀位置（即切削力位置）的变化，工艺系统的变形也是变化的。变形大的地方，从工件上切去较少的金属层；变形小的地方，切去较多的金属层，因此加工出来的工件呈两端粗、中间细的鞍形，其轴截面的形状如图 4-11

所示。

当按上述条件车削时,工艺系统刚度实际为机床刚度。

当 $x=0$ 时,$y_{jc}=F_p\left(\dfrac{1}{k_{tj}}+\dfrac{1}{k_{dj}}\right)$。

当 $x=L$ 时,$y_{jc}=F_p\left(\dfrac{1}{k_{wz}}+\dfrac{1}{k_{dj}}\right)=y_{max}$。

当 $x=\dfrac{L}{2}$ 时,$y_{jc}=F_p\left(\dfrac{1}{4k_{tj}}+\dfrac{1}{4k_{wz}}+\dfrac{1}{k_{dj}}\right)$。

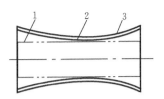

图 4-11 工件在顶尖上车削后的形状
1—机床不变形的理想情况;
2—考虑主轴箱、尾座变化的情况;
3—考虑包括刀架变形在内的情况

还可用极值的方法,求出 $x=\dfrac{k_{wz}L}{k_{tj}+k_{wz}}$ 时的机床刚度最大,变形最小,即

$$y_{jc}=y_{min}=F_p\left[\dfrac{1}{k_{tj}+k_{wz}}+\dfrac{1}{k_{dj}}\right]$$

再求得上述数据中最大值与最小值之差,就可得出车削时工件的圆柱度误差。

**例 4-1** 设 $k_{tj}=6\times10^4$ N/mm,$k_{wz}=5\times10^4$ N/mm,$k_{dj}=4\times10^4$ N/mm,$F_p=300$ N,工件长 $L=600$ mm,则沿工件长度上系统的位移如表 4-1 所示。根据表中数据,即可作如图 4-10(a) 上方所示的变形曲线。

表 4-1 沿工件长度的变形　　　　　　　　　　(单位:mm)

| $x$ | 0(主轴箱处) | $\dfrac{1}{6}L$ | $\dfrac{1}{3}L$ | $\dfrac{5}{11}L$ | $\dfrac{1}{2}L$(中点) | $\dfrac{2}{3}L$ | $\dfrac{5}{6}L$ | $L$(尾座处) |
|---|---|---|---|---|---|---|---|---|
| $y_x$ | 0.012 5 | 0.011 1 | 0.010 4 | 0.010 2 | 0.010 3 | 0.010 7 | 0.011 8 | 0.013 5 |

工件的圆柱度误差为 $(0.013\ 5-0.010\ 2)$ mm$=0.003\ 3$ mm。

若在两顶尖间车削细长轴,如图 4-10(b) 所示,由于工件细长、刚度小,在切削力作用下,其变形大大超过机床、夹具和刀具所产生的变形。因此,机床、夹具和刀具的受力变形可略去不计,工艺系统的变形完全取决于工件的变形。加工中车刀处于图示位置时,工件的轴线产生弯曲变形。根据材料力学的计算公式,其切削点的变形量为

$$y_w=\dfrac{F_p}{3EI}\dfrac{(L-x)^2x^2}{L}$$

显然,当 $x=0$ 或 $x=L$ 时,$y_w=0$;当 $x=L/2$ 时,工件刚度最小,变形最大 $\left(y_{wmax}=\dfrac{F_pL^3}{48EI}\right)$。因此,加工后的工件呈鼓形。

**例 4-2** 设 $F_p=300$ N,工件尺寸为 $\phi30$ mm$\times600$ mm,$E=2\times10^5$ N/mm$^2$,则沿工件长度上的变形如表 4-2 所示。根据表中数据,即可作出如图 4-10(b) 上方所示的变形曲线。

表 4-2　沿工件长度的变形　　　　　　　　　　　　　　　　（单位：mm）

| $x$ | 0（主轴箱处） | $\frac{1}{6}L$ | $\frac{1}{3}L$ | $\frac{1}{2}L$（中点） | $\frac{2}{3}L$ | $\frac{5}{6}L$ | $L$（尾座处） |
|---|---|---|---|---|---|---|---|
| $y_x$ | 0 | 0.052 | 0.132 | 0.17 | 0.132 | 0.052 | 0 |

工件的圆柱度误差为(0.17−0) mm=0.17 mm。

工艺系统刚度随受力点位置变化而变化的例子很多,例如立式车床、龙门刨床、龙门铣床等的横梁及刀架,大型铣镗床滑枕内的轴等,其刚度均随刀架位置或滑枕伸出长度不同而变化,其分析方法基本上与例 4-1、例 4-2 相同。

(2) 切削力大小变化引起的加工误差——误差复映现象。

在切削加工中,由于被加工表面的几何形状误差使加工余量发生变化或工件材料的硬度不均匀等因素引起切削力变化,使工艺系统受力变形不一致,从而造成工件的加工误差。

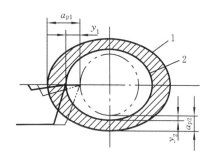

图 4-12　毛坯形状误差的复映
1—毛坯外形；2—工件外形

以车削短轴为例,如图 4-12 所示,由于毛坯的圆度误差（例如椭圆）,车削时使切削深度在 $a_{p1}$ 与 $a_{p2}$ 之间变化。因此,切削分力 $F_p$ 也随切削深度 $a_p$ 的变化而变化。当切削深度为 $a_{p1}$ 时产生的切削分力为 $F_{p1}$,引起的工艺系统变形为 $y_1$;当切削深度为 $a_{p2}$ 时产生的切削分力为 $F_{p2}$,引起的工艺系统变形为 $y_2$。由于毛坯存在圆度误差 $\Delta_m = a_{p1} - a_{p2}$,因而导致工件产生圆度误差 $\Delta_w = y_1 - y_2$,且 $\Delta_m$ 越大,$\Delta_w$ 也就越大,这种现象称为加工过程中的误差复映现象。用工件误差 $\Delta_w$ 与毛坯误差 $\Delta_m$ 的比值来衡量误差复映的程度。

$$\varepsilon = \Delta_w / \Delta_m \qquad (4-6)$$

其中,ε 称为误差复映系数,ε<1。

根据第 3 章切削力的计算公式(式(3-10))

$$F_p = C_{F_p} a_p^{x_{F_p}} f^{y_{F_p}} v_c^{n_{F_p}} K_{F_p}$$

式中：$C_{F_p}$、$K_{F_p}$——与切削条件有关的系数；

　　　$f$、$a_p$、$v_c$——进给量、背吃刀量和切削速度；

　　　$x_{F_p}$、$y_{F_p}$、$n_{F_p}$——进给量、背吃刀量和切削速度的影响指数。

在一次走刀加工中,切削速度、进给量及其他切削条件设为不变,即

$$C_{F_p} f^{y_{F_p}} v_c^{n_{F_p}} K_{F_p} = C$$

$C$ 为常数,在车削加工中,$x_{F_p} \approx 1$,所以 $F_p = C a_p$,即

$$F_{p1} = C(a_{p1} - y_1), \quad F_{p2} = C(a_{p2} - y_2)$$

由于 $y_1$、$y_2$ 相对 $a_{p1}$、$a_{p2}$ 而言数值很小,可忽略不计,即有

$$F_{p1} = Ca_{p1}, \quad F_{p2} = Ca_{p2}$$

$$\Delta_w = y_1 - y_2 = \frac{F_{p1}}{k_{xt}} - \frac{F_{p2}}{k_{xt}} = \frac{C}{k_{xt}}(a_{p1} - a_{p2}) = \frac{C}{k_{xt}}\Delta_m$$

所以

$$\varepsilon = \frac{C}{k_{xt}} \tag{4-7}$$

由式(4-7)可知,工艺系统的刚度 $k_{xt}$ 越大,复映系数 $\varepsilon$ 越小,毛坯误差复映到工件上去的部分就越少。一般 $\varepsilon \ll 1$,经加工之后工件的误差会减小,经多道工序或多次走刀加工之后,工件的误差就会减小到工件公差所许可的范围内。若经过 $n$ 次走刀加工后,则误差复映为

$$\Delta_w = \varepsilon_1 \cdot \varepsilon_2 \cdot \cdots \cdot \varepsilon_n \Delta_m$$

总的误差复映系数为

$$\varepsilon_z = \varepsilon_1 \cdot \varepsilon_2 \cdot \cdots \cdot \varepsilon_n$$

在粗加工时,每次走刀的进给量 $f$ 一般不变,假设误差复映系数均为 $\varepsilon$,则 $n$ 次走刀就有

$$\varepsilon_z = \varepsilon^n$$

增加走刀次数可减小误差复映,提高加工精度,但生产率降低了。因此,提高工艺系统刚度,对减小误差复映系数具有重要意义。

由以上分析可知,当工件毛坯有形状误差(如圆度、圆柱度、直线度等)或相互位置误差(如偏心、径向圆跳动等)时,加工后仍然会有同类型的加工误差出现。在成批大量生产中用调整法加工一批工件时,如毛坯尺寸不一,那么加工后这批工件仍有尺寸不一的误差。

毛坯硬度不均匀时,同样会造成加工误差。在采用调整法成批生产情况下,控制毛坯材料硬度的均匀性是很重要的。因为加工过程中走刀次数通常已定,如果一批毛坯材料的硬度差别很大,就会使工件的尺寸分散范围扩大,甚至超差。

**例 4-3** 具有偏心量 $e = 1.5$ mm 的短阶梯轴装夹在车床三爪自定心卡盘中,如图 4-13 所示,分两次进给粗车小头外圆,设两次进给的误差复映系数均为 $\varepsilon = 0.1$,试估算加工后阶梯轴的偏心量。

**解** 第一次进给后的偏心量为

$$\Delta_{w1} = \varepsilon \Delta_m$$

第二次进给后的偏心量为

$$\Delta_{w2} = \varepsilon \Delta_{w1} = \varepsilon^2 \Delta_m = 0.1^2 \times 1.5 \text{ mm} = 0.015 \text{ mm}$$

(3) 切削过程中受力方向变化引起的加工误差。

切削加工中,高速旋转的零部件(含夹具、工件和刀具等)的不平衡会产生离心力 $F_Q$。$F_Q$ 在每一转中不断地改

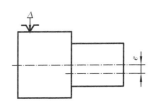

图 4-13 具有偏心误差的短阶梯轴的加工

变方向,因此,它在 $x$ 方向的分力大小的变化会引起工艺系统的受力变形也随之变化而产生误差,如图 4-14 所示。当车削一个不平衡工件,离心力 $F_Q$ 与切削力 $F_p$ 方向相反时,将工件推向刀具,使背吃刀量增加;当 $F_Q$ 与切削力 $F_p$ 方向相同时,工件被拉离刀具,背吃刀量减小,其结果都造成了工件的圆度误差。

在车床或磨床类机床上加工轴类零件时,常用单爪拨盘带动工件旋转,如图 4-15 所示,传动力在拨盘的每一转中,其方向是变化的,它在 $x$ 方向的分力有时和切削力 $F_p$ 同向,有时和切削力 $F_p$ 反向,因此,它所产生的加工误差和惯性力所产生的加工误差近似,造成工件的圆度误差。为此,在加工精密零件时改用双爪拨盘或柔性连接装置带动工件旋转。

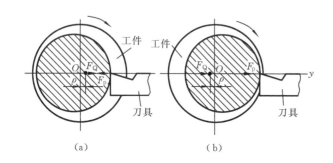
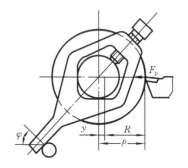

图 4-14  惯性力引起的加工误差
(a) $F_Q$ 与 $F_p$ 反向时;(b) $F_Q$ 与 $F_p$ 同向时

图 4-15  单拨销传动力引起的加工误差

3) 其他力产生变形对加工精度的影响

(1) 惯性力引起的加工误差。

惯性力对加工精度的影响比传动力对加工精度的影响易被人们注意,因为它们与切削速度有密切的关系,并且常常引起工艺系统的受迫振动。

在高速切削过程中,工艺系统中如果存在高速旋转的不平衡构件,就会产生离心力,它和传动力一样,在 $y$ 方向分力的大小随构件的转角变化呈周期性的变化,由它所引起的变形也相应地变化,从而造成工件的径向跳动误差。

因此,在机械加工中若遇到这种情况,为减小惯性力的影响,可在工件与夹具不平衡质量对称的方位配置一平衡块,使两者的离心力互相抵消。必要时还可适当降低转速,以减小离心力的影响。

(2) 夹紧力引起的加工误差。

被加工工件在装夹过程中,工件刚度较低或夹紧力着力点位置不当,都会引起工件的变形,造成加工误差。特别是加工薄壁套、薄板等零件时,易产生加工误差。如图 4-22

(a)、(b)、(c)所示为夹紧力引起的误差。

（3）机床部件和工件本身质量引起的加工误差。

在工艺系统中，由于零部件的自重作用也会产生变形，如大型立式车床、龙门铣床、龙门刨床的刀架横梁等在其自重作用下也会变形。由于主轴箱或刀架的重力而产生变形，摇臂钻床的摇臂在主轴箱自重的影响下产生变形，造成主轴轴线与工作台不垂直，铣镗床镗杆因伸长而下垂变形等，它们都会造成加工误差。

对于大型工件的加工，工件自重引起的变形有时成为产生加工误差的主要原因，因此在实际生产中，装夹大型工件时，恰当地布置支承可减小工件自重引起的变形，从而减小加工误差。

3. 机床部件刚度及其特性

1) 机床部件刚度试验曲线

由于机床是由许多零件组成的，其受力变形的情况比单个弹性体的变形复杂，迄今尚无合适的简易计算方法，因此，目前主要还是采用试验的方法测定机床的刚度。

（1）单向静载测定法。

此方法是在机床处于静止状态，模拟切削过程中的主要切削力，对机床部件施加静载荷并测定其变形量，通过计算求出机床的静刚度。如图4-16所示，在车床两顶尖间装一根刚度很好的短轴2，在刀架上装一螺旋加力器5，在短轴与加力器之间安放传感器4（测力环），当转动螺旋加力器中的螺钉时，刀架与短轴之间便产生了作用力，加力的大小可由测力环中的百分表7读出（测力环预先在材力试验机上标定）。作用力一方面传到车床刀架上，另一方面经过短轴传到前后顶尖上，若加力器位于短轴的中点，则主轴箱和尾座各受到力 $F_p/2$，而刀架受到总的作用力 $F_p$。主轴箱、尾座和刀架的变形可分别从百分表1、3、6上读出。试验时，可连续进行加载到某一最大值，再逐渐减小。

图4-17所示为一台中心高200 mm的车床的刀架部件刚度实测曲线。试验中进行了三次加载—卸载循环。由图可以看出，机床部件的刚度曲线有以下特点。

① 变形与作用力不是线性关系，反映刀架变形不纯粹是弹性变形。

② 加载与卸载曲线不重合，两曲线间包容的面积代表了加载—卸载循环中所损失的能量，也就是消耗在克服部件内零件间的摩擦和接触塑性变形所做的功。

③ 卸载后曲线不回到原点，说明有残留变形。在反复加载—卸载后，残留变形逐渐接近于零。

④ 部件的实际刚度远比按实体所估算的小。

由于机床部件的刚度曲线不是线性的，其刚度 $k = \mathrm{d}F/\mathrm{d}y$ 就不是常数。通常所说的部件刚度是指它的平均刚度——曲线两端点连线的斜率。对本例，刀架的（平均）刚度是 $k = 2\,400/0.52$ N/mm $= 4\,600$ N/mm，这只相当于一个截面积为 30 mm×30 mm、悬伸

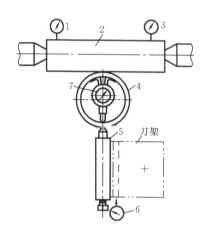
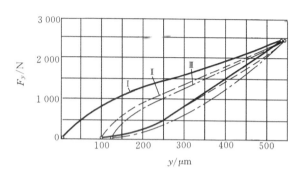

图 4-16 单向静载测定法
1、3、6、7—百分表;2—短轴;
4—测力环;5—螺旋加力器

图 4-17 车床刀架的静刚度特性曲线
Ⅰ—一次加载;Ⅱ—二次加载;Ⅲ—三次加载

长度为 200 mm 的铸铁悬臂梁的刚度。

这种静刚度测定法结构简单、操作方便,但与机床加工时的受力状况出入较大,故一般只用来比较机床部件刚度的大小。

(2) 工作状态测定法。

采用静态测定法测定机床刚度,只是近似地模拟切削时的切削力,与实际加工条件毕竟不完全相同。而采用工作状态测定法比较接近实际。

工作状态测定法的依据是误差复映规律。如图 4-18 所示,在车床顶尖间安装一个刚度极大的心轴,心轴靠近前顶尖、后顶尖及中间三处,各预先车出三个规定的台阶,各台阶的尺寸分别为 $H_{11}$、$H_{12}$、$H_{21}$、$H_{22}$、$H_{31}$、$H_{32}$。经过一次进给后测量台阶高度分别为 $h_{11}$、$h_{12}$、$h_{21}$、$h_{22}$、$h_{31}$、$h_{32}$,按下列计算式即可求出左、中、右台阶处的复映系数为

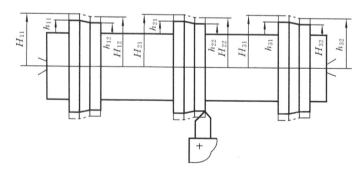

图 4-18 车床刚度工作状态测量法

$$\varepsilon_1 = \frac{h_{11} - h_{12}}{H_{11} - H_{12}}, \quad \varepsilon_2 = \frac{h_{21} - h_{22}}{H_{21} - H_{22}}, \quad \varepsilon_3 = \frac{h_{31} - h_{32}}{H_{31} - H_{32}}.$$

三处的系统刚度为

$$k_{xt1} = C/\varepsilon_1, \quad k_{xt2} = C/\varepsilon_2, \quad k_{xt3} = C/\varepsilon_3$$

由于心轴刚度很大,其变形可忽略,车刀的变形也可忽略,故上面算得的三处系统刚度,就是三处的机床刚度。列出方程组

$$\begin{cases} \dfrac{1}{k_{xt1}} = \dfrac{1}{k_{tj}} + \dfrac{1}{k_{dj}} \\ \dfrac{1}{k_{xt2}} = \dfrac{1}{4k_{tj}} + \dfrac{1}{4k_{wz}} + \dfrac{1}{4k_{dj}} \\ \dfrac{1}{k_{xt3}} = \dfrac{1}{k_{wz}} + \dfrac{1}{k_{dj}} \end{cases}$$

求解上述方程组即可求得

$$\begin{cases} \dfrac{1}{k_{tj}} = \dfrac{1}{k_{xt1}} - \dfrac{1}{k_{dj}} \\ \dfrac{1}{k_{wz}} = \dfrac{1}{k_{xt3}} - \dfrac{1}{k_{dj}} \\ \dfrac{1}{k_{dj}} = \dfrac{1}{k_{xt2}} - \dfrac{1}{2}\left(\dfrac{1}{k_{xt1}} + \dfrac{1}{k_{xt2}}\right) \end{cases}$$

工作状态测定法的不足之处是:不能得出完整的刚度特性曲线,而且由于工件材料不均匀等所引起的切削力变化和切削过程中的其他随机性因素,都会给测定的刚度值带来一定的误差。

2) 影响机床部件刚度的因素

(1) 连接表面间接触变形。

机械加工后零件的表面都存在着宏观和微观的几何形状误差,连接表面之间的实际接触面积只是名义接触面积的一小部分,如图 4-19 所示。在外力作用下,这些接触处将产生较大的接触应力,引起接触变形,其中既有表面层的弹性变形,又有局部的塑性变形,接触表面的塑性变形造成了内变形。在多次加载—卸载循环后,凸点被逐渐压平,弹性变

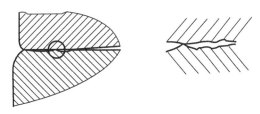

图 4-19 两零件结合面间的接触情况

形成分愈来愈大,塑性变形成分愈来愈小,接触状态逐渐趋于稳定,不再产生塑性变形。这就是部件刚度曲线不呈直线,以及刚度远比同尺寸实体的刚度要低得多的主要原因,也是造成残留变形和多次加载—卸载循环后,残留变形才趋于稳定的原因之一。

(2) 薄弱零件的本身变形。

机床部件中薄弱零件的受力变形对部件刚度的影响最大。例如,图 4-8(b)所示的内圆磨头的磨杆就是内圆磨头部件刚度的薄弱环节。

(3) 结合表面间的摩擦。

当载荷变动时,零件接触面间的摩擦力对接触刚度的影响较为显著。加载时,摩擦力阻止变形增加,而卸载时,摩擦力又阻止变形恢复。由于变形的不均匀增减而引起加工误差,同时也是造成刚度曲线中加载与卸载曲线不相重合的原因之一。

(4) 结合面间的间隙。

部件中各零件间如果有间隙,那么只要受到较小的力(克服摩擦力)就会使零件相互错动,故表现为刚度很低。间隙消除后,相应表面接触才开始有接触变形和弹性变形,这时就表现为刚度较大。如果载荷是单向的,那么在第一次加载消除间隙后对加工精度的影响较小;如果工作载荷不断改变方向(如镗床、铣床的切削力),那么间隙的影响就不容忽视。而且,因间隙引起的位移在去除载荷后不会恢复。

4. 减小工艺系统受力变形的途径

减小工艺系统受力变形是保证加工精度的有效途径之一。根据生产实际情况,可采取以下几个方面的措施。

(1) 提高接触刚度。

一般部件的接触刚度大大低于实体零件本身的刚度,所以提高接触刚度是提高工艺系统刚度的关键。常用的方法是改善工艺系统主要零件接触面的配合质量,如机床导轨副的刮研,配研顶尖锥体与主轴和尾座套筒锥孔的配合面,多次修研加工精密零件用的中心孔等。通过刮研改善配合面的表面粗糙度和形状精度,使实际接触面积增加,从而有效提高接触刚度。

提高接触刚度的另一个措施是预加载荷,这样可消除配合面间的间隙,增加接触面积,减小受力后的变形,此方法常用于各类轴承的调整。

(2) 提高工件的刚度,减小受力变形。

对刚度较低的工件,如叉架类、细长轴等,如何提高工件的刚度是提高加工精度的关键,其主要措施是减小支承间的长度,如安装跟刀架或中心架。图 4-20(a)所示为车削较长工件时采用中心架增加支承,图 4-20(b)所示为车细长轴时采用跟刀架增加支承,以提高工件的刚度。

(3) 提高机床部件刚度,减小受力变形。

在切削加工中,有时由于机床部件刚度低而产生变形和振动,影响加工精度和生产率的提高。图 4-21(a)所示为在转塔车床上采用固定导向支承套;图 4-21(b)所示为采用转动导向支承套,用加强杆和导向支承套提高部件的刚度。

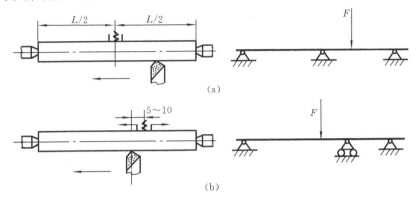

图 4-20 增加支承以提高工件的刚度
(a)采用中心架;(b)采用跟刀架

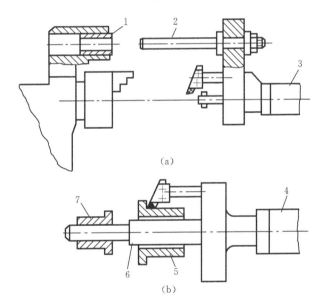

图 4-21 提高机床部件刚度的装置
(a)采用固定导向支承套;(b)采用转动导向支承套
1—固定导向支承套;2、6—加强杆;3、4—六角刀架;5—工件;7—转动导向支承套

(4) 合理装夹工件,减小夹紧变形。

对刚度较差的工件选择合适的夹紧方法,能减小夹紧变形,提高加工精度。如图 4-22所示,薄壁套未夹紧前内、外圆都是正圆形,由于夹紧方法不当,夹紧后套筒呈三

棱形(见图 4-22(a)),镗孔后内孔呈正圆形(见图 4-22(b)),松开卡爪后镗孔的内孔又变为三棱形(见图 4-22(c))。为减小夹紧变形,应使夹紧力均匀分布,如图 4-22(d)所示的开口过渡环或图 4-22(e)所示的专用卡爪。

在夹具设计或工件的装夹中应尽量使作用力通过支承面或减小弯曲力矩,以减小夹紧变形。

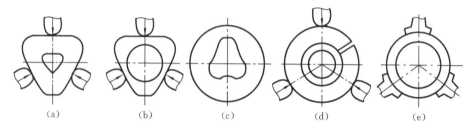

图 4-22 零件夹紧力引起的误差
(a)第一次夹紧;(b)镗孔;(c)松开后工件变形;(d)采用开口过渡环;(e)采用专用卡爪

(5) 减少摩擦,防止微量进给时的"爬行"。

随着数控加工、精密和超精密加工工艺的迅猛发展,对微量进给的要求越来越高,机床导轨的质量很大程度上决定了机床的加工精度和使用寿命。数控机床导轨则要求在高速进给时不振动,低速进给时不爬行,灵敏度高,耐磨性和精度保持性好。为此,现代数控机床导轨在材料和结构上都进行了重大改进,如采用塑料滑动导轨(导轨塑料常用聚四氟乙烯导轨软带和环氧型耐磨导轨涂层两类)。这种导轨摩擦特性好,能有效防止低速爬行,运行平稳,定位精度高,具有良好的耐磨性、减振性和工艺性。

此外,还有滚动导轨和静压导轨。滚动导轨是用滚动体作循环运动。静压导轨是在两个相对运动的导轨面间通入压力油,使运动件浮起。这种导轨不但能长时间保持高精度,而且能高速运行,刚度好,承载能力强,摩擦系数极小,磨损小,寿命长,既无爬行也不会产生振动。

### 4.1.4 工艺系统受热变形引起的误差

1. 概述

在机械加工过程中,工艺系统在各种热源的影响下,常产生复杂的变形,从而破坏工件与刀具间相对运动,造成加工误差。据统计,在精密加工中,由于热变形引起的加工误差,约占总加工误差的 40%~70%。高效、高精度、自动化加工技术的发展,使工艺系统热变形问题变得更为突出,已成为机械加工技术进一步发展的重要研究课题。

1) 工艺系统的热源

引起工艺系统受热变形的"热源"大体可分为内部热源和外部热源两大类。

内部热源主要指切削热和摩擦热,它们产生于工艺系统的内部,其热量主要是以热传导的形式传递的。外部热源主要是指工艺系统外部的、以对流传热为主要形式的环境温度(它与气温变化、通风、空气对流和周围环境等有关)和各种辐射热(包括由阳光、照明、暖气设备等发出的辐射热)。

切削热是由切削过程中切削层金属的弹性、塑性变形及刀具与工件、切屑之间摩擦而产生的,这些热量将传给工件、刀具、夹具、切屑、切削液和周围介质,其分配百分比随加工方法不同而异。在车削时,大量的切削热由切屑带走,传给工件的为10%~30%,传给刀具的为1%~5%。孔加工时,大量切屑滞留在孔中,使大量的切削热传入工件。磨削时,由于切屑小,带走的热量很少,故大部分传入工件。

摩擦热主要是机床和液压系统中的运动部分产生的,如电动机、轴承、齿轮等传动副、导轨副、液压泵、阀等运动部分产生的摩擦热。摩擦热是机床热变形的主要热源。

工艺系统的外部热源主要是指环境温度变化和热辐射的影响,如靠近窗口的机床受到日光照射的影响,不同的时间机床温升和变形就会不同,而日光照射通常是单面的或局部的,其受到照射的部分与未被照射的部分之间产生温度差,从而使机床产生变形。它对大型和精密工件的加工影响较大。

2) 工艺系统的热平衡

工艺系统受各种热源的影响,其温度会逐渐升高。同时,它们也通过各种传热方式向周围散发热量。当单位时间内传入和散发的热量相等时工艺系统达到了热平衡状态,而工艺系统的热变形也就达到了某种程度的稳定。

由于作用于工艺系统各组成部分的热源的发热量、位置和作用的时间各不相同,各部分的热容量、散热条件也不一样,处于不同的空间位置上的各点在不同时间的温度也是不等的。物体中各点的温度分布称为温度场。当物体未达热平衡时,各点温度不仅是坐标位置的函数,也是时间的函数,这种温度场称为不稳态温度场。物体达到热平衡后,各点温度将不再随时间而变化,只是其坐标位置的函数,这种温度场称为稳态温度场。机床在开始工作的一段时间内,其温度场处于不稳定状态,其精度也是很不稳定的,工作一定时间后,温度才逐渐趋于稳定,其精度也比较稳定。因此,精密加工应在热平衡状态下进行。

2. 机床热变形引起的误差

对于不同类型的机床,其结构和工作条件相差很大,其主要热源各不相同,热变形引起的加工误差也不相同。

对于车、铣、钻、镗等机床,其主要热源是主轴箱轴承的摩擦热和主轴箱中油池的发热,使主轴箱及与它相连接部分的床身温度升高,从而引起主轴的抬高和倾斜。图4-23所示为车床空运转时主轴的温升和位移的测量结果。主轴在水平面内的位移仅10 $\mu m$,而在垂直面内的位移可高达180~200 $\mu m$。水平位移虽数值很小,但对刀具水平安装的卧式车床来说属误差敏感方向,故对加工精度的影响就不能忽视。而垂直方向的位移对卧式车床影响不大,但对刀具垂直安装的自动车床和转塔车床来说,则对加工精度影响严重。因此,对于机床热变形,最好控制在非误差敏感方向。

磨床类机床通常都有液压传动系统并配有高速磨头,它的主要热源为砂轮主轴轴承的发热和液压系统的发热,主要表现在砂轮架的位移、工件头架的位移和导轨的变形。其中,砂轮架的回转摩擦热影响最大,而砂轮架的位移直接影响被磨工件的尺寸。图 4-24 所示为外圆磨床温度分布和热变形的测量结果。当采用切入式定程磨削时,由于砂轮架轴心线的热位移,将以大约两倍的数值直接反映到工件的直径上。图 4-24(a)表示各部分

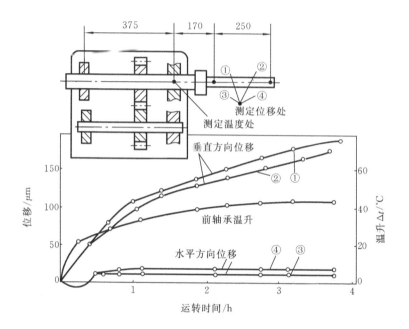

图 4-23 车床主轴箱热变形

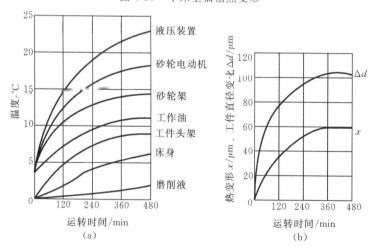

图 4-24 外圆磨床的温升和热变形
(a)运转时间和机床各部温升的变化;(b)热变形对工件误差的影响

温升与运转时间的关系;图 4-24(b)表示被磨工件直径变化 $\Delta d$ 受热位移的影响情况,当 $\Delta d$ 达 100 μm 时,它同该机床工作台与砂轮架间的热变形 $x$ 基本相符。由此可见,影响加工尺寸一致性的主要因素是机床的热变形。

对大型机床如导轨磨床、外圆磨床、立式车床、龙门铣床等的长床身部件,机床床身的热变形是影响加工精度的主要因素。由于床身长,床身导轨面与底面间的温差将使床身产生弯曲变形,表面呈中凸状,如图 4-25 所示。例如,当床身长 $L=3\,120$ mm,高 $H=620$ mm,导轨面与底面间的温差 $\Delta t=1$ ℃ 时,床身的变形量为 $\Delta=\dfrac{\alpha_l\Delta tL^2}{8H}=11\times10^{-6}\times1\times\dfrac{3\,120^2}{8\times620}$ mm $=0.022$ mm(铸铁的线膨胀系数 $\alpha_l=11\times10^{-6}$ ℃$^{-1}$),这样床身导轨的直线度明显受到影响。另外,立柱和拖板也因床身的热变形而产生相应的位置变化。常见几种机床的热变形趋势如图 4-26 所示。

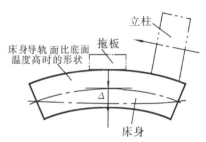

图 4-25 床身纵向温差热效应的影响

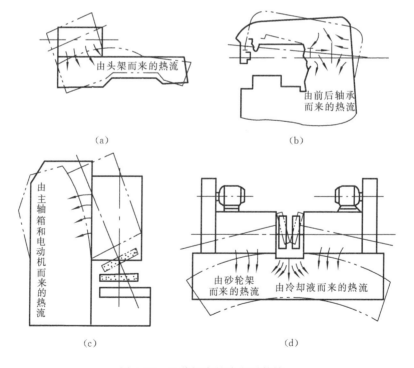

图 4-26 几种机床的热变形趋势
(a) 车床;(b) 磨床;(c) 平面磨床;(d) 双端面磨床

3. 工件热变形引起的加工误差

切削加工中,工件的热变形主要由切削热引起,对于大型或精密零件,外部热源如环境温度、日光等辐射热的影响也不可忽视。对于不同的加工方法,不同的工件材料、形状和尺寸,工件的受热变形也不相同,可以归纳为下列几种情况来分析。

1) 工件均匀受热

对于一些形状简单、对称的零件,如轴、套筒等,加工(如车削、磨削)时切削热能较均匀地传入工件,工件热变形量可按下式估算:

$$\Delta L = \alpha_l L \Delta t$$

式中:$\alpha_l$——工件材料的线膨胀系数($℃^{-1}$);

$L$——工件在热变形方向的尺寸(mm);

$\Delta t$——工件温升(℃)。

在精密丝杠加工中,工件的热伸长会产生螺距的累积误差。如在磨削 400 mm 长的丝杠螺纹时,每磨一次温度升高 1 ℃,则被磨丝杠将伸长

$$\Delta L = 1.17 \times 10^{-5} \times 400 \times 1 \text{ mm} = 0.004\ 7 \text{ mm}$$

而 5 级丝杠的螺距累积误差在 400 mm 长度上不允许超过 5 $\mu$m。因此,热变形对工件加工精度影响很大。

在较长的轴类零件加工中,开始切削时,工件温升为零,随着切削加工的进行,工件温度逐渐升高而使直径逐渐增大,增大量部分被刀具切除,因此,加工完的工件冷却后将出现锥度误差。

2) 工件不均匀受热

平面在刨削、铣削、磨削加工时,工件单面受热,上下平面间产生温差而引起热变形。如图 4-27 所示,在平面磨床上磨削长为 $L$、厚为 $H$ 的板状工件,工件单面受热,上下面间形成温差 $\Delta t$,导致工件向上凸起,凸起部分被磨去,冷却后磨削表面下凹,使工件产生平面度误差。因热变形引起的工件凸起量 $f$ 可作如下近似计算(由于中心角 $\phi$ 很小,其中性

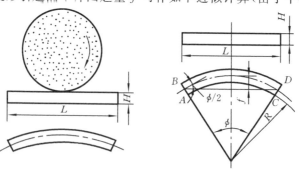

图 4-27 薄板磨削时的弯曲变形

层的长度可近似认为等于原长 $L$）：
$$f = \frac{L}{2}\tan\frac{\phi}{4} \approx \frac{L}{8}\phi$$

且
$$(R+H)\phi - R\phi = \alpha_l \Delta t L, \quad \phi = \frac{\alpha_l \Delta t L}{H}$$

所以
$$f = \frac{\alpha_l \Delta t L^2}{8H}$$

由上式可知，工件不均匀受热时，工件凸起量随工件长度的增加而急剧增加，工件厚度越薄，工件凸起量就越大。由于 $L$、$H$、$\alpha_l$ 均为常量，要减小变形误差，就必须控制温差 $\Delta t$。

4. 刀具热变形引起的加工误差

刀具热变形主要是由切削热引起的。传给刀具的热量虽不多，但由于刀具切削部分体积小而热容量小，切削部分仍产生很高的温升。如高速钢刀具车削时刃部的温度可高达 700～800 ℃，而硬质合金刀具刃部可达 1 000 ℃ 以上。这样，不但刀具热伸长影响加工精度，而且刀具的硬度也会下降。

图 4-28 所示为车削时车刀的热伸长量与切削时间的关系。连续车削时，车刀的热变形情况如曲线 $A$，经过约 10～20 min，即可达到热平衡，车刀热变形影响很小；当车刀停止车削后，刀具冷却变形过程如曲线 $B$；当车削一批短小轴类工件时，加工时断时续（如装卸工件）间断切削，变形过程如曲线 $C$。因此，在开始切削阶段，其热变形显著；在热平衡后，对加工精度的影响则不明显。

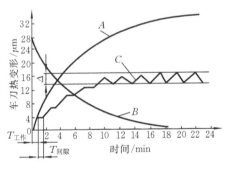

图 4-28 车刀热变形曲线

5. 减少和控制工艺系统热变形的主要途径

1）减少热源发热和隔离热源

没有热源就没有热变形，这是减少工艺系统热变形的根本措施。具体措施如下。

（1）减少切削热或磨削热。通过控制切削用量，合理选择和使用刀具来减少切削热；零件精度要求高时，还应注意将粗加工和精加工分开进行。

（2）减少机床各运动副的摩擦热。从运动部件的结构和润滑等方面采取措施，改善特性以减少发热，如主轴部件采用静压轴承、低温动压轴承等，采用低黏度润滑油、润滑脂润滑，采取循环冷却润滑、油雾润滑等措施，均有利于降低主轴轴承的温升。

（3）分离热源。凡能从机床分离出去的热源，如电动机、变速箱、液压系统、油箱等产生热源的部件尽可能移出机床主机之外。

隔离热源时,对于不能分离的热源,如主轴轴承、丝杠螺母副、高速运动的导轨副等零部件,可从结构和润滑等方面改善其摩擦特性,减少发热,还可采用隔热材料将发热部件和机床大件(如床身、立柱等)隔离开来。

2) 加强散热能力

对发热量大的热源,既不便从机床内部移出,又不便隔热,则可采用有效的冷却措施,如增加散热面积或使用强制性的风冷、水冷、循环润滑等。

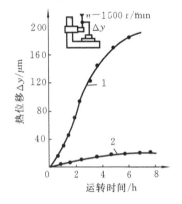

图 4-29 坐标镗铣床主轴箱强制冷却的试验曲线

使用大流量切削液或喷雾等方法冷却,可带走大量切削热或磨削热。在精密加工时,为增加冷却效果,控制切削液的温度是很必要的。如大型精密丝杠磨床采用恒温切削液淋浴工件,机床的空心母丝杠也通入恒温油,以降低工件与母丝杠的温差,提高加工精度的稳定性。

采用强制冷却来控制热变形的效果是很显著的。图 4-29 所示为一台坐标镗铣床的主轴箱用恒温喷油循环强制冷却的试验结果。曲线 1 为没有采用强制冷却时的试验结果,机床运转 6 h 后,主轴中心线到工作台的距离产生了 190 μm 的热变形(垂直方向),且尚未达到热平衡。当采用强制冷却后,上述热变形减少到 15 μm,如曲线 2,且工作不到 2 h 机床就已达到热平衡状态。

目前,大型数控机床、加工中心机床普遍采用冷冻机对润滑油、切削液进行强制冷却,机床主轴轴承和齿轮箱中产生的热量可由恒温的切削液迅速带走。

3) 均衡温度场

当机床零部件温升均匀时,机床本身就呈现一种热稳定状态,从而使机床产生不影响加工精度的均匀热变形。

图 4-30 所示为 M7150A 型平面磨床采用均衡温度场的措施示意图。该机床床身较长,加工时工作台纵向运动速度比较高,所以床身上部温升高于下部,使床身导轨向上凸起,其改进措施是将油池搬出主机并做成一个单独的油箱。另外在床身下部开出"热补偿油沟",使一部分带有余热的回油流经床身下部,使床身下部的温度提高,这样可使床身上下部分的温差降至 1~2 ℃,导轨的中凸量由原来的 0.026 5 mm 降为 0.005 2 mm。

图 4-31 所示为端面磨床采用均衡温度场的措施示意图,由风扇排出主轴箱内的热空气,经管道通向防护罩和立柱后壁的空间,然后排出。这样,便使原来温度较低的立柱后壁温度升高,导致立柱前后壁的温度大致相等,以降低立柱的弯曲变形,使被加工零件的

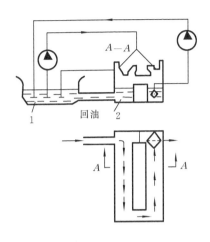
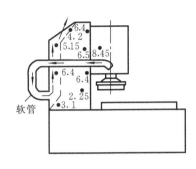

图 4-30 M7150A 型磨床的热补偿油沟
1—油池；2—热补偿油沟

图 4-31 均衡立柱前后壁的温度场（单位为℃）

端面平行度误差降低为原来的 1/3～1/4。

4）改进机床布局和结构设计

（1）采用热对称结构。在变速箱中，将轴、轴承、传动齿轮等对称布置，可使箱壁温升均匀，箱体变形减小。机床大件的结构和布局对机床的热态特性有很大影响。以加工中心机床为例，在热源影响下，单立柱结构会产生相当大的扭曲变形，而双立柱结构由于左右对称，仅产生垂直方向的热位移，很容易通过调整的方法予以补偿。因此，双立柱结构的机床主轴相对于工作台的热变形比单立柱结构的小得多。

（2）合理选择机床零部件的安装基准。合理选择机床零部件的安装基准，使热变形尽量不在误差敏感方向。如图 4-32(a) 所示车床主轴箱在床身上的定位点 $H$ 置于主轴轴线的下方，主轴箱产生热变形时，使主轴孔在 $z$ 方向产生热位移，对加工精度影响较小。若采用如图 4-32(b) 所示的定位方式，主轴除了在 $z$ 方向产生热位移以外，还在误差敏感方向（$y$ 方向）产生热位移，直接影响了刀具与工件之间的正确位置，故造成了较大的加工

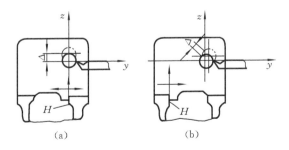

图 4-32 车床主轴箱定位面位置对热变形的影响

误差。

5) 加速达到热平衡状态

当工艺系统达到热平衡状态时,热变形趋于稳定,加工精度易于保证。因此,为了尽快使机床进入热平衡状态,可以在加工工件前使机床作高速空运转。当机床在较短时间内达到热平衡之后,再将机床速度转换成工作速度进行加工。精密和超精密加工时,为使机床达到热平衡状态而作的高速空转时间可达数十小时。必要时,还可以在机床的适当部位设置控制热源,人为地给机床加热,使其尽快地达到热平衡状态。精密机床加工时应尽量避免中途停车。

6) 控制环境温度

精密机床一般应安装在恒温车间,其恒温精度一般控制在±1 ℃以内,精密级的机床为±0.5 ℃,超精密级的机床为±0.01 ℃。恒温室平均温度一般为20 ℃,冬季取17 ℃,夏季取23 ℃。对精加工机床应避免阳光直接照射,布置取暖设备时也应避免使机床受热不均匀。

7) 热位移补偿

在对机床主要部件,如主轴箱、床身、导轨、立柱等受热变形规律进行大量研究的基础上,可通过模拟试验和有限元分析寻求各部件热变形的规律。在现代数控机床上,根据试验分析可建立热变形位移数字模型并存入计算机中进行实时补偿。热变形附加修正装置已在国外作为商品供应。我国北京机床研究所在热位移补偿研究中做了大量工作,并已成功用于二坐标精密数控电火花线切割机床。

## 4.1.5 工件内应力引起的误差

内应力是指外部载荷去除后,仍残存在工件内部的应力,又称残余应力。零件中的内应力往往处于一种很不稳定的相对平衡状态,在常温下特别是在外界某种因素的影响下很容易失去原有状态,使内应力重新分布,零件产生相应的变形,从而破坏了原有的精度。因此,必须采取措施消除内应力对零件加工精度的影响。

1. 工件内应力产生的原因

内应力是由金属内部的相邻组织发生了不均匀的体积变化而产生的,体积变化的因素主要来自热加工或冷加工。

1) 毛坯制造和热处理过程中产生的内应力

在铸、锻、焊及热处理过程中,零件壁厚不均匀,使得各部分热胀冷缩不均匀,以及金相组织转变时的体积变化,使毛坯内部产生相当大的内应力。毛坯的结构越复杂、壁厚越不均匀、散热条件差别越大,毛坯内部产生的内应力也就越大。具有内应力的毛坯,内应力暂时处于相对平衡状态,变形缓慢,但当切去一层金属后,就打破了这种平衡,内应力重新分布,工件就明显地出现了变形。

图4-33(a)所示为一个内外壁厚相差较大的铸件,在浇铸后的冷却过程中,由于壁 $A$ 和壁 $C$ 比较薄,散热较易,所以冷却较快;壁 $B$ 较厚,冷却较慢。当壁 $A$ 和壁 $C$ 从塑性状态冷却至弹性状态时(约620℃),壁 $B$ 的温度还比较高,仍处于塑性状态,所以壁 $A$ 和壁 $C$ 收缩时,壁 $B$ 不起阻止变形的作用,铸件内部不产生内应力。但当壁 $B$ 冷却到弹性状态时,壁 $A$ 和壁 $C$ 的温度已经降低很多,收缩速度变得很慢,而这时壁 $B$ 收缩较快,会受到壁 $A$ 及壁 $C$ 的阻碍。因此,壁 $B$ 受到了拉应力,壁 $A$ 及壁 $C$ 受到了压应力,形成了相互平衡的状态。

如果在壁 $C$ 上切开一个缺口,如图4-33(b)所示,则壁 $C$ 的压应力消失。铸件在壁 $B$ 和壁 $A$ 的内应力作用下,壁 $B$ 收缩,壁 $A$ 膨胀,发生弯曲变形,直至内应力重新分布,达到新的平衡为止。推广到一般情况,各种铸件都难免产生内应力(由于冷却不均匀而形成)。

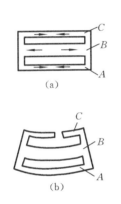

图4-33 铸件内应力引起的变形　　图4-34 冷校直引起的内应力

2) 冷校直产生的内应力

弯曲的工件(原来无内应力)要校直,常采用冷校直的工艺方法。此方法是在一些长棒料或细长零件弯曲的反方向施加外力 $F$,如图4-34(a)所示。在外力 $F$ 的作用下,工件内部内应力的分布如图4-34(b)所示,在轴线以上产生压应力(用"-"表示),在轴线以下产生拉应力(用"+"表示)。在轴线和两条虚线之间是弹性变形区域,在虚线之外是塑性变形区域。当外力 $F$ 去除后,外层的塑性变形区域阻止内部弹性变形的恢复,使内应力重新分布,如图4-34(c)所示。这时,冷校直虽能减小弯曲,但工件却处于不稳定状态,如再次加工,又将产生新的变形。因此,高精度丝杠的加工,不允许用冷校直的方法来减小弯曲变形,而是用多次人工时效来消除残余内应力。

3) 切削加工产生的内应力

切削过程中产生的力和热,也会使被加工工件的表面层变形,产生内应力。这种内应力的分布情况由加工时的工艺因素决定。实践表明,对于具有内应力的工件,当在加工过程中切去表面一层金属后,所引起的内应力的重新分布和变形最为强烈。因此,粗加工后,应将被夹紧的工件松开,使之有一定的时间让其内应力重新分布。

2. 减少内应力的措施

1) 合理设计零件结构

在零件的结构设计中,应尽量简化结构,考虑壁厚均匀,减少尺寸和壁厚差,增大零件的刚度,以减少在铸、锻毛坯制造中产生的内应力。

2) 采取时效处理

自然时效处理,主要是在毛坯制造之后,或粗加工后、精加工之前,让工件停留一段时间,利用温度的自然变化,经过多次热胀冷缩,使工件内部组织产生微观变化,从而达到减少或消除内应力的目的。这种过程一般需要半年至五年时间,因周期长,所以除特别精密件外,一般较少使用。

人工时效处理,这是目前使用最广的一种方法,分高温时效和低温时效。高温时效一般适用于毛坯件或工件粗加工后进行。低温时效一般适用于工件半精加工后进行。人工时效需要较大的投资,设备较大,能源消耗多。

振动时效是工件受到激振器的敲击,或工件在滚筒中回转互相撞击,使工件在一定的振动强度下,引起工件金属内部组织的转变,从而消除内应力。这种方法节省能源、简便、效率高,近年来发展很快,但有噪声污染。此方法适用于中小零件及非铁金属件等。

3) 合理安排工艺

机械加工时,应注意粗、精加工分开在不同的工序进行,使粗加工后有一定的间隔时间让内应力重新分布,以减少对精加工的影响。

切削时应注意减小切削力,如减小余量、减小背吃刀量,或进行多次走刀,以避免工件变形。粗、精加工在一个工序中完成时,应在粗加工后松开工件,让其有自由变形的可能,然后再用较小的夹紧力夹紧工件后进行精加工。

## 4.2 加工误差的统计分析

前面已对影响加工精度的各种主要因素进行了分析,也提出了一些保证加工精度的措施,但从分析方法看属于单因素法。生产实际中,影响加工精度的因素往往是错综复杂的,有时很难用单因素法来分析其因果关系,而要用数理统计方法来进行研究,才能得出正确的符合实际的结果。

### 4.2.1 概述

从加工一批工件时所出现的误差规律的性质来看,加工误差可分为系统性误差和随机性误差两大类。

1. 系统性误差

在顺序加工一批工件时,若误差的大小和方向保持不变,或者按一定的规律变化。这样的误差即为系统性误差。前者称为常值系统性误差,后者称为变值系统性误差。

加工原理误差,机床、刀具、夹具、量具的制造误差,一次调整误差,工艺系统受力变形引起的误差等都是常值系统性误差。例如,铰刀本身直径偏大 0.02 mm,则加工一批工件所有的直径都比规定的尺寸大 0.02 mm(在一定条件下,忽略刀具磨损影响),这种误差就是常值系统性误差。

工艺系统(特别是机床、刀具)的热变形、刀具的磨损均属于变值系统性误差。例如,车削一批短轴,由于刀具磨损,所加工的轴的直径一个比一个大,而且直径尺寸按一定规律变化。可见刀具磨损引起的误差属于变值系统性误差。

2. 随机性误差

在顺序加工一批工件时,若误差的大小和方向呈无规律的变化(时大时小、时正时负……)这类误差称为随机性误差。如毛坯误差(余量大小不一、硬度不均匀等)的复映、定位误差(基准面精度不一、间隙不一)、夹紧误差、内应力引起的误差、多次调整的误差等都是随机性误差。随机性误差从表面上看似乎没有什么规律,但应用数理统计方法可以找出一批工件加工误差的总体规律。

应该指出,在不同的场合下,误差的表现性质也有不同。例如,机床在一次调整中加工一批零件时,机床的调整误差是常值系统性误差。但是,当多次调整机床时,每次调整时发生的调整误差就不可能是常值,变化也无一定规律,因此对于经多次调整所加工出来的大批工件,调整误差所引起的加工误差又成为随机性误差。

在生产实际中,常用统计分析法研究加工精度。统计分析法就是以生产现场对工件进行实际测量所得的数据为基础,应用数理统计的方法,分析一批工件的情况,从而找出产生误差的原因以及误差性质,以便提出解决问题的方法。

在机械加工中,经常采用的统计分析法主要有分布图分析法和点图分析法。

## 4.2.2 工艺过程分布图分析法

1. 实际分布图(直方图)

加工一批工件,由于随机性误差和变值系统性误差的存在,加工尺寸的实际数值是各不相同的,这种现象称为尺寸分散。在一批零件的加工过程中,测量各零件的加工尺寸,把测得的数据记录下来,按尺寸大小将整批工件进行分组,每一组中的零件尺寸处在一定的间隔范围内。同一尺寸间隔内的零件数量称为频数,频数与该批零件总数之比称为频率。以工件尺寸为横坐标,以频数或频率为纵坐标,即可作出该工序工件加工尺寸的实际分布图(直方图)。

在以频数为纵坐标作直方图时,如样本含量(工件总数)不同,组距(尺寸间隔)不同,那么作出的图形高度就不一样,为了便于比较,纵坐标应采用频率密度。其公式为

$$频率密度 = \frac{频率}{组距} = \frac{频数}{样本容量 \times 组距}$$

直方图上矩形的面积 = 频率密度 × 组距 = 频率

由于所有各组频率之和等于100%,故直方图上全部矩形面积之和应等于1。

为了进一步分析该工序的加工精度情况,可在直方图上标出该工序的加工公差带位置,并计算该样本的统计数字特征:平均值 $\overline{X}$ 和标准偏差 $\sigma$。

样本的平均值 $\overline{X}$ 表示该样本的尺寸分散中心,它主要取决于调整尺寸的大小和常值系统性误差。

$$\overline{X} = \frac{1}{n}\sum_{i=1}^{n} x_i$$

式中:$n$——样本含量;

$x_i$——各工件的尺寸。

样本的标准偏差 $\sigma$ 反映了该批工件的尺寸分散程度,它是由变值系统性误差和随机性误差决定的。该误差大,$\sigma$ 也大;该误差小,$\sigma$ 也小。

$$\sigma = \sqrt{\frac{1}{n}\sum_{i=1}^{n}(x_i - \overline{X})^2}$$

下面通过实例来说明直方图的绘制步骤。

磨削一批轴径 $\phi 50^{+0.06}_{+0.01}$ mm 的工件,经实测后的尺寸如表 4-3 所示,作直方图的步骤如下。

(1) 收集数据。在一定的加工条件下,按一定的抽样方式抽取一个样本(即抽取一批零件),样本容量(抽取零件的个数)一般取 100 件左右,如表 4-3 所示,找出其中最大值 $x_{max} = 54$ μm 和最小值 $x_{min} = 16$ μm。

表 4-3 轴径尺寸实测值 (单位:μm)

| 44 | 20 | 46 | 32 | 20 | 40 | 52 | 33 | 40 | 25 | 43 | 38 | 40 | 41 | 30 | 36 | 49 | 51 | 38 | 34 |
|----|----|----|----|----|----|----|----|----|----|----|----|----|----|----|----|----|----|----|----|
| 22 | 46 | 38 | 30 | 42 | 38 | 27 | 49 | 45 | 45 | 38 | 32 | 45 | 48 | 28 | 36 | 52 | 32 | 42 | 38 |
| 40 | 42 | 38 | 52 | 38 | 36 | 37 | 43 | 28 | 45 | 36 | 50 | 46 | 36 | 30 | 40 | 44 | 34 | 42 | 47 |
| 22 | 28 | 34 | 30 | 36 | 32 | 35 | 22 | 40 | 35 | 36 | 42 | 46 | 42 | 50 | 40 | 36 | 20 | 16 ($x_{min}$) | 53 |
| 32 | 46 | 20 | 28 | 46 | 28 | 54 ($x_{max}$) | 18 | 32 | 33 | 26 | 45 | 47 | 36 | 38 | 30 | 49 | 18 | 38 | 38 |

注:表中数据为实测尺寸与基本尺寸之差。

(2) 分组。将抽取的样本数据分成若干组,一般用表 4-4 的经验数值确定,本例分组数 $k$ 取 9。经验证明,组数太少会掩盖组内数据的变动情况;组数太多会使各组的高度参差不齐,从而看不出变化规律。通常确定的组数要使每组平均至少摊到 4~5 个数据。

表 4-4 样本与组数的选择

| 数据的数量 | 分 组 数 |
|---|---|
| 50~100 | 6~10 |
| 100~250 | 7~12 |
| 250 以上 | 10~20 |

(3) 计算组距 $h$,即组与组的间距。

$$h = \frac{x_{\max} - x_{\min}}{k-1} = \frac{54-16}{9-1} \mu m = 4.75 \mu m$$

取 $h = 5 \mu m$。

(4) 计算各组的上、下界值。

$$x_{\min} + (j-1)h \pm h/2 \quad (j=1,2,3,\cdots,k)$$

例如:第一组的上界值为 $x_{\min} + h/2 = (16+5/2) \mu m = 18.5 \mu m$,第一组的下界值为 $x_{\min} - h/2 = (16-5/2) \mu m = 13.5 \mu m$。其余类推。

(5) 计算各组的中心值。中心值是每组中间的数值,即

$$\frac{某组上限值 + 某组下限值}{2} = x_{\min} + (j-1)h$$

例如:第一组的中心值为 $x_{\min} + (j-1)h = 16 \mu m$。

(6) 记录各组数据,整理成如表 4-5 所示的频数分布表。

(7) 计算 $\overline{X}$ 和 $\sigma$。

$$\overline{X} = \frac{1}{n} \sum_{i=1}^{n} x_i = 37.29 \mu m$$

$$\sigma = \sqrt{\frac{1}{n} \sum_{i=1}^{n} (x_i - \overline{X})^2} = 8.93 \mu m$$

(8) 按表 4-5 所列数据以频率密度为纵坐标,组距(尺寸间隔)为横坐标,就可画出直方图,如图 4-35 所示;再由直方图的各矩形顶端的中心点连成折线,在一定条件下,此折线接近理论分布曲线(见图 4-35 中曲线)。

由直方图可知,该批工件的尺寸分散范围大部分居中,偏大、偏小者较少。要进一步分析研究该工序的加工精度问题,必须找出频率密度与加工尺寸的关系,因此必须研究理论分布曲线。

表 4-5 频数分布表

| 组号 | 组界/μm | 中心值 | 频数统计 | 频数 | 频率/% | 频率密度/[μm⁻¹·(%)] |
|---|---|---|---|---|---|---|
| 1 | 13.5～18.5 | 16 | 下 | 3 | 3 | 0.6 |
| 2 | 18.5～23.5 | 21 | 正丅 | 7 | 7 | 1.4 |
| 3 | 23.5～28.5 | 26 | 正下 | 8 | 8 | 1.6 |
| 4 | 28.5～33.5 | 31 | 正正正 | 14 | 14 | 2.6 |
| 5 | 33.5～38.5 | 36 | 正正正正正 | 25 | 25 | 5.2 |
| 6 | 38.5～43.5 | 41 | 正正正一 | 16 | 16 | 3.2 |
| 7 | 43.5～48.5 | 46 | 正正正一 | 16 | 16 | 3.2 |
| 8 | 48.5～53.5 | 51 | 正正 | 10 | 10 | 2.0 |
| 9 | 53.5～58.5 | 56 | 一 | 1 | 1 | 0.2 |

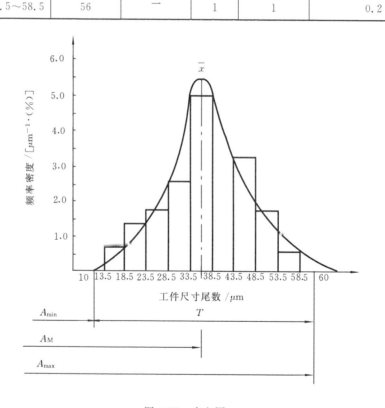

图 4-35 直方图

## 2. 理论分布曲线

1) 正态分布曲线

大量的试验、统计和理论分析表明:当一批工件总数极多,加工中的误差是由许多相互独立的随机因素引起的,而且这些误差因素中又都没有任何优势的倾向,则其分布是服从正态分布的。这时的分布曲线称为正态分布曲线(即高斯曲线)。正态分布曲线的形态,如图 4-36 所示(此图也是标准正态曲线),其概率密度的函数表达式为

$$y = \frac{1}{\sigma\sqrt{2\pi}} e^{-\frac{1}{2}\left(\frac{x-\mu}{\sigma}\right)^2} \tag{4-8}$$

式中:$y$——分布的概率密度;

$x$——随机变量;

$\mu$——正态分布随机变量总体的算术平均值(分散中心);

$\sigma$——正态分布随机变量的标准偏差。

由式(4-8)及图 4-36 可知,当 $x=\mu$ 时,有

$$y_{\max} = \frac{1}{\sigma\sqrt{2\pi}} \tag{4-9}$$

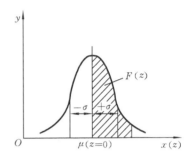

图 4-36 正态分布曲线

这是曲线的最大值,也是曲线的分布中心,在它左右的曲线是对称的。

正态分布总体的 $\mu$ 和 $\sigma$ 通常是不知道的,但可以通过它的样本平均值 $\bar{x}$ 和样本标准偏差 $\sigma$ 来估计。这样,对于成批加工的一批工件,抽检其中的一部分,即可判断整批工件的加工精度,即用样本的 $\bar{X}$ 代替总体的 $\mu$,用样本的 $\sigma$ 代替总体的 $\sigma$。

总体平均值 $\mu=0$,总体标准偏差 $\sigma=1$ 的正态分布称为标准正态分布。任何不同 $\mu$ 和 $\sigma$ 的正态分布曲线,都可以通过令 $z=\dfrac{x-\mu}{\sigma}$ 进行交换而变成标准正态分布曲线,如图 4-36所示。

$$\phi(z) = \sigma\phi(x) = \frac{1}{\sqrt{2\pi}} e^{-\frac{z^2}{2}} \tag{4-10}$$

$\phi(z)$ 的值如表 4-6 所示。

从正态分布图上可看出下列特征。

(1) 曲线以直线 $x=\mu$ 为左右对称线,靠近 $\mu$ 的工件尺寸出现概率较大,远离 $\mu$ 的工件尺寸出现概率较小。

(2) 对 $\mu$ 的正偏差和负偏差,其概率相等。

(3) 分布曲线与横坐标所围成的面积包括了全部零件数(即 100%),故其面积等于

1;其中在 $\mu \pm 3\sigma$(即 $x - \mu = \pm 3\sigma$)范围内的面积占了 99.73%,即 99.73% 的工件尺寸落在 $\pm 3\sigma$ 范围内,仅有 0.27% 的工件尺寸落在范围之外(可忽略不计)。因此,一般取正态分布曲线的分布范围为 $\pm 3\sigma$。

表 4-6 标准正态分布曲线的概率密度

| $z=(x-\mu)/\sigma$ | $\phi(z)=\sigma\phi(x)$ | $z=(x-\mu)/\sigma$ | $\phi(z)=\sigma\phi(x)$ | $z=(x-\mu)/\sigma$ | $\phi(z)=\sigma\phi(x)$ |
|---|---|---|---|---|---|
| 0 | 0.398 9 | 1.50 | 0.129 5 | 3.00 | 0.004 4 |
| 0.25 | 0.386 7 | 1.75 | 0.086 3 | 3.25 | 0.020 0 |
| 0.50 | 0.352 1 | 2.00 | 0.054 0 | 3.50 | 0.000 9 |
| 0.75 | 0.301 1 | 2.25 | 0.031 7 | 3.75 | 0.000 4 |
| 1.00 | 0.242 0 | 2.50 | 0.017 5 | 4.00 | 0.000 1 |
| 1.25 | 0.182 6 | 2.75 | 0.009 1 | — | — |

$\pm 3\sigma$(或 $6\sigma$)的概念在研究加工误差时应用很广,是一个很重要的概念。$6\sigma$ 的大小代表某加工方法在一定条件(如毛坯余量、切削用量、正常的机床、夹具、刀具等)下所能达到的加工精度,所以在一般情况下,应该使所选择的加工方法的标准偏差 $\sigma$ 与公差带宽度 $T$ 之间具有下列关系:

$$6\sigma \leqslant T$$

但考虑到系统性误差及其他因素的影响,应当使 $6\sigma$ 小于公差带宽度 $T$,方可保证加工精度。

2) 非正态分布曲线

工件实际尺寸的分布情况有时并不符合正态分布。例如,将在两台机床上分别调整加工出的工件混在一起测定,由于每次调整时常值系统性误差是不同的,如常值系统性误差之值大于 $2.2\sigma$,就会得到如图 4-37 所示的双峰曲线。实际上这是两组正态分布曲线(如虚线所示)的叠加,即随机性误差中混入了常值系统性误差。每组有各自的分散中心和标准偏差 $\sigma$。

又如,磨削细长孔时,如果砂轮磨损较快且没有自动补偿,则工件的实际尺寸分布将成平顶分布,如图 4-38 所示。它实质上是正态分布曲线的分散中心在不断地移动,即在随机性误差中混有变值系统性误差。

再如,用试切法加工轴颈或孔时,由于操作者为了避免产生不可修复的废品,主观地(而不是随机的)使轴颈加工得宁大勿小,使孔径加工得宁小勿大,则它们的尺寸就是偏态分布,如图 4-39(a)所示;当用调整法加工,刀具热变形显著时,也呈偏态分布,如图 4-39(b)所示。

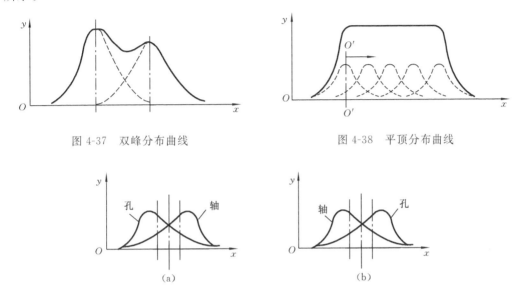

图 4-37 双峰分布曲线    图 4-38 平顶分布曲线

图 4-39 偏态分布
(a)试切轴和孔的分布曲线;(b)刀具热变形的影响

3. 分布图的应用

(1) 判别加工误差的性质。如前所述,假如加工过程中没有变值系统性误差,那么其尺寸分布应服从正态分布,这是判别加工误差性质的基本方法。如果实际分布与正态分布基本相符,加工过程中没有变值系统性误差(或影响很小),这时就可进一步根据 $\overline{X}$ 是否与公差带中心重合来判断是否存在常值系统性误差($\overline{X}$ 与公差带中心不重合就说明存在常值系统性误差)。如实际分布与正态分布有较大出入,可根据直方图初步判断变值系统性误差是什么类型。

(2) 确定各种加工方法所能达到的加工精度。由于各种加工方法在随机性因素影响下所得的加工尺寸的分散规律符合正态分布,因而可以在多次统计的基础上,为每一种加工方法求得它的标准偏差 $\sigma$ 值;然后,按分布范围等于 $6\sigma$ 的规律,即可确定各种加工方法所能达到的精度。

(3) 确定工序能力及其等级。工序能力是指某工序能否稳定地加工出合格产品的能力。由于加工时误差超出分散范围的概率极小,可以认为不会发生超出分散范围的加工误差,因此可以用该工序的尺寸分散范围来表示工序能力。当加工尺寸分布接近正态分布时,工序能力为 $6\sigma$。

把工件尺寸公差 $T$ 与分散范围 $6\sigma$ 的比值称为该工序的工艺能力系数 $C_p$,用以判断该工序工艺能力的大小。$C_p$ 按下式计算:

$$C_p = T/(6\sigma)$$

式中:$T$——工件尺寸公差。

根据工艺能力系数 $C_p$ 的大小,工艺能力共分为五级,如表 4-7 所示。一般情况下,工艺能力不应低于二级。

表 4-7 工艺能力系数与工艺能力等级

| 工艺能力系数 | $C_p>1.67$ | $1.67 \geqslant C_p>1.33$ | $1.33 \geqslant C_p>1.00$ | $1.00 \geqslant C_p>0.67$ | $0.67 \geqslant C_p$ |
|---|---|---|---|---|---|
| 工艺能力等级 | 特级工艺 | 一级工艺 | 二级工艺 | 三级工艺 | 四级工艺 |
| 工艺能力判断 | 很充分 | 充分 | 够用但不充分 | 明显不足 | 非常不足 |

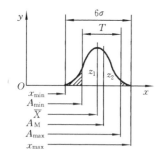

图 4-40 废品率计算

(4) 估算废品率。正态分布曲线与 $x$ 轴之间所包含的面积代表一批工件的总数 100%,如果尺寸分散范围大于零件的公差 $T$ 时,将肯定出现废品,如图 4-40 所示有阴影部分。若尺寸落在 $A_{\min}$、$A_{\max}$ 范围内,工件的概率即空白部分的面积就是加工工件的合格品率,即

$$A_h = \frac{1}{\sqrt{2\pi}} \int_{A_{\min}}^{A_{\max}} e^{-\frac{(x-\overline{X})^2}{2\sigma^2}} dx$$

令 $z_1 = \frac{|A_{\min}-\overline{X}|}{\sigma}$,$z_2 = \frac{|A_{\max}-\overline{X}|}{\sigma}$,则

$$A_h = \frac{1}{\sqrt{2\pi}} \int_0^{z_1} e^{-\frac{z^2}{2}} dz + \frac{1}{\sqrt{2\pi}} \int_0^{z_2} e^{-\frac{z^2}{2}} dz = \phi(z_1) + \phi(z_2)$$

图 4-40 中,阴影部分的面积为废品率,左边的阴影部分面积为 $S_{左} = 0.5 - \phi(z_1)$,由于这部分工件的尺寸小于要求的最小极限尺寸 $A_{\min}$,当加工外圆表面时,这部分废品无法修复,为不可修复废品。当加工内孔表面时,这部分废品可以修复,因而称为可修复废品。

图 4-40 中,右边阴影部分的面积为 $S_{右} = 0.5 - \phi(z_2)$,由于这部分工件的尺寸大于要求的最大极限尺寸 $A_{\max}$,当加工外圆表面时,这部分废品可以修复,为可修复废品。当加工内孔表面时,这部分废品不可以修复,为不可修复废品。

对于不同的 $z$ 值,对应的函数值 $\phi(z)$ 可由表 4-8 查得。

表 4-8　$\phi(z) = \dfrac{1}{\sqrt{2\pi}} \int_0^z e^{-\frac{z^2}{2}} dz$ 的值

| $z$ | $\phi(z)$ | $z$ | $\phi(z)$ | $z$ | $\phi(z)$ | $z$ | $\phi(z)$ | $z$ | $\phi(z)$ |
|---|---|---|---|---|---|---|---|---|---|
| 0.00 | 0.000 0 | 0.26 | 0.102 6 | 0.52 | 0.198 5 | 1.05 | 0.353 1 | 2.60 | 0.495 3 |
| 0.01 | 0.004 0 | 0.27 | 0.106 4 | 0.54 | 0.205 4 | 1.10 | 0.364 3 | 2.70 | 0.496 5 |
| 0.02 | 0.008 0 | 0.28 | 0.110 3 | 0.56 | 0.212 3 | 1.15 | 0.374 9 | 2.80 | 0.497 4 |
| 0.03 | 0.012 0 | 0.29 | 0.114 1 | 0.58 | 0.219 0 | 1.20 | 0.384 9 | 2.90 | 0.498 1 |
| 0.04 | 0.016 0 | 0.30 | 0.117 9 | 0.60 | 0.225 7 | 1.25 | 0.394 4 | 3.00 | 0.498 65 |
| 0.05 | 0.019 9 | — | — | — | — | — | — | — | — |
| 0.06 | 0.023 9 | 0.31 | 0.121 7 | 0.62 | 0.232 4 | 1.30 | 0.403 2 | 3.20 | 0.499 31 |
| 0.07 | 0.027 9 | 0.32 | 0.125 5 | 0.64 | 0.238 9 | 1.35 | 0.411 5 | 3.40 | 0.499 66 |
| 0.08 | 0.031 9 | 0.33 | 0.129 3 | 0.66 | 0.245 4 | 1.40 | 0.419 2 | 3.60 | 0.499 841 |
| 0.09 | 0.035 9 | 0.34 | 0.133 1 | 0.68 | 0.251 7 | 1.45 | 0.426 5 | 3.80 | 0.499 928 |
| 0.10 | 0.039 8 | 0.35 | 0.136 8 | 0.70 | 0.258 0 | 1.50 | 0.433 2 | 4.00 | 0.499 968 |
| 0.11 | 0.043 8 | 0.36 | 0.140 6 | 0.72 | 0.264 2 | 1.55 | 0.439 4 | 4.50 | 0.499 997 |
| 0.12 | 0.047 8 | 0.37 | 0.144 3 | 0.74 | 0.270 3 | 1.60 | 0.445 2 | 5.00 | 0.499 999 97 |
| 0.13 | 0.051 7 | 0.38 | 0.148 0 | 0.76 | 0.276 4 | 1.65 | 0.450 5 | — | — |
| 0.14 | 0.055 7 | 0.39 | 0.151 7 | 0.78 | 0.282 3 | 1.70 | 0.455 4 | — | — |
| 0.15 | 0.059 6 | 0.40 | 0.155 4 | 0.80 | 0.288 1 | 1.75 | 0.459 9 | — | — |
| 0.16 | 0.063 6 | 0.41 | 0.159 1 | 0.82 | 0.293 9 | 1.80 | 0.464 1 | — | — |
| 0.17 | 0.067 5 | 0.42 | 0.162 8 | 0.84 | 0.299 5 | 1.85 | 0.467 8 | — | — |
| 0.18 | 0.071 4 | 0.43 | 0.166 4 | 0.86 | 0.305 1 | 1.90 | 0.471 3 | — | — |
| 0.19 | 0.075 3 | 0.44 | 0.170 0 | 0.88 | 0.310 6 | 1.95 | 0.474 4 | — | — |
| 0.20 | 0.079 3 | 0.45 | 0.173 6 | 0.90 | 0.315 9 | 2.00 | 0.477 2 | — | — |
| 0.21 | 0.083 2 | 0.46 | 0.177 2 | 0.92 | 0.321 2 | 2.10 | 0.482 1 | — | — |
| 0.22 | 0.087 1 | 0.47 | 0.180 8 | 0.94 | 0.326 4 | 2.20 | 0.486 1 | — | — |
| 0.23 | 0.091 0 | 0.48 | 0.184 4 | 0.96 | 0.331 5 | 2.30 | 0.489 3 | — | — |
| 0.24 | 0.094 8 | 0.49 | 0.187 9 | 0.98 | 0.336 5 | 2.40 | 0.491 8 | — | — |
| 0.25 | 0.098 7 | 0.50 | 0.191 5 | 1.00 | 0.341 3 | 2.50 | 0.493 8 | — | — |

**例 4-4**　在磨床上加工销轴,要求外径 $d = 12_{-0.043}^{-0.016}$ mm,抽样后测得 $\overline{X} = 11.974$ mm,$\sigma = 0.005$ mm,其尺寸分布符合正态分布,试分析该工序的加工质量。

**解**　该工序尺寸分布如图 4-41 所示。

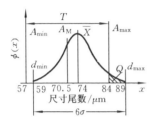

图 4-41 磨削轴的工序尺寸分布

$$C_p = \frac{T}{6\sigma} = \frac{0.027}{6 \times 0.005} = 0.9 < 1$$

工艺能力系数 $C_p < 1$，说明该工序的工艺能力不足，因此出现废品是不可避免的。

工件最小尺寸 $d_{min} = \overline{X} - 3\sigma = 11.959$ mm $> A_{min}$ ($A_{min} = 11.957$ mm)，故不会产生不可修复的废品。

工件最大尺寸 $d_{max} = \overline{X} + 3\sigma = 11.989$ mm $> A_{max}$ ($A_{max} = 11.984$ mm)，故会产生可修复的废品。

下面计算废品率。

$$z = \frac{|x - \overline{X}|}{\sigma} = \frac{|11.984 - 11.974|}{0.005} = 2$$

查表 4-8，当 $z = 2$ 时，$\phi(z) = 0.4772$，故

$$Q = 0.5 - \phi(z) = 0.5 - 0.4772 = 0.0228 = 2.28\%$$

如果重新调整机床，使分散中心 $\overline{X}$ 和 $A_M$ 重合，则可减少废品率。

**4. 分布图分析法的缺点**

用分布图分析加工误差主要有下列缺点。

(1) 不能反映误差的变化趋势。加工中随机性误差和系统性误差同时存在，由于分析时没有考虑到工件加工的先后顺序，故很难把随机性误差与变值系统性误差区分开来。

(2) 由于必须等一批工件加工完毕后才能得出尺寸分布情况，因而不能在加工过程中及时提供控制精度的资料。

采用下面介绍的点图法，可以弥补上述不足。

### 4.2.3 工艺过程点图分析法

**1. 工艺过程的稳定性**

工艺过程的分布图分析法是分析工艺过程精度的一种方法。应用这种分析方法的前提是工艺过程应该是稳定的。在这个前提下，讨论工艺过程的精度指标（如工艺能力系数 $C_p$、废品率等）才有意义。

如前所述，任何一批工件的加工尺寸都有波动性，因此样本的平均值 $\overline{X}$ 和标准差 $\sigma$ 也会波动。假如加工误差主要是随机误差，而系统误差影响很小，那么这种波动属于正常波动，这一工艺过程也就是稳定的；假如加工中存在着影响较大的变值系统性误差，或随机性误差的大小有明显的变化，那么这种波动就是异常波动，这样的工艺过程也就是不稳定的。

从数学的角度讲，如果一项质量数据的总体分布的参数（例如 $\mu$、$\sigma$）保持不变，则这一工艺过程就是稳定的；如果有所变动，哪怕是往好的方向变化（例如 $\sigma$ 突然减小），都算不

稳定。

分析工艺过程的稳定性通常采用点图法。点图有多种形式,这里仅介绍个值点图和 $\overline{X}$-$R$ 点图两种。

用点图来评价工艺过程稳定性采用的是顺序样本,样本是由工艺系统在一次调整中,按顺序加工的工件组成的。这样的样本可以得到在时间上与工艺过程运行同步的有关信息,反映加工误差随时间变化的趋势;而分布图分析法采用的是随机样本,不考虑加工顺序,而且是对加工好的一批工件有关数据处理后才能作出分布曲线。因此,采用点图分析法可以消除分布图分析法的缺点。

**2. 点图的基本形式**

1) 个值点图

如果按照加工顺序逐个测量一批工件的尺寸,以工件序号为横坐标,工件尺寸为纵坐标,就可作出个值点图,如图4-42所示。

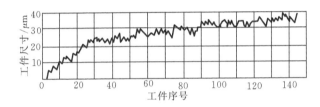
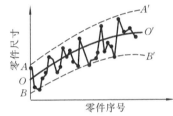

图 4-42 个值点图　　　　图 4-43 个值点图上反映误差变化趋势

上述点图反映了每个工件的尺寸(或误差)变化与加工时间的关系,故称为个值点图。假如把点图上的上、下极限点包络成两根平滑的曲线,如图4-43所示,就能较清楚地揭示加工过程中误差的性质及其变化趋势。平均值曲线 $OO'$ 表示每一瞬时的分散中心,其变化情况反映了变值系统性误差随时间变化的规律,其起始点 $O$ 则可看出常值系统性误差的影响。上、下限 $AA'$ 和 $BB'$ 间的宽度表示每一瞬时尺寸的分散范围,也就是反映了随机性误差的大小,其变化情况反映了随机性误差随时间变化的规律。

2) $\overline{X}$-$R$ 点图

为了能直接反映加工中系统性误差和随机性误差随加工时间的变化趋势,实际生产中常用样组点图来代替个值点图。样组点图的种类很多,目前最常用的样组点图是 $\overline{X}$-$R$ 点图。$\overline{X}$-$R$ 点图是每一小样组的平均值 $\overline{X}$ 控制图和极差 $R$ 控制图联合使用时的统称。其中,$\overline{X}$ 为各小样组的平均值;$R$ 为各小样组的极差。前者控制工艺过程质量指标的分布中心,后者控制工艺过程质量指标的分散程度。

**3. $\overline{X}$-$R$ 点图的分析与应用**

绘制 $\overline{X}$-$R$ 点图是以小样本顺序随机抽样为基础的。在工艺过程进行中,每隔一定时

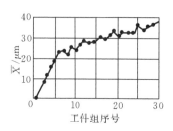

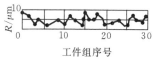

图 4-44 $\bar{X}$-$R$ 点图

间抽取容量 $m=2\sim 10$ 件的一个小样本,求出小样本的平均值 $\bar{X}_i$ 和极差 $R_i$。经过若干时间后,就可取得若干组(例如 $k$ 组,通常取 $k=25$)小样本。这样,以样组序号为横坐标,分别以 $\bar{X}_i$ 和 $R_i$ 为纵坐标,就可分别作 $\bar{X}$ 点图和 $R$ 点图,如图 4-44 所示。

设以顺次加工的 $m$ 个工件为一组,那么每一样组的平均值 $\bar{X}$ 和极差 $R$ 为

$$\bar{X} = \frac{1}{m}\sum_{i=1}^{m} x_i$$
$$R = x_{\max} - x_{\min}$$

式中:$x_{\max}$,$x_{\min}$——同一样组中工件的最大尺寸和最小尺寸。

$\bar{X}$-$R$ 点图的横坐标是按时间先后采集的小样本的组序号,纵坐标为各小样本的平均值 $\bar{X}$ 和极差 $R$。在 $\bar{X}$-$R$ 点图上各有三根线,即中心线和上、下控制线。由概率论可知,当总体是正态分布时,其样本的平均值 $\bar{X}$ 的分布也服从正态分布,且 $\bar{X}\sim M\left(\mu,\dfrac{\sigma^2}{m}\right)$($\mu$,$\sigma$ 是总体的均值和标准偏差)。因此,$\bar{X}$ 的分散范围是 $\left(\mu\pm\dfrac{3\sigma}{\sqrt{m}}\right)$。

$\bar{X}$ 的中心线 $\quad\quad\quad\quad \bar{\bar{X}} = \dfrac{1}{k}\sum_{i=1}^{k}\bar{x}_i$

$\bar{X}$ 的上控制线 $\quad\quad\quad\quad \bar{X}_s = \bar{\bar{X}} + A\bar{R}$

$\bar{X}$ 的下控制线 $\quad\quad\quad\quad \bar{X}_x = \bar{\bar{X}} - A\bar{R}$

$R$ 虽不是正态分布,但当 $M<10$ 时,其分布与正态分布也是比较接近的,因而 $R$ 的分散范围也可取为 $\pm 3\sigma_R$($\sigma_R$ 是 $R$ 分布的标准偏差),$\sigma_x$ 和 $\sigma_R$ 分别与总体标准偏差 $\sigma$ 间有如下的关系:

$$\sigma_x = \frac{\sigma}{\sqrt{m}}, \quad \sigma_R = d\sigma$$

$R$ 的中心线 $\quad\quad\quad\quad \bar{R} = \dfrac{1}{k}\sum_{i=1}^{k} R_i$

$R$ 的上控制线 $\quad\quad\quad\quad R_s = D_1\bar{R}$

$R$ 的下控制线 $\quad\quad\quad\quad R_x = D_2\bar{R}$

式中:$k$——小样本组的组数;

$x_i$——第 $i$ 个小样本组的平均值;

$R_i$——第 $i$ 个小样本组的极差值。

系数 $A$、$D_1$、$D_2$、$d$ 的值如表 4-9 所示。

表 4-9 系数 $A$、$D_1$、$D_2$、$d$ 的值

| $m$ | 2 | 3 | 4 | 5 | 6 | 7 | 8 | 9 | 10 |
|---|---|---|---|---|---|---|---|---|---|
| $A$ | 1.880 6 | 1.023 1 | 0.728 5 | 0.576 8 | 0.483 3 | 0.419 3 | 0.372 6 | 0.336 7 | 0.308 2 |
| $D_1$ | 3.268 1 | 2.574 2 | 2.281 9 | 0.000 2 | 2.003 9 | 1.924 2 | 1.864 1 | 1.816 2 | 1.776 8 |
| $D_2$ | 0 | 0 | 0 | 0 | 0 | 0.075 8 | 0.135 9 | 0.183 8 | 0.223 2 |
| $d$ | 0.852 8 | 0.888 4 | 0.879 8 | 0.864 1 | 0.848 0 | 0.833 1 | 0.820 0 | 0.080 8 | 0.079 7 |

在点图上作出中心线和控制线后,就可根据图中点的分布情况来判别工艺过程是否稳定(波动状态是否属于正常),表 4-10 表示判别正常波动与异常波动的标志。

表 4-10 判别正常波动与异常波动的标志

| 正常波动 | 异常波动 |
|---|---|
| 1. 连续 25 个点以上都在控制线以内; <br> 2. 连续 35 个点中,只有 1 个点在控制线之外; <br> 3. 连续 100 个点中,只有 2 个点超出控制线; <br> 4. 点的变化没有明显的规律性,或具有随机性 | 1. 有点子超出控制线; <br> 2. 点子密集在平均线附近; <br> 3. 点子密集在控制线附近; <br> 4. 连续 7 点以上出现在平均线一侧; <br> 5. 连续 11 点中有 10 点出现在平均线一侧; <br> 6. 连续 14 点中有 12 点以上出现在平均线一侧; <br> 7. 连续 17 点中有 14 点以上出现在平均线一侧; <br> 8. 连续 20 点中有 16 点以上出现在平均线一侧; <br> 9. 点子有上升或下降倾向; <br> 10. 点子有周期性波动 |

必须指出,工艺过程稳定性与出不出废品是两个不同的概念。工艺的稳定性用 $\overline{X}$-$R$ 图来判断,而工件是否合格则用极限偏差来衡量,两者之间没有必然的联系。

下面以磨削一批轴径为 $\phi 50^{+0.06}_{+0.01}$ mm 的工件为例,说明工艺验证的方法和步骤。

(1) 抽样并测量。按照加工顺序和一定的时间间隔随机地抽取 4 件为一组,共抽取 25 组,检验的质量数据列入表 4-11 中。

(2) 画 $\overline{X}$-$R$ 点图。先计算出各样组的平均值 $\overline{X}_i$ 和极差 $R_i$,然后算出 $\overline{X}_i$ 的平均值 $\overline{\overline{X}}$,$R_i$ 的平均值 $\overline{R}$,再计算 $\overline{X}$ 点图和 $R$ 点图的上、下控制线位置。本例中 $\overline{\overline{X}}=37.3$ μm,$\overline{X}_s=$ 49.24 μm,$\overline{X}_x=25.36$ μm;$\overline{R}=16.36$ μm,$R_s=37.3$ μm,$R_x=0$。据此画出 $\overline{X}$-$R$ 点图,如图 4-45 所示。

表 4-11 $\overline{X}$-$R$ 点图数据表　　　　　　　　（单位：$\mu m$）

| 序号 | $x_1$ | $x_2$ | $x_3$ | $x_4$ | $\overline{X}$ | $R$ |
|---|---|---|---|---|---|---|
| 1 | 44 | 43 | 22 | 38 | 36.8 | 22 |
| 2 | 40 | 36 | 22 | 36 | 33.5 | 18 |
| 3 | 35 | 53 | 33 | 38 | 39.8 | 20 |
| 4 | 32 | 26 | 20 | 38 | 29.0 | 18 |
| 5 | 46 | 32 | 42 | 50 | 42.5 | 18 |
| 6 | 28 | 42 | 46 | 46 | 40.5 | 18 |
| 7 | 46 | 40 | 38 | 45 | 42.3 | 8 |
| 8 | 38 | 46 | 34 | 46 | 41.0 | 12 |
| 9 | 20 | 47 | 32 | 41 | 35.0 | 27 |
| 10 | 30 | 48 | 52 | 38 | 42.0 | 22 |
| 11 | 30 | 42 | 28 | 36 | 34.0 | 14 |
| 12 | 20 | 30 | 42 | 28 | 30.0 | 22 |
| 13 | 38 | 30 | 36 | 50 | 38.5 | 20 |
| 14 | 46 | 38 | 40 | 36 | 40.0 | 10 |
| 15 | 38 | 36 | 36 | 40 | 37.5 | 4 |
| 16 | 32 | 40 | 28 | 30 | 32.5 | 12 |
| 17 | 52 | 49 | 27 | 52 | 45.0 | 25 |
| 18 | 37 | 44 | 35 | 36 | 38.0 | 9 |
| 19 | 54 | 49 | 33 | 51 | 46.8 | 21 |
| 20 | 49 | 32 | 43 | 34 | 39.5 | 17 |
| 21 | 22 | 20 | 18 | 18 | 19.5 | 4 |
| 22 | 40 | 38 | 45 | 42 | 41.3 | 7 |
| 23 | 28 | 42 | 40 | 16 | 31.5 | 26 |
| 24 | 32 | 38 | 45 | 47 | 40.5 | 15 |
| 25 | 25 | 34 | 45 | 38 | 35.5 | 20 |
| 总　计 | | | | | 932.5 | 409 |
| 平　均 | | | | | $\overline{\overline{X}}$=37.3 | $\overline{R}$=16.36 |

注：表内数据均为实测尺寸与基本尺寸之差。

（3）计算工序工艺能力系数及确定工艺等级。本例中 $T=50\ \mu m$，$\sigma=8.93\ \mu m$，$C_p=\dfrac{50\ \mu m}{6\times 8.93\ \mu m}=0.933$，属于三级工序能力等级（见表 4-7）。

（4）分析总结。由图中第 21 组的点子超出下控制线，说明工艺过程发生了异常变化，可能有不合格品出现，从工序能力系数看也小于 1，这些都说明本工序的加工质量不能满足零件的精度要求，因此要查明原因，采取措施，消除异常变化。

点图可以提供该工序中误差的性质和变化情况等工艺资料，因此可用来估计工件加工误差的变化趋势，并据此判断工艺过程是否处于控制状态，机床是否需要重新调整。

在相同的生产条件下对同种工件进行加工时，加工误差的出现总遵循一定的规律。

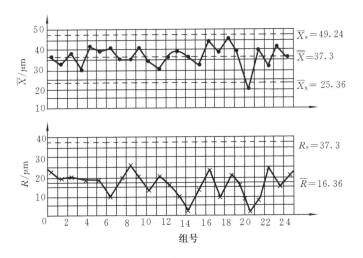

图 4-45 $\bar{X}$-$R$ 点图实例

零件名称：轴；外径：$\phi 50^{+0.06}_{+0.01}$ mm；$n=4$

因此，成批大量生产中可以运用数理统计原理，在加工过程中定时地从连续加工的工件中抽查若干个工件（一个样组），并观察加工过程的进行情况，以便及时检查、调整机床，达到预防废品产生的目的。

### 4.2.4 计算机辅助加工误差的统计分析

在实际生产中，分析和解决加工误差问题不但综合性强而且繁琐。一般要首先调查误差产生的情况，掌握现场第一手资料；再进一步根据调查结果进行初步分析，找出影响加工精度的主要因素，在此基础上进行现场测试，从定性、定量两方面作出判断。在具体的生产条件下，要综合运用统计分析法和因素分析法去解决实际生产中的加工精度问题，并要求每个工艺人员除了要灵活运用加工精度的基本理论外，更重要的是能够深入生产现场，善于听取操作者的意见，把解决加工精度问题作为日常性工作，以便能采取有效措施，保证产品加工质量。

随着科学技术的迅猛发展和社会对机械产品品种、性能要求的不断提高，产品更新换代的周期将日益缩短，多品种，中、小批量的生产将逐步成为各种生产类型的主体。但是，零件种类多，批量小，产生加工误差的机会和原因就多，因此会影响产品质量和劳动生产率的提高。技术人员很难及时准确地分析各种零件产生不良品的原因以及产生误差的性质，难以及时采取对策指导生产。借助计算机辅助进行机械加工质量管理，能及时分析产生不良品的原因，并提出相应对策和措施来指导生产，从而能稳定地提高产品质量。现对应用于某减速机制造厂的计算机辅助加工质量分析与控制系统的基本原理和方法作一介绍。

1. 系统的基本原理

现代质量管理要求对零件的加工进行推断和预测,以预防为主,做到少出和不出废品,防患于未然。误差的性质不同,抑制和消除的方法也就不同,而要正确区分不同性质的误差必须运用数理统计理论。为此,首先要建立工件加工质量日报数据库,利用它来随时对一段时间内任一工件的加工质量情况进行统计分析。系统运行时,先找出不良品率较高并对产品质量影响较大的一些工件(称为关键工件)。先对这些工件的加工误差进行分析,统计各种误差的频数,并按频数大小排序,绘制主次因素排列图,并按主次原因分为A、B、C三类。其中A类为影响工件质量的主要因素,B类为影响工件质量的一般因素,C类为影响工件质量的次要因素。要抓住主要矛盾,必须针对A类不良品原因,运用全面质量管理理论,利用正态分布曲线法进行分析计算,对取出的样本数据计算其样本的均值 $\bar{X}$ 和样本方差 $\sigma$,以及工序能力系数 $C_p$,并与该工序允许偏差作比较,绘制出直方图、分布曲线图以及 $\bar{X}$-$R$ 点图。然后求出常值系统性误差、变值系统性误差以及随机性误差的大小(即分散范围),判断生产能力以及生产过程的稳定性,确定工艺系统是否处于受控状态,正确评定设备、工装的实际精度、毛坯精度以及工艺过程是否合理,为预防不良品的产生,正确调整设备、工装提供有效的数字依据。通过原始误差分析规则库的调用,自动分析出影响加工精度的主要原始误差,打印出质量分析报表以及质量整改报告,便于操作者采取合理的调整方法和技术措施,起到真正指导生产的作用。

2. 系统的基本内容

针对某减速机厂机械加工的具体情况,本系统建立了机械加工原始误差分析规则库,并运用数理统计方法对工件加工质量进行综合统计分析。

现以分析某一工件的内孔直径尺寸加工精度情况及影响加工精度的主要原始误差为例来说明。运用计算机辅助质量管理系统对该工件的现场数据进行分析处理,并绘制不良品主次因素排列图,如图 4-46 所示。从图中可看出,因毛坯质量问题造成的料废以及内孔直径超差是工件产生不良品的主要原因。料废主要是毛坯质量问题,由毛坯制造部门解决。内孔直径超差属于机械加工质量问题,要应用机械加工精度理论进行分析。已知该工件内孔直径尺寸要求为 $\phi 50^{+0.06}_{+0.01}$ mm,从该工序上按加工顺序间隔抽取样本数据 $n=100$ 个,允许公差 $T=0.05$ mm,公差带中心尺寸 $A_M=50.035$ mm,允许最大极限尺寸 $A_{\max}=50.06$ mm,允许最小极限尺寸 $A_{\min}=50.01$ mm,并经计算运行后得出样本均值 $\bar{X}$ 及样本方差 $\sigma$,画出直方图及分布曲线图,如图 4-47 所示。取正态分布的尺寸分散范围为 $6\sigma$,本工序的工序能力系数为 $C_p=T/(6\sigma)$。$C_p$ 的大小表示了本工序加工精度的高低以及工艺过程的稳定程度。为了能有效地判别加工过程是否处于受控状态,还需绘制样本的均值极差质量控制图(即 $\bar{X}$-$R$ 点图),它由 $\bar{X}$ 均值点图和 $R$ 极差点图组成,联合使用,如图 4-48 所示。$\bar{X}$ 点图反映了系统误差的变化情况,并可以判断出该系统误差是常值还是变值;$R$ 点图反映了误差分散范围的变化趋势,可判断随机误差的变化情况。$\bar{X}$-$R$ 点

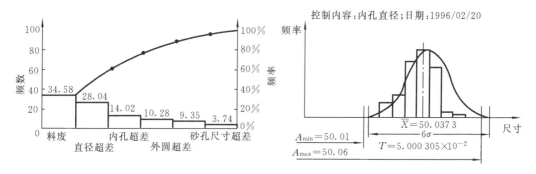

图 4-46 不良品主次因素排列图　　图 4-47 直方图及分布曲线图

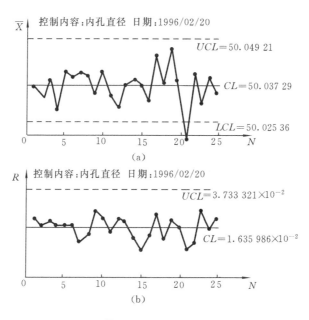

图 4-48 $\overline{X}$-$R$ 点图（均值、极差管理图）
(a) 均值管理图；(b) 极差管理图

图联合使用，能较好地反映误差的变化趋势，可对工序是否出废品进行预报，从而能对加工质量进行控制，真正起到事先管理的作用。

3. 系统的结构特点

计算机辅助质量管理系统能及时处理现场质量数据，自动绘制不良品主次因素排列图、分布曲线图及 $\overline{X}$-$R$ 点图，打印加工质量分析报告，并及时反馈给操作者，起到真正指导生产的作用。其主要特点如下。

(1) 菜单输入。系统全部操作均采用汉字提示主菜单、子菜单选择，用户界面好，操作极为简便,非常适合企业使用。

(2) 模块化设计。本系统全部采用模块化思想设计,当企业生产过程以及管理要求不同时,可方便地扩充和修改模块,各模块间相对独立,程序修改调试极为方便。原始误差分析规则库可根据不同企业重新建立和修改,因此系统通用性强。系统结构框图如图 4-49 所示。

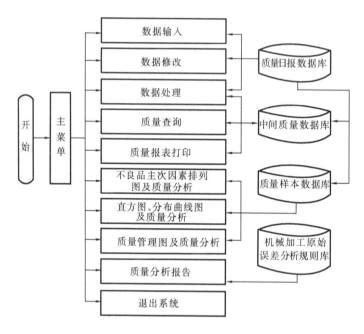

图 4-49 计算机辅助质量管理系统结构框图

## 4.3 机械加工表面质量

机械零件的加工质量,除了加工精度之外,表面质量也至关重要。机械产品的使用性能如耐磨性、抗疲劳性以及耐蚀性等,除与材料和热处理有关外,主要取决于加工后的表面质量。随着用户对产品质量要求的不断提高,某些零件必须在高速、高温等特殊条件下工作,表面层的任何缺陷都会导致零件的损坏,因而表面质量问题显得更加突出和重要。

### 4.3.1 加工表面质量及其对产品使用性能的影响

1. 加工表面质量的含义

任何机械加工方法所得到的表面都不可能是绝对理想的表面,总存在着各种各样的几何形状误差,这些误差大致有宏观几何形状误差(形状误差)、中间几何形状误差(表面波度)、微观几何形状误差(表面粗糙度),同时表面层金属材料在加工时还会产生物理机械性能变化以及在某些情况下还会产生化学性质变化。所谓机械加工表面质量是指零件经过机械加工后表面层的物理机械性能以及表面层的微观几何形状误差。其主要内容有如下两项。

1) 表面层的几何形状误差

表面层的几何形状误差主要包括表面粗糙度和波度以及表面纹理方向和伤痕等部分。所谓表面粗糙度,是指表面的微观几何形状误差,是切削运动后刀刃在被加工表面上形成的峰谷不平的痕迹,其波长与波高之比 $L_3/H_3$ 一般小于 50,如图 4-50 所示。所谓波度,是指介于形状误差($L_1/H_1>1\,000$)和表面粗糙度之间的周期性几何形状误差($L_2/H_2=50\sim1\,000$),主要是由工艺系统的低频振动所引起的,如图 4-50 所示。

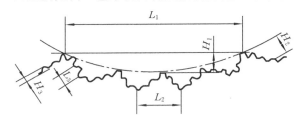

图 4-50 粗糙度和波度之间的关系示意图

2) 表面层金属的物理力学性能

表面层金属的物理力学性能主要有以下三个方面。

(1) 表面层金属因塑性变形而引起的冷作硬化。

(2) 表面层金属残余应力。

(3) 表面层金属因切削热引起的金相组织变化。

2. 表面质量对产品使用性能的影响

表面质量对零件的使用性能,如耐磨性(疲劳强度)、耐疲劳性、耐蚀性、配合质量等,都有一定程度的影响。

1) 表面质量对耐磨性的影响

零件的耐磨性不仅与摩擦副的材料、热处理状况及润滑条件有关,而且还与摩擦副的表面质量有关。

(1) 表面粗糙度对耐磨性的影响。表面粗糙度对耐磨性的影响曲线如图 4-51 所示。在一定条件下,摩擦副表面总是存在一个最佳表面粗糙度 $Ra$(约为 $0.32\sim1.25\;\mu m$),表面粗糙度过大或过小都会使起始磨损量增大。

(2) 表面纹理方向对零件耐磨性的影响。轻载时,摩擦副两个表面的纹路方向与相对运动方向一致时耐磨性好,两表面的纹路方向均与运动方向垂直时耐磨性差,这是因为两个摩擦面在相互运动中,切去了妨碍运动的加工痕迹。但在重载时,两相对运动零件表面的纹路方向均与相对运动方向一致时容易发生咬合,磨损量反而大;两相对运动零件表面的纹路方向相互垂直,且运动方向平行于下表面的纹路方向时磨损较小,如图 4-52 所示。

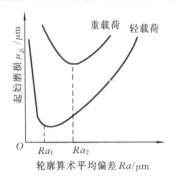

图 4-51　表面粗糙度对耐磨性的影响曲线

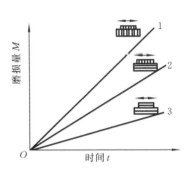

图 4-52　刀具表面纹理方向对零件耐磨性的影响

（3）表面层金属的物理机械性能对耐磨性的影响。加工表面冷作硬化一般有利于提高耐磨性,其原因是因为冷作硬化提高了表面层的显微硬度,但是,并非硬化程度越高耐磨性就越好,过度的冷作硬化会使表面层金属组织变得疏松,甚至出现裂纹,降低耐磨性,如图 4-53 所示。

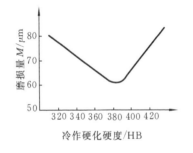

图 4-53　表面冷硬程度与耐磨性的关系

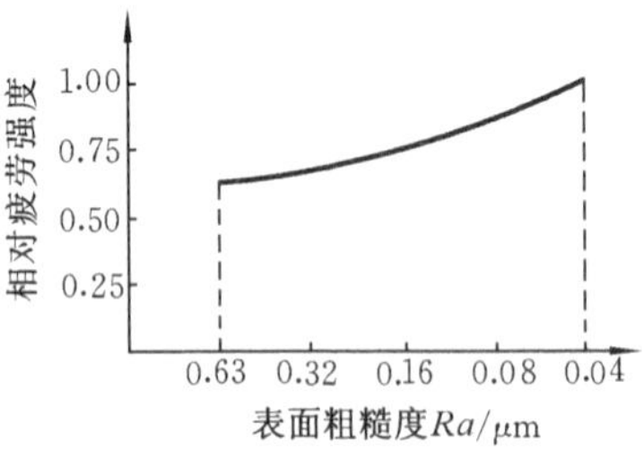

图 4-54　表面粗糙度对疲劳强度的影响

2）表面质量对疲劳强度的影响

表面粗糙度对零件的疲劳强度影响很大。图 4-54 表示表面粗糙度对疲劳强度的影响。减小零件的表面粗糙度,可以提高零件的疲劳强度。表面层残余应力对疲劳强度的影响极大,疲劳损坏往往是由拉应力产生的疲劳裂纹引起的,并且是从表面开始的。表面层残余压应力会抵消一部分由交变载荷引起的拉应力,从而提高零件的疲劳强度。表面层残余拉应力会导致疲劳强度显著下降。适度的冷作硬化使表面层金属得到强化,从而提高零件的疲劳强度。

3）表面质量对耐蚀性的影响

零件的耐蚀性很大程度上取决于表面粗糙度。空气中所含的气体和液体与零件接触时会凝聚在零件表面上使表面腐蚀。零件表面粗糙度越大,加工表面与气体、液体接触面积越大,腐蚀作用就越强烈。加工表面的冷作硬化和残余应力有促进腐蚀的作用。

4) 表面质量对配合质量的影响

对于间隙配合,表面粗糙度越大,磨损越严重,导致配合间隙增大,配合精度降低。对于过盈配合,装配时表面粗糙度较大部分的凸峰会被挤平,使实际的配合过盈少,降低配合表面的结合强度。

### 4.3.2 影响表面粗糙度的因素

1. 切削加工中影响表面粗糙度的因素

1) 几何因素

形成表面粗糙度的几何因素是指刀具相对工件作进给运动时,在加工表面上遗留下来的切削层残留面积(见图 4-55)。切削层残留面积愈大,表面粗糙度值就愈高。影响表面粗糙度的主要因素有:刀尖圆弧半径 $r_\varepsilon$、主偏角 $\kappa_r$、副偏角 $\kappa_r'$ 及进给量 $f$ 等。

当用尖刀切削时,切削层残留面积高度为

$$H = \frac{f}{\cot\kappa_r + \cot\kappa_r'} \tag{4-11}$$

当用圆弧刀刃切削时,切削层残留面积高度为

$$H = \frac{f^2}{8r_\varepsilon} \tag{4-12}$$

减小切削层残留面积的措施主要有:减小进给量,减小刀具的主、副偏角,增大刀尖圆弧半径等。

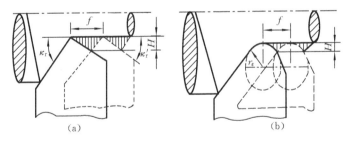

图 4-55 切削层残留面积

2) 物理因素

切削加工后表面粗糙度的实际轮廓形状一般都与由纯几何因素形成的理想轮廓有较大的差别。这是由于存在与被加工材料的性质及切削机理有关的物理因素的缘故。

采用低切削速度加工塑性金属材料(如低碳钢、铬钢、不锈钢、高温合金、铝合金等)时,容易出现积屑瘤与鳞刺,使加工表面粗糙度严重恶化,成为影响加工表面质量的主要因素。刀具与被加工材料的挤压与磨擦使金属材料发生塑性变形,也会增大表面粗糙度。

切削加工中的振动使工件的表面粗糙度增大。

从物理因素看,降低表面粗糙度的主要措施是减少加工时的塑性变形,避免产生积屑瘤和鳞刺。其主要影响因素有切削速度、被加工材料的性质、刀具的几何形状、材料性质和刃磨质量。

适当增大刀具的前角,可以降低被切削材料的塑性变形;降低刀具前刀面和后刀面的表面粗糙度可以抑制积屑瘤的生成;增大刀具后角,可以减少刀具和工件的摩擦;合理选择冷却润滑液,可以减少材料的变形和摩擦,降低切削区的温度;采取上述各项措施均有利于减小加工表面的粗糙度。

2. 磨削中影响表面粗糙度的因素

磨削加工表面粗糙度的形成也是由几何因素和物理因素决定的。但是,磨削加工与切削加工有许多不同之处。在几何因素方面,由于砂轮上的磨料形状很不规则,分布很不均匀,而且会随着砂轮的修整、磨料磨耗状态的变化而不断改变。在物理因素方面,磨削速度比一般切削加工速度高得多,磨料大多为副前角,磨削区温度很高,工件表层金属易产生相变和烧伤。所以,磨削过程的塑性变形要比一般切削过程大得多。磨削中影响表面粗糙度的因素可从以下三个方面考虑。

(1) 砂轮方面,主要是砂轮的粒度、硬度和砂轮的修整质量等。

砂轮的粒度越小,越有利于降低表面粗糙度。但粒度过小,砂轮容易堵塞,反而使表面粗糙度增大,还易引起烧伤。

砂轮硬度应大小合适,半钝化期越长越好。砂轮过硬或过软,都不利于降低表面粗糙度。

砂轮的修整质量是改善表面粗糙度的重要因素。修整质量的好坏与所用工具和修整砂轮时的纵向进给量有关。

(2) 工件材质方面,包括材料的硬度、塑性和导热性等。

工件材料硬度越小、塑性越大、导热性越差(如铝合金、铜合金、耐热合金等),磨削性越差,磨削后的表面粗糙度越大。

(3) 加工条件方面,包括磨削用量、冷却条件、机床的精度和抗振性等。

磨削用量包括砂轮速度、工件速度、磨削深度和纵向进给量。提高砂轮速度有利于降低表面粗糙度。工件速度、磨削深度和纵向进给量增大,均会使表面粗糙度增大。采用切削液可以降低磨削区温度,减小烧伤,有利于降低表面粗糙度。但必须选择合适的冷却液和切实可行的冷却方法。

### 4.3.3 影响加工表面金属层物理力学性能的因素

加工过程中,由于切削力和切削热的作用,工件表面金属层的物理力学性能会发生很大的变化,导致表面层金属和基体材料的性能有很大的差异。其影响因素主要表现为以下三个方面。

## 1. 表面层金属材料的加工硬化

切削(磨削)过程中产生的塑性变形,会使表层金属的晶格发生畸变,晶粒间产生剪切滑移,晶粒被拉长,甚至破碎,从而使表层金属的硬度和强度提高,这种现象称为加工硬化。加工硬化的程度取决于塑性变形的程度。

影响加工硬化的因素如下所述。

(1) 切削力越大,塑性变形越大,硬化程度也就越大。因此,当进给量、背吃刀量增大,刀具前角减小时,都会因切削力增大而使加工硬化程度增大。

(2) 切削温度越高,会使加工硬化作用减小。如切削速度增大,会使切削温度升高,加工硬化程度将会减小。

(3) 被加工工件材料的硬度愈低、塑性越大时,加工硬化现象愈严重。

## 2. 表面层金属金相组织变化

当加工表面温度超过工件材料的相变温度时,其金相组织将会发生相变。对于一般切削加工来说,表层金属的金相组织没有质的变化。而磨削加工时所消耗的能量绝大部分要转化为热,且有约70%以上的热量传给工件,使加工表面层金属金相组织发生变化,造成表层金属的强度和硬度降低,并产生残余应力,甚至会出现微观裂纹,这种现象称为磨削烧伤。

磨削淬火钢时,表面层金属会产生以下三种类型的烧伤:如果工件表面层温度超过了相变温度,切削液的急冷作用使表层金属发生二次淬火,硬度高于原来的回火马氏体的硬度,里层金属则由于冷却速度慢,出现了硬度比原先的回火马氏体的硬度低的回火组织,这种烧伤称为淬火烧伤;如果工件表面层温度超过马氏体转变温度而未超过相变临界温度,这时工件表层金属的金相组织由原来的马氏体转变为硬度较低的回火索氏体或托氏体,这种烧伤称为回火烧伤;如果工件表层温度超过相变温度,而此时没有切削液,表层金属形成退火组织,硬度急剧下降,这种现象称为退火烧伤。

磨削烧伤严重影响零件的使用性能,必须采取措施加以控制。磨削热是造成磨削烧伤的根源。控制磨削烧伤有两个途径:一是尽可能减少磨削热的产生;二是改善冷却条件,尽量减少传入工件的热量。另外采用硬度稍软的砂轮,适当减小磨削深度和磨削速度,适当增加工件的回转速度和轴向进给量,采用高效冷却方式(如高压大流量冷却、喷雾冷却、内冷却)等措施,都能较好地降低磨削区温度,防止磨削烧伤。

图 4-56 所示是一个内冷却装置,经过过滤的冷却液

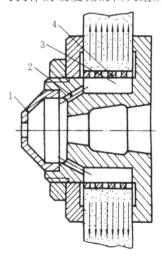

图 4-56 内冷却砂轮结构

1—锥形盖;2—通道孔;
3—砂轮中心腔;4—薄壁套

通过中空主轴法兰套引入砂轮的中心腔内,由于离心力的作用,冷却液通过砂轮内部的孔隙甩出,直接进入磨削区进行冷却,这种冷却装置解决了外部浇注冷却液时冷却液进不到磨削区的难题。

3. 表面层金属残余应力

切削过程中,当表层金属组织发生形状、体积或金相组织变化时,将在表层金属与基体之间产生相互平衡的残余应力。其形成原因有以下三种。

(1) 冷塑性变形引起的残余应力。切削过程中,加工表面受到切削刃钝圆部分与后刀面的挤压与摩擦,产生塑性变形。由于塑性变形只在表层产生,表层金属比容增大,体积膨胀,但受到与它相连的里层金属的牵制,故表层金属产生残余压应力,里层金属产生残余拉应力。

(2) 热塑性变形引起的残余应力。切削加工中,切削区会有大量的切削热产生,工件表面的温度往往很高,此时金属基体温度较低。因此表层产生热压应力。切削过程结束后,表层温度下降至与基体温度一致时,因表层已产生热塑性变形,其收缩要受到基体的牵制而产生残余拉应力,里层则产生残余压应力。磨削温度越高,热塑性变形越大,残余拉应力也越大,有时甚至会产生裂纹。

(3) 金相组织变化引起的残余应力。切削时的高温会使表面层金属的金相组织发生变化。不同的金相组织有不同的密度。表层金属金相组织变化引起的体积变化必然受到基体金属的限制而产生残余应力。当表层金属体积膨胀时,表层金属产生残余压应力,里层金属产生残余拉应力;当表层金属体积缩小时,表层金属产生残余拉应力,里层金属产生残余压应力。磨削淬火钢时,如果表层产生回火,其金相组织由马氏体转化为索氏体或托氏体,表层金属密度增大而体积缩小。表层将产生残余拉应力,里层将产生残余压应力。

实际切削加工后表层的残余应力是上述三方面原因的综合结果。冷塑性变形占主导地位时,表层会产生残余压应力;当热塑性变形占主导地位时,表层会产生残余拉应力。

### 4.3.4　控制机械加工表面质量的途径

机械加工中影响表面质量的因素很多,而对零件使用性能影响较大的是表面粗糙度、表面残余拉应力和磨削烧伤。对于一些直接影响产品性能、寿命的重要零件,为了获得所要求的加工表面质量,必须采用合适的加工方法,并对切削参数进行适当控制。

1. 选择合理的磨削参数

磨削是一种对工件表面质量影响很大的加工方法,但影响磨削质量的因素较复杂。就拿磨削用量对磨削表面质量的影响来说,有些参数的选用在控制表面质量方面是相互矛盾的。如修整砂轮时,从降低表面粗糙度的角度考虑,砂轮应修整得细些,但却可能引起磨削烧伤;为了避免工件产生磨削烧伤,工件速度应选得大些,但却增大了表面粗糙度等。因此,凭经验或手册得到的磨削用量往往不能可靠地保证加工质量。生产中行之有效的办法是通过试验来确定磨削用量,即先初选磨削用量试磨,然后检查工件的金相组织和表面微观硬度的变化,以确定工件表面的热损伤情况,由此调整磨削用量,直至最后确定下来。

2. 采用表面强化工艺

对于承受高应力、交变载荷的零件,可以采用喷丸、滚压等表面强化工艺使表层产生残余压应力和冷作硬化,并降低表面粗糙度,消除磨削等工序产生的残余拉应力,从而大大提高耐疲劳强度及抗应力腐蚀性能。喷丸能使表面层产生很大的塑性变形,造成表面的冷作硬化及残余压应力。硬化深度可达 0.7 mm,表面粗糙度可从 $Ra=3.2~\mu m$ 降至 $Ra=0.4~\mu m$。喷丸后零件的使用寿命可提高数倍至数十倍。滚压使工件表层材料产生塑性流动,形成新的光洁表面。表面粗糙度可从 $Ra=1.6~\mu m$ 降至 $Ra=0.1~\mu m$,硬化深度达 $0.2\sim1.5$ mm。但是,采用表面强化工艺时应控制好工艺参数,以防造成过度硬化。过度硬化会使表面层完全失去塑性甚至引起显微裂纹和材料剥落,带来不良后果。

3. 采用光整加工工艺

光整加工是用粒度很细的磨料对工件表面进行微量切削和挤压、擦光的过程。加工中以一定的压力将磨条压在工件的被加工表面上,并作相对运动以降低工件表面粗糙度和提高工件加工精度,一般用于表面粗糙度为 $Ra\leqslant 0.1~\mu m$ 的表面的加工。由于切削速度低,磨削压强小,所以加工时产生的热量很少,不会产生热损伤,并在加工表面形成残余压应力。所使用的工具都是浮动连接,由加工面自身导向,而相对于工件的定位基准没有确定的位置,所使用的机床也不需要具有非常精确的成形运动。这些加工方法的主要作用是降低表面粗糙度,一般不能纠正形状和位置误差,加工精度主要由前面工序保证。常用的光整加工工艺有以下两种。

1) 珩磨

珩磨是利用珩磨头上的细粒度砂条对孔进行加工的方法,在大批量生产中应用很广,其工作原理如图 4-57 所示,珩磨头上装有 4~8 条砂条,砂条可沿径向张开并在孔壁上产生一定的压力,从而对工件进行微量切削、挤压和擦光。珩磨时,珩磨头作旋转运动和往复运动,在被加工表面上形成交叉网纹。珩磨的表面质量很高,表面粗糙度 $Ra$ 达 $0.04\sim0.32~\mu m$。

2) 超精加工

超精加工是用细粒度的砂条以一定的压力压在作低速旋转运动的工件表面上,并在轴向作往复振动,工件或砂条还作轴向进给运动,以进行微量切削的加工方法。超精加工后的表面粗糙度低($Ra=0.012\sim0.08~\mu m$),表面上留有网状的痕迹,形成了良好储油条件,如图 4-58 所示,故表面耐磨性好。超精加工常用于加工内外圆柱面、圆锥面和滚动轴承套圈的沟道。

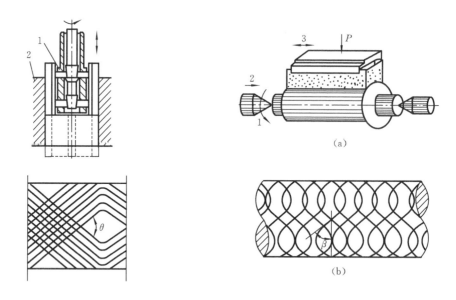

图 4-57 珩磨工作原理　　图 4-58 超精加工原理及其运动轨迹

## *4.4　机械加工过程中的振动

机械加工过程中的振动是一种对机械加工十分有害的现象。它会干扰和破坏正常的切削过程,使零件加工表面出现振纹,从而降低零件的表面质量。振动会加速刀具的磨损,使机床、夹具等零件的连接部分松动,影响其刚度和精度,缩短其使用寿命。强烈的振动会使切削过程无法进行,甚至会引起刀具崩刃现象。强烈的振动还会发出刺耳的噪声,污染环境,危害操作者的身心健康。为了避免发生振动或减小振动,有时不得不降低切削用量,从而限制了生产率的提高。

机械加工过程中产生的振动,主要有强迫振动和自激振动两种类型。

### 4.4.1　强迫振动及其控制

1.强迫振动产生的原因

由外界周期性干扰力(工艺系统内部或外部振源)所激发的振动称为强迫振动。强迫振动的振源有机外振源与机内振源之分。机外振源均通过地基把振动传给机床,可用隔振地基加以隔离,消除其影响。机内振源主要有以下几种。

(1) 高速回转零件质量的不平衡和往复运动部件的换向冲击,如电动机转子、皮带轮、联轴节、砂轮、齿轮等回转件不平衡产生的惯性力以及往复运动部件的惯性力都会引起强迫振动。

(2) 机床传动件的制造误差和缺陷,如齿轮的齿距误差引起传递运动的不均匀,滚动轴承精度不高、皮带厚度不均匀或接头不良,以及液压系统中的冲击现象等均能引起振动。

(3) 切削过程中的冲击,多刃多齿刀具的制造误差、断续切削及工件材料的硬度不均、加工余量不均等均会引起切削过程的不平稳,从而产生振动。

2. 强迫振动的特点

(1) 强迫振动是由周期性干扰力引起的,不会被阻尼衰减掉,振动本身并不能引起干扰力变化。

(2) 强迫振动的频率总与外界干扰力的频率相同,与系统的固有频率无关。

(3) 强迫振动振幅的大小与干扰力、系统刚度及阻尼系数有关:干扰力越大,系统刚度和阻尼系数越小,则振幅越大。当干扰力的频率与系统的固有频率相近或相等时,振幅达最大值,即出现"共振"现象。

3. 消除或减小强迫振动的途径

(1) 消振、隔振与减振。消除强迫振动的最有效办法就是找出振源并消除之。如不能消除,可采用隔振措施,如用隔振地基或隔振装置将需要防振的机床或部件与振源之间分开,从而达到减小振源危害的目的;还可采用各种消振减振装置。

(2) 减小激振力。减小激振力即可有效地减小振幅,使振动减弱或消失。对于转速在 600 r/min 以上的零件,如砂轮、卡盘、电动机转子及刀盘等,应进行动平衡校正。尽量减小传动机构的缺陷,设法提高带传动、链传动、齿轮传动以及其他传动装置的稳定性,如采用完善的带接头、以斜齿轮代替直齿轮等。

(3) 调节振源频率。在选择转速时,尽可能使引起强迫振动的振源的频率远离机床加工系统薄弱模态的固有频率。

(4) 提高工艺系统的刚度和增大阻尼。提高工艺系统刚度,可有效改善工艺系统的抗振性和稳定性。增大工艺系统的阻尼,将增强工艺系统对激振能量的消耗作用,能够有效地防止和消除振动。

### 4.4.2 自激振动及其控制

1. 自激振动及其特征

加工过程中,在没有周期性外力作用的情况下,有时刀具与工件之间也会产生强烈的相对振动,并在工件的表面上留下明显的振纹。这种由加工系统本身产生的交变切削力反过来加强和维持系统自身振动的现象称为自激振动,又叫颤振。由于维持振动所需的交变切削力是由加工系统本身产生的,所以加工系统本身运动一停止,交变切削力也就随之消失,自激振动也就停止。图 4-59 所示为自激振动系统框图。

由图看出,机床自激振动系统是由一个振动系统(工艺系统)和调节系统(切削过程)组成的一个闭环系统。振动系统的振动控制着切削过程产生激振力,而切削过程产生的交变切削力又控制着振动系统的振动,两者相互作用,相互制约。自激振动系统维持稳定振动的条件为:在一个振动周期内,从能源机构经调节系统输入系统的能量等于系统阻尼所消耗的能量。振动系统的能量输入和能量消耗的关系如图 4-60 所示,如果用 $E^+$ 代表输入的能量,用 $E^-$ 代表消耗的能量,则当 $E^+>E^-$ (如 A 点)时,振动得以加强,振幅不断增大,直到 $E^+=E^-$ (B 点)为止;当 $E^+<E^-$ (如 C 点)时,振动将减弱,振幅不断减小,直到 $E^+=E^-$ 为止。可见,只有当 $E^+=E^-$ 时,振幅才达到 $A_0$ 值,系统处于稳定状态。

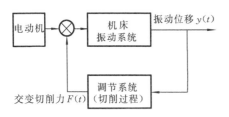

图 4-59　自激振动系统框图

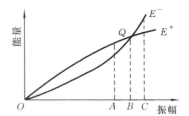

图 4-60　自激振动系统的能量关系

由此可见,自激振动有别于强迫振动,它具有以下特性。

(1) 自激振动是一种不衰减的振动,外部振源在最初起触发作用,但它不是产生这种振动的内在原因。维持振动所需的交变力是由振动过程本身产生的,振动系统能通过这种力的变化,从不具备交变特性的能源中周期性地获得能量补充,从而维持这个振动。

(2) 自激振动的频率等于或接近于系统的固有频率,即自激振动的频率由振动系统本身的振动参数所决定。

(3) 自激振动能否产生以及振幅的大小,取决于振动系统在每一个周期内获得和消耗的能量对比情况。如图 4-60 所示,$E^+$ 表示获得的能量,$E^-$ 表示消耗的能量。只有 $E^+=E^-$ 时系统才处于稳定状态。

当振幅为某一数值时,获得的能量大于消耗的能量,振幅将不断增大,直到二者相等;若处于相反情况,则振幅将不断减小,直到二者相等为止。如振幅为任意数值,获得的能量小于消耗的能量,则自激振动根本就不可能产生。

2. 自激振动产生机理

关于机械加工过程中自激振动产生的机理,许多学者曾提出了许多不同的学说,下面介绍其中两种比较公认的学说。

1) 再生颤振学说

切削或磨削加工中,由于刀具的进给量较小,后一次走刀和前一次走刀的切削区必然会有重叠部分,即产生重叠切削。如图 4-61 所示的外圆磨削,当砂轮的宽度为 B,工件每转进给量为 f 时,砂轮前一转的磨削区和后一转的磨削区便有重叠部分,其大小用重叠系数 $\mu$ 表示,即

$$\mu = (B-f)/B \quad (0<\mu<1)$$

在切削过程中,由于偶然的干扰(如工件材料硬质点或加工余量不均匀等),使加工系统产生振动并在加工表面上留下振纹。当工件转至下一转时,刀具在有振纹的表面上切削,使切削厚度发生变化,导致切削力作周期性变化。这种由切削厚度的变化而使切削力变化的效应称为再生效应,由此产生的自激振动称为再生颤振。这种周期性改变的切削力,在加工中很容易引起自激振动,特别地当用宽刃车刀小进给纵车或切槽时,更易产生振动。

当然,如果工艺系统的稳定性好,或创造适当的条件,切削时也不一定会产生自激振动,还会把前一转留下的振纹表面切去,消除诱发自激振动的根源。那么,究竟系统在怎样的情况下会发生再生颤振?

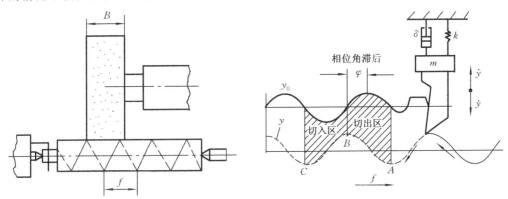

图 4-61　重叠磨削示意图　　　　　图 4-62　再生颤振示意图

为了说明上述问题,可用图 4-62 所示的再生颤振示意图进行说明。从图中看出,当后一转切削加工的工件表面 $y$(图中虚线)滞后于前一转切削的工件表面 $y_0$(图中实线)时,从 $A$ 至 $B$ 为切出,从 $B$ 至 $C$ 为切入,由于在切入工件的半个周期中的平均切削厚度比切出时的平均切削厚度小,切削力也小,则在一个振动周期中,切削力做的正功大于负功,有多余能量输入到系统中去,因而系统产生了再生颤振。如果改变加工中的某项工艺参数(如工件转速),使 $y$ 与 $y_0$ 同相或超前一个相位角,则可以避免再生颤振。

2) 振型耦合学说

当车削如图 4-63 所示的方牙螺纹外圆表面时,工件前、后两转并未产生重叠切削,若按再生颤振学说,不应产生自激振动。但在实际加工中,当背吃刀量增加到一定值时,仍有自激振动产生。而且,前述的再生自激振动机理主要是针对单一自由度振动系统而言的。实际的加工系统一般都是多自由度振动系统。振型耦合学说是在排除再生自激振动的条件下对切削过程的自激振动现象进行解释的学说。它主要用于说明多自由度系统的自激振动现象。

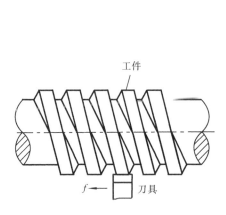
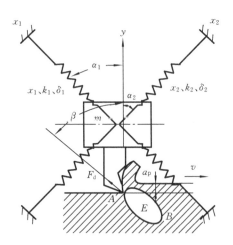

图 4-63　纵车方牙螺纹外圆表面　　　图 4-64　振型耦合原理示意图

如图 4-64 所示,质量为 $m$ 的刀具悬挂在两个刚度为 $k_1$ 和 $k_2$ ($k_1 < k_2$) 的弹簧上,加工表面的法向($y$)与振型方位($x_1$)和($x_2$)的夹角分别为 $\alpha_1$ 和 $\alpha_2$,动态切削力 $F_d$ 和 $y$ 方向的夹角为 $\beta$。$F_d$ 以同一频率同时激起两个振型 $x_1$ 和 $x_2$ 的振动,因为 $k_1 \neq k_2$,它们的合成运动在($x_1$,$x_2$)平面内的轨迹即为椭圆。假定刀尖的运动按图中箭头方向,当刀尖沿由 $A$ 到 $B$ 的轨迹切入工件时,运动方向与切削力方向相反,刀具做负功;刀尖沿由 $B$ 到 $A$ 的轨迹切出时,运动方向与切削力方向相同,刀具做正功。由于切出时的平均切削厚度大于切入时的平均切削厚度,在一个振动周期内,切削力所做的正功大于负功,因此有多余的能量输入振动系统,振动得以维持。如果刀具和工件的相对运动轨迹沿着和图中箭头相反的方向切入和切出,显然,切削力做的负功大于正功,振动就不能维持,原有的振动就会不断地衰减下去。

实验表明,当小刚度方向 $x_1$ 落在 $\beta$ 角内时,即 $\alpha_1 < \beta$ 为不稳定区。其中当 $\alpha_1 = \beta/2$ 时,稳定性最差,最易发生颤振。

3. 消除或减小自激振动的途径

由上述分析可知,自激振动既与切削过程本身有关,又与工艺系统的结构性能有关。所以,减少或消除自激振动的途径是多方面的。常用的基本措施有以下几项。

1) 合理选择切削用量

在一定的条件下,切削速度 $v_c$ 与振幅 $A$ 的关系曲线如图 4-65 所示。由图可以看出,当 $v_c = 20 \sim 60$ m/min 时容易产生振动。所以,可以选择高速或低速切削以避免产生自激振动。

在一定的条件下,进给量 $f$ 与自激振动振幅 $A$ 的关系曲线如图 4-66 所示。由图可以看出,当 $f$ 较小时 $A$ 较大,随着 $f$ 的增加 $A$ 减小。所以,在加工表面粗糙度允许的情况

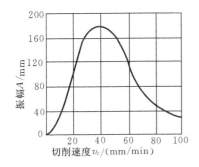

图 4-65 切削速度 $v_c$ 与振幅 $A$ 的关系

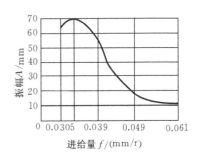

图 4-66 进给量 $f$ 与振幅 $A$ 的关系

下可选取较大的进给量以避免产生自激振动。

在一定的条件下,背吃刀量 $a_p$ 与振幅 $A$ 的关系曲线如图 4-67 所示。由图可以看出,随着 $a_p$ 的增加,$A$ 也增大。因此,减小 $a_p$ 能减小自激振动。

2) 合理选用刀具的几何参数

刀具的几何参数中,对振动影响最大的是主偏角 $\kappa_r$ 和前角 $\gamma_o$。$\kappa_r$ 越小,切削宽度越大,因此越易产生振动。前角 $\gamma_o$ 越大,切削力越小,振幅也越小。后角 $\alpha_o$ 尽可能取小些,但不能太小,以免刀具后刀面与加工表面之间发生摩擦。通常在刀具的主后刀面上磨出一段副倒棱(消振棱),能起到很好的消振作用。

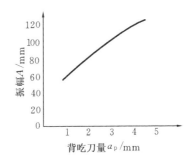

图 4-67 背吃刀量 $a_p$ 与振幅 $A$ 的关系

3) 提高工艺系统的抗振性

提高工艺系统的刚度,特别是提高工艺系统薄弱环节的刚度,可有效提高切削加工的稳定性。提高零、部件结合面间的接触刚度、对滚动轴承预紧、加工细长轴时采用中心架或跟刀架等措施,都可提高工艺系统刚度。此外,合理安排机床部件的固有频率,增大阻尼和提高机床装配质量等都可以显著提高机床的抗振性能。

增大工艺系统的阻尼主要是选择内阻尼大的材料和增大工艺系统部件之间的摩擦阻尼。例如,铸铁阻尼比钢阻尼大,故机床的床身、立柱等大型支承件均用铸铁制造。增大零部件间的摩擦阻尼可通过刮研、施加预紧力等方法来获得。

4) 合理布置低刚度主轴的方位

根据振型耦合学说,加工系统的稳定性受各振型刚度比及其组合的影响。改变这些关系,就可提高抗振性,抑制自激振动。如图 4-68 所示,削扁镗杆具有两个相互垂直且具有不同刚度的振型模态,通过实验调整刀头在镗杆上的方位,即可找到切削稳定性较高的最佳方位角 $\alpha$(加工表面法线方向与镗杆削边垂线的夹角),从而抑制自激振动,提

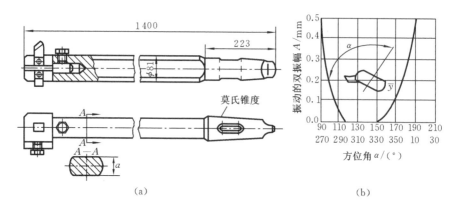

图 4-68 削扁镗杆自激振动实验

高生产率。

5) 采用各种减振装置

在实际生产中,常用的减振装置有阻尼式减振器、冲击式减振器和动力式减振器。

(1) 阻尼式减振器。它是利用固体或液体的摩擦阻尼来消耗振动能量,从而达到减振的目的。图 4-69 所示为安装在滚齿机上的固体摩擦式减振器。它是靠飞轮 1 与摩擦盘 2 之间的摩擦垫 3 来消耗振动能量的,减振效果取决于螺母 4 调节弹簧 5 的压力大小。

(2) 冲击式减振器。图 4-70 所示为冲击式减振镗刀与减振镗杆。冲击式减振器是由一个与振动系统刚性连接的壳体和一个在体内自由冲击的质量块组成的。当系统振动时,由于自由质量块反复冲击壳体而消耗了振动能量,故可显著衰减振动。虽然冲击式减

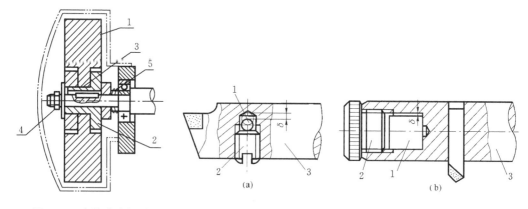

图 4-69 摩擦式减振器

1—飞轮;2—摩擦盘;3—摩擦垫;
4—螺母;5—弹簧

图 4-70 冲击式减振镗刀与减振镗杆

(a) 减振镗刀;(b) 减振镗杆

1—冲击块 $m$;2—紧定螺钉;3—镗刀杆 $M$

振器又有因碰撞产生噪声的缺点,但由于结构简单、体积小、重量轻,在一定条件下减振效果良好,适用频率范围也较宽,故应用较广。

(3) 动力式减振器。图 4-71 所示为一动力式减振器示意图。动力式减振器是用弹性元件 $k_2$ 把附加质量 $m_2$ 连接到振动系统($m_1$、$k_1$)上的减振装置。它利用附加质量的动力作用,使弹性元件附加给振动系统上的力与系统的激振力尽量抵消,以此来消耗振动能量。

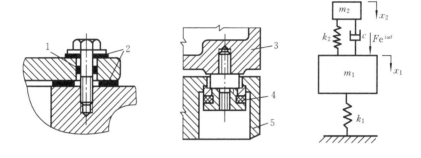

图 4-71 动力式减振器
1—橡皮圈;2—橡皮垫;3—主振系统质量 $m_1$;
4—弹簧阻尼元件;5—附加质量 $m_2$

## 本章重点、难点和知识拓展

**本章重点** 加工精度及加工表面质量的概念;影响加工精度的各种原始误差及控制加工误差的方法;加工误差统计分析方法;控制加工表面质量的途径;自激振动及其控制。

**本章难点** 加工表面冷作硬化、金相组织变化和残余应力产生的机理;自激振动产生的机理。

**知识拓展** 通过完成本章后的思考题与习题,加深对本章内容的理解。学会分析机械制造质量的方法,能对生产现场中出现的一些制造质量方面的问题作出解释,并提出改善零件制造质量的工艺措施。学会识别强迫振动与自激振动,同时学会各自的消振方法。

## 思考题与习题

4-1 试举例说明加工精度、加工误差、公差的概念以及它们之间的区别。

4-2 工艺系统的静态误差、动态误差各包括哪些内容?

4-3 何谓误差复映规律?如何利用这一规律测定机床的刚度?

4-4 何谓误差敏感方向?车床与镗床的误差敏感方向有何不同?

4-5 加工车床导轨时为什么要求导轨中部要凸起一些?磨削导轨时采取什么措施达到此目的?

4-6 在车床上用两顶尖装夹工件车削细长轴时,产生图 4-72 所示三种形状误差的主要原因是什么?分别采用什么办法来减少或消除?

4-7 试分析在车床上加工时产生下述误差的原因:

(1) 在车床上镗孔时,引起被加工孔圆度误差和圆柱度误差;

(2) 在车床三爪自定心卡盘上镗孔时,引起内孔与外圆不同轴、端面与外圆的不垂直。

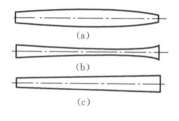

图 4-72 车削细长轴

图 4-73 套筒

4-8 图 4-73 所示套筒的材料为 20 钢,当在外圆磨床上用心轴定位磨削其外圆时,由于磨削区的高温,试分析外圆及内孔处残余应力的符号。若用锯片刀铣开此套筒,试问:铣开后的两个半圆环将产生怎样的变形?

4-9 在自动车床上加工一批小轴,从中抽检 200 件,若以 0.01 mm 为组距将该批工件按尺寸大小分组,所测数据列于表 4-12 中。

表 4-12 测试数据表

| 尺寸间隔 | 自/mm | 15.01 | 15.02 | 15.03 | 15.04 | 15.05 | 15.06 | 15.07 | 15.08 | 15.09 | 15.10 | 15.11 | 15.12 | 15.13 | 15.14 |
| --- | --- | --- | --- | --- | --- | --- | --- | --- | --- | --- | --- | --- | --- | --- | --- |
| | 到/mm | 15.02 | 15.03 | 15.04 | 15.05 | 15.06 | 15.07 | 15.08 | 15.09 | 15.10 | 15.11 | 15.12 | 15.13 | 15.14 | 15.15 |
| 零件数 $n_i$ | | 2 | 4 | 5 | 7 | 10 | 20 | 28 | 58 | 26 | 18 | 8 | 6 | 5 | 3 |

若图样的加工要求为 $\phi15^{+0.14}_{-0.04}$ mm,试:

(1) 绘制整批工件实际尺寸的分布曲线;

(2) 计算合格率及废品率;

(3) 计算工艺能力系数,若该工序允许废品率为 3%,判断工序精度能否满足要求;

(4) 分析出现废品的原因,并提出改进办法。

4-10  如何利用 $\bar{X}$-$R$ 图来判别加工过程是否稳定?

4-11  设已知一工艺系统的误差复映系数为 0.25,工件在本工序前有圆柱度误差(椭圆度)0.45 mm。若本工序形状精度规定公差 0.01 mm,试问:至少进给几次方能使形状精度合格?

4-12  试说明磨削外圆时使用死顶尖的目的,引起外圆的圆度误差和锥度误差的因素(见图 4-74)。

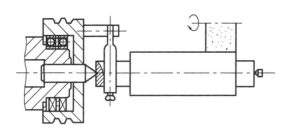

图 4-74  磨削外圆

4-13  车削一批轴的外圆,其尺寸为 $d=(25\pm0.05)$ mm。已知此工序的加工误差分布曲线是正态分布,其标准偏差 $\sigma=0.025$ mm,曲线的顶峰位置偏于公差带中值的左侧 0.01 mm。试求零件的合格率、废品率。工艺系统经过怎样的调整可使废品率降低?

4-14  在无心磨床上用贯穿法磨削加工 $d=20$ mm 的小轴,已知该工序的标准偏差 $\sigma=0.003$ mm,现从一批工件中任取 5 件测量其直径,求得算术平均值为 $\phi20.008$ mm。试估算这批工件的最大尺寸及最小尺寸。

4-15  有一批零件,其内孔尺寸为 $\phi70^{+0.03}_{0}$ mm,属于正态分布。试求内孔尺寸在 $\phi70^{+0.03}_{+0.01}$ mm 之间的概率。

4-16  机械加工表面质量包括哪些内容? 它们对产品的使用性能有哪些影响?

4-17  影响切削加工表面粗糙度的因素有哪些?

4-18  车削一铸铁件外圆表面,若进给量 $f=0.3$ mm/r,刀尖圆弧半径 $r_\varepsilon=3$ mm,试问:车削后能达到的表面粗糙度 $Ra$ 是多大?

4-19  为什么切削加工中会产生加工硬化? 影响加工硬化的因素有哪些?

4-20  为什么会产生磨削烧伤? 减少磨削烧伤的方法有哪些?

4-21  为什么同时提高砂轮速度和工件速度可以避免产生磨削烧伤、减小表面粗糙度值并能提高生产率?

4-22 试述加工表面产生残余压应力和残余拉应力的原因。

4-23 表面强化工艺为什么能改善工件表面质量?生产中常用的表面强化工艺方法有哪些?

4-24 什么是强迫振动?什么是自激振动?各有哪些特征?

4-25 自激振动产生的条件是什么?消除自激振动的措施有哪些?

# 第 5 章 机械加工工艺规程设计

## 引入案例

在机械加工中,常会遇到诸如轴类、套类、盘类、杆类、箱体类等各种各样的零件。虽然它们形状各异,但在考虑它们的加工工艺时却存在许多共性。如图 5-1 所示套类零件,当安排其加工工艺时,必然要考虑这样一些问题,如:该零件的主要技术要求有哪些?哪些表面是零件的主要加工表面?这些表面用什么方法加工、分几次加工?各表面的加工顺序如何?每个工序(工步)的加工余量多大?如何确定各道工序的工序尺寸及其公差?另外还要考虑零件的材料、毛坯形式、工件如何定位和夹紧等问题。上述这些问题均要在本章中进行讨论。

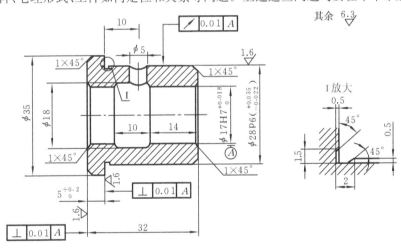

图 5-1 轴套零件

## 5.1 概 述

1. 机械加工工艺规程及其作用

将产品或零部件的制造工艺过程的所有内容用图、表、文字的形式规定下来的工艺文件汇编,称为工艺规程。

机械加工工艺规程的作用可概括为以下三项。

(1) 组织、管理和指导生产。生产的计划、调度，工人的操作，质量的检查等都是以机械加工工艺规程为依据的，一切生产人员都不得随意违反机械加工工艺规程，工艺规程是产品质量保证的根本所在。

(2) 机械加工工艺规程是各项生产准备工作的技术依据。在产品投入大批量生产以前，需要做大量的生产准备和技术准备工作，例如：厂房的改造或规划建设；设备的改造或新设备的购置和定做；关键技术的分析与研究；工装的设计制造或选购等。这些工作都必须根据机械加工工艺规程来展开。

(3) 技术的储备和交流。工艺规程体现了一个企业的工艺技术水平，它是一个企业技术得以不断发展的基石，也是先进技术得以推广、交流的技术文件，所有的机械加工工艺规程几乎都要经过不断的修改与补充，才能不断吸收先进经验，以适应技术的发展。

2. 工艺规程的设计原则

(1) 必须可靠地保证零件图纸上所有技术要求的实现。在设计机械加工工艺规程时，如果发现图纸上某一技术要求规定得不适当，只能向有关部门提出建议，不得擅自修改图纸或不按图纸要求去做。

(2) 在规定的生产纲领和生产批量下，一般要求工艺成本最低。

(3) 充分利用现有生产条件，少花钱、多办事。

(4) 尽量减轻工人的劳动强度，保障生产安全，创造良好、文明的劳动条件。

3. 工艺规程设计所需的原始资料

在制定机械加工工艺规程时，必须具备下列原始资料：

(1) 零件图和产品整套装配图；

(2) 产品的生产纲领和生产类型；

(3) 产品的质量验收标准；

(4) 毛坯情况；

(5) 本厂的生产条件和技术水平；

(6) 国内外生产技术的发展情况。

4. 工艺规程设计的步骤

制定工艺规程的主要步骤大致如下。

(1) 零件的工艺性分析。主要是分析零件的结构工艺性、技术要求、生产类型等内容。

(2) 确定毛坯。依据零件在产品中的作用和生产纲领以及零件本身的结构特点，确定毛坯的种类、制造方法、精度等内容。工艺人员在设计机械加工工艺规程之前，首先要熟悉毛坯的特点，例如其分型面、浇口和冒口的位置以及铸件公差和拔模斜度等。这些内容均与工艺路线的制订密切相关。

(3) 拟订工艺路线，选择定位基准。这是工艺规程设计的核心内容。

(4) 确定各工序的设备和工装。设备和工装的选择需要与零件的生产类型、加工质量、结构特点相匹配,对需要改装和重新设计的专用设备和工艺装备应提出具体的设计任务书。

(5) 确定主要工序的生产技术要求和质量验收标准。

(6) 确定各工序的余量,计算工序尺寸和公差。

(7) 确定各工序的切削用量。在单件、小批生产中,切削用量多由操作者自行决定,机械加工工艺卡中一般不作明确规定。在中批生产,特别是在大批大量生产时,为了保证生产的合理性和节奏均衡,在工艺规程中对切削用量有详尽的规定,并且不得随意改动。

(8) 确定工时定额。

(9) 填卡、装订。

**5. 机械加工工艺规程的格式**

工艺规程由一系列工艺文件所构成,工艺文件一般以卡片的形式来体现,这些卡片包括:工艺过程卡、工序卡、检验卡、调整卡等。

在我国各机械制造厂使用的机械加工工艺规程表格的形式不尽一致,但是其基本内容是相同的。在单件小批生产中,一般只编写简单的机械加工工艺过程卡(见表 5-1);在中批生产中,多采用机械加工工艺卡(见表 5-2);在大批大量生产中,则要求有详细和完整的工艺文件,要求各工序都要有机械加工工序卡(见表 5-3);对半自动及自动机床,则要求有机床调整卡;对检验工序,则要求有检验工序卡等。

表 5-1 机械加工工艺过程卡

| (工厂名) | 机械加工工艺过程卡 | 产品名称及型号 | | 零件名称 | | 零件图号 | | | |
|---|---|---|---|---|---|---|---|---|---|
| | | 材料 | 名称 | 毛坯 | 种类 | 零件重量/N | 毛重 | | 第 页 |
| | | | 牌号 | | 尺寸 | | 净重 | | 共 页 |
| | | | 性能 | 每料件数 | | 每台件数 | | 每批件数 | |
| 工序号 | 工序内容 | | | 加工车间 | 设备名称及编号 | 工艺装备名称及编号 | | 技术等级 | 时间定额/min |
| | | | | | | 夹具 | 刀具 | 量具 | 单件 \| 准备—终结 |
| | | | | | | | | | |
| 更改内容 | | | | | | | | | |
| 编制 | | 抄写 | | | 校对 | | 审核 | | 批准 |

表 5-2　机械加工工艺卡

| (工厂名) | 机械加工工艺卡 | 产品名称及型号 | | 零件名称 | | 零件图号 | | | |
|---|---|---|---|---|---|---|---|---|---|
| | | 材料 | 名称 | 毛坯 | 种类 | 零件重量/N | | 毛重 | 第　页 |
| | | | 牌号 | | 尺寸 | | | 净重 | 共　页 |
| | | | 性能 | 每料件数 | | 每台件数 | | 每批件数 | |
| 工序 | 安装 | 工步 | 工序内容 | 同时加工零件数 | 切削用量 | | | | 设备名称及编号 | 工艺装备名称及编号 | | | 技术等级 | 工时定额/min | |
| | | | | | 背吃刀量/mm | 切削速度/(m/min) | 主轴转速/(r/min)或双行程数/min) | 进给量/(mm/r或mm/min) | | 夹具 | 刀具 | 量具 | | 单件 | 准备—终结 |
| 更改内容 | | | | | | | | | | | | | | | |
| 编制 | | 抄写 | | 校对 | | 审核 | | 批准 | |

表 5-3　机械加工工序卡

| (工厂名) | 机械加工工序卡 | 产品名称及型号 | 零件名称 | 零件图号 | 工序名称 | 工序号 | 第　页 |
|---|---|---|---|---|---|---|---|
| | | | | | | | 共　页 |
| (画工序简图处) | | | 车间 | 工段 | 材料名称 | 材料牌号 | 力学性能 |
| | | | | | | | |
| | | | 同时加工件数 | 每料件数 | 技术等级 | 单件时间/min | 准备终结时间/min |
| | | | | | | | |
| | | | 设备名称 | 设备编号 | 夹具名称 | 夹具编号 | 工作液 |
| | | | | | | | |
| | | | 更改内容 | | | | |

续表

| 工步号 | 工步内容 | 计算数据/mm ||| 走刀次数 | 切削用量 ||| 工时定额/min ||| 刀具量具及辅助工具 ||||
|---|---|---|---|---|---|---|---|---|---|---|---|---|---|---|---|
| | | 直径或长度 | 进给长度 | 单边余量 | | 背吃刀量/mm | 进给量/(mm/r或mm/min) | 主轴转速/(r/min或双行程数/min) | 切削速度/(m/min) | 基本时间 | 辅助时间 | 工作地点服务时间 | 工步号 | 名称 | 规格 | 编号 | 数量 |

| 编制 | | 抄写 | | 校对 | | 审核 | | 批准 | |
|---|---|---|---|---|---|---|---|---|---|

## 5.2 机械加工工艺规程设计

### 5.2.1 零件的结构工艺性分析

结构工艺性是指产品的结构是否满足优质、高产、低成本制造的一种性质。零件结构工艺性的优、劣不是一成不变的，在不同的要求和生产条件下是可以变化的。在保证使用要求的前提下，为了优化产品质量、提高生产率、降低材料消耗及生产成本等，在进行产品和零件设计时，一定要保证合理的结构工艺性。

表 5-4 列举了在常规工艺条件下零件结构工艺性定性分析的例子，供零件结构设计和工艺性分析时参考。

表 5-4 零件结构工艺性举例

| 序号 | 零件结构 |||
|---|---|---|---|
| | | 结构工艺性不好 | 结构工艺性好 |
| 1 | 加工孔离壁太近，与辅具（或主轴）干涉，无法进刀 |  | 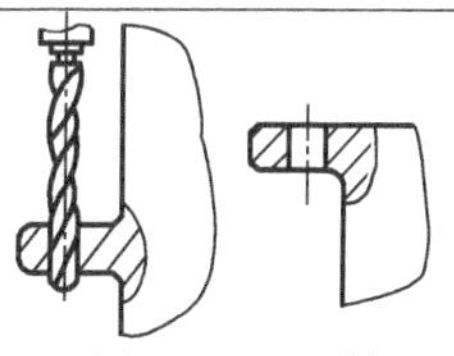 加大加工孔与壁之间的距离，或取消进刀方向的立壁，就可以方便进刀 (a) (b) |
| 2 | 无退刀槽，攻丝无法加工，车螺纹时易打刀 | 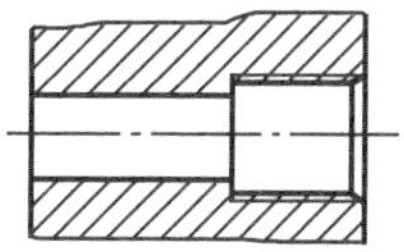 | 设计退刀槽，可以方便螺纹加工 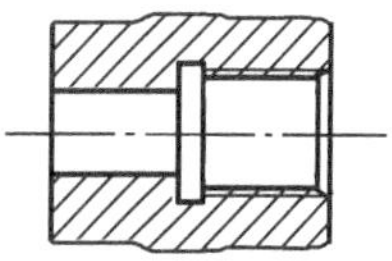 |

续表

| 序号 | 零件结构 | |
|---|---|---|
| | 结构工艺性不好 | 结构工艺性好 |
| 3 | 无退刀槽,刀具工作环境恶劣 | 设计退刀槽,可以改善刀具工作环境 |
| 4 | 台阶尺寸太小,加工键槽时,易划伤左端孔表面 | 加大尺寸 $h$,可以避免划伤左端孔 |
| 5 | 无退刀槽,小齿轮无法加工 | 设计退刀槽,可以方便小齿轮加工 |
| 6 | 无退刀槽,两端轴颈磨削时无法清根 | 设计退刀槽,可以方便两端轴颈磨削时清根 |
| 7 | 孔口设计成斜面,钻孔加工时,刀具易引偏或折断 | 孔口设计成平台,可以方便钻孔加工时刀具进刀 |
| 8 | 退刀槽尺寸不一,增加刀具种类和换刀次数 | 统一退刀槽尺寸,可以减少刀具种类和换刀次数 |

续表

| 序号 | 零件结构 ||
|---|---|---|
| | 结构工艺性不好 | 结构工艺性好 |
| 9 | 螺纹孔尺寸接近但不同,增加刀具种类 | 螺纹孔尺寸统一,可以减少刀具种类和换刀次数 |
| 10 | 平面太大,增加加工量,平面度也不便保证 | 减小加工面的面积,可以减少加工量,方便保证平面度 |
| 11 | 外圆和内孔无法在一次安装中加工,不便保证外圆和内孔的同轴度 | 在外圆上设计台阶,可以方便保证外圆和内孔的同轴度 |
| 12 | 孔出口处余量偏置,钻头易引偏或折断 | 孔出口处设计平台,孔加工方便 |
| 13 | 加工 $B$ 面时,$A$ 面太小,定位不方便 | 设计两个工艺凸台,可以方便 $B$ 面加工时的定位,加工后可以再将凸台去除 |
| 14 | 键槽分布在不同方向,无法在一次安装中加工出来 | 将键槽设计在同一方向,可以在一次安装中加工出来 |

续表

| 序号 | 零件结构 | |
|---|---|---|
| | 结构工艺性不好 | 结构工艺性好 |
| 15 | 孔太深,深孔加工有困难 | 减小孔深度,可以方便加工 |
| 16 | 锥面需要磨削,锥面和圆柱面交接处无法清根 | 锥面和圆柱面交接处设计成台肩,可以方便锥面磨削 |
| 17 | 装配面设计在腔体内部,不便加工和装配 | 装配面设计在腔体外部,可以方便加工和装配 |
| 18 | 台阶面不等高,加工时需两次安装或两次调刀 | 台阶面设计成等高,可以减少辅助时间 |
| 19 | 孔内壁上设计沟槽,不便加工 | 将沟槽设计在装配件的外圆柱面上,可以方便加工 |

## 5.2.2 确定毛坯

毛坯的种类和质量对零件的加工质量、材料消耗、生产率、成本均有影响,而且还会影响零件的力学性能和使用性能。因此,选择毛坯种类和制造方法时,必须首先满足零件的力学性能和使用性能要求,同时希望毛坯与成品零件尽可能接近,以节约材料、降低成本。但这样又会造成毛坯制造难度增加、成本提高。为合理解决这个矛盾,选择毛坯时应重点考虑以下几个问题:零件的生产纲领;零件的性能要求;毛坯的制造方法及其工艺特点;零件形状与尺寸;现有生产条件。

表 5-5 列举了常见毛坯制造方法的工艺特点。

表 5-5 常见毛坯制造方法的工艺特点

| 毛坯制造方法 | 工件尺寸大小 | 壁厚/mm | 结构的复杂性 | 适用生产类型 | 材料 | 精度等级(IT) | 尺寸公差/mm | 其他工艺特点 |
|---|---|---|---|---|---|---|---|---|
| 型材 | 小型 | — | 简单 | 各种类型 | 各种材料 | — | — | 余量较大 |
| 焊接件 | 大中型 | — | 较复杂 | 单件小批生产 | 钢材 | — | — | 余量大,有内应力 |
| 手工砂型铸造 | 各种尺寸 | ≥3~5 | 复杂 | 单件小批生产 | 铁碳合金、非铁金属及其合金 | 14~16 | 1~8 | 生产率低,余量大 |
| 机械砂型铸造 | 中小型 | ≥3~5 | 复杂 | 大批生产 | 同上 | 14左右 | 1~3 | 生产率高,设备复杂 |
| 金属型铸造 | 中小型 | ≥1.5 | 较复杂 | 中大批生产 | 同上 | 10~12 | 0.1~0.5 | 生产率高 |
| 压铸 | 中小型 | ≥0.5(锌),≥10(其他合金) | 由模型制造难易决定 | 大批生产 | 锌、铝、镁、铜、锡、铅各金属合金 | 8~11 | 0.05~0.2 | 生产率高,设备昂贵 |
| 离心铸造 | 中小型 | ≥3~5 | 旋转体 | 大批生产 | 铁碳合金、非铁金属及其合金 | 15~16 | 1~8 | 生产率高,设备复杂 |
| 熔模铸造 | 小型 | ≥0.8 | 复杂 | 成批大量生产 | 难切削材料 | 7~10 | 0.05~0.15 | 占地面积小,便于流水线生产 |
| 壳模铸造 | 中小型 | ≥1.5 | 复杂 | 各种生产类型 | 铁和非铁金属 | 12~14 | | 生产率高,便于自动化生产 |
| 自由锻造 | 各种尺寸 | 不限制 | 简单 | 单件小批生产 | 碳素钢、合金钢 | 14~16 | 1.5~2.5 | 生产率低,要求工人技术水平高 |
| 锤上模锻 | 中小型 | ≥2.5 | 由锻模制造难易决定 | 成批大量生产 | 碳素钢、合金钢 | 11~15 | 0.4~2.5 | 生产率高 |
| 精密模锻 | 小型 | ≥1.5 | 由锻模制造难易决定 | 大批生产 | 碳素钢、合金钢 | 8~11 | 0.05~0.1 | 生产率高,余量小 |
| 板料冷冲压 | 各种尺寸 | 0.1~10 | 复杂 | 大批生产 | 板材 | 8~10 | 0.05~0.5 | 生产率高 |

### 5.2.3 定位基准的选择

加工时用以确定工件定位的基准称为定位基准。它又有粗基准和精基准之分,粗基准是指未经机械加工的定位基准,而精基准则是经过机械加工的定位基准。

选择定位基准的首要目的是,为了保证加工后零件各表面的位置精度和位置关系,同时还要考虑对各工序余量、工艺流程、夹具结构的影响,以及流水线和自动线加工的需要。

选择定位基准时,需要全面考虑各方面的因素,选择一组合理的定位基准,同时还要考虑到粗、精基准的区别。

1. 粗基准的选择原则

粗基准选择的主要目的是:保证非加工面与加工面的位置关系;保证各加工表面余量的合理分配。因此,选择粗基准时应考虑下列一些问题。

(1) 余量分配原则:粗基准的选择应保证工件各表面加工时余量足够或均匀的要求。

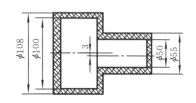

图 5-2 粗基准选择应使加工余量足够

图 5-2 所示零件的毛坯大小头的余量分别为 8 mm、5 mm,其同轴度误差为 0~3 mm,若以 $\phi$108 mm 大头外圆为粗基准,先车小头,此时当毛坯大小头同轴度误差大于 2.5 mm 时,则小头的加工余量不足而导致废品;反之,若以 $\phi$55 mm 小头为粗基准,先车大头,则可避免出现废品。

再如图 5-3 所示车床床身加工中,导轨面是最重要的表面,不仅精度要求高,而且要求导轨面有均匀的金相组织和较高的耐磨性,因此希望加工时导轨面去除余量要小而且均匀。为此,应以导轨面为粗基准,先加工底面,然

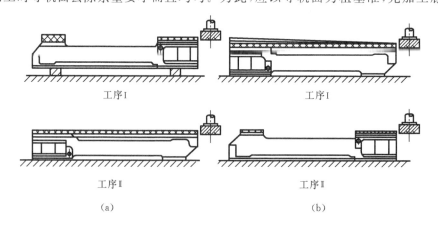

图 5-3 床身加工中的粗基准选择

后再以底面为精基准加工导轨面。这样就可以保证导轨面的加工余量均匀。否则,若违背本条原则必将造成导轨余量的不均匀。

(2) 位置关系原则:粗基准的选择应尽量保证最终零件上非加工表面与加工表面之间的相互位置关系要求。当零件上有多个不加工表面时,应选择其中与加工表面有较高位置精度要求的不加工表面为粗基准。

如图 5-4(a)所示的铸件,外圆表面 1 为不加工表面,为保证孔加工后壁厚均匀,应采用外圆表面 1 作为粗基准;再如图 5-4(b)所示的拨杆,虽然不加工面很多,但由于要求 $\phi 22H9$ 孔与 $\phi 40\ mm$ 外圆同轴,因此在钻 $\phi 22H9$ 孔时应选择 $\phi 40\ mm$ 外圆作为粗基准,利用三爪自定心夹紧机构使 $\phi 40\ mm$ 外圆与钻孔中心同轴。

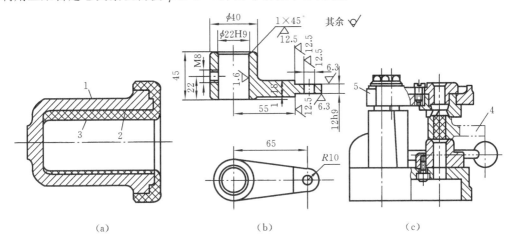

图 5-4 位置要求对粗基准选择的影响

(3) 便于工件装夹的原则:选粗基准时,必须考虑定位准确、夹紧可靠以及夹具结构简单、操作方便等问题。为了保证定位准确、夹紧可靠,要求选用的粗基准尽可能平整、光洁和有足够大的尺寸,不允许有锻造飞边、铸造浇、冒口或其他缺陷。

(4) 粗基准一般不得重复使用的原则:在同一尺寸方向上的粗基准一般不应被重复使用。这是因为毛坯的定位面一般都很粗糙,在两次装夹中重复使用同一粗基准,就会造成相当大的定位误差(有时可达几毫米)。

如图 5-5(a)所示的零件,其内孔、端面及 $3\times \phi 7\ mm$ 孔都需要加工,如果按图 5-5(b)、(c)所示工艺方案,即第一道工序以 $\phi 30\ mm$ 外圆为粗基准车端面、镗孔;第二道工序仍以 $\phi 30\ mm$ 外圆为粗基准钻 $3\times \phi 7\ mm$ 孔,这样就可能使钻出的孔轴线与端面不垂直。如果用图 5-5(b)、(d)所示工艺方案就可以避免上述问题,其第二道工序是用第一道工序已经加工出来的内孔和端面作精基准,就较好地解决了图 5-5(b)、(c)所示工艺方案产生的不垂直问题。

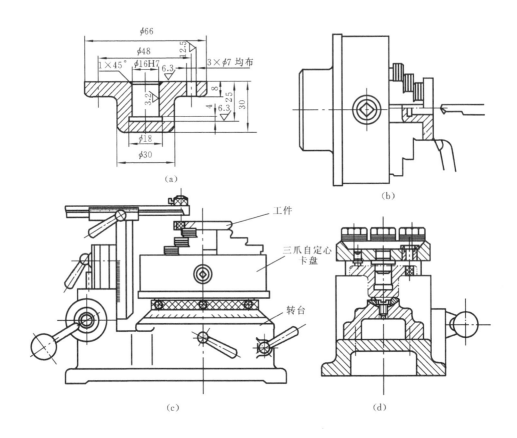

图 5-5 粗基准不重复使用举例
(a) 零件图；(b) 车端面及内孔；(c) 重复使用钻 $3\times\phi7$ mm 孔；(d) 精基准定位钻 $3\times\phi7$ mm 孔

一般情况下应遵循粗基准不重复使用原则，但有时也有例外。例如在图 5-6(a)所示的零件图中，第一道工序加工 $\phi15H7$ 孔和端面时，用法兰凸肩面和外形定位，第二道工序钻 $2\times\phi6$ mm 孔时，除了用 $\phi15H7$ 孔和端面作精基准定位外，仍需要用外形粗基准来限制绕 $\phi15H7$ 孔轴线的回转自由度。此时，粗基准的重复使用并不影响两道工序加工面之间的位置精度要求，这时的粗基准重复使用是允许的。

上述选择粗基准的四条原则，每一条原则都只说明一个方面的问题。在实际应用中，划线装夹有时可以兼顾这四条原则，而夹具装夹则不能同时兼顾，这就需要根据具体情况，抓住主要矛盾，解决主要问题。

2. 精基准的选择原则

选择精基准时要考虑的主要问题是，保证零件设计的位置精度要求以及装夹准确、可靠、方便。为此，一般应遵循以下原则。

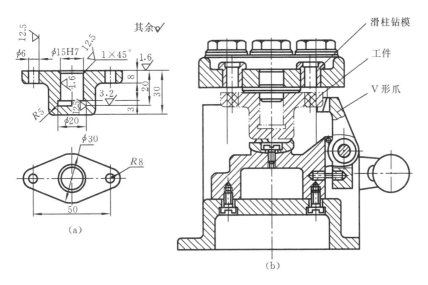

图 5-6 粗基准重复使用举例
(a) 工件简图；(b) 加工简图

(1) 基准重合原则：定位基准应尽可能与被加工面的工序基准或设计基准重合的工艺原则。采用基准重合原则就可以避免基准不重合误差的产生，这在工序加工精度要求较高的场合显得尤为重要。

(2) 基准统一原则：尽量选用一组精基准定位，以此加工工件上大多数（或所有）其他表面的工艺原则。

工件上往往有许多需要加工的表面，会有多个设计基准。要遵循基准重合原则，就会有较多定位基准，因而夹具种类较多。为了减少夹具种类，简化夹具结构，可设法在工件上找到一组基准，或在工件上专门设计一组辅助定位基准，用它们来定位加工工件上多个表面，这样就可以简化夹具设计，减少工件搬动和翻转的次数，有利于自动化加工的需要。

应当指出，采用基准统一原则时常常会带来基准不重合的问题。在这种情况下，要优先保证加工精度要求，在加工精度能够保证的前提下，一般采用基准统一原则。

(3) 互为基准原则：当某些表面位置精度要求很高时，采用互为基准反复加工的一种工艺原则。

如图 5-7 所示，精密齿轮的精加工通常是在齿面淬硬以后再磨齿面及内孔，因齿面淬硬层较薄，磨齿余量应力求小而均匀，所以就必须先以齿面为基准磨内孔，然后再以内孔为基准磨齿面。这样，不但可以做到磨齿余量小而均匀，而且还能保证轮齿基圆对内孔有较高的同轴度。

(4) 自为基准原则：当加工面的表面质量要求很高时，为保证加工面有很小且均匀的余量,常用加工面本身作基准进行加工的一种工艺原则。铰孔、拉孔、浮动镗刀镗孔等都是这一原则的体现。

(5) 便于装夹原则:所选择的精基准,应能保证定位准确、可靠,夹紧机构简单,操作方便。

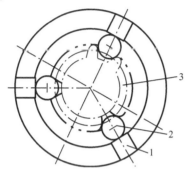 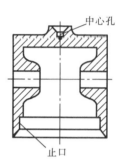

图 5-7 齿轮精加工工艺　　　　　图 5-8 活塞加工用的辅助精基准
1—卡盘;2—滚柱;3—齿轮

3. 辅助基准

有时工件上没有合适的表面用作定位基准,这就需要在工件上专门设置或加工出定位基准,这种基准称为辅助基准。辅助基准在零件的工作中并无用处,它仅仅是为了加工需要而设置的,例如轴类工件加工时用的中心孔,箱体工件加工时用的两个工艺孔,活塞加工时用的止口和下端面就是典型的例子,如图 5-8 所示。

### 5.2.4　工艺路线的拟定

工艺路线拟定是制定机械加工工艺规程的核心工作,其主要任务是确定机械加工路线、热处理工序、检验工序及其他工序的先后顺序。而机械加工路线的确定又是工艺路线拟定工作的核心。工艺路线的最终确定,一般要通过多方案比较,即通过对几条工艺路线的分析和比较,从中选出一条适合本厂生产条件的,能够保证优质、高效和低成本加工的最佳工艺路线。下面就工艺路线安排中的主要问题加以讨论。

1. 各表面加工方法与加工路线的确定

拟定零件机械加工路线时,需要根据零件各个加工表面的设计质量要求,首先确定其最终精加工方法;然后再根据各加工表面的精度要求,确定加工次数和方法。这就可以构成各加工表面的加工路线。

在选择加工方法时,需要综合考虑的问题有:工件的表面特点和结构特点;表面所要求的加工质量;工件的材料及热处理状态;生产类型;生产率和经济性;工厂现有生产条件和技术的发展情况等。

外圆、内孔和平面是构成零件的典型表面,占有构成零件表面的绝大部分。在长期的生产实践中,针对这些表面形成了一些比较成熟的加工方案,熟悉这些表面的加工方案对编制工艺路线有很大指导意义。

表 5-6、表 5-7、表 5-8 分别列出了外圆表面、孔、平面的机械加工路线及其工艺特点。

2. 加工阶段的划分

零件的加工一般要分阶段进行,不同阶段有不同的任务和目的。零件的加工最多可划分为五个加工阶段:去皮加工阶段,粗加工阶段,半精加工阶段,精加工阶段,光整加工阶段。一般零件的加工常分三个加工阶段:粗加工阶段,半精加工阶段,精加工阶段。有飞边、冒口等多余材料的毛坯可安排去皮加工阶段,表面质量要求较高的需要安排光整加工阶段。

表 5-6  外圆表面加工路线及其工艺特点

| 加工方案 | 经济精度 | 表面粗糙度 $Ra/\mu m$ | 工艺特点 |
| --- | --- | --- | --- |
| 粗车<br>└→半精车<br>　　└→精车<br>　　　　└→滚压(或抛光) | IT11~13<br>IT8~9<br>IT7~8<br>IT6~7 | 50~100<br>3.2~6.3<br>0.8~1.6<br>0.08~0.20 | 应用广泛,适用于非淬火工件的加工 |
| 粗车→半精车→磨削<br>　　　　└→粗磨→精磨<br>　　　　　　　　└→超精磨 | IT6~7<br>IT5~7<br>IT5 | 0.40~0.80<br>0.10~0.40<br>0.012~0.10 | 主要用于淬火钢,不适宜加工非铁金属 |
| 粗车→半精车→精车→金刚石车 | IT5~6 | 0.025~0.40 | 主要用于非铁金属 |
| 粗车→半精车→粗磨→精磨→镜面磨<br>　　　　└→精车→精磨→研磨<br>　　　　　　　　└→粗研→抛光 | IT5 以上<br>IT5 以上<br>IT5 以上 | 0.025~0.20<br>0.05~0.10<br>0.025~0.40 | 主要用于要求高质量的表面加工 |

表 5-7  孔加工路线及其工艺特点

| 加工方案 | 经济精度 | 表面粗糙度 $Ra/\mu m$ | 工艺特点 |
| --- | --- | --- | --- |
| 钻孔<br>└→扩孔<br>　　└→铰孔<br>　　　　└→粗铰→精铰<br>　　└→铰孔<br>　　　　└→粗铰→精铰 | IT11~13<br>IT10~11<br>IT8~9<br>IT7~8<br>IT8~9<br>IT7~8 | ≥50<br>25~50<br>1.6~3.2<br>0.8~1.6<br>1.6~3.2<br>0.8~1.6 | 用于加工未淬火实心毛坯的小直径孔,加工非铁金属时,表面粗糙度稍大 |

续表

| 加 工 方 案 | 经济精度 | 表面粗糙度 $Ra/\mu m$ | 工 艺 特 点 |
|---|---|---|---|
| 钻孔→(扩孔)→拉孔 | IT7~8 | 0.80~1.60 | 适合大批量生产 |
| 粗镗(或扩) | IT11~13 | 25~50 | 用于非淬火材料(已有毛坯孔)的加工 |
| └→半精镗(或精扩) | IT8~9 | 1.6~3.2 | |
| └→精镗(或铰) | IT7~8 | 0.80~1.6 | |
| └→浮动镗 | IT6~7 | 0.20~0.40 | |
| 粗镗(或扩)→半精镗→磨 | IT7~8 | 0.20~0.80 | 主要用于加工淬火钢,不适合非铁金属 |
| └→粗磨→精磨 | IT6~7 | 0.10~0.20 | |
| 粗镗→半精镗→精镗→金刚镗 | IT6~7 | 0.05~0.20 | 用于位置精度要求较高的孔加工 |
| 钻孔→(扩)→粗铰→精铰→珩磨(或研磨) | IT6~7 | 0.01~0.20 | 用于表面质量要求高的孔加工 |
| └→拉孔→珩磨(或研磨) | IT6~7 | | |
| 粗镗→半精镗→精镗→珩磨(或研磨) | IT6~7 | 0.01~0.20 | |

表 5-8 平面加工路线及其工艺特点

| 加 工 方 案 | 经济精度 | 表面粗糙度 $Ra/\mu m$ | 工 艺 特 点 |
|---|---|---|---|
| 粗车 | IT11~13 | ≥50 | 用于加工工件端平面 |
| └→半精车 | IT8~9 | 3.2~6.3 | |
| └→精车 | IT7~8 | 0.80~1.60 | |
| └→磨 | IT6~7 | 0.20~0.80 | |
| 粗铣→拉 | IT6~9 | 0.20~0.80 | 适合小平面大批量生产 |
| 粗刨(或粗铣) | IT11~13 | ≥50 | 适合非淬火平面加工 |
| └→精刨(或精铣) | IT7~9 | 1.6~6.3 | |
| └→刮研 | IT5~6 | 0.10~0.80 | |
| 粗刨(或粗铣)→精刨(或精铣)→磨 | IT6~7 | 0.20~0.80 | 用于加工精度要求较高的平面 |
| └→粗磨→精磨 | IT5~6 | 0.025~0.40 | |
| 粗刨(或粗铣)→精刨(或精铣)→宽刀精刨 | IT6~7 | 0.20~0.80 | 适合较大批量、大平面加工 |
| 粗铣→精铣→磨→研磨 | IT5~6 | 0.025~0.20 | 用于高质量平面加工 |
| └→抛光 | IT5 以上 | 0.025~0.10 | |

粗加工阶段的主要任务有:切除大部分表面的大部分余量;为后续加工准备定位精基准。粗加工阶段需要解决的主要问题是如何最大限度地提高生产率。半精加工阶段的任务是:完成非重要表面的终加工;为后续加工提供精度更高的定位基准。因此,半精加工

阶段需要兼顾生产率和加工精度两方面的问题；精加工阶段就是要完成零件的终加工，保证零件的设计精度要求。因此，加工精度是精加工阶段需要解决的首要问题。

划分加工阶段的理由（原因、必要性）如下。

(1) 易于保证加工质量。

(2) 粗加工切除了工件表面大部分余量，可以及时发现毛坯缺陷，及早采取补救措施或报废，避免不必要的加工浪费。

(3) 可以充分、合理地利用人力和物力资源。

(4) 便于安排热处理工序，使冷热加工配合得更好，保证加工质量。

3．工序内容的组合

每道工序加工内容的安排，需要综合考虑以下因素：加工精度要求；工件的结构特点；生产类型；生产节拍等。根据工序加工内容安排的多少，工序内容的组合有两种方式：工序集中和工序分散。工序集中是指在每道工序中安排有较多的加工内容，而多刀同时加工的集中称为工艺集中，多刀或多面依次加工的集中称为组织集中；而工序分散则相反。

目前，机械加工的发展方向是工序集中。加工中心的加工就是工序集中的典型例子。工序集中的优、缺点如下所述。

工序集中的优点为：

(1) 可减少装夹次数；

(2) 便于保证各加工表面之间的位置精度；

(3) 便于采用高生产率的机床；

(4) 有利于生产组织和管理；

(5) 减少了机床和工人，占用生产面积小。

工序集中存在的问题为：

(1) 机床结构复杂，降低了机床的可靠性，调整、维护都不方便；

(2) 采用工序集中、多表面同时加工时，切削力和切削热相互影响，对高质量表面加工不利；

(3) 采用工序集中，多刀同时加工时，切削力大，要求工件的刚度要好；

(4) 采用工序集中，多刀同时加工时，有时无法优化切削用量。

4．机械加工工序及顺序的安排

机械加工工序及顺序安排，一般应遵循下列原则。

(1) 先粗后精原则。在安排工序顺序时，应遵循先粗加工、后精加工的工艺原则。

(2) 先主后次原则。作为零件的重要表面应该先行加工，次要表面穿插加工。

(3) 基准先行原则。用做某个加工面定位基准的表面，应该在该加工面加工之前先行加工。

(4) 先面后孔原则。该原则主要应用于箱体类零件的加工。在加工箱体类零件时，应先加工出一个平面精基准，再以该平面定位，加工箱体其他表面。

5. 其他辅助工序的安排

(1) 热处理工序的安排。热处理的种类繁多，但根据热处理的目的划分不外乎三类：提高机械性能的热处理；改善材料组织和切削加工性能的热处理；消除内应力的热处理。考虑热处理的目的和工艺等的需要，热处理在工艺路线中的安排有所不同。①提高机械性能的热处理，一般安排在半精加工之后精加工之前；②改善材料组织和切削加工性能的热处理，一般安排在毛坯制造之后粗加工之前；③消除内应力的热处理应安排在容易产生内应力的工序之后，如毛坯制造之后、粗加工之后等。实际安排时，还需要兼顾质量、成本和生产率等问题。

(2) 表面处理工序的安排。表面处理的目的主要是表面保护和美观。考虑到其目的、工艺特点和需要，表面处理工序的安排如下：①金属镀层（镀铜、铬、镍、锌、镉），放在机械加工之后，检验之前；②美观镀层（镀铬等），一般安排在精加工之后，镀铬后抛光；③非金属镀层（油漆），放在最后；④表面氧化膜层（钢件发蓝处理、铬合金阳极化处理、镁合金氧化处理等），一般安排在精加工之后进行。

(3) 检验工序安排。①中间检验：安排在粗加工之后进行；或转出车间前，关键工序之前和之后进行。②总检验（最终检验）：零件加工完成后进行。③特种检验：检查工件材料内部质量（如毛坯超声波探伤），安排在工艺过程的开始，粗加工之前。④工件表面质量检验（如磁粉探伤、荧光检验）：要放在所要求表面的精加工之后。⑤动、静平衡试验、密封性试验：根据加工过程的需要进行安排。⑥质量检验：安排在工艺过程最后进行。

(4) 其他工序。①去毛刺工序：根据生产节拍需要，在工序加工间隙安排，或单独安排去毛刺工序，但需要安排在毛刺面使用之前（如定位、检验、装配等之前）。②油封工序：入库前或两道工序之间间隔时间较长时安排。③清洗工序：检验、装配之前和抛光、磁粉探伤、荧光检验、研磨等工序之后均要安排清洗工序。

### 5.2.5 加工余量和工序尺寸的确定

1. 加工余量的确定

1) 加工余量的概念

机械加工时，为保证零件加工质量，从某一表面上所切除的金属层厚度称为加工余量。它有总余量和工序余量之分。某一表面从毛坯到最后成品所切除的金属厚度称为总余量，它等于毛坯尺寸与零件设计尺寸之差。在一道工序中从某一表面上所切除的金属层厚度称为工序余量，它等于相邻两道工序的工序尺寸之差，如图 5-9 所示。

工序余量又有单边余量和双边余量之分。对于平面等非对称表面，其加工余量一般

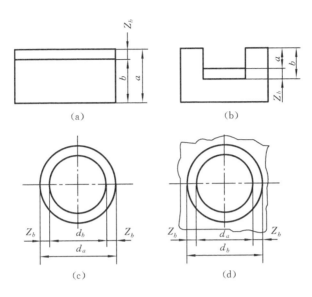

图 5-9 加工余量

为单边余量。

对于外表面(见图 5-9(a)):
$$Z_b = a - b$$

对于内表面(见图 5-9(b)):
$$Z_b = b - a$$

式中:$Z_b$——本工序的工序余量;
  $b$——本工序的基本尺寸;
  $a$——上道工序的基本尺寸。

内、外圆柱面等回转体表面的加工余量为双边余量。

对于外圆面(见图 5-9(c)):
$$2Z_b = d_a - d_b$$

对于内圆面(见图 5-9(d)):
$$2Z_b = d_b - d_a$$

式中:$2Z_b$——直径上的加工余量;
  $d_b$——本工序加工表面的直径;
  $d_a$——上道工序加工表面的直径。

总加工余量与工序余量的关系为
$$Z_0 = \sum_{i=1}^{n} Z_i$$

式中：$Z_0$——总加工余量；

$Z_i$——第 $i$ 道工序的工序余量；

$n$——工序数量。

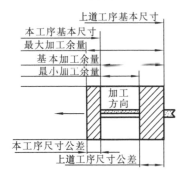

图 5-10 加工余量及其公差

由于工序尺寸在加工时有偏差，实际切除的余量值也必然是变化的，故加工余量有基本（或公称）加工余量 $Z$、最大加工余量 $Z_{max}$ 和最小加工余量 $Z_{min}$ 之分。对于图 5-10 所示的被包容面：

$$Z = L_a - L_b$$
$$Z_{min} = L_{amin} - L_{bmax}$$
$$Z_{max} = L_{amax} - L_{bmin}$$

式中：$L_a$——上道工序基本尺寸；

$L_b$——本工序基本尺寸；

$L_{amax}$、$L_{amin}$——上道工序最大、最小尺寸；

$L_{bmax}$、$L_{bmin}$——本工序最大、最小尺寸。

公称余量的变化范围（余量公差）$T_z$ 等于本工序尺寸公差 $T_b$ 与上道工序尺寸公差 $T_a$ 之和，即

$$T_z = Z_{max} - Z_{min} = T_b + T_a$$

工序尺寸极限偏差一般按"入体原则"标注。对被包容面，如轴，上偏差为零，基本尺寸即最大极限尺寸；对包容面，如孔，下偏差为零，基本尺寸则是最小极限尺寸，如图 5-11 所示。毛坯尺寸两极限偏差一般采用双向标注。计算总余量只计算毛坯入体部分余量。但在第一道工序计算背吃刀量 $a_p$ 时，必须考虑毛坯出体部分偏差，否则影响粗加工的走刀次数的安排，此时就要用最大加工余量。

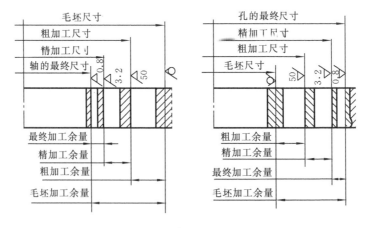

图 5-11 加工余量和工序尺寸分布

2) 影响加工余量的因素

加工余量大小的合理确定很重要。余量过大,会增加加工工时以及材料、工具和电力的消耗;余量过小,则不能完全切除上道工序留下的各种表面缺陷和误差,甚至造成废品。确定加工余量的基本原则是:在保证加工质量的前提下越小越好。影响最小加工余量的因素有如下几项。

(1) 上道工序留下的表面粗糙度 $R_z$(表面轮廓最大高度)和表面缺陷层 $H_a$。在本工序加工时要去除这部分厚度。

(2) 上道工序的尺寸公差 $T_a$。本工序加工余量在不考虑其他误差的存在时,应不小于 $T_a$。

(3) 上道工序留下的需要单独考虑的空间误差 $\rho_a$。$\rho_a$ 是指工件上有些不包括在尺寸极限偏差范围内的形位误差,如图 5-12 所示的轴。由于上道工序轴线有直线度误差 $\delta$,本工序加工余量需增加 $2\delta$ 才能保证该轴在加工后无弯曲。

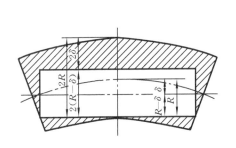

图 5-12 空间误差对加工余量的影响

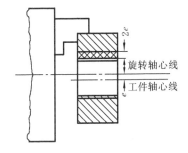

图 5-13 安装误差对加工余量的影响

(4) 本工序的安装误差 $\varepsilon_b$。安装误差包括定位误差和夹紧误差。如图 5-13 所示,用三爪卡盘夹持工件外圆磨内孔时,由于三爪卡盘本身定位不准确,使工件中心和机床主轴回转中心偏移了一个 $e$ 值,为了加工出内孔就需使磨削余量增大 $2e$ 值。

由于空间误差和安装误差在空间具有方向性,因此它们的合成应为向量和。

综上所述,加工余量的计算公式为

对于单边余量 $\qquad Z_{\min}=T_a+R_z+H_a+|\vec{\rho}_a+\vec{\varepsilon}_b|$

对于双边余量 $\qquad Z_{\min}=T_a/2+R_z+H_a+|\vec{\rho}_a+\vec{\varepsilon}_b|$

以上是两个基本计算式,在应用时需根据具体情况进行修正。

3) 确定加工余量的方法

(1) 计算法。该方法能确定比较科学合理的加工余量,但必须有可靠的试验数据资料。目前应用很少,有时在大批量生产中的重要工序中应用。

(2) 经验估计法。加工余量是由一些有经验的工程技术人员或工人根据经验确定的。为了防止工序余量不够而产生废品,所估余量一般偏大,此法只用于单件小批生产。

(3) 查表法。此法以在生产实际情况和试验研究积累的有关加工余量的数据资料的基础上制定的各种表格为依据,再结合实际情况加以修正。此法简便,比较接近实际,在生产中应用最广。

2. 工序尺寸的确定

在机械加工中,每道工序应保证的尺寸称为工序尺寸,其允许的变动量即为工序尺寸公差。工序尺寸往往不能直接采用零件图上的尺寸,而需要另行计算。计算工序尺寸及其变动量是制订工艺规程的重要工作之一,通常有以下两种情况。

(1) 基准不重合或多次转换情况下的尺寸换算。这种计算需要运用尺寸链原理,所以将在5.2.6节"工艺尺寸链及其应用"中专门讨论。

(2) 工序基准与设计基准重合情况下所形成的工序尺寸(简单工序尺寸)的计算。对于简单的工序尺寸,只需根据工序的加工余量就可以算出各工序的基本尺寸,其计算顺序是由最后一道工序开始向前推算。各中间工序尺寸的尺寸精度按加工方法的经济精度确定,并按"入体原则"标注其两极限偏差;最后一道工序的工序尺寸及偏差按图样标注。

**例 5-1** 某零件孔的设计尺寸为 $\phi 98_{0}^{+0.035}$ mm,表面粗糙度 $Ra$ 为 $0.8~\mu m$,孔长度为 45 mm,毛坯为铸件,在成批生产条件下,其加工工艺过程为:粗镗—半精镗—精镗—浮动镗。试计算各工序尺寸及极限偏差。

**解** (1) 查有关机械加工手册得各工序余量和所能达到的经济精度及其数值分别为:

$Z_{浮动镗}=0.25$ mm, $Z_{精镗}=1$ mm, $Z_{半精镗}=1.4$ mm, $Z_{毛坯}=6$ mm, $T_{毛坯}=\pm 1.2$ mm;

粗镗(IT13): $T_{粗镗}=0.54$ mm, $Ra=5~\mu m$;

半精镗(IT10): $T_{半精镗}=0.14$ mm, $Ra=3.2~\mu m$;

精镗(IT8): $T_{精镗}=0.054$ mm, $Ra=1.6~\mu m$;

浮动镗(IT7): $T_{浮动镗}=0.035$ mm, $Ra=0.8~\mu m$。

(2) 具体计算过程如下。

$$Z_{粗镗}=Z_{毛坯}-\sum Z_{工序}=(6-0.25-1-1.4)~\text{mm}=3.35~\text{mm}$$

(3) 作孔加工余量和工序尺寸分布图(见图5-14),将上述数据填入。

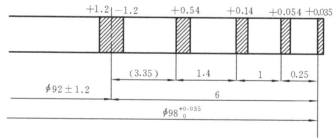

图 5-14 孔加工余量和工序尺寸分布图

(4) 从最后一道工序向前推算,求出各工序尺寸和极限偏差(单位:mm):浮动镗 $\phi 98^{+0.035}_{0}$,精镗 $\phi(98-0.25)^{+0.054}_{0}=\phi 97.75^{+0.054}_{0}$,半精镗 $\phi(97.75-1)^{+0.14}_{0}=\phi 96.75^{+0.14}_{0}$,粗镗 $\phi(96.75-1.4)^{+0.54}_{0}=\phi 95.35^{+0.54}_{0}$,毛坯 $\phi(98-6)\pm 1.2=\phi 92\pm 1.2$。

### 5.2.6 工艺尺寸链及其应用

尺寸链原理是分析和计算工序尺寸的有效工具,在制订机械制造工艺过程中有着非常重要的作用。

**1. 尺寸链的基本概念**

1) 尺寸链的定义和特征

在零件的加工或机器的装配过程中,经常能遇到一些互相联系的尺寸组合。如图 5-15 所示套筒零件,$A_0$、$A_1$ 为零件图上已标注的尺寸。加工时,尺寸 $A_0$ 不便直接测量,但可以通过直接控制 $A_2$ 的大小来间接保证 $A_0$ 的要求。于是这三个有关尺寸 $A_0$、$A_1$、$A_2$ 构成了一个封闭的尺寸组合。又如图 5-16 所示的孔与轴的装配图。装配要求 $A_0$ 时通过控制 $A_1$、$A_2$ 间接保证,三者也构成一个封闭组合。这种由一组互相联系的尺寸按一定顺序首尾相接排列成的封闭图形,称为尺寸链。其中,由单个零件在工艺过程中的有关尺寸所组成的尺寸链称为工艺尺寸链(见图 5-15),在机器的装配的过程中,由有关的零(部)件上的有关尺寸所组成的尺寸链,称为装配尺寸链(见图 5-16)。

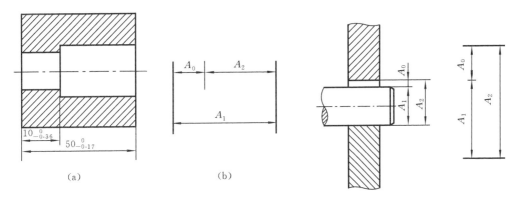

图 5-15 套筒零件工艺尺寸链　　　　图 5-16 装配尺寸链

由尺寸链定义可知,尺寸链有以下两个特征。

(1) 封闭性。尺寸链必须是一组有关尺寸首尾相接构成的尺寸封闭图形。其中应包含一个间接保证的尺寸和若干个对此有影响的直接保证的尺寸。

(2) 联系性。尺寸链中间接保证的尺寸的大小和精度,是受这些直接保证尺寸的精度所支配的,彼此间具有特定的函数关系,即 $A_0=f(A_1,A_2)$,并且间接保证尺寸的精度必然低于直接保证尺寸的精度。

2) 尺寸链的组成和尺寸链图的作法

尺寸链中各尺寸称为环。根据环的性质,这些环可分为以下两种。

(1) 封闭环。尺寸链中间接保证的尺寸称为封闭环,用 $A_0$ 表示。图 5-15 和图 5-16 中的 $A_0$ 尺寸即为封闭环。

(2) 组成环。尺寸链中除封闭环以外的其他环均为组成环。按它们对封闭环的影响不同又分成以下两类。

① 增环:该环的变动(增大或减小)引起封闭环同向变动(增大或减小)的环,用 $A_p$ 表示。如图 5-15 中的 $A_1$ 和图 5-16 中的 $A_2$ 为增环。

② 减环:该环的变动(增大或减小)引起封闭环反向变动(减小或增大)的环,用 $A_q$ 表示。如图 5-15 中的 $A_2$ 和图 5-16 中的 $A_1$ 为减环。

对于环数较少的尺寸链,可以用增减环的定义来判别组成环的增减性质,但对环数较多的尺寸链,用定义来判别增减环就很费时且易弄错。为了能迅速、准确地判别增减环,可在绘制完尺寸链图后,在封闭环字母上方画一单向箭头,再按此方向依据尺寸链的走向在其余各环字母上方也画一单向箭头(见图 5-17),凡是箭头方向与封闭环箭头方向相反者为增环,相同者为减环。图 5-17 中,$A_0$ 为封闭环,$A_2$、$A_3$ 为增环,$A_1$ 为减环。

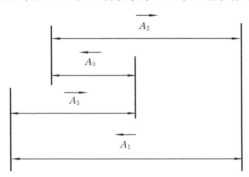

图 5-17 尺寸链增减环判别

绘制尺寸链图对于正确进行尺寸链计算相当重要。现以图 5-15 为例说明尺寸链图的具体作法。图 5-15(a)中所示的轴向尺寸为设计尺寸,对于大孔深度没有明确的精度要求,只要上述两个尺寸加工合格即可。但在实际加工中,往往先加工外圆、车端面,再钻孔、镗孔、切断,然后调头装夹,车另一端面,保证全长要求。由于尺寸 10 的测量比较困难,所以总是用深度游标卡尺直接测量大孔深度。这样,$10_{-0.36}^{0}$ 就是间接保证的尺寸,即为工艺尺寸链的封闭环 $A_0$。

由此例可将工艺尺寸链图的作法归纳为如下几步。

(1) 根据工艺过程或加工方法,找出间接保证的尺寸作为封闭环。

(2) 从封闭环两端开始,按照零件上表面之间的联系,依次画出有关的直接获得的尺寸(即组成环),形成一个封闭图形。应当指出,必须使组成环环数达到最少。

(3) 按照各尺寸首尾相接的原则,顺着一个方向在各尺寸线符号上方画箭头。凡是箭头方向与封闭环箭头方向相同的尺寸均为减环;反之均为增环。

这里还应注意以下三点。

(1) 工艺尺寸链的构成完全取决于工艺方案和具体的加工方法。

(2) 封闭环的确定对尺寸链计算至关重要。封闭环确定错了,将前功尽弃。

(3) 一个尺寸链只能解一个封闭环或一个组成环。

3) 尺寸链的分类

尺寸链按其功能不外乎有两大类,即工艺尺寸链和装配尺寸链。而按尺寸链中各环的几何特征和所处的空间位置可分为四种形式:直线尺寸链、角度尺寸链、平面尺寸链和空间尺寸链。

(1) 直线尺寸链:各环都位于同一平面的若干平行线上,如图5-15、图5-16所示的尺寸链。这种尺寸链在机械制造中用得最多,是尺寸链最基本的形式。

(2) 角度尺寸链:各环均为角度尺寸的尺寸链,如图5-18所示。由平行度、垂直度等位置关系构成的尺寸链也是角度尺寸链。角度尺寸链的表达形式和计算方法均与直线尺寸链相同。

(3) 平面尺寸链:平面尺寸链由直线尺寸和角度尺寸组成,且各尺寸均处于同一或彼此相互平行的平面内。如图5-19所示的尺寸链即为平面尺寸链。在该尺寸链中,参与组成的尺寸不仅有直线尺寸($X$、$Y_1$、$Y_2$、$L_0$),还有角度尺寸($\alpha_0$以及各坐标尺寸之间的夹角)。

(4) 空间尺寸链:指组成环位于几个不平行平面内的尺寸链。

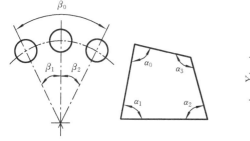

图 5-18  角度尺寸链

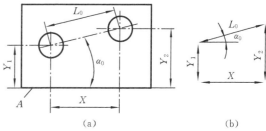

图 5-19  平面尺寸链

2. 尺寸链的基本计算公式

1) 尺寸链的计算方法

尺寸链的计算方法有极值法(极大极小法)和概率法两种。用极值法解尺寸链是按各组成环均处于极值条件下去分析计算封闭环与组成环之间的关系。概率法是以概率论理论为基础来解算尺寸链,该方法将在本书第 6 章中讲述。

2) 尺寸链的计算形式

(1) 正计算:已知各组成环尺寸及其极限偏差,求解封闭环的尺寸及其极限偏差。这种情况主要用于验算,而并非真正意义上的尺寸链计算。

(2) 反计算:已知封闭环的尺寸及其极限偏差,求解各组成环的尺寸和极限偏差。这种情况计算麻烦,需要做大量的试凑工作,且答案并不唯一。

(3) 中间计算:已知封闭环的尺寸及极限偏差和部分组成环的尺寸及极限偏差,求解某一组成环的尺寸和极限偏差。这种情况是反计算的特例,它可使试凑工作大大简化。此种方法广泛应用于各种尺寸链计算。

3) 尺寸链的基本计算公式(极值法)

一个具有 $m$ 个增环的 $n$ 环尺寸链可以用图 5-20 所示的尺寸链图来表示。根据尺寸链的联系性,可以写出尺寸链的基本计算公式。

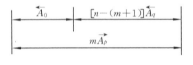

图 5-20　$n$ 环尺寸链

(1) 封闭环的基本尺寸。根据尺寸链的封闭性,封闭环的基本尺寸等于所有增环基本尺寸之和减去所有减环基本尺寸之和,即

$$A_0 = \sum_{p=1}^{m} A_p - \sum_{q=m+1}^{n-1} A_q \tag{5-1}$$

(2) 封闭环的极限尺寸。根据增、减环的定义,如果组成环中的增环均为最大极限尺寸,减环均为最小极限尺寸,则封闭环的尺寸必然是最大极限尺寸,即

$$A_{0\max} = \sum_{p=1}^{m} A_{p\max} - \sum_{q=m+1}^{n-1} A_{q\min} \tag{5-2a}$$

同理

$$A_{0\min} = \sum_{p=1}^{m} A_{p\min} - \sum_{q=m+1}^{n-1} A_{q\max} \tag{5-2b}$$

即封闭环的最大极限尺寸等于所有增环最大极限尺寸之和减去所有减环最小极限尺寸之和,封闭环最小极限尺寸等于所有增环最小极限尺寸之和减去所有减环最大极限尺寸之和。

(3) 封闭环的上、下偏差。根据上、下偏差的定义,利用式(5-2a)、式(5-2b)可推导出

$$ESA_0 = \sum_{p=1}^{m} ESA_p - \sum_{q=m+1}^{n-1} EIA_q \tag{5-3a}$$

$$EIA_0 = \sum_{p=1}^{m} EIA_p - \sum_{q=m+1}^{n-1} ESA_q \tag{5-3b}$$

式中:$ESA_p$、$EIA_p$——增环的上、下偏差;

$ESA_q$、$EIA_q$——减环的上、下偏差。

(4) 封闭环的公差。用式(5-2a)减去式(5-2b),或用式(5-3a)减去式(5-3b),可得

$$A_{0\max}-A_{0\min}=\left(\sum_{p=1}^{m}A_{p\max}-\sum_{p=1}^{m}A_{p\min}\right)+\left(\sum_{q=m+1}^{n-1}A_{q\max}-\sum_{q=m+1}^{n-1}A_{q\min}\right)$$

即

$$TA_0=\sum_{p=1}^{m}TA_p+\sum_{q=m+1}^{n-1}TA_q=\sum_{i=1}^{n-1}TA_i \tag{5-4}$$

式中:$TA_0$——封闭环公差;

$TA_p$、$TA_q$——增、减环公差;

$TA_i$——组成环公差。

由式(5-4)可知,封闭环公差等于所有组成环公差之和。式(5-4)是用极值法计算尺寸链时所用的基本公式。

在尺寸链的反计算法中,会遇到如何将封闭环的公差值合理地分配给各组成环的问题。解决这类问题的方法有以下三种。

① "等公差"原则:将封闭环公差平均分配给各组成环,即

$$TA_i=\frac{TA_0}{n-1} \tag{5-5}$$

② "等公差等级"原则:各组成环的公差根据其基本尺寸的大小按比例分配,或是按照公差表中的尺寸分段及所选定的公差等级确定组成环公差,并使各组成环的公差满足下列条件:

$$\sum_{i=1}^{n-1}TA_i\leqslant TA_0$$

然后再作适当调整。从工艺上讲这种方法比较合理。

③ "复合"原则:先按等公差原则进行分配,然后再视具体情况,如加工难易、尺寸大小等进行调整。

3. 工艺尺寸链的应用

1) 测量基准与设计基准不重合时工序尺寸的确定

**例 5-2** 如图 5-15(a)所示套类零件。设其余表面均已加工好,本道工序镗大孔时,要求保证设计尺寸 $10_{-0.36}^{0}$。加工时因该尺寸不便直接测量,要通过直接测量孔深尺寸 $A_2$ 间接保证。试求工序尺寸 $A_2$ 及其极限偏差。

**解** (1) 分析建立尺寸链。由题意知,封闭环 $A_0=10_{-0.36}^{0}$ mm,尺寸链图如图 5-15(b)所示,其中 $A_1=50_{-0.17}^{0}$ 是增环,$A_2$ 是减环。

(2) 代入尺寸链计算公式求 $A_2$。由 $A_0=A_1-A_2$,得

$$A_2=A_1-A_0=(50-10)\text{mm}=40\text{ mm}$$

由 $ESA_0 = ESA_1 - EIA_2$，得

$$EIA_2 = 0 \text{ mm}$$

同理得出

$$ESA_2 = +0.19 \text{ mm}$$

所以

$$A_2 = 40^{+0.19}_{0} \text{ mm}$$

(3) "假废品"分析。计算结果说明，只要加工中控制大孔深度在 40～40.19 mm 范围内，该零件就是合格品。但在加工中经测量发现有些零件的 $A_2$ 不在此范围内，如 $A_2 = 40.36$ mm 和 $A_2 = 39.83$ mm，这些零件是否合格？对此问题，可用图 5-21 所示的公差带图解法来分析。

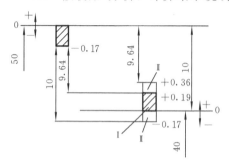

图 5-21 公差带图解

由图 5-21 可知，上述那些工序上认为不合格的零件，仍有可能是合格品。故将图中的 I 区称为合格品区（安全区），II 区称为"假废品"区（是非区），而 II 区两边的区域一定是废品区（禁区）。此例说明，当测量基准与设计基准不重合而进行工序尺寸换算时，确实存在工序尺寸超差而零件仍然合格的假废品区。凡是工序尺寸落在该区中的零件，都要进行复检。只要工序尺寸的超差量不大于其余组成环的公差之和，则有可能是假废品。

2）定位基准与设计基准不重合时的工序尺寸计算

**例 5-3** 如图 5-22 所示箱体零件，已知表面 $A$、$B$、$C$ 均已加工好。本道工序镗孔时，以 $A$ 面为定位基准，并按工序尺寸 $L_3$ 进行加工。显然，孔的设计基准 $C$ 面与定位表面 $A$ 不重合。为保证孔中心到 $C$ 面的距离满足图纸规定的要求，试求 $L_3$。

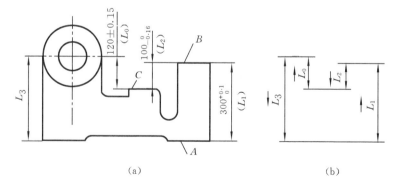

图 5-22 箱体零件工艺尺寸链

**解** (1) 画工艺尺寸链图,如图 5-22(b)所示。其中 $L_0$ 为封闭环,$L_3$、$L_2$ 为增环,$L_1$ 为减环。

(2) 代入尺寸链计算公式求 $L_3$。因为 $L_0 = L_3 + L_2 - L_1$,所以

$$L_3 = (300 + 120 - 100) \text{ mm} = 320 \text{ mm}$$

又因为 $ESL_0 = ESL_3 + ESL_2 - EIL_1$,所以

$$ESL_3 = (0.15 + 0 - 0) \text{ mm} = +0.15 \text{ mm}$$

同理有

$$EIL_3 = +0.01 \text{ mm}$$

即

$$L_3 = 320^{+0.15}_{+0.01} \text{ mm}$$

试想,若直接用设计基准 $C$ 面定位镗孔,$L_3$ 的大小对零件加工会产生什么影响?

3) 多尺寸同时保证时工艺尺寸链计算

在零件的加工中,有些加工表面的工序基准是一些有待继续加工的表面。当加工这些基面时,不仅要保证该加工表面的一些精度要求,同时还要保证对原加工表面的要求,即一次加工后要同时保证两个尺寸的要求。因此需要进行工艺尺寸换算。

**例 5-4** 图 5-23 所示为一具有键槽的内孔简图,其设计要求已在图中标出。内孔及键槽的加工顺序为:①镗孔至 $\phi 39.6^{+0.1}_{0}$ mm;②插键槽至尺寸 $A$;③热处理;④磨内孔至 $\phi 40^{+0.05}_{0}$ mm,同时保证键槽深度 $46^{+0.3}_{0}$ mm。

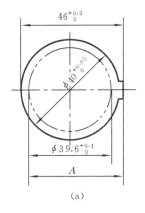
(a)

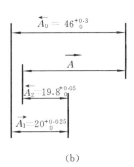
(b)

图 5-23 键槽内孔简图

**解** (1) 画尺寸链图(见图 5-23(b)),其中 $A_0 = 46^{+0.3}_{0}$ 是封闭环;插键槽尺寸 $A$ 和磨孔后的半径尺寸 $A_1 = 20^{+0.025}_{0}$ 是增环;而镗孔后的半径尺寸 $A_2 = 19.8^{+0.05}_{0}$ 是减环。

(2) 代入尺寸链计算公式(式(5-1)、式(5-2))得

$$A = (46 - 20 + 19.8) \text{ mm} = 45.8 \text{ mm}$$

$$ESA = (0.3 - 0.025 + 0) \text{ mm} = +0.275 \text{ mm}, \quad EIA = +0.05 \text{ mm}$$

所以
$$A = 45.8^{+0.275}_{+0.05} \text{ mm}$$

按"入体"原则标注尺寸,并对第三位小数四舍五入,可得工序尺寸及极限偏差为
$$A = 45.85^{+0.23}_{0} \text{ mm}$$

4)表面处理工序的工艺尺寸链计算

表面处理是指表面渗碳、渗氮等渗入类以及镀铬、镀锌等镀层类的处理。渗入类表面处理工序要求在精加工前渗入一定厚度的材料,在加工后能获得图样规定的渗入层厚度。显然,设计要求的渗入层厚度是最后自然形成的,即为封闭环。镀层类表面处理通常是通过控制电镀工艺条件来保证镀层厚度的,且镀层后一般不再进行加工,故工件电镀后形成的尺寸则是封闭环。

**例 5-5** 图 5-24(a)所示的偏心轴,表面 $P$ 要求渗碳处理,渗碳层深度为 $0.5 \sim 0.8$ mm,为了保证对该表面提出的加工要求,其工艺路线安排如下:①半精车 $P$ 面,保证直径 $\phi 38.4^{0}_{-0.1}$ mm;②渗碳处理,控制渗碳层深度;③精磨 $P$ 面,保证直径 $\phi 38^{0}_{-0.016}$ mm,同时保证渗碳层深度为 $0.5 \sim 0.8$ mm。问:渗碳处理时渗碳层的深度应控制在多大的范围内?

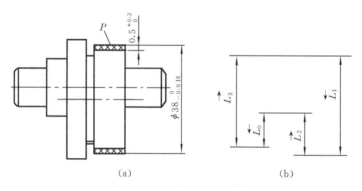

图 5-24 渗碳层工艺尺寸链

**解** (1)画尺寸链图,如图 5-24 所示。其中 $L_0$ 代表磨后的渗碳层深度 $0.5 \sim 0.8$ mm,是封闭环,$L_1 = 19.2^{0}_{-0.05}$ mm 是减环,$L_3 = 19^{0}_{-0.008}$ mm 和 $L_2$ 是增环。

(2)由尺寸链计算公式(式(5-1)和式(5-2))可得
$$L_2 = 0.7^{+0.25}_{+0.008} \text{ mm}$$

即渗碳处理时渗碳层的深度应控制在 $0.708 \sim 0.95$ mm。

*5)图解跟踪法解工艺尺寸链

前面讨论的几个例子,其尺寸链的建立与求解都比较简单。当零件在某一尺寸方向上的加工尺寸较多,加工中又需多次转换工艺基准时,各个工序尺寸之间的关系就变得很复杂。于是就暴露出以下两个突出问题:

① 需要建立工艺尺寸链的环数增多，查找组成环较麻烦；

② 工序余量不宜再靠查表法确定，因为工序余量的变化与若干个工序尺寸的极限偏差有关，这将使得加工中会出现加工余量不够或过大的现象。

对此可以用前面讲过的方法逐个建立尺寸链予以求解，但易遗漏和出错。若用图解跟踪法，可以把工艺过程和各工序尺寸的获得用图直观清晰地表达出来，不但可准确地查找出全部工艺尺寸链，而且使得工艺尺寸链的查找及其解算十分清晰。现举例说明。

**例 5-6** 如图 5-25 所示套筒零件，其轴向有关表面的加工过程如下。①以 $A$ 面定位，粗车 $D$ 面，保证 $A$、$D$ 面距离尺寸 $L_1$；钻通孔。②以 $D$ 面定位粗车 $A$ 面，保证 $A$、$D$ 面距离尺寸 $L_2$；又以 $A$ 面为测量基准，粗车 $C$ 面，保证 $C$、$A$ 面距离尺寸 $L_3$。③以 $A$ 面定位，粗、精车 $B$ 面，保证 $A$、$B$ 面距离尺寸 $L_4$；精车 $D$ 面，以 $B$ 面为测量基准，保证 $B$、$D$ 面距离尺寸 $L_5$。④以 $B$ 面定位，精车 $A$ 面，保证 $A$、$B$ 面距离尺寸 $L_6$；以 $A$ 面为测量基准，精车 $C$ 面，保证设计尺寸 $27_{\ 0}^{+0.14}$ mm。⑤用靠火花磨削法磨 $B$ 面，控制磨削余量 $Z_8$，加工完毕。

试求工序尺寸 $L_1 \sim L_6$ 及下料尺寸 $L_b$。

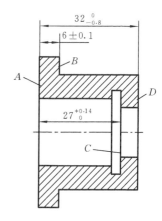

图 5-25 套筒零件图

**解** (1) 设计计算图表（见表 5-9）。

计算图表分左右两部分：左半部分以图的形式直观而形象地反映了加工过程中各加工尺寸的真实变化情况以及各工序尺寸间的联系，称为工艺过程尺寸联系图；右半部分列出有关计算项目，使得计算内容表格化。

(2) 工艺过程尺寸联系图的绘制。

① 按适当比例在图表左上方绘制零件简图，标出各加工表面的符号。为计算方便起见，将与计算有关的设计尺寸改成双向对称偏差标在图上。

② 在表的第 1、2 列中，填写好加工工序顺序及其加工内容。

③ 由各加工表面 $A$、$B$、$C$、$D$ 向下引竖线，根据工序顺序用规定的符号依次将各工序中获得的加工尺寸在图上标出。若是设计尺寸，则在尺寸符号上加一方框。凡在加工中间接获得的设计尺寸，标在结果尺寸栏内（见表 5-9 中的 $N_1$、$N_2$）。

绘制尺寸联系图时应特别注意以下几点：严格按加工先后顺序依次标注加工尺寸，不能颠倒；加工尺寸不能遗漏或多余（记住：每加工一个表面，只能标注一个加工尺寸）；加工尺寸箭头一定指向加工表面；加工余量按"入体"的位置标注，被余量隔开的上方竖线为加工前的待加工面。

表 5-9 工艺尺寸链的追踪图表

| 工序号 | 工序名称 | 计算项目 | | | | | |
|---|---|---|---|---|---|---|---|
| | | 工序尺寸公差 | | 余量公差 | 最小余量 | 平均余量 | 平均尺寸 | 改注极限尺寸及单向偏差 |
| | | 初拟 | 修正后 | | | | | |
| | | $\pm\frac{1}{2}T_i$ | $\pm\frac{1}{2}T_{zi}$ | $Z_{min}$ | $Z_{iM}$ | $L_{iM}$ | $L_i$ |
| 1 | 下料 | ±0.6 | | | | 35.68 | $36.3_{-1.2}^{0}$ |
| 2 | 粗车 | ±0.3 | | ±0.9 | 0.6 | 1.6 | 34.08 | $34.4_{-0.6}^{0}$ |
| 3 | 粗车 | ±0.2<br>±0.2 | | ±0.5 | 0.6 | 1.1 | 32.98<br>26.8 | $33.2_{-0.4}^{0}$<br>$26.6_{0}^{+0.4}$ |
| 4 | 粗及精车 | ±0.1<br>±0.15 | | ±0.45 | 0.3 | 0.75 | 6.58<br>25.65 | $6.68_{-0.2}^{0}$<br>$25.8_{-0.3}^{0}$ |
| 5 | 精车 | ±0.1<br>±0.07 | ±0.08 | ±0.18<br>±0.45 | 0.3<br>0.3 | | 6.1<br>27.07 | $6.18_{-0.16}^{0}$<br>$27_{0}^{+0.14}$ |
| 6 | 靠磨 | ±0.02 | | | | | | |
| | | ±0.1<br>±0.25 | | | | | 6<br>31.75 | |
| 符号说明 | | | | | | | | |
| | 测量基准 | 工序尺寸 | | 加工表面 | | 结果尺寸 | | 余量 |

(3) 工艺尺寸链查找。

图解跟踪法建立尺寸链的口诀是:"从封闭环两端出发自下而上找,两边同时找,遇到箭头拐弯找,直至两追踪路线汇交"。跟踪过程中遇到的带箭头的加工尺寸是组成环,而封闭环只能是间接保证的设计尺寸和除靠火花磨削余量以外的加工余量。

根据上述规则,可在工艺过程联系图上方便地找到各尺寸链,如图 5-26 所示。其中图 5-26(a)是从设计尺寸 $N_1$ 两端开始向上追踪而得到的由 $Z_8$、$L_6$、$N_1$ 组成的尺寸链。图 5-26(b)是从 $N_2$ 两端向上追踪得到的由 $L_5$、$L_6$、$N_2$ 组成的尺寸链,表 5-9 中用虚线绘出了 $N_2$ 尺寸链的追踪路线。以加工余量为封闭环追踪查出的尺寸链,分别如图 5-26(c)、(d)、(e)、(f)、(g)所示。

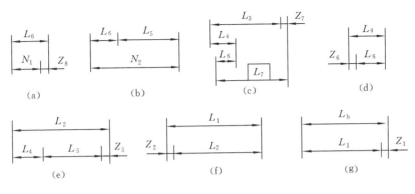

图 5-26 尺寸链图

在磨削端面 $B$ 时采用了"靠磨法"。靠磨时,操作者凭经验磨去一层很薄的金属,并根据磨削中出现火花的多少来判断实际磨削余量的大小,从而间接保证轴向尺寸 $N_1$。可见,$Z_8$ 是组成环,$N_1$ 是封闭环。这一点在解算靠磨法工艺尺寸链时必须搞清楚。

(4) 确定各工序尺寸极限偏差。

各工序尺寸极限偏差的确定按照对设计尺寸有无直接影响而采取不同的方法。有直接影响的要通过计算确定,无直接影响的可按经济精度确定。靠火花磨削余量极限偏差通常根据现场情况而定,一般取 $Z_8 = 0.1 \pm 0.02$ mm。

工艺尺寸链建立后,可先将封闭环(设计尺寸)的尺寸变动量(即公差)平均分配给各组成环,然后视具体情况加以修正。对尺寸链中公共环的尺寸变动量(即公差)要从严要求。

例如,在图 5-26(a)、(b)所示的尺寸链中,工序尺寸 $L_6$ 是公共环。因 $N_1$ 的公差远小于 $N_2$ 的尺寸变动量,故应先从含有 $N_1$ 的尺寸链中去计算工序尺寸 $L_6$ 的公差。在 $L_6$ 的公差确定后,在代入含有 $N_2$ 的尺寸链中求解工序尺寸 $L_5$ 的公差。

(5) 计算工序余量极限偏差和平均余量。

由前面介绍的内容("加工余量"部分)已知,工序加工余量是一个变动值,且变动量等于相邻工序尺寸公差之和。但应注意这一结论是在相邻两工序尺寸采用同一工序基准得出来的。当两者的工序基准不重合时,工序加工余量的变动还将受到两工序基准间有关尺寸误差的影响。因此,在各工序尺寸公差确定以后,要由余量尺寸链计算出余量公差(或余量变动量),并记入余量公差栏中。由计算结果可看出,工艺过程中定位基准的多次转换,使工序余量的变动相当大,所以工序余量不能再简单地靠查表法确定,而应通过必要的计算来确定。余量公差确定后,再根据最小余量可求出平均余量。最小加工余量应参考有关的经验和试验资料而定。

(6) 计算工序平均尺寸。

在平均余量确定后,即可计算每一拟求的工序尺寸。方法是:先在各尺寸链中找出只有一个未知尺寸的尺寸链,并解出此尺寸。如在图 5-26(a)所示的尺寸链中,$N_1$、$Z_8$ 已知,只剩下一个 $L_6$ 未知,故可求出 $L_6$ 的平均尺寸。接着由图 5-26(b)所示的尺寸链可解出 $L_5$。如此进行下去,可解出全部未知的工序尺寸。

各工序尺寸、公差及余量全部确定后,以平均尺寸和对称偏差形式填入图表的相应栏目内。鉴于工艺规程中的中间工序尺寸是按"入体"原则标注成极限尺寸和单向偏差的形式,所以应将表中各工序平均尺寸及其公差予以换算后填入表中的最后一栏内。

### 5.2.7 时间定额

时间定额是指在一定生产条件下规定生产一件产品或完成一道工序所消耗的时间。

时间定额是安排作业计划、进行成本核算、确定设备数量、确定人员编制以及规划生产面积的重要依据。

时间定额必须正确合理确定,不能过紧,也不能过松,并应该具有平均先进水平。规定得过紧,会影响生产工人的劳动积极性和创造性,并容易诱发忽视产品质量的倾向;规定得过松就起不到指导生产和促进生产发展的积极作用。

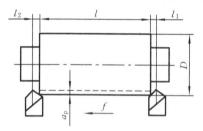

图 5-27 车削加工的机动时间计算

时间定额由以下几个部分组成。

1. 基本时间 $T_j$

直接改变生产对象的尺寸、形状、性能和相对位置关系所消耗的时间称为基本时间。对于切削加工而言,基本时间就是切除金属所花费的机动时间,图 5-27 所示车削加工的机动时间计算公式为

$$T_j = \frac{l + l_1 + l_2}{fn} \cdot i$$

式中:$i$——走刀次数,$i = Z/a_p$,其中 $Z$ 为加工余量(mm),$a_p$ 为背吃刀量(mm);

$n$——机床主轴转速(r/min),$n = 1\,000\, v_c/(\pi D)$,其中 $v_c$ 为切削速度(m/min),$D$ 为工件直径(mm);

$l$——工件加工计算长度(mm);

$l_1$——刀具的切入长度(mm);

$l_2$——刀具的切出长度(mm);

$f$——工件进给量(mm/r)。

2. 辅助时间 $T_f$

为实现基本工艺工作所做的各种辅助动作所消耗的时间,称为辅助时间。例如,装卸

工件、开停机床、改变切削用量、测量加工尺寸、进刀或退刀等动作所花费的时间。

确定辅助时间的方法与零件生产类型有关。对于大批大量生产,为使辅助时间规定得合理,可先将辅助动作进行分解,然后通过实测或查表等方法求得各分解动作所需要的时间,再累积相加;对于中小批生产,一般用基本时间的百分比进行估算。

基本时间与辅助时间的和称为作业时间。

3. 布置工作地时间 $T_b$

为使加工正常进行,工人管理工作地(如更换刀具、润滑机床、清理切屑、收拾工具等)所消耗的时间,称为布置工作地时间,又称工作地服务时间,一般按作业时间的 2%～7% 估算。

4. 休息和生理需要时间 $T_x$

工人在工作班内为恢复体力和满足生理需要所消耗的时间,称为休息和生理需要时间,一般按作业时间的 2% 计算。

5. 准备与终结时间 $T_z$

在成批生产中,工人在加工一批工件前,需要熟悉工艺文件,领取毛坯材料,领取和安装刀具和夹具,调整机床及工艺装备等;在加工完一批工件后,需要拆下和归还工艺装备,送交成品等。工人为生产一批工件进行准备和结束工作所消耗的时间,称为准备与终结时间 $T_z$。

设一批工件数为 $m$,则分摊到每个工件上的准备与终结时间为 $T_z/m$。可以看出,当 $m$ 很大时,$T_z/m$ 就可以忽略不计。

综上所述,单件时间为
$$T_d = T_j + T_f + T_b + T_x$$

对于成批生产,单件计算时间为
$$T_{dj} = T_d + T_z/m$$

对于大量生产,单件计算时间为
$$T_{dj} = T_d$$

制定时间定额的方法有以下几种。

(1) 由工时定额员、工艺人员和工人相结合,在总结经验的基础上,参考有关资料查表后估算确定。

(2) 以同类产品的时间定额为依据,通过分析对比来确定。

(3) 通过对实际操作时间的测定和分析确定。

### 5.2.8 工艺方案的技术经济分析

制订零件机械加工工艺规程时,在同样能满足被加工零件技术要求和产品交货期的条件下,一般可以拟订出几种不同的工艺方案。其中有些方案的生产准备周期短,生产效率高,产品上市快,但设备投资较大;而有些工艺方案的设备投资较少,但生产效率偏低;不同的工艺方案有不同的经济效果。为了选择在给定生产条件下最为经济合理的工艺方案,必须对各种不同的工艺方案进行技术经济分析。

所谓技术经济分析就是通过比较各种不同工艺方案的生产成本,选出其中最为经济的加工方案。生产成本包括两项费用:一项费用与工艺过程直接有关,另一项费用与工艺过程无直接关系(例如行政人员工资等)。与工艺过程直接有关的费用称为工艺成本,占生产成本的 70%~75%。在工艺方案经济分析时,一般只需考虑工艺成本即可。

1. 工艺成本的组成及计算

工艺成本由可变费用与不变费用两部分组成。可变费用与零件的年产量有关,它包括材料费、机床操作工人工资、通用机床和通用工艺装备维护折旧费。不变费用与零件年产量无关,它包括调整工人的工资、专用机床和专用工艺装备的维护折旧费等。

若零件的年产量为 $N$,则零件全年工艺成本 $C_n$(元/年)为

$$C_n = VN + S$$

单件工艺成本 $C_d$(元/年)为

$$C_d = V + S/N$$

式中:$V$——零件的可变费用(元/件);

$S$——全年的不变费用(元/年)。

图 5-28、图 5-29 分别给出了全年工艺成本 $C_n$、单件工艺成本 $C_d$ 与年产量 $N$ 的关系图。

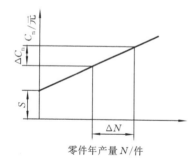

图 5-28 全年工艺成本与年产量的关系　　图 5-29 单件工艺成本与年产量的关系

$C_n$ 与 $N$ 呈直线变化关系(见图 5-28),全年工艺成本的变化量 $\Delta C_n$ 与年产量的变化量 $\Delta N$ 呈正比。$C_d$ 与 $N$ 呈双曲线变化关系(见图 5-29),$A$ 区相当于单件小批生产情况,$N$ 略有变化,$C_d$ 值变化很大;而在 $B$ 区,情况则不同,即使 $N$ 变化很大,$C_d$ 值变化却不大;不变费用 $S$ 对 $C_d$ 的影响很小,这相当于大批大量生产的情况。

2. 工艺方案的技术经济评价

对几种不同工艺方案进行技术经济评价时,有以下两种不同情况。

（1）当需要评价的工艺方案均采用现有设备或其基本投资相近时，可用工艺成本评价其优劣。

① 当两加工方案中少数工序不同，多数工序相同时，可比较少数不同工序的单件工艺成本 $C_{d1}$ 与 $C_{d2}$。

$$C_{d1} = V_1 + S_1/N, \quad C_{d2} = V_2 + S_2/N$$

当产量 $N$ 一定时，由上式直接算出 $C_{d1}$ 与 $C_{d2}$。如果 $C_{d1} > C_{d2}$，则选择第 2 方案。当产量 $N$ 为一变量时，则利用上式作图进行比较，如图 5-30 所示。由图可知，当产量 $N$ 小于临界产量 $N_k$ 时，第 2 方案为优选方案；当产量 $N$ 大于临界产量 $N_k$ 时，第 1 方案为优选方案。

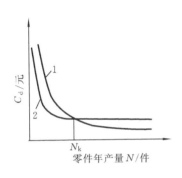

图 5-30　单件工艺成本比较　　　　图 5-31　全年工艺成本比较

② 当两加工方案中多数工序不同，少数工序相同时，则以该零件全年工艺成本 $C_{n1}$ 与 $C_{n2}$ 进行比较，如图 5-31 所示。

$$C_{n1} = NV_1 + S_1, \quad C_{n2} = NV_2 + S_2$$

当年产量 $N$ 一定时，可由上式直接算出 $C_{n1}$ 及 $C_{n2}$。如果 $C_{n1} > C_{n2}$，则选择第 2 方案。当年产量 $N$ 为一变量时，可利用上式作图进行比较，如图 5-31 所示。由图可知，当 $N < N_k$ 时，第 2 方案的经济性好；当 $N > N_k$ 时，第 1 方案的经济性好。当 $N = N_k$ 时，$C_{n1} = C_{n2}$，即

$$N_k V_1 + S_1 = N_k V_2 + S_2, \quad N_k = (S_2 - S_1)/(V_1 - V_2)$$

（2）两种工艺方案的基本投资差额较大时，则在考虑工艺成本的同时，还要考虑基本投资差额的回收期限。

如果第 1 方案采用了价格较贵的先进专用设备，基本投资 $K_1$ 较大，工艺成本 $C_1$ 较低，但生产准备周期短，产品上市快；如果第 2 方案采用了价格较低的一般设备，基本投资 $K_2$ 少，工艺成本 $C_2$ 较高，但生产准备周期长，产品上市慢；这时如单纯比较其工艺成本是难以全面评定其经济性的，必须同时考虑不同加工方案基本投资差额的回收期限。投资回收期 $\tau$ 的计算公式为

$$\tau = \frac{K_1 - K_2}{C_2 - C_1 + \Delta Q} = \frac{\Delta K}{\Delta C + \Delta Q} \tag{5-6}$$

式中：$\Delta K$——基本投资差额；

$\Delta C$——全年工艺成本节约额；

$\Delta Q$——由于采用了先进设备，促使产品上市更快，工厂从产品销售中取得的全年增收总额。

投资回收期必须满足以下要求：

① 回收期限应小于专用设备或工艺装备的使用年限；

② 回收期限应小于该产品的市场寿命(年)；

③ 回收期限应小于国家所规定的标准回收期。采用专用工艺装备的标准回收期为2～3年，采用专用机床的标准回收期为4～6年。

## 5.3 典型零件的工艺分析

### 5.3.1 连杆的加工

**1. 连杆零件工艺特点和毛坯分析**

1) 连杆零件的功用及结构特点

连杆小头孔与活塞销相连，大头孔与曲轴连杆轴颈配合。工作时，燃气爆炸所做的功通过活塞销、连杆传递到曲轴，带动曲轴作旋转运动。

图 5-32 所示为某型号拖拉机发动机连杆零件简图。连杆由大头、小头和杆身等部分组成。大头为分开式结构(系直剖式连杆)，连杆体和连杆盖用螺栓、螺母连接。为减少磨损和便于修理，大头孔和小头孔内分别安装轴瓦和铜套。连杆杆身的截面为工字形，可以减少重量以减少惯性力，又使连杆具有足够的强度和刚度。连杆大、小头端面有落差且与杆身对称。大、小头侧面设计有定位凸台，用作机械加工时的辅助定位基准。

2) 连杆零件的技术要求

连杆上主要加工表面有：大、小头孔，大、小头端平面，大头剖分平面及连杆螺栓孔等。其设计的主要技术要求如下。

(1) 小头孔尺寸公差等级为 IT7，表面粗糙度 $Ra$ 值应不大于 1.6 $\mu m$，圆柱度公差为 0.015 mm。小头铜套孔尺寸公差等级为 IT6，表面粗糙度 $Ra$ 值应不大于 0.4 $\mu m$，圆柱度公差为 0.005 mm。

(2) 大头孔尺寸公差等级为 IT6，表面粗糙度 $Ra$ 值应不大于 0.8 $\mu m$，圆柱度公差为 0.012 mm。

(3) 连杆小头孔和小头铜套孔中心线对大头孔中心线的平行度：大、小头孔中心线在垂直面内的平行度公差为 0.04 mm/100 mm；大、小头孔中心线在水平面内的平行度公差为 0.06 mm/100 mm。

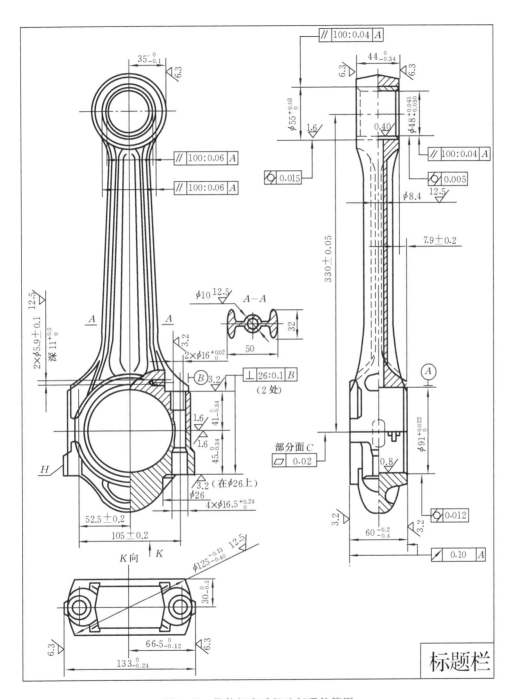

图 5-32 拖拉机发动机连杆零件简图

(4) 大、小头孔中心距极限偏差为±0.05 mm。

(5) 大头孔两端面对大头孔中心线的垂直度公差为0.1 mm,表面粗糙度$Ra$值应不大于3.2 μm。

(6) 两螺栓孔中心线对大头孔剖分面$C$的垂直度公差为0.15 mm/100 mm,用两个尺寸为$\phi 16_{-0.006}^{-0.002}$ mm的检验心轴插入连杆体和盖的$\phi 16H8$孔中时,剖分面$C$处的间隙应小于0.05 mm。

(7) 对连杆质量的要求:带盖连杆的质量(无螺栓)小于5 200 g;连杆盖的质量应小于1 400 g;连杆体的质量应小于3 800 g;连杆合件的质量标记在连杆盖的$H$面上。

此外还要求在连杆全部表面上,不允许有裂缝、发裂、碰伤、分层、锈蚀、氧化皮和凹陷,在不加工表面上允许有修整后的分模面痕迹和深度不大于0.5 mm的局部缺陷。

3) 连杆的材料和毛坯

图5-32所示的拖拉机发动机连杆所采用的材料为45钢(精选,碳的质量分数为0.42%～0.47%),并经调质处理以提高其强度及抗冲击韧度,其硬度为217～289 HBS。

钢制连杆毛坯一般采用锻造方式生产,在大量生产中采用模锻方式生产。锻坯有两种形式:连杆体和盖在一起的整体锻件和两者分开的分开锻件。整体锻件较分开锻件节省金属材料,并减少毛坯制造劳动量,又方便实现连杆体和连杆盖的端面同时加工,从而减少工序数目,所以连杆毛坯一般采用整体锻造的较多。整体锻造的毛坯需要在机械加工过程中将其切开,为保证切开后粗镗孔时的余量均匀,需将毛坯的大头孔锻成椭圆形(见图5-33)。

图5-33所示为图5-32连杆的毛坯简图,采用整体锻造,分模面在工字形杆身腰部的母线平面上。锻件毛坯的主要技术要求如下。

(1) 热处理硬度:调质217～289 HBS。

(2) 锻件质量:7.5 kg。

(3) 飞边:四周不大于1 mm,定位面上不允许有飞边,加工处不大于1.5 mm,孔内不大于3 mm。

(4) 表面缺陷深度:不加工表面不大于0.5 mm,加工表面不大于余量的1/2。

(5) 不加工表面上不允许有氧化皮和锈蚀。

(6) 杆体弯曲不大于1 mm。

(7) $A$处壁厚差不大于2 mm,$R42.5$处的定位面上不允许有凹凸。

4) 连杆零件的工艺特点

连杆的工艺特点是:外形复杂,粗基准定位困难;大、小头由细长的杆身连接,所以弯曲刚度差,易变形;尺寸精度、形状精度和位置精度及表面粗糙度要求很高。上述工艺特点决定了连杆在机械加工时存在一定的困难,因此在确定连杆的工艺过程时应注意定位基准的选择,以减少定位误差;夹紧力方向和夹紧点的选择要尽量减少夹紧变形;对于主要表面,应粗、精加工分阶段进行,以减少变形对加工精度的影响。

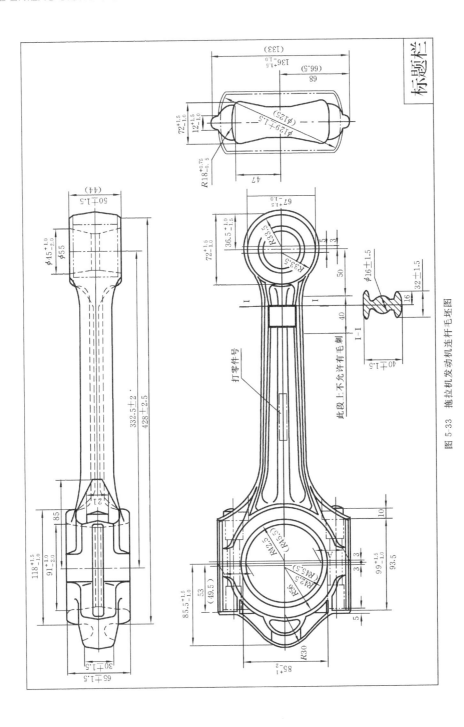

图 5-33 拖拉机发动机连杆毛坯图

2. 连杆的机械加工工艺过程

表 5-10 所示为某厂大批大量生产的如图 5-32 所示拖拉机发动机连杆的机械加工工艺过程。

表 5-10　大批大量生产的连杆的机械加工工艺过程

| 工序号 | 工序名称 | 工 序 内 容 | 定 位 基 准 |
| --- | --- | --- | --- |
| 1 | 粗铣 | 粗铣大、小头两端平面 | 大头外形和杆身 |
| 2 | 精铣 | 精铣大、小头两端平面 | 大头外形和杆身 |
| 3 | 扩孔 | 扩小头孔 | 大、小头端平面、大头孔和小头外圆 |
| 4 | 倒角 | 小头孔两端倒角 | 大、小头端平面和小头孔 |
| 5 | 拉孔 | 拉小头孔 | 小头端平面和小头孔 |
| 6 | 铣大头 | 安装1：铣大头两侧面定位凸台面 | 大、小头端平面、小头孔和大头外圆 |
|   | 铣小头 | 安装2：铣小头两侧面定位凸台面 | 大、小头端平面、小头孔和大头侧面 |
| 7 | 铣开 | 自连杆上切下连杆盖 | 大端平面和侧面、小头孔 |
| 8 | 镗孔 | 粗镗、半精镗大头孔 | 大、小头端平面、小头孔和大头侧面 |
| 9 | 粗铣 | 铣连杆盖上装螺母的两个凸台面 | 连杆盖端平面、剖分面C和侧面 |
| 10 | 磨平面 | 磨剖分平面C | 杆身：大端平面和侧面、小头孔；<br>杆盖：端平面和侧面、螺母凸台平面 |
| 11 | 钻、扩、铰 | 钻、钻、钻、扩、铰螺栓孔 | 大、小头端平面、小头孔和大头侧面 |
| 12 | 粗铣 | 铣杆身上装螺栓头部的两个凸台面 | 剖分面C和两个螺栓孔 |
| 13 | 扩孔 | 扩杆身上的两个螺栓孔 | 剖分面C和两个螺栓孔 |
| 14 | 倒角 | 在剖分面上分别对杆盖和杆身的两个螺栓孔倒角 | 两个螺栓孔和孔端凸台面 |
| 15 | 钻孔 | 在杆身大头部分钻两个螺栓止转销孔 | 杆身螺栓凸台面和两个螺栓孔 |
| 16 | 拉孔 | 同时拉杆身和杆盖的两个螺栓孔 | 杆身螺栓凸台面和两个螺栓孔 |
| 17 | 钻孔 | 钻 $\phi 10$ 润滑油孔 | 大、小头端平面、小头孔和大头侧面 |
| 18 | 钻孔 | 钻 $\phi 8.4$ 润滑油孔 | 大、小头端平面、小头孔和大头侧面 |
| 19 | 精铣 | 精铣装螺栓头部和装螺母的凸台面 | 剖分面C和两个螺栓孔 |
| 20 | 清洗 | 在剖分面上去毛刺；成批清洗工件，历时 5 min | 清洗机 |
| 21 | 检验 | 检验所有主要加工面 | 检验台 |
| 22 | 装配 | 装入止转销；装配连杆和连杆盖 | 液压机和装螺母机 |

续表

| 工序号 | 工序名称 | 工序内容 | 定位基准 |
|---|---|---|---|
| 23 | 磨平面 | 安装1：磨大端平面(有标记的一面定位用) | 大、小头端平面和小头孔 |
| 24 | | 安装2：磨大端平面 | 大头端平面和小头孔 |
| 25 | 精镗孔 | 精镗大头孔 | 大端定位平面、侧面和小头孔 |
| 26 | 倒角 | 大头孔两端倒角 | 大、小头孔和大头端平面 |
| 27 | 精车 | 精车大头侧面凸台 | 大端定位平面、侧面和小头孔 |
| 28 | 打字 | 拧紧螺母；在杆身、杆盖大头侧面标记配套号码；去毛刺 | 去毛刺机；螺母扳手；钳工台 |
| 29 | 金刚镗 | 金刚镗大头孔(两次走刀) | 大端定位平面、侧面和小头孔 |
| 30 | 珩磨 | 珩磨大头孔 | 大端定位平面、侧面和小头孔 |
| 31 | 金刚镗 | 金刚镗小头孔 | 大端定位平面、孔和小头侧面 |
| 32 | 清洗 | 用煤油清洗工件，历时不少于30 s；用压缩空气吹净润滑油孔 | 清洗机 |
| 33 | 检验 | 检验所有主要加工面精度 | 检验台 |
| 34 | 装铜套 | 在小头孔中压装铜套 | 液压机 |
| 35 | 金刚镗 | 金刚镗小头铜套孔 | 大端定位平面、孔和小头侧面 |
| 36 | 清洗 | 用煤油清洗工件，历时不少于30 s；用压缩空气吹净润滑油孔 | 清洗机 |
| 37 | 检验 | 检验大、小头孔的尺寸和位置精度 | 检验台 |
| 38 | 拆分 | 拆开连杆体和连杆盖 | 螺母扳手机 |
| 39 | 铣槽 | 铣连杆体和连杆盖上的轴瓦槽及螺栓孔与大头孔的交汇缺口 | 杆身：大端定位平面、侧面和小头孔；杆盖：大端定位平面、侧面 |
| 40 | 去毛刺 | 清理工件并去毛刺 | 钳工台 |
| 41 | 称重 | 用煤油清洗润滑油孔并用压缩空气吹净；称重并标记；超重时在杆盖顶部和杆身小头外圆底部去重；称重后，按质量分组，同组连杆质量差应在10 g以内 | 清洗机；称重仪 |
| 42 | 检验 | 检验主要面精度 | 检验台 |
| 43 | 配对 | 连杆体和连杆盖配对；配对好的用钢丝穿在一起。钢丝需经退火和发黑处理 | 钳工台 |
| 44 | 装配 | 装配连杆体和连杆盖(仅备品部分) | 钳工台 |

3. 连杆零件机械加工工艺过程分析

1) 定位基准的选择与转换

连杆加工工艺过程的大部分工序都采用统一的定位精基准：一个端面、小头孔及工艺凸台。这样有利于保证连杆的加工精度，而且端面的面积大，定位也较稳定。其中，端面、小头孔作为定位基准，也符合基准重合原则。

由于连杆的外形不规则，为了定位需要，在连杆体大、小头侧面处作出工艺凸台作为辅助基准面。

连杆大、小头端面对称分布在杆身的两侧，且大、小头端面厚度不等，所以大头端面与同侧小头端面不在一个平面上。用这样的不等高面作定位基准，必然会产生定位误差。制订工艺时，可先把大、小头加工成一样的厚度，这样不但避免了上述缺点，而且由于定位面积加大，使得定位更加可靠，直到最后精加工阶段再加工出这个阶梯面。有时，大、小头端面厚度一样，在最后精镗大、小头孔时，只用大头端面作基准而不用小头端面。原因是定位面大，虽然定位可靠，但如果定位面没加工准也会增加误差。

端面方向的粗基准选择有两种方案：一是选中间不加工的毛面，可保证对称，有利于夹紧；二是选要加工的端面，可保证余量均匀。

精加工阶段，为了保证大、小头孔的相互位置精度，普遍采用互为基准原则——以大头孔定位加工小头孔，以小头孔定位加工大头孔。

2) 工艺路线安排

由于连杆本身的刚度差，切削加工时易产生变形，且其精度要求很高。因此，在安排工艺过程时，应把各主要表面的粗、精加工工序分开。这样，粗加工产生的变形就可以在半精加工中得到修正，半精加工中产生的变形可以在精加工中得到修正，最后达到零件的技术要求。

从表 5-10 可以看出：工序 10 之前为粗加工阶段，主要完成了大部分可加工面的粗加工，同时，也完成了后续加工的精基准准备；工序 10 到工序 22 为半精加工阶段，完成了大部分次重要表面的终加工；工序 22 之后为精加工阶段，主要围绕重要面加工，重点保证其设计精度。

在工序安排上充分体现了"先主后次"、"基准先行"、"先面后孔"的工艺路线安排原则。如端面加工的铣、磨工序放在加工过程的前面，然后再加工孔，符合先面后孔的工序安装原则。

由于连杆刚度差，因此工艺路线多采用工序分散。大部分工序用高生产率的组合机床和专用机床，并且广泛采用气动、液动夹具，以提高生产率，满足大批量生产的需要。

3) 典型工艺和工装

为了保证工序加工和精度要求的需要，工艺路线安排中采用了一系列典型工艺和工装。如深孔加工时排屑困难、刀具冷却困难、易钻偏,为解决这些问题,润滑油孔设计时采用了阶梯孔结构,除此之外,还采用了多级进刀、冷却池冷却、加长钻套导引等措施。

为了保证大、小头孔的尺寸、位置精度,大、小头孔采用了金刚镗,图5-34所示为金刚镗小头孔的液性塑料定心夹具。由于液性塑料心轴的定心夹紧作用,可以消除大头孔与心轴的配合间隙,从而消除定位的基准位移误差,最大限度地保证大、小头孔的尺寸、位置精度。

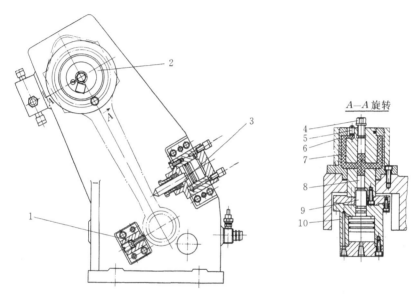

图5-34 金刚镗小头孔的液性塑料定心夹具
1—可调支承;2—液性塑料心轴;3—辅助夹紧活塞杆;4—调整螺钉;5—排气螺钉;
6—变形套;7—液性塑料;8—柱塞;9—活塞杆;10—油缸

由于液性塑料心轴是利用变形套的均匀变形实现定心夹紧,因此对工件定位基准孔有较高的加工质量要求。所以,在利用大头孔定位之前,先行对大头孔安排了金刚镗和珩磨加工。

珩磨是一种常用的孔加工方法,用细粒度砂条组成珩磨头,加工时工件不动,研具同时作回转和往复运动。珩磨头砂条数量为2～8根不等,均匀分布在圆周上,靠机械或液压作用涨开在工件表面上,产生一定的切削压力,经珩磨后的工件表面磨粒细微划痕呈网状。珩磨精度与前道工序的精度有关。因此,珩磨前安排了金刚镗加工。一般情况下,经珩磨后的尺寸和形状精度可提高一级,表面粗糙度可达$Ra0.04\ \mu m$。图5-35所示为珩磨头工作原理图。

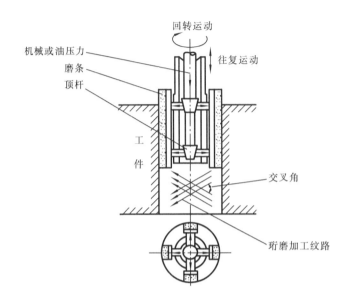

图 5-35 珩磨头工作原理图

图 5-36 所示为大头孔珩磨夹具,为保证珩磨加工的自定位要求,工件连同定位、夹紧装置相对于夹具体可以浮动,以适应珩磨头的位置变化。

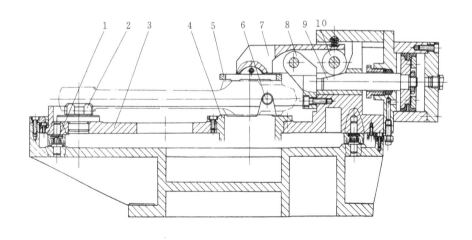

图 5-36 大头孔珩磨夹具
1—钢球;2—圆柱销;3—浮动板;4—支承套;5—浮动压板;
6—可调支承;7—压板;8—铰链支承;9—斜楔式活塞杆;10—滚轮

## 5.3.2 圆柱齿轮的加工

**1. 圆柱齿轮的结构特点和技术要求**

圆柱齿轮是机械传动中应用极为广泛的零件之一，其功用是按规定的速比传递运动和动力。

1) 圆柱齿轮的结构特点

齿轮尽管由于它们在机器中的功用不同而设计成不同的形状和尺寸，但总可以把它们划分为齿圈和轮体两个部分。常见的圆柱齿轮有以下几类（见图5-37）：盘类齿轮、套类齿轮、内齿轮、轴类齿轮、扇形齿轮、齿条（即齿圈半径无限大的圆柱齿轮）。其中盘类齿轮应用最广。

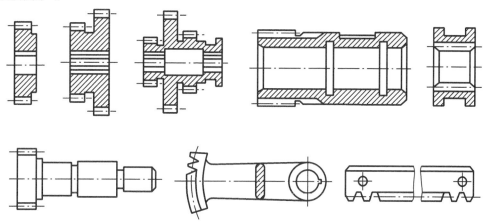

图 5-37 圆柱齿轮的结构形式

一个圆柱齿轮可以有一个或多个齿圈。普通的单齿圈齿轮工艺性好；而双联齿轮或三联齿轮的小齿圈往往会受到台肩的影响，限制了某些加工方法的使用，一般只能采用插齿法加工。如果齿轮精度要求高，需要剃齿或磨齿时，通常将多齿圈齿轮做成单齿圈齿轮的组合结构。

2) 圆柱齿轮的精度要求

齿轮本身的制造精度对整个机器的工作性能、承载能力及使用寿命都有很大影响。根据齿轮的使用条件，对齿轮传动提出以下几方面的要求。

(1) 运动精度。要求齿轮能准确地传递运动，传动比恒定，即要求齿轮在旋转一周的过程中，转角误差不超过一定范围。

(2) 工作平稳性。要求齿轮传递运动平稳，冲击、振动和噪声要小。这就要求限制齿轮转动时瞬时速比的变化，也就是要限制短周期内的转角误差。

(3) 接触精度。齿轮在传递动力时,为了不致因载荷分布不均匀使接触应力过大,引起齿面过早磨损,这就要求齿轮工作时齿面接触要均匀,并保证有一定的接触面积和符合要求的接触位置。

(4) 齿侧间隙。要求齿轮传动时,非工作齿面间留有一定间隙,以储存润滑油,补偿因温度、弹性变形所引起的尺寸变化和加工、装配时的一些误差。

3) 齿轮的材料、热处理和毛坯

(1) 材料的选择。齿轮应按照使用的工作条件选用合适的材料。齿轮材料的选择对齿轮的加工性能和使用寿命都有直接的影响。一般齿轮选用中碳钢(如 45 钢)和低、中碳合金钢,如 20Cr、40Cr、20CrMnTi 等。

要求较高的重要齿轮可选用 38CrMoAlA 氮化钢,非传力齿轮也可以用铸铁、夹布胶木或尼龙等材料。

(2) 齿轮的热处理。齿轮加工中根据不同的目的,安排两种热处理工序:① 毛坯热处理:在齿坯加工前后安排预先热处理(正火或调质),其主要目的是消除锻造及粗加工引起的残余应力、改善材料的可切削性和提高综合力学性能。② 齿面热处理:齿形加工后,为提高齿面的硬度和耐磨性,常进行渗碳淬火、高频感应加热淬火、碳氮共渗和渗氮等热处理工序。

(3) 齿轮毛坯。齿轮的毛坯形式主要有棒料、锻件和铸件。棒料用于小尺寸、结构简单且对强度要求低的齿轮。当齿轮要求强度高、耐磨和耐冲击时,多用锻件。直径大于 400～600 mm 的齿轮,常用铸造毛坯。为了减少机械加工量,对大尺寸、低精度齿轮,可以直接铸出轮齿;对于小尺寸、形状复杂的齿轮,可用精密铸造、压力铸造、精密锻造、粉末冶金、热轧和冷挤等新工艺制造出具有轮齿的齿坯,以提高劳动生产率、节约原材料。

2. 圆柱齿轮的加工工艺过程

圆柱齿轮的加工工艺过程,常因齿轮结构、精度等级、生产批量和生产环境的不同而不同。一般可以归纳成如下的工艺路线:齿轮毛坯制造—齿坯热处理—齿坯加工—齿面加工—热处理—齿轮主要表面的精加工—轮齿的精整加工。

下面介绍两种最常见的盘形、中小尺寸齿轮的加工工艺过程。

1) 普通精度齿轮的加工

如图 5-38 为一机床齿轮的简图,表 5-11 列出了该齿轮中小批生产的机械加工工艺过程。表 5-12 列出了该齿轮工序号为 5 的机械加工工序卡,其中左上角的工序图是工序卡上附加的工艺简图。工序图的画法为:定位与夹紧符号应按 JB/T 5061—2006 绘制,本工序的各加工表面用粗实线表示,其他部位用细实线表示,标注本工序的所有工序尺寸、形位公差、表面粗糙度等要求。

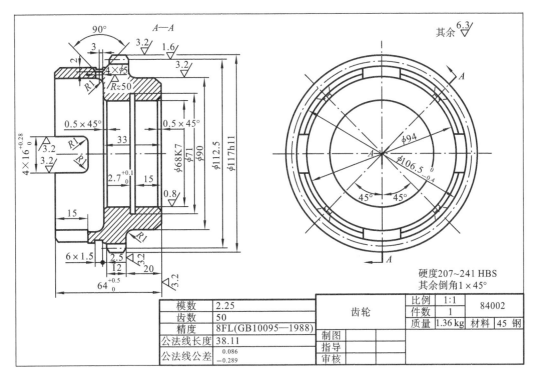

图 5-38 机床齿轮简图

表 5-11 中小批生产的机床齿轮加工工艺过程

| 工序号 | 工序名称 | 工 序 内 容 | 定 位 基 准 | 设 备 |
|---|---|---|---|---|
| 1 | 锻造 | | | |
| 2 | 热处理 | 正火 | | |
| 3 | 粗车 | 粗车小头端面、大小外圆、内孔 | 大头端面和外圆 | C620-1 |
| 4 | 粗车 | 调头,粗车另一端外圆、端面、内孔 | 小头端面和外圆 | C620-1 |
| 5 | 半精车 | 半精车小头端面、大小外圆、小内孔 | 大头端面和外圆 | C620-1 |
| 6 | 半精车 | 精镗小内孔及沟槽 | 小头端面和外圆 | C616A |
| 7 | 滚齿 | | 小头端面和内孔 | Y3150 |
| 8 | 粗铣 | 粗铣四个槽 | 小头端面和内孔 | X62 |
| 9 | 精铣 | 半精铣四个槽 | 小头端面和内孔 | X62 |
| 10 | 钻孔 | 在四个工位钻孔 | 小头端面和内孔 | Z518 |
| 11 | 钳工 | 去毛刺 | | |

表 5-12  工序 5 的机械加工工序卡片

| 机械加工工序卡片 | | | | 工序名称 | 半 精 车 | 工序号 | Ⅲ |
|---|---|---|---|---|---|---|---|
| | | | | 零件名称 | 齿 轮 | 零件号 | |
| | | | | 零件质量 | 1.36 kg | 同时加工零件数 | 1 |
| | | | | 材 料 | | 毛 坯 | |
| | | | | 牌号 | 硬度 | 形式 | 质量 |
| | | | | 45 钢 | 207～241HBS | 模锻件 | |
| | | | | 设 备 | | 夹 具 | 辅助工具 |
| | | | | 名 称 | 型 号 | 三爪自定心卡盘 | |
| | | | | 卧式车床 | C620-1 | | |

| 安装 | 工步 | 安装及工步说明 | 刀具 | 量具 | 走刀长度/mm | 走刀次数 | 切削深度/mm | 进给量/(mm/r) | 主轴转速/(r/s) | 切削速度/(m/s) | 基本工时/s |
|---|---|---|---|---|---|---|---|---|---|---|---|
| 1 | 1 | 车端面,保持尺寸 $64_{-0.1}^{0}$ mm | YT15,90°偏刀,倒角刀 YT15,镗刀 | 游标卡尺外径百分尺内径百分表深度百分尺 | 19.3 | 1 | 0.7 | 0.3 | 6.33 | 1.79 | 11 |
| | 2 | 车外圆 $\phi$90 mm | | | 22 | 1 | 0.75 | 0.3 | 6.33 | 1.79 | 12 |
| | 3 | 车台阶面,保持尺寸 $20_{0}^{+0.08}$ mm | | | 18.3 | 1 | 0.7 | 0.3 | 6.33 | 2.33 | 10 |
| | 4 | 车外圆 $\phi117_{-0.22}^{0}$ mm | | | 16 | 1 | 0.75 | 0.3 | 6.33 | 2.33 | 9 |
| | 5 | 镗孔 $\phi67_{0}^{+0.074}$ mm | | | 40.5 | 1 | 1 | 0.1 | 12.7 | 2.67 | 32 |
| | 6 | 倒角 1×45° | | | | | | 手动 | 6.33 | | |
| 设计者 | | | 指导 | | | | | | 共 10 页 | 第 3 页 | |

2) 较高精度齿轮的加工

图 5-39 所示为一较高精度的某车床床头箱齿轮的简图,表 5-13 列出了成批生产该齿轮的机械加工工艺过程。

表 5-13  床头箱齿轮机械加工工艺过程

| 序号 | 工序内容及要求 | 定位基准 | 设 备 |
|---|---|---|---|
| 1 | 锻造 | | |
| 2 | 正火 | | |
| 3 | 粗车各部,均放余量 1.5 mm | 外圆、端面 | C3163 转塔车床 |

续表

| 序号 | 工序内容及要求 | 定位基准 | 设　　备 |
|---|---|---|---|
| 4 | 精车各部,内孔至锥孔塞规刻线外露6～8 mm,其余达图样要求 | 外圆、内孔、端面 | CA6140 车床 |
| 5 | 滚齿 | 内孔、B端面 | Y3150E 滚齿机 |
| 6 | 倒角 | 内孔、B端面 | YB9332 倒角机 |
| 7 | 插键槽达图样要求 | 内孔、B端面 | B5032 插床 |
| 8 | 去毛刺 | | |
| 9 | 剃齿 | 内孔、B端面 | Y4250 剃齿机 |
| 10 | 热处理,齿部高频,52～58 HRC | | |
| 11 | 磨内锥孔,磨至锥孔塞规小端平 | 外圆、B端面 | M2120 内圆磨床 |
| 12 | 珩齿达图样要求 | 内孔、B端面 | Y4650 珩齿机 |
| 13 | 最终检验 | | |

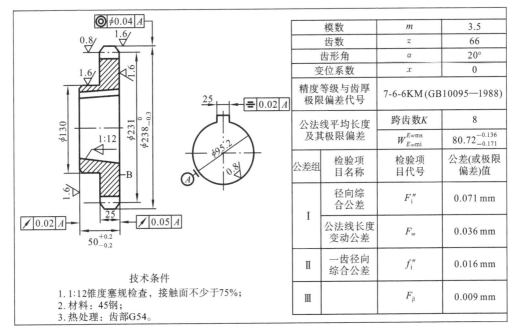

图 5-39　床头箱齿轮简图

3. 圆柱齿轮机械加工工艺过程分析

1) 基准的选择

齿轮加工基准的选择常因齿轮的结构形状不同而有所差异。带轴齿轮主要采用中心孔定位；对于空心轴，则在中心内孔钻出后用两端孔口的锥面定位，孔径大时则采用锥堵。中心孔定位的精度高，且能做到基准重合和统一。对带孔齿轮在齿面加工时常采用以下两种定位、夹紧方式。

(1) 以内孔和端面定位。这种定位方式是以工件内孔定位，确定定位位置，再以端面作为轴向定位基准，并对着端面夹紧。这样可使定位基准、设计基准、装配基准和测量基准重合，定位精度高，适合于批量生产。但对夹具的制造精度要求较高。

(2) 以外圆和端面定位。当工件和定位心轴的配合间隙较大时，采用千分表校正外圆以确定中心的位置，并以端面进行轴向定位，从另一端面夹紧。这种定位方式因每个工件都要校正，故生产率低；同时对齿坯的内、外圆同轴度要求高，而对夹具精度要求不高，故适用于单件、小批生产。

2) 加工阶段的划分

从表 5-11、表 5-13 中可以看出，齿轮加工工艺过程大致可以划分如下几个阶段。

(1) 齿轮毛坯的形成：锻件、棒料或铸件；
(2) 粗加工：切除较多的余量；
(3) 半精加工：车、滚齿或插齿；
(4) 热处理：调质、渗碳淬火、齿面高频感应加热淬火等；
(5) 精加工：精修基准、精加工齿形。

3) 齿轮毛坯的加工

齿坯的加工工艺方案主要取决于齿轮的轮体结构和生产类型。对于轴齿轮和套筒齿轮的齿坯，其加工过程和一般轴、套基本相似，现主要讨论盘类齿轮齿坯的加工过程。

(1) 大批大量生产的齿坯加工。大批大量加工中等尺寸齿坯时，采用"钻—拉—多刀车"的工艺方案：①以毛坯外圆及端面定位进行钻孔或扩孔；②拉孔；③以孔定位在多刀半自动车床上粗精车外圆、端面、切槽及倒角等。这种工艺方案由于采用高效机床可以组成流水线或自动线，所以生产效率高。

(2) 成批生产的齿坯加工。成批生产齿坯时，常采用"车—拉—车"的工艺方案：①以齿坯外圆或轮毂定位，粗车外圆、端面和内孔；②以端面支承拉孔（或花键孔）；③以孔定位精车外圆及端面等。这种方案可由卧式车床或转塔车床及拉床实现。它的特点是加工质量稳定，生产效率较高。当齿坯孔有台阶或端面有槽时，可以充分利用转塔车床上的多刀来进行多工位加工，在转塔车床上一次完成齿坯的加工。

(3) 单件小批生产的齿坯加工。单件小批生产齿坯时，孔、端面、外圆的粗、精加工都在通用车床上加工，先加工好一端再掉头加工另一端。

4) 齿形的加工

齿形的加工是整个齿轮加工的关键。按照加工原理,齿形加工可分为成形法和展成法两种。常见的齿形加工方法参见表5-14。

表5-14 常见的齿形加工方法

| 齿形加工方法 | | 机 床 | 刀 具 | 齿轮精度等级 | 齿面粗糙度 $Ra/\mu m$ | 适用范围 |
|---|---|---|---|---|---|---|
| 成形法 | 成形铣齿 | 铣床 | 模数铣刀 | 9级以下 | 6.3~3.2 | 单件修配生产中,加工低精度的外圆柱齿轮、齿条、锥齿轮、蜗轮 |
| | 拉齿 | 拉床 | 齿轮拉刀 | 7级 | 1.6~0.4 | 大批量生产高精度内齿轮,外齿轮拉刀制造复杂,故少用 |
| 展成法 | 滚齿 | 滚齿机 | 齿轮滚刀 | 6~10级 | 3.2~1.6 | 各种批量生产中,加工中等质量外圆柱齿轮及蜗轮,生产率高 |
| | 插齿 | 插齿机 | 插齿刀 | 6~9级 | 1.6 | 各种批量生产中,加工中等质量的内、外圆柱齿轮,多联齿轮及小型齿条 |
| | 剃齿 | 剃齿机 | 剃齿刀 | 5~7级 | 0.8~0.4 | 滚齿预加工后,齿面淬火前的精加工,和磨齿相比效率高 |
| | 冷挤齿轮 | 挤齿机 | 挤轮 | 6~8级 | 0.8~0.4 | 齿轮淬硬前的精加工,生产率比剃齿高,成本低,无屑加工 |
| | 珩齿 | 珩磨机或剃齿机 | 珩齿轮 | 6~7级 | 0.4~0.2 | 硬齿面滚插后的精加工,降低表面粗糙度,效率高 |
| | 磨齿 | 磨齿机 | 砂轮 | 3~6级 | 0.4~0.2 | 用于高精度齿轮的齿面加工,生产率低,成本高 |

齿形加工方案的选择,主要取决于齿轮的精度等级、结构形状、生产类型和齿轮的热处理方法及生产工厂的现有条件。对于不同精度等级的齿轮,常选用的齿形加工方案如下。

(1) 8级或8级精度以下的齿轮加工方案。

对于不淬硬的齿轮,滚齿或插齿即可满足加工要求;对于淬硬齿轮,可采用滚(或插)—齿端加工—齿面热处理—修正内孔的加工方案。热处理前的齿形加工精度应比图样要求提高一级。

(2) 6~7级精度的齿轮。对于不淬硬的齿轮,可以采用滚(插)齿—剃齿或冷挤。对于淬硬齿面的齿轮,批量小时,可以采用滚(插)齿—齿端加工—表面淬火—校正基准—磨齿；批量大时，可以采用滚(插)齿—剃齿或冷挤—表面淬火—校正基准—珩齿的加工方案，此方案生产率高。

(3) 5 级精度以上的齿轮。一般采用粗滚齿—精滚齿—表面淬火—校正基准—粗磨齿—精磨齿的加工方案。

## 5.4 计算机辅助工艺规程设计(CAPP)

### 5.4.1 概述

1. 基本概念

1) CAPP 的含义

如前所述，工艺规程设计是机械制造过程中一项重要的技术准备工作，是产品设计和制造之间的中间环节。但是传统的工艺设计方法需要大量的时间和丰富的生产实践经验，工艺设计的质量在很大程度上取决于工艺人员的技术水平，难以做到最优化和标准化。随着计算机在产品设计和制造过程中的应用普及，传统的用手工编制工艺规程的方法更显得很不协调，于是产生了计算机辅助工艺规程设计(CAPP)的方法。计算机辅助工艺规程设计(computer aided process planning, CAPP)是通过向计算机输入被加工零件的几何信息和加工工艺信息等，由计算机自动进行编码、编程直至最后输出经过优化的零件工艺规程。

2) CAPP 的作用

(1) 可以代替工艺师的繁重劳动。工艺过程设计需要具有丰富生产实践经验的工艺师。CAPP 可以代替大量的工艺师繁重的重复劳动，利用人工智能可减少工艺过程设计所需要的某些人工决策，降低对工艺人员技能的要求。

(2) 提高工艺规程的设计质量。计算机能按程序要求编制出详尽、合理的工艺过程，一致性好，减少了人为因素的影响。

(3) 缩短生产准备周期。人工编制工艺规程所需时间约占整个生产准备周期的 40%。CAPP 能够大大缩短生产准备周期，从而缩短了产品开发周期，提高了对市场变化的响应速度和竞争能力。

(4) 减少生产费用，提高经济效益。

(5) CAPP 是实现 CAD/CAM 集成的纽带。

2. CAPP 的内容与步骤

CAPP 的内容与步骤如图 5-40 所示。

3. CAPP 的功能模块

CAPP 的功能模块如图 5-41 所示。

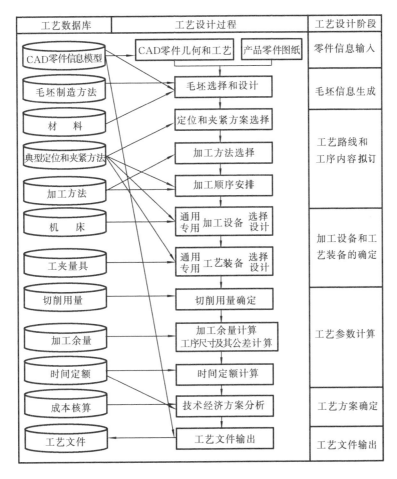

图 5-40 CAPP 的内容与步骤

4. CAPP 系统的类型

根据 CAPP 系统的工作原理,它可分为五种类型:交互型、派生型、创成型、综合型(半创成型)和智能型。本节主要介绍派生型和创成型两种系统的工作原理及其应用。

### 5.4.2 CAPP 系统零件信息描述方法与输入

CAPP 系统获取零件信息的方法有许多。但按其实现的基本方式可归为两种:基于工程图纸的交互输入方法和直接由 CAD 模型获取信息。

1. 基于工程图纸的交互输入方法

这种输入方法中主要包括采用零件编码描述法和特征描述法。

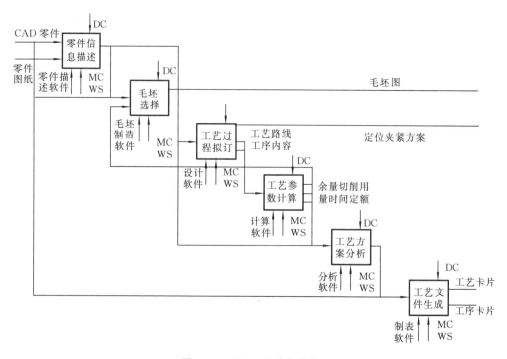

图 5-41 CAPP 的功能模块

1) 零件编码描述法

这种方法利用成组技术中的零件分类编码对零件的一些主要设计制造特征进行描述。而这些特征通常是作出某些工艺设计决策,如确定零件加工工艺路线的依据。零件编码描述法特点是输入操作简单,但输入的信息量少,适用于只需要确定工艺路线的场合,此时不需要知道零件全部设计信息就可进行工艺决策。

零件编码描述法所采用的零件分类编码系统应根据企业应用成组技术的总体要求和CAPP 系统的需要确定。可直接采用公开的系统,如 OPITZ 系统、KK-3 系统或 JLDM-1 系统等,也可以是企业自行设计开发的分类编码系统。

零件编码描述法的主要缺点是对零件信息的描述较粗糙,难以包括零件的细节,而且也不完整,即便是采用较长码位的零件分类编码系统,也只能达到将零件分类的目的。对于要求给出详细工艺规程和采用创成原理实现的 CAPP 系统,很难依据这样的零件设计信息作出工艺决策。

2) 零件特征描述法

零件特征描述法是将组成零件的各特征逐个地、按一定顺序输入到计算机中去,在计算机内构成零件的数学表达。一般采用人机交互的形式把零件表面的数据输入到计算机内。有些 CAPP 系统还设计了专用描述语言。

图 5-42 所示零件由五个特征组成:外倒角(Ⅰ),外圆柱面(Ⅱ),外圆柱面(Ⅲ),外圆

柱面(Ⅳ)和划窝(Ⅴ)。为了将零件的轴向尺寸输入,并能加以识别,需要将零件的端面加编号。在此规定,编号顺序先外表面后内表面,外表面由右到左,内表面由左到右。按此规定,可将图 5-42 的零件以图右方所示矩阵格式输入(WD、WY、HW 分别表示外圆倒角面、外圆柱面、划窝表面)。

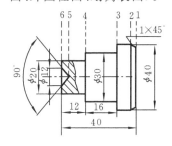

| 序号 | 表面元素 | 轴向尺寸 | 直径尺寸 | 起止端面 | 备注 |
|---|---|---|---|---|---|
| Ⅰ | WD | 1.0 | 40.0 | 2  1 | 0 |
| Ⅱ | WY | 14.0 | 40.0 | 2  3 | 0 |
| Ⅲ | WY | 16.0 | 30.0 | 3  4 | 0 |
| Ⅳ | WY | 12.0 | 20.0 | 4  6 | 0 |
| Ⅴ | HW | 6.0 | 12.0 | 6  5 | −90 |

图 5-42 圆柱零件特征描述

清华大学研制了一种分层描述零件信息的方法,用于描述非回转体零件。所设计的分层结构为:零件由基本特征组成,基本特征又分为平面(主平面与子平面)、圆柱面(外圆柱面与内圆柱面)、螺纹孔(螺纹通孔与螺纹盲孔)、基本孔(通孔、盲孔和圆锥孔)和组合孔等。

无论是零件编码描述法还是零件特征描述法,它们都是作为独立开发的 CAPP 系统中的一个交互式输入模块而存在的,与其他系统之间没有信息交换关系,尤其是它们均不能提供自动获取 CAD 系统已有零件原始信息的途径。不仅造成重复工作,也使基于这些输入方法的 CAPP 系统无法实现与 CAD 系统的集成。

2. 直接由 CAD 模型获取产品零件信息

CAPP 与 CAD 集成是指 CAPP 与 CAD 之间信息的提取、交换、共享和处理。已经有一些 CAPP 系统在一定程度上实现了与 CAD 的集成。采用的方法有以下三种。

1) 特征提取与模式识别

特征可理解为具有工程意义的几何形面或集合形体,它是一组信息的组合。特征提供了集成制造系统中 CAD、CAPP、CAM 等之间相互理解产品信息的共同基础。当 CAD 系统采用的是传统的实体造型方法,如 CSG(结构化实体模型)和 B-rep(边界表示法)时,为从 CAD 几何模型中分离出 CAPP 需要的特征信息,可以在 CSG 和 B-rep 模型基础上进行特征识别。例如,基于 B-rep 模型识别加工特征时,可用属性邻接图(attributed adjacency graph,AAG)来表达有曲面围成的槽、腔等特征。

特征识别与提取方法的缺点是必须要求三维 CAD 软件开放其内部数据结构,以便由所给出的 B-rep 数据创建 AAG 图,从而得到特征信息。但这一点对许多商品 CAD 软件来说是难以满足要求的。此外,这种方法较适于识别单一特征。对于组合特征、特征交差以及复杂零件上的不规则特征等则很难分离出来,在实用上受到一定限制。

2) 基于数据标准或自定义数据格式的特征表达

随着数据标准如初始图形交换标准(initial graphics exchange specification,IGES)等的出

现,有些 CAPP 系统利用 CAD 软件生成的 IGES 文件格式实现产品信息的传递。如日本东京大学研制的 TOM 系统、清华大学开发的 THCAPP 系统等。虽然 IGES 是因几何数据交换的需要而发展起来的数据规范,主要应用于在 CAD 系统之间进行信息传递,但在该标准中已经有了关于特征及工艺信息的实体定义,这就使从该标准数据中获取特征信息成为可能。

3) 基于 STEP 的特征造型系统

产品模型数据交换标准(standard for the exchange of product model data,STEP)是正在建立和完善中的产品数据模型标准,其宗旨是支持产品整个生命周期内的全部信息的完整表示。STEP 由国际标准化组织发起进行研究,并通过国际性合作努力来实现。在 STEP 的建立中参照了许多国家和国家联合体的有关数据交换标准,如美国的 IGES、法国的 SET、德国的 VDA-FS、欧洲的 ESPRIT 项目 322CAD * I 等。按照国际标准 STEP 开发新一代产品设计及自动工艺设计系统已成为实现集成制造的必然趋势。

STEP 标准能完整地表达产品数据并支持广泛的应用领域。产品模型数据中不仅包括像曲线、曲面、实体、形状特征等在内的几何信息,还包括许多非几何信息,如公差、材料、表面粗糙度等,可适应产品整个生命周期中的各个环节,如设计、制造、质量控制、检测、维护等。STEP 标准独立于各种计算机辅助系统(如 CAD、CAPP、CAM 等),它为各系统提供了产品数据及其共享、交换的一种中性表达。由于 STEP 的这些主要特点,STEP 成为建立 CAD/CAPP/CAM 统一数据模型的基础。基于 STEP 的特征造型 CAD 系统将成为解决 CAPP 与 CAD 集成的最彻底的方法。

### 5.4.3 派生型 CAPP 系统

1. 基本原理

大多数派生型 CAPP 系统均采用成组技术(GT)的零件分类编码系统,即利用成组技术的原理,将零件按其制造特征分为若干零件组,为每一零件组设计一个标准工艺规程,将标准工艺规程存入计算机数据库中。在利用计算机设计一个新零件的工艺规程时,先对要编工艺规程的零件进行分类编码,当把零件编码输入计算机后,便将检索出相应零件组的标准工艺规程。当待编工艺规程零件的技术要求与标准工艺规程范围不同时,要对标准工艺规程进行编辑修改。因此,派生型 CAPP 系统也称为检索式或变异式 CAPP 系统。

由于派生型 CAPP 系统结构简单,易于实现,故当前应用仍较广。图 5-43 形象地表示了派生型 CAPP 系统的工作流程。

1) 系统的开发与设计

具体工作过程如下。

(1) 根据产品的特点,选择合适的编码系统或自行设计编码系统,对大量的零部件进行编码,建立零件特征矩阵。如用 OPITZ 系统对某零件进行编码,得到该零件的代码为 04100 3072,用两维数组表示即为:1·0,2·4,3·1,4·0,5·0,6·3,7·0,8·7,9·2。

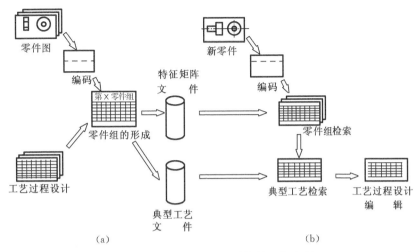

图 5-43 派生型 CAPP 系统的工作流程
(a) 准备阶段;(b) 编制阶段

其中第一维数组表示码位,第二维数组表示码值,相应的特征矩阵如图 5-44 所示。同理可得其他零件的代码和特征矩阵。

(2) 对零件分类成组,建立零件组特征矩阵。

(3) 设计主样件,编制标准工艺规程。

| 工件 | 代码 |
|---|---|
| 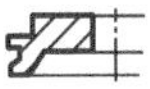  | 04100 3072 |

(a)

| 码位<br>码值 | 1 | 2 | 3 | 4 | 5 | 6 | 7 | 8 | 9 |
|---|---|---|---|---|---|---|---|---|---|
| 0 | × |  |  | × | × |  | × |  |  |
| 1 |  |  | × |  |  |  |  |  |  |
| 2 |  |  |  |  |  |  |  |  | × |
| 3 |  |  |  |  |  | × |  |  |  |
| 4 |  | × |  |  |  |  |  |  |  |
| 5 |  |  |  |  |  |  |  |  |  |
| 6 |  |  |  |  |  |  |  |  |  |
| 7 |  |  |  |  |  |  |  | × |  |
| 8 |  |  |  |  |  |  |  |  |  |
| 9 |  |  |  |  |  |  |  |  |  |

(b)

图 5-44 零件代码和特征矩阵
(a) 零件及代码;(b) 特征矩阵

(4) 将各零件组特征矩阵和相应的标准工艺规程输入计算机,并编制检索和修改的有关程序,建立系统。

2) 工艺信息的代码化

为了便于计算机的识别、储存和调用,标准工艺规程所表达的若干工艺信息必须转化为代码的形式,在设计系统时首先建立这些代码与各种名称之间的对应关系。形面代码是用数码来代表各种特征形面,如用"15"来表示外圆柱面,用"13"表示圆锥面,用"33"表示外螺纹,用"10"表示中心孔,用"50"表示端面,用"42"表示键槽等。各种工序和工步的名称及内容也可以用代码来表示,可以查看相关资料。

有了零件各形面和各工序工步的编码以后,就可以用一个矩阵的形式来表示零件的加工工艺和各工序工步的内容。图 5-45 所示的是某零件组标准工艺路线的矩阵表示法。矩阵中每一行表示一个工步。每一行中第一列为工序的序号;第二列为工序中工步的序号;第三列为该工步所加工表面的形面编号,如果该工步为非加工形面操作,则用"0"表示;第四列为该工步名称编码。

由图 5-45 中第一、二列可知,该工艺路线由四道工序组成,其中工序一、工序二都有四个工步,在第三列中"0"表示该工步不是加工形面的(如装夹、检验等),"15"表示外圆柱面,"13"表示外圆,"10"表示中心孔,"50"表示端面。综上所述,图 5-45 所示的矩阵表示了下述工艺路线:①装夹,车端面,钻顶尖孔,粗车外圆面;②调头装夹,车端面,钻顶尖孔,车外圆锥面;③磨外圆面;④检验。

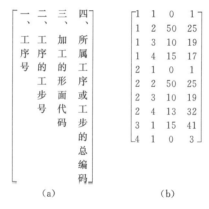

图 5-45 工艺路线矩阵表示
(a) 矩阵内容;(b) 矩阵示例

3) 系统的使用

(1) 输入表头信息。如产品型号、产品名称、零件件号、零件名称、材料牌号等。

(2) 用各种方法对零件有关信息进行描述和输入。

(3) 计算机检索和判断该零件属于哪个零件组,调出该零件组的标准工艺。

(4) 根据需要,对标准工艺进行适当修改和编辑,生成新的工艺规程。

(5) 存储和输出工艺规程。

## 2. 派生型 CAPP 系统实例

TOJICAP 是我国开发较早的一个 CAPP 系统,该系统用于生成回转体类零件的工艺规程。它所生成的工艺规程内容比较完整,包括毛坯规格或尺寸,机械加工的工序和设备,各工序内的工步、刀具、切削用量、加工尺寸、机动时间和辅助时间,以及工时定额和工序加工费用等。

图 5-46 所示的是 TOJICAP 系统的流程图。使用该系统时,先要为其建立文件库和

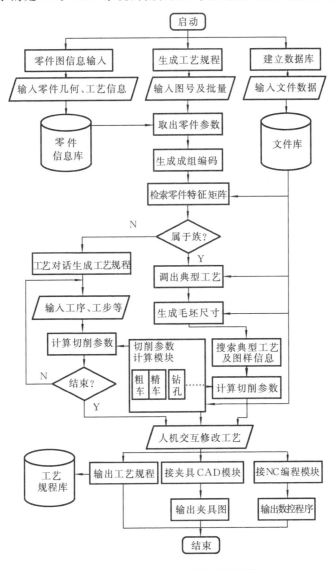

图 5-46 TOJICAP 系统的流程图

零件信息库,在文件库中存入零件组特征矩阵、标准工艺规程和其他工艺数据文件;在零件信息库中存入一批零件图的信息,以供随时调用。

系统启动后,首先输入图号及批量,系统依据图号自动从零件信息库中调出该零件的各参数(也可以直接输入零件图信息),然后系统运行成组编码模块,自动生成该零件的成组编码,再检索零件组特征矩阵,调出该零件所属零件组的标准工艺规程。

根据标准工艺规程,先确定毛坯尺寸,再按标准工艺规程规定的工序和工步搜索零件信息。当按某一工步的加工内容搜索到零件上相对应的待加工表面时,调用对应的切削用量计算模块,代入该表面的特征参数值,计算出切削用量和工时定额,并选择机床、刀具、夹具和量具。如此逐个工步、工序进行,直至最后。

TOJICAP 系统还提供了人机交互式修改模块,可以对上述工艺进行修改,最后生成新的工艺规程,打印输出。

### 5.4.4 创成型 CAPP 系统

1. 基本原理

在一个 CAPP 系统中没有预先存入"标准工艺规程",新零件的工艺规程不是依靠检索方法生成,而是直接向系统输入零件的信息,系统依靠存储的知识、规则、逻辑推理和决策算法,在无人工干预的情况下自动产生一个新的工艺规程,故称为创成式 CAPP 系统。

创成型 CAPP 系统的输入信息应是全面且准确的零件设计信息,输出的信息是零件的工艺规程。创成型 CAPP 系统需要在数据库和工艺知识库的支持下,经过建立在系统内部的一系列逻辑决策模型及计算程序进行工艺过程决策。系统数据库中存储的主要是有关各种加工方法的加工能力、各种机床的适用范围、切削用量等基本工艺知识数据。系统的工艺知识库中存放的是设计工艺过程中要遵循的工艺原则和知识,如选择加工方法的原则、确定定位基准的原则、确定热处理工序位置的原则、尺寸链计算方法等。工艺过程决策后的输出结果可以是选择好的加工方法,也可以是零件的加工工艺路线,包括详细的工序设计内容,还可包括工序图。

图 5-47 所示的是北京航空航天大学和北京理工大学联合开发的基于约束的自动工艺过程设计系统 CBPPS。CBPPS 把工艺设计分为两个不同的工作:一是确定各个加工表面的加工方法链,二是确定这些加工方法之间的组合和次序。它与零件设计过程集成在一起,分成加工面信息提取、加工活动链生成、位置约束施加和工艺路线排序四个部分。

(1) 加工面信息提取。加工面信息提取是利用集成技术直接从 CAD 数据库中获得零件的加工要求信息,包括哪些表面需要加工,加工质量要求如何,加工表面处于什么样的位置关系之中,等等。

(2) 加工活动链生成。利用已获得的零件加工要求信息,通过数据库检索,给出每一个加工表面可能的加工方法,称加工活动链。例如,对于一个直径为 $\phi 12$ mm、IT7 的孔,可以有两条加工链:钻—扩—铰或钻—粗铰—精铰。所有加工表面的加工活动链中的加

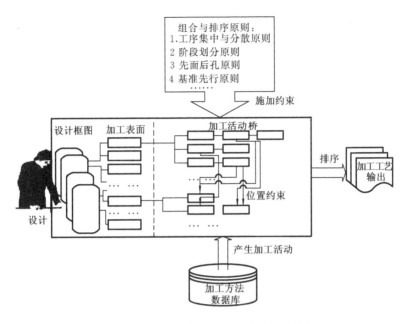

图 5-47　基于约束的自动工艺设计系统模型

工活动组成了一个加工活动集合。

(3) 位置约束施加。利用工艺学的原理、加工资源条件、工件形状、加工环境约束以及工艺专家知识来规定加工活动集合中各加工活动之间的"位置"关系：某一个加工活动必须在另一个加工活动之前完成；某两个加工活动必须是紧接在一起进行等。这些"位置"限定称为"位置约束"。

(4) 工艺路线排序。通过一定的数学运算，如图论中的哈密顿路算法，可以得出显式表述的、满足上述位置约束的加工活动组合与顺序。因此，这种自动工艺过程设计方法被称为"基于约束的自动工艺过程设计方法"。

2．工艺决策逻辑

工艺决策包括了工艺知识的收集、整理与计算机表达，以及工艺计划决策模型和算法。开发创成型 CAPP 系统，其核心在于建立各种工艺决策逻辑模型和相应的算法。决策树和决策表是最常用的表示决策逻辑的方法，它们容易用程序语言进行描述和实现。

1) 决策树

决策树由根、节点和分枝组成。树的分枝表示条件，节点处表示动作。图 5-48 所示的是选择加工方法的决策树，图中"E"表示条件，如"$E_1$"表示表面是孔，"$E_2$"表示槽，"$E_6$"表示位置度＞0.25 mm 等；"A"表示根据条件得出的决策行动，如"$A_1$"表示用坐标镗床加工等。

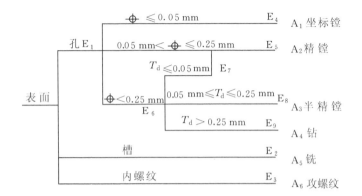

图 5-48 加工方法选择决策树

决策树可用图 5-49 所示的程序流程框图来表示,再由流程图直接编写成计算机程序。所以用决策树建立 CAPP 系统直观、方便、易行,但难以扩展和修改。

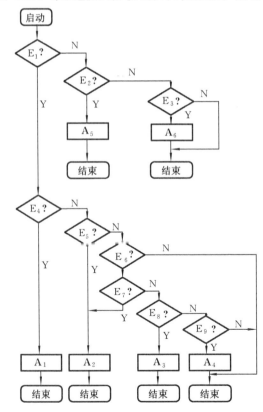

图 5-49 加工方法选择流程框图

2) 决策表

决策表是描述事件之间逻辑依存关系的一种表格,如表 5-15 所示,用双线将表划分为四个部分,上部为决策条件,左上角列出种种可能的条件;右上角表示条件状态,列出了可能的条件组合;满足条件时,取值为 T(真);不满足时,取值为 F(假)。条件状态也可以用空格表示,说明这一条件是真是假与该规则无关。决策表的下部为决策行动,左下角是决策项目,列举了各种可能的决策行动;右下角表示对应各条规则采取的决策行动,阿拉伯数字表示动作顺序。如表中第九列表示孔径大于 $\phi 12$ mm 时,选择的加工方法为钻—半精镗—精镗—坐标镗。决策表可以转换成决策树,再编写成程序来实现。

表 5-15 加工方法选择决策表

| | | | | | | | | | |
|---|---|---|---|---|---|---|---|---|---|
| 直径≤12 mm | T | T | T | T | | | | | |
| 12 mm<直径≤25 mm | | | | | T | T | T | T | T |
| 位置度≤0.05 mm | | | T | T | | | | | T |
| 0.05 mm<位置度≤0.25 mm | | | | | T | T | | | |
| 0.25 mm<位置度 | T | T | | | | | T | | |
| 公差≤0.05 mm | | T | | T | | | | T | T |
| 0.05 mm<公差≤0.25 mm | | | | | T | | | T | |
| 0.25 mm<公差 | T | | | T | | | | | |
| 钻孔 | 1 | 1 | 1 | 1 | 1 | 1 | 1 | 1 | 1 |
| 铰孔 | | 2 | | | | | | | |
| 半精镗 | | | | | 2 | | 2 | | 2 | 2 |
| 精镗 | | | | | 2 | 3 | | 2 | 3 | 3 |
| 坐标镗 | | | | | 3 | 4 | | | | 4 |

理论上,创成型 CAPP 系统是一个完备的、高级的系统,它拥有工艺设计所需要的全部信息,在其软件系统中包含着全部决策逻辑,因此使用极为方便。但是,由于工艺过程的设计因素很多,开发完全自动生成工艺规程的创成型系统还存在着许多技术上的困难。目前,许多 CAPP 系统的设计都采用以派生法为主、创成法为辅的综合法,它具有两种类型系统的优点。我国自行开发的 CAPP 系统大多为这种类型。

## 本章重点、难点和知识拓展

**本章重点** 工件定位基准的选择;工序顺序的确定;工艺尺寸链及其应用。

**本章难点** 工艺尺寸链及其应用。

**知识拓展** 在掌握机械加工工艺规程基本概念的基础上,重点学习工艺规程的编制方法。能熟练运用工艺尺寸链原理进行工序尺寸及其公差的计算。结合生产实习、工艺课程设计乃至毕业设计,具有编制中等复杂零件的机械加工工艺规程的能力。在有条件的情况下,训练开发派生型 CAPP 系统的能力。

## 思考题与习题

5-1 简述机械加工艺规程的设计原则、步骤和内容。

5-2 什么叫基准?基准分哪几种?

5-3 精、粗定位基准的选择原则各有哪些?如何分析这些原则之间出现的矛盾?

5-4 零件表面加工方法的选择原则是什么?

5-5 制定机械加工工艺规程时,为什么要划分加工阶段?

5-6 切削加工顺序安排的原则是什么?

5-7 什么叫工序集中?什么叫工序分散?各适用于什么场合?

5-8 什么叫工序余量?影响工序余量的因素是什么?

5-9 什么叫时间定额?单件时间定额包括哪几个方面的内容?

5-10 什么叫工艺成本?工艺成本评价时,如何区分可变费用与不可变费用?

5-11 试分别选择如图 5-50 所示零件的精、粗基准。其中图 5-50(a)所示为飞轮简图,图 5-50(b)所示为主轴箱体简图,毛坯均为铸件。

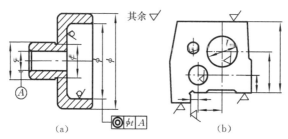

图 5-50 飞轮和主轴箱体
(a) 飞轮;(b) 主轴箱体

5-12 加工图 5-51 所示套筒零件,要求保证尺寸 $6\pm0.1$ mm,由于该尺寸不便测量,只好通过测量尺寸 $L$ 来间接保证。试求测量尺寸 $L$ 及其偏差。

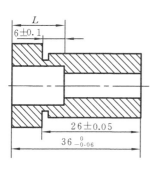

图 5-51 套筒(一)

图 5-52 轴颈

5-13 加工如图 5-52 所示轴颈时,设计要求尺寸分别为 $\phi 28^{+0.024}_{+0.008}$ mm 和 $t = 4^{+0.16}_{0}$ mm,有关工艺过程如下:

(1) 车外圆至 $\phi 28.5^{0}_{-0.10}$ mm;

(2) 在铣床上铣键槽,键槽深尺寸为 $H$;

(3) 淬火热处理;

(4) 磨外圆至尺寸 $\phi 28^{+0.024}_{+0.008}$ mm。

若磨后外圆和车后外圆的同轴度误差为 $\phi 0.04$ mm,试计算铣键槽的工序尺寸 $H$ 及其偏差。

5-14 加工套筒零件,其轴向尺寸及有关工序简图如图 5-53 所示,试求工序尺寸 $L_1$ 和 $L_2$ 及其偏差。

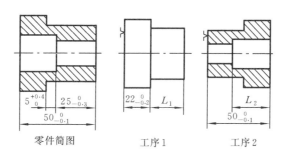

图 5-53 套筒(二)

5-15 图 5-54 所示套筒零件,除缺口 $B$ 外,其余表面均已加工。试分析加工缺口 $B$ 保证尺寸 $8^{+0.2}_{0}$ mm 时,有几种定位方案?计算出各种定位方案的工序尺寸及其偏差,判断哪个方案最好,哪个方案最差,并说明原因。

5-16 图 5-55 所示底座零件的 $M$、$N$ 面及 $\phi 25H8$ 孔均已加工,试求加工 $K$ 面时便于测量的测量尺寸,将求出的数值标注在工序草图上,并分析这种标注对零件的工艺过程有何影响。

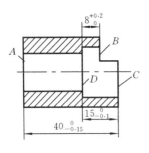
图 5-54　套筒(三)

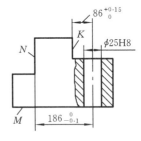
图 5-55　底座

5-17　连杆的主要表面和主要技术要求有哪些？为什么要提这些技术要求？

5-18　连杆加工的主要困难在哪里？应如何解决？

5-19　试述派生法 CAPP 的方法步骤。

# 第6章 机械装配工艺基础

> 引入案例

任何机器都是由许多零件和部件装配而成的。如何根据装配要求按照一定的装配顺序,将若干个零件或部件进行必要的配合和连接,使之成为合格的产品,这是装配工作必须解决的问题。图6-1所示为发动机装配结构局部示意图。除了图中已标出的装配要求(如平行度、垂直度等)外,还有一些配合要求,如活塞与缸体的配合,活塞销与活塞以及连杆孔的配合等。这些高的装配精度单靠零件的制造精度来保证经济上可行吗?应该采用何种装配方法?如何划分装配工序?采用什么样的装配形式?诸如此类问题都是在制定装配工艺规程时必须考虑的。

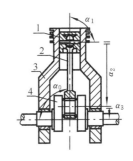

图6-1 发动机装配图
1—活塞;2—连杆;3—缸体;4—曲轴

## 6.1 概 述

机械产品一般是由许多零件和部件装配而成的。总装配是机器制造中的最后一个阶段,它主要包括装配、调整、检验、试验等工作。机器的质量最终是通过装配保证的,装配质量在很大程度上决定机器的最终质量。因此,机械装配在产品制造过程中占有非常重要的地位。

1. 装配的概念

任何机器都是由零件、套件、组件、部件等组成的。按照规定的技术要求,将若干个零件或部件进行必要的配合和连接,使之成为合格产品的过程,叫做装配。对于结构比较复杂的产品,为保证装配工作顺利地进行,通常将机器划分为若干个能进行独立装配的部分,称为装配单元。装配单元一般分为零件、合件、组件、部件和机器五个等级。

零件是组成机器的最基本单元,它是由整块金属或其他材料制成的。零件一般都预先装成合件、组件、部件后才安装到机器上,直接装入机器的零件并不太多。

合件可以是若干零件永久连接(如焊接、铆接等)或者是在一个基准零件上装上一个或若干个零件的组合。合件组合后,有可能还要加工。如图 6-2 所示的装配齿轮,由于制造工艺的原因,分成两个零件,在基准零件 1 上套装齿轮 3 并用铆钉 2 固定。

组件是在一个基准零件上,装上一个或若干个合件及零件组成的。如机床主轴箱中的主轴就是在基准轴件上装上齿轮、套、垫片、键及轴承的组合件,称为组件。为此而进行的装配工作称为组装。

部件是在一个基准零件上,装上若干组件、合件和零件构成的。把零件装配成部件的过程称为部装。例如,车床的主轴箱装配就是部装,主轴箱箱体为部装的基准零件。

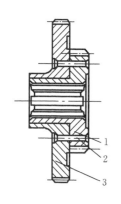

图 6-2 齿轮合件
1—基准零件;2—铆钉;3—齿轮

在一个基准零件上,装上若干部件、组件、合件和零件就成为整个机器。把零件和部件装配成最终产品的过程称为总装。例如,卧式车床就是以床身为基准件,装上主轴箱、进给箱、溜板箱等部件及其他组件、合件、零件组成的。

2. 装配精度

产品的装配精度一般包括以下几项。

(1) 相互位置精度。相互位置精度是指产品中相关零、部件间的距离精度和相互位置精度。如机床主轴箱中,轴系之间中心距尺寸精度和同轴度、平行度、垂直度等。

(2) 相对运动精度。相对运动精度是产品中有相对运动的零、部件之间在运动方向和相对速度上的精度。运动方向的精度常表现为部件间相对运动的平行度和垂直度,以及相对速度精度(如传动精度)。

(3) 相互配合精度。相互配合精度包括配合表面间的配合质量和接触质量。配合质量是指零件配合表面之间达到规定的配合间隙或过盈的程度,它影响配合的性质。接触质量是指两配合或连接表面间达到规定的接触面积的大小和接触点分布的情况,它影响接触刚度和配合性质的稳定性。

3. 零件精度与装配精度的关系

机器和部件是由许多零件装配而成的。由于一般零件都有一定的加工误差,在装配时这些零件的加工误差累积就会影响装配精度。例如,卧式车床主轴锥孔中心线和尾座顶尖套锥孔中心线对床身导轨的等高要求,这项精度与床身 4、主轴箱 1、尾座 2 等零部件的加工精度有关,如图 6-3 所示。如果这些零件的累积误差超出装配精度指标所规定的范围,则将产生不合格品。从装配工艺角度考虑,当然希望这种累积误差不要超过装配精度指标所规定的允许范围,从而使装配工作只是简单的连接过程,不必进行任何的修配或调整就能满足装配精度要求。因此,一般装配精度要求高的,要求零件精度也要高。

但零件的加工精度不但在工艺上受到加工条件的限制,而且又受到经济上的制约。如有的机械产品的组成零件较多,而最终装配精度要求又较高时,即使把经济性置之度

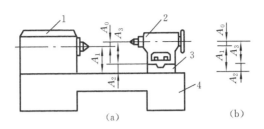

图 6-3 主轴箱主轴与尾座套筒中心线等高结构示意图
1—主轴箱；2—尾座；3—底板；4—床身

外,尽可能地提高零件的加工精度以降低累积误差,结果往往还是无济于事。因此要达到装配精度,就不能简单地按装配精度要求来加工,在装配时应采取一定的工艺措施。在装配精度要求高、生产批量较小时尤其如此。人们在长期的装配实践中,根据不同的机器、不同的生产类型和条件,创造了许多巧妙的装配方法。在不同的装配方法中,零件加工精度与装配精度间具有不同的相互关系。为了定量地分析这种关系,常将尺寸链的基本理论应用于装配过程中,即建立装配尺寸链,通过解算装配尺寸链,最后确定零件精度与装配精度之间的定量关系。

## 6.2 保证装配精度的方法

如前所述,零件的精度是影响机器装配精度的最主要因素。通过建立、分析、计算装配尺寸链,可以解决零件精度与装配精度之间的关系。

### 6.2.1 装配尺寸链

1. 装配尺寸链的基本概念

在机器的装配关系中,由相关零件的尺寸或相互位置关系所组成的尺寸链,称为装配尺寸链。装配尺寸链的封闭环就是装配所要保证的装配精度或技术要求。装配精度(封闭环)是零部件装配后才最后形成的尺寸或位置关系。在装配关系中,对装配精度有直接影响的零部件的尺寸和位置关系,都是装配尺寸链的组成环。如同工艺尺寸链一样,装配尺寸链的组成环也分为增环和减环。

例如,图 6-4 所示的轴孔配合的装配关系,要求轴孔装配后有一定的间隙。轴孔间的间隙 $A_0$ 就是该尺寸链的封闭环,它是由孔尺寸 $A_1$ 与轴尺寸 $A_2$ 装配后形成的尺寸。在这里,孔尺寸 $A_1$ 增大,间隙 $A_0$(封闭环)亦随之增

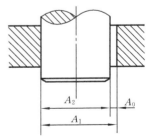

图 6-4 轴孔配合尺寸链

大,故 $A_1$ 为增环。反之,轴尺寸 $A_2$ 为减环。其尺寸链方程为 $A_0=A_1-A_2$。

2. 装配尺寸链的查找方法

正确查明装配尺寸链的组成并建立尺寸链,是进行尺寸链计算的基础。

1) 装配尺寸链的查找方法

首先根据装配精度要求确定封闭环,再取封闭环两端的任一个零件为起点,沿装配精度要求的位置方向,以装配基准面为查找的线索,分别找出影响装配精度要求的相关零件(组成环),直至找到同一基准表面为止。

2) 查找装配尺寸链时应注意的问题

(1) 装配尺寸链应进行必要的简化。机械产品的结构通常都比较复杂,对装配精度有影响的因素很多,在查找尺寸链时,在保证装配精度的前提下,可以不考虑那些较小的因素,使装配尺寸链适当简化。例如,图 6-3(a)表示车床主轴与尾座中心线等高问题,影响该项装配精度的因素有:

$A_1$——主轴锥孔中心线至尾座底板距离;

$A_2$——尾座底板厚度;

$A_3$——尾座顶尖套锥孔中心线至尾座底板距离;

$e_1$——主轴滚动轴承外圆与内孔的同轴度误差;

$e_2$——尾座顶尖套锥孔与外圆的同轴度误差;

$e_3$——尾座顶尖套与尾座配合间隙引起的向下偏移量;

$e_4$——床身上安装主轴箱和尾座的平导轨面间的高度差。

由上述分析可知,车床主轴与尾座套筒中心线等高性的装配尺寸链可用图 6-5 来表示。但由于 $e_1$、$e_2$、$e_3$、$e_4$ 的数值相对 $A_1$、$A_2$、$A_3$ 的误差而言是较小的,故可简化成图 6-3(b)所示的情形。

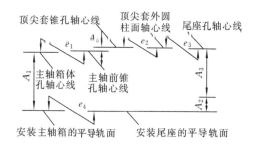

图 6-5 主轴与尾座套筒中心线等高性的装配尺寸链

(2) 最短路线(最少环数)原则。由尺寸链理论可知,在装配精度一定时,组成环数越少,则各组成环所分配到的公差值就越大,零件加工越容易、越经济。因此在查找装配尺寸链时,每个相关的零、部件只应有一个尺寸作为组成环列入装配尺寸链,即将连接两个装配基准面的位置尺寸直接标注在零件图上。这样,组成环的数目就等于有关零、部件的数目,即"一件一环",这就是装配尺寸链的最短路线(环数最少)原则。

图6-6所示的齿轮装配后轴向间隙尺寸链就体现了"一件一环"的原则。如果把图中的轴向尺寸标注成图6-7所示的两个尺寸,则违反了"一件一环"的原则,其装配尺寸链的构成显然不合理。

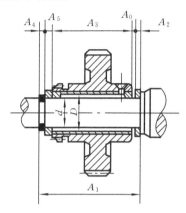

图6-6 齿轮装配后轴向间隙尺寸链

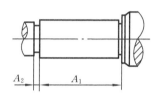

图6-7 组成环的不合理标注

3. 装配尺寸链的计算方法

装配方法与装配尺寸链的解算方法密切相关。同一项装配精度,采用不同的装配方法时,其装配尺寸链的解算方法也不相同。

## 6.2.2 互换法

产品采用互换法装配时,装配精度主要取决于零件的加工精度,装配时不经任何挑选、调整和修配,就可以达到装配精度,这种装配方法称为互换法。互换法的实质就是用控制零件的加工误差来保证产品装配精度的一种方法。根据零件的互换程度不同,互换法又可分为完全互换法和不完全互换法。

1. 完全互换法

组成机器的每一个零件,装配时不需挑选、修配或调整,装配后即可达到规定的装配精度要求的装配方法,称为完全互换法。采用完全互换法时,装配尺寸链采用极值法解算(与工艺尺寸链计算公式相同),即尺寸链各组成环公差之和不能大于封闭环公差:

$$T_0 \geqslant \sum_{i=1}^{n-1} T_i \tag{6-1}$$

式中:$T_0$——封闭环公差(装配精度);

$T_i$——第$i$个组成环公差;

$n$——尺寸链总环数。

在进行装配尺寸链反计算时,通常采用中间计算法(或称"相依尺寸公差法")。该方法是将一些比较难以加工和不宜改变其公差的组成环(如标准件)的公差预先确定下来,只将极少数或一个比较容易加工,或在生产上受限制较少的和用通用量具容易测量的组成环定为协调环。这个环的尺寸称为"相依尺寸",意思是该环的尺寸相依于封闭环和其他组成环的尺寸和公差值。然后用公式计算相依尺寸的公差值和极限偏差。其计算过程如下。

(1) 建立装配尺寸链,确定"协调环"。应验算基本尺寸是否正确。不能选取标准件或公共环作为协调环,因为其公差值和极限偏差已是确定值。

(2) 确定组成环的公差。可先按"等公差"原则确定各组成环的平均公差值,然后根据各组成环尺寸大小和加工的难易程度再进行适当的调整,将其他组成环的公差值确定下来,最后利用公式求出协调环的公差值,即

$$TA_y = TA_0 - \sum_{i=1}^{n-2} TA_i \qquad (6\text{-}2)$$

式中:$TA_y$、$TA_0$、$TA_i$——协调环、封闭环和除协调环以外的其余组成环的公差值。

(3) 确定组成环的极限偏差。除协调环外的其余组成环极限偏差,按"单向入体"原则标注,标准件按规定标注,然后计算"协调环"的极限偏差。

若协调环为增环,则

$$ESA_y = ESA_0 - \sum_{p=1}^{m-1} ESA_p + \sum_{q=m+1}^{n-1} EIA_q \qquad (6\text{-}3)$$

$$EIA_y = EIA_0 - \sum_{p=1}^{m-1} EIA_p + \sum_{q=m+1}^{n-1} ESA_q \qquad (6\text{-}4)$$

若协调环为减环,则

$$ESA_y = -EIA_0 + \sum_{p=1}^{m} EIA_p - \sum_{q=m+1}^{n-2} ESA_q \qquad (6\text{-}5)$$

$$EIA_y = -ESA_0 + \sum_{p=1}^{m} ESA_p - \sum_{q=m+1}^{n-2} EIA_q \qquad (6\text{-}6)$$

式中:$A_p$——增环;

$A_q$——减环。

**例 6-1** 如图 6-8(a)所示齿轮装配,轴固定,而齿轮空套在轴上回转,要求保证齿轮与挡圈的轴向间隙为 $0.1 \sim 0.35$ mm,已知:$A_1 = 30$ mm、$A_2 = 5$ mm、$A_3 = 43$ mm、$A_4 = 3_{-0.05}^{\ 0}$ mm(标准件)、$A_5 = 5$ mm,现采用完全互换法装配,试确定各组成环的公差值和极限偏差。

**解** (1) 建立装配尺寸链,验算各环的基本尺寸(见图 6-8(b))。

封闭环尺寸为

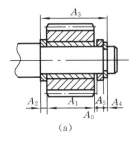
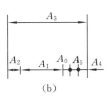

图 6-8 齿轮与轴的装配关系

$$A_0 = 0^{+0.35}_{+0.10} \text{ mm}$$

封闭环基本尺寸为

$$A_0 = A_3 - (A_1 + A_2 + A_4 + A_5) = [43 - (30 + 5 + 3 + 5)] \text{ mm} = 0 \text{ mm}$$

因为 $A_5$ 是一个挡圈,易于加工和测量,故选它作为"协调环"。

(2) 确定各组成环公差值和极限偏差。

各组成环按等公差值确定公差为

$$TA_i = \frac{TA_0}{n-1} = \frac{0.25}{5} \text{ mm} = 0.05 \text{ mm}$$

挡圈 $A_4$ 为标准件,$A_4 = 3_{-0.05}^{0}$ mm,$TA_4 = 0.05$ mm。其余各组成环按其尺寸大小和加工难易程度选择公差为:$TA_1 = 0.06$ mm,$TA_2 = 0.02$ mm,$TA_3 = 0.1$ mm,各组成环公差等级约为 IT9。$A_1$、$A_2$ 按基轴制确定其极限偏差:$A_1 = 30_{-0.06}^{0}$ mm,$A_2 = 5_{-0.02}^{0}$ mm。$A_3$ 按基孔制确定其极限偏差:$A_3 = 43_{0}^{+0.1}$ mm。

(3) 计算协调环的公差值和极限偏差。

$A_5$ 的公差值为

$$TA_5 = TA_0 - (TA_1 + TA_2 + TA_3 + TA_4)$$
$$= [0.25 - (0.06 + 0.02 + 0.1 + 0.05)] \text{ mm} = 0.02 \text{ mm}$$

$A_5$ 的下偏差为

$$ESA_0 = ESA_3 - (EIA_1 + EIA_2 + EIA_4 + EIA_5)$$
$$0.35 = 0.1 - (-0.06 - 0.02 - 0.05 + EIA_5)$$
$$EIA_5 = -0.12 \text{ mm}$$

$A_5$ 的上偏差为

$$ESA_5 = TA_5 + EIA_5 = [0.02 + (-0.12)] \text{ mm} = -0.10 \text{ mm}$$

所以协调环 $A_5$ 的尺寸为 $A_5 = 5_{-0.12}^{-0.10}$ mm,各组成环尺寸和极限偏差为:$A_1 = 30_{-0.06}^{0}$ mm,$A_2 = 5_{-0.02}^{0}$ mm,$A_3 = 43_{0}^{+0.1}$ mm,$A_4 = 3_{-0.05}^{0}$ mm,$A_5 = 5_{-0.12}^{-0.10}$ mm。

完全互换法装配的优点是:装配过程简单,生产率高;便于组织流水作业和自动化装配;易于实现零部件的专业协作与生产,备件供应方便。因此只要能满足零件经济精度要求,无论何种生产类型都应首先考虑采用完全互换法装配。但是,当装配精度要求较高,尤其是组成环数目较多时,零件难以按经济精度加工,此时可考虑采用不完全互换法。

2. 不完全互换法(概率法)

大多数产品在装配时,各组成零件不需挑选、修配或调整,装配后即能达到装配精度的要求,但少数产品有可能出现废品,这种方法称为不完全互换法。其实质是将组成零件的公差值适当放大,有利于零件的经济加工。这种方法以概率论为理论依据,故又称为概率法。

极值法是在各组成环的尺寸处于极端的情况下来确定封闭环和组成环关系的一种方法。事实上,根据概率论,每个组成环尺寸处于极端情况的机会是很少的。尤其在大批大量生产中对多环尺寸链的装配,这种极端情况出现的机会小到可以忽略不计。因此在大批大量生产中,组成环较多、装配精度要求又较高的场合,用概率法解算装配尺寸链比较合理。

由概率论可知,若将各组成环表示为随机变量,则各随机变量之和(封闭环)也是随机变量,并且封闭环的方差(标准差的平方)等于各组成环方差之和,即

$$\sigma_0^2 = \sum_{i=1}^{n-1} \sigma_i^2 \tag{6-7}$$

式中:$\sigma_0$——封闭环的标准差;

$\sigma_i$——第 $i$ 个组成环的标准差。

根据各组成环尺寸的分布情况,可分以下两种情况来讨论。

1) 组成环正态分布的情况

当各组成环的尺寸分布均接近于正态分布时,封闭环尺寸也近似于正态分布。假设尺寸链各环尺寸的分散范围中心与尺寸公差带中心重合,如图 6-9(a)所示,则其尺寸分布的算术平均值就等于该尺寸公差带中心尺寸(即平均尺寸);各组成环的尺寸公差等于各环尺寸标准差的 6 倍,即

$$T_0 = 6\sigma_0, \quad T_i = 6\sigma_i$$

于是可导出概率法解算尺寸链的公式:

$$A_{0M} = \sum_{p=1}^{m} A_{pM} - \sum_{q=m+1}^{n-1} A_{qM} \tag{6-8}$$

$$TA_0 = \sqrt{\sum_{i=1}^{n-1} TA_i^2} \tag{6-9}$$

2) 组成环偏态分布的情况

当各组成环具有相同的非正态分布,且各组成环分布范围相差又不太大时,只要组成环数足够多($m \geq 5$),封闭环总是接近正态分布。为便于计算,引入分布系数 $k$ 和分布不

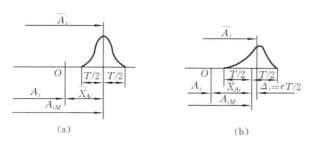

图 6-9 分布曲线的尺寸计算
(a) 对称分布；(b) 不对称分布

对称系数 $e$：

$$k = 6\sigma/T, \quad e = 2\Delta/T$$

式中：$\Delta$——分布中心的偏移量（见图 6-9）。

几种常见的误差分布曲线的分布系数 $k$ 和分布不对称系数 $e$ 的数值列于表 6-1 中。

表 6-1 几种常见分布曲线的分布系数 $k$ 和分布不对称系数 $e$

| 分布特征 | 正态分布 | 三角分布 | 均匀分布 | 瑞利分布 | 偏态分布 | |
|---|---|---|---|---|---|---|
| | | | | | 外尺寸 | 内尺寸 |
| 分布曲线 | ⋀ | △ | ▭ | ⋀ | ⋀ | ⋀ |
| $e$ | 0 | 0 | 0 | −0.23 | 0.26 | −0.26 |
| $k$ | 1 | 1.22 | 1.73 | 1.4 | −1.17 | 1.17 |

同理可导出此种情况下概率法计算尺寸链的公式为

$$TA_{0S} = \sqrt{\sum_{i=1}^{n-1} k_i^2 TA_i^2} \tag{6-10}$$

式(6-10)为概率法公差计算通式，其中 $TA_{0S}$ 称为统计公差，$k_i$ 为组成环 $A_i$ 的分布系数。由于分布系数往往难以准确得到，为方便起见，令 $k_1 = k_2 = \cdots = k_{n-1} = k$，于是得出近似概率法尺寸链计算公式为

$$TA_{0E} = k\sqrt{\sum_{i=1}^{n-1} TA_i^2} \tag{6-11}$$

其中，$TA_{0E}$ 称为当量公差；$k = 1.2 \sim 1.6$。

在采用概率法计算出封闭环的公差后，需要通过计算尺寸平均值来确定公差带的位

置。因为封闭环的尺寸平均值等于各组成环尺寸平均值的代数和,即

$$\overline{A}_0 = \sum_{p=1}^{m} \overline{A}_p - \sum_{q=m+1}^{n-1} \overline{A}_q \qquad (6\text{-}12)$$

而各组成环尺寸平均值 $\overline{A}_i$ 与平均尺寸 $A_{iM}$ 之间的关系为

$$\overline{A}_i = A_{iM} + e_i T_i / 2 \qquad (6\text{-}13)$$

由以上两式可以得出:

$$A_{0M} = \sum_{p=1}^{m} (A_{pM} + e_p T_p / 2) - \sum_{q=m+1}^{n-1} (A_{qM} + e_q T_q / 2) \qquad (6\text{-}14)$$

在计算出各环的公差值以及平均尺寸后,各环的公差值对平均尺寸应注成双向对称偏差,然后根据需要再改注成具有基本尺寸和相应上、下偏差的形式。

**例 6-2** 如图 6-8(a)所示装配图,已知条件与例 6-1 相同。采用不完全互换法装配,试确定各组成环公差和偏差(设各组成零件的加工接近正态分布)。

**解** (1)建立装配尺寸链,验算各环的基本尺寸(与例 6-1 相同)。

考虑到尺寸 $A_3$ 较难加工,选它作为协调环,最后确定其尺寸和公差大小。

(2)确定各组成环公差和极限偏差。

因各组成环尺寸接近正态分布(即 $k_i=1$),则按等公差原则分配各组成环公差:

$$TA_{iM} = \frac{TA_0}{\sqrt{n-1}} = \frac{0.25}{\sqrt{5}} \text{ mm} \approx 0.1 \text{ mm}$$

以按等公差原则确定的公差值为基础,综合考虑各零件加工难易程度,对各组成环公差值进行合理调整:$A_4$ 为标准件,其公差值已确定。其余各组成环公差调整如下:$T_1=0.14$ mm,$T_2=T_5=0.05$ mm。由于 $A_1$、$A_2$、$A_5$ 皆为外尺寸,其极限偏差按基轴制确定,则 $A_1=30_{-0.14}^{0}$ mm,$A_2=5_{-0.05}^{0}$ mm,$A_4=3_{-0.05}^{0}$ mm,$A_5=5_{-0.05}^{0}$ mm。

(3)计算协调环的公差和极限偏差。

$$TA_3 = \sqrt{TA_0^2 - (TA_1^2 + TA_2^2 + TA_4^2 + TA_5^2)}$$
$$= \sqrt{0.25^2 - (0.14^2 + 3 \times 0.05^2)} \text{ mm} \approx 0.18 \text{ mm}$$

因为 $A_{1M}=29.93$ mm,$A_{2M}=A_{5M}=4.975$ mm,$A_{4M}=2.975$ mm,$A_{0M}=0.225$ mm,由式(6-8)得

$$A_{0M} = A_{3M} - (A_{1M} + A_{2M} + A_{4M} + A_{5M})$$
$$A_{3M} = [0.225 + (29.93 + 4.975 + 2.975 + 4.975)] \text{ mm} = 43.08 \text{ mm}$$

所以,$A_3 = \left(43.08 \pm \frac{0.18}{2}\right)$ mm $= 43_{-0.01}^{+0.17}$ mm。

比较例 6-1 和例 6-2 的计算结果可以看出,在封闭环公差一定的情况下,用概率法可扩大零件的制造公差,从而降低零件的制造成本。

## 6.2.3 选择装配法

该方法是将组成环的公差放大到经济可行的程度,然后选择合适的零件进行装配,以保证规定的装配精度要求。选择装配法有三种:直接选配法、分组装配法和复合选配法。这里仅讨论分组装配法。

分组装配法是将各组成环的制造公差按相对完全互换法所求数值放大几倍(一般为3~4倍),使其尺寸能按经济精度加工,再按实测尺寸将零件分组,并按对应组进行装配以达到装配精度的要求。由于同组内零件可以互换,故这种方法又称为分组互换法。在大批大量生产中,对于组成环数少而装配精度要求高的部件,常采用这种装配法。

**例 6-3** 图 6-10 所示为活塞销与销孔的装配图。活塞销直径 $d$ 与销孔直径 $D$ 的基本尺寸为 $\phi 28$ mm,按装配要求,在冷态装配时应有 0.002 5~0.007 5 mm 的过盈量。如果活塞销和销孔的经济加工精度(活塞销用无心磨床加工,销孔用金刚镗床加工)为0.01 mm,拟采用分组装配法装配,试确定活塞销和销孔直径的分组数和分组尺寸。

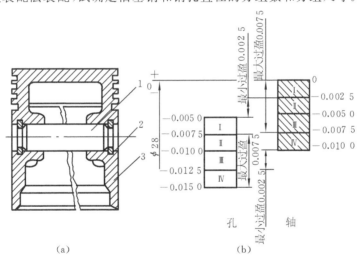

图 6-10 活塞销与销孔的装配关系
(a) 装配关系;(b) 分组尺寸公差带图
1—活塞销;2—卡簧;3—活塞

**解** 封闭环的公差为

$$TA_0 = (0.007\ 5 - 0.002\ 5)\ \text{mm} = 0.005\ 0\ \text{mm}$$

如果采用完全互换法装配,则活塞销与销孔的平均公差仅为 0.002 5 mm,制造这样精度的活塞销与销孔既困难又不经济。而采用分组装配法,可将活塞销与销孔的公差在相同方向上放大 4 倍,于是可得到分组数为 4,如图 6-10 所示。

如果活塞销直径定为 $\phi 28_{-0.010}^{\ 0}$ mm,将其分为 4 组,则对应的销孔直径也可一一求出。这样,活塞销可用无心磨床加工,销孔用金刚镗床加工,然后用精密量具测量其尺寸,并按实测尺寸大小分成4组,涂上不同颜色加以区别,分别装入不同容器内,以便进行分组装配。具体分组情况列于表6-2中。

表6-2 活塞销与活塞销孔的直径分组

| 组别 | 标志颜色 | 活塞销直径/mm ($d=\phi 28^{\ \ 0}_{-0.010}$) | 活塞销孔直径/mm ($D-\phi 28^{-0.005}_{-0.015}$) | 配合情况 | |
|---|---|---|---|---|---|
| | | | | 最小过盈/mm | 最大过盈/mm |
| I | 红 | $\phi 28^{\ \ 0}_{-0.0025}$ | $\phi 28^{-0.0050}_{-0.0075}$ | 0.0025 | 0.0075 |
| II | 白 | $\phi 28^{-0.0025}_{-0.0050}$ | $\phi 28^{-0.0075}_{-0.0100}$ | | |
| III | 黄 | $\phi 28^{-0.0050}_{-0.0075}$ | $\phi 28^{-0.0100}_{-0.0125}$ | | |
| IV | 绿 | $\phi 28^{-0.0075}_{-0.0100}$ | $\phi 28^{-0.0125}_{-0.0150}$ | | |

采用分组装配时应注意以下几点。

(1) 为保证分组后各组的配合性质及配合精度与原装配要求相同,应使配合件的公差相等;公差应同方向增大,且增大的倍数应等于分组数。

(2) 为保证零件分组装配中都能配套,应使配合件的尺寸分布为相同的对称分布。

(3) 配合件的表面粗糙度、形位公差不能随尺寸公差的放大而放大,应保持原设计要求。

(4) 分组数不宜过多,否则就会因零件的测量、分类、保管工作量的增加而导致生产组织工作复杂。

### 6.2.4 修配法

在单件小批生产中,对于那些装配精度要求高、组成环数多的产品结构,常采用修配法装配。修配法是将各组成环按经济精度制造,装配时通过手工锉、刮、研等方法修配尺寸链中某一组成环(称为修配环)的尺寸,使封闭环达到规定的装配精度要求。

1. 修配环的选择

采用修配法装配时应正确选择修配环,修配环一般应满足以下要求。

(1) 便于装拆。

(2) 形状比较简单,易于修配,修配面积要小。

(3) 不是公共环,即该零件只与一项装配精度有关,而与其他装配精度无关。

2. 修配环极限尺寸的确定

由于修配法中各组成环是按经济精度制造的,这样装配时就有可能使各组成环的公差之和($\sum_{i=1}^{n-1} TA_i$)超过规定的封闭环公差 $TA_0$。此时为了达到规定的装配精度要求,就需对修配环进行修配。为使修配环有足够而又不至于过大的修配量,就要确定修配环的极限尺寸。

修配环修配后对封闭环的影响不外乎有两种情况:修配环越修使封闭环越大;修配环越修使封闭环越小。明确修配环被修配后使封闭环变大还是变小,是确定修配环极限尺寸的关键。因此必须根据不同的情况分别进行分析计算。

1) 修配环越修使封闭环越大的情况

在这种情况下,为使能通过修配修配环来满足装配精度要求,就必须使修配前封闭环的最大尺寸 $A'_{0\max}$ 在任何情况下都不能大于封闭环规定的最大尺寸 $A_{0\max}$,即

$$A'_{0\max} \leqslant A_{0\max} \tag{6-15}$$

式(6-15)可用公差带图来描述,如图 6-11 所示。

为使修配的工作量最小,应使 $A'_{0\max} = A_{0\max}$。此时,修配环无须修配就能达到 $A_{0\max}$ 的要求,即最小修配量 $Z_{\min} = 0$。由极值法解尺寸链计算公式得

$$A'_{0\max} = \sum_{p=1}^{m} A_{p\max} - \sum_{q=m+1}^{n-1} A_{q\min} \tag{6-16}$$

由式(6-16)可求出修配环的一个极限尺寸。根据修配环的经济加工精度,另一个极限尺寸也可方便地求出。

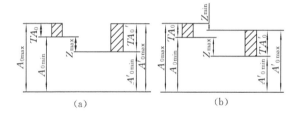

图 6-11 封闭环实际值 $A'_0$ 与规定值 $A_0$ 的相对位置
(a) $A'_{0\max} = A_{0\max}$;(b) $A'_{0\max} < A_{0\max}$

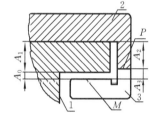

图 6-12 机床溜板与导轨装配简图

**例 6-4** 图 6-12 所示为机床溜板与导轨装配简图,要求保证间隙 $A_0 = 0 \sim 0.6$ mm。现采用修配法来保证装配精度,选择压板 3 为修配环。已知:$A_1 = 30_{-0.15}^{0}$ mm,$A_2 = 20_{0}^{+0.25}$ mm,$TA_3 = 0.10$ mm。试求在最小修配量 $Z_{\min} = 0.1$ mm 的情况下,修配 M 面时 $A_3$ 的尺寸及其极限偏差,并计算最大修配量 $Z_{\max}$。

**解** (1) 画出尺寸链图(见图 6-12)。

(2) 计算修配环的极限尺寸。

由式(6-16)得

$$A_{3\max} = (0.06 + 29.85 - 20.25) \text{ mm} = 9.66 \text{ mm}$$

$$A_{3\min} = A_{3\max} - TA_3 = (9.66 - 0.1) \text{ mm} = 9.56 \text{ mm}$$

即

$$A_3 = 10_{-0.44}^{-0.34} \text{ mm}$$

当 $Z_{\min} = 0.1$ mm 时,$A_3 = (10_{-0.44}^{-0.34} - 0.1)$ mm $= 10_{-0.54}^{-0.44}$ mm。

(3) 计算最大修配量 $Z_{max}$。

由图 6-11(b)所示的公差带图,可以得出

$Z_{max} = TA'_0 - TA_0 + Z_{min} = (0.15 + 0.25 - 0.06 + 0.1)$ mm $= 0.54$ mm

2) 修配环越修使封闭环越小的情况

在这种情况下,为保证装配要求,必须使装配后封闭环的实际尺寸 $A'_{0min}$ 在任何情况下都不小于封闭环规定的最小尺寸 $A_{0min}$,即

$$A'_{0min} \geqslant A_{0min} \tag{6-17}$$

式(6-17)也可用公差带图来描述,如图 6-13 所示。显然,当 $A'_{0min} = A_{0min}$ 时,如图 6-13(a)所示,修配量最小,即 $Z_{min} = 0$,于是有

$$A'_{0min} = \sum_{p=1}^{m} A_{pmin} - \sum_{q=m+1}^{n-1} A_{qmax} \tag{6-18}$$

同理,利用式(6-18)可求出修配环的一个极限尺寸,再根据给定的经济加工精度确定修配环的另一极限尺寸。

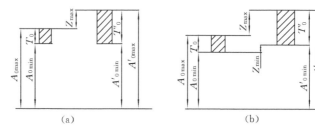

图 6-13 封闭环实际值 $A'_0$ 与规定值 $A_0$ 的相对位置

(a) $A'_{0min} = A_{0min}$; (b) $A'_{0min} > A_{0min}$

**例 6-5** 在例 6-4 中,将修配 $M$ 面改为修配 $P$ 面(见图 6-12),其他条件不变,求修配环 $A_3$ 的尺寸及其偏差以及最大修配量 $Z_{max}$。(此例留给读者自行完成)

### 6.2.5 调整法

该方法是在装配时用改变可调整件在产品结构中的相对位置或选用合适的调整件以达到装配精度的方法。此法中的调整件能起到补偿装配累积误差的作用,故又称为补偿件。调整法与修配法的实质相同,只是它们的具体做法不同。常见的调整方法有固定调整法、可动调整法、误差抵消调整法三种。

**1. 固定调整法**

在装配尺寸链中,选择某一零件为调整件,该零件是按一定尺寸间隔分级制造的一套专用件(如轴套、垫片、垫圈等)。根据各组成环形成的累积误差的大小来更换不同尺寸的调整件,以达到装配精度要求的方法称为固定调整法。

**例 6-6** 如图 6-8(a)所示的齿轮与轴的装配中,已知条件与例 6-1 相同。现采用固定调整法,试确定各组成环的尺寸偏差,并求调整件的分组数和分组尺寸。

**解** (1) 建立装配尺寸链(同例 6-1)。

(2) 选择调整件。因 $A_5$ 为一垫圈,加工容易,装拆方便,故选其为调整件。

(3) 确定组成环的公差。除 $A_4$(标准件)外,其余各组成环均按经济精度制造。取 $TA_1 = TA_3 = 0.20$ mm,$TA_2 = TA_5 = 0.10$ mm。各环按入体原则标注,则:$A_1 = 30_{-0.20}^{\ 0}$ mm,$A_2 = 5_{-0.10}^{\ 0}$ mm,$A_3 = 43_{\ 0}^{+0.20}$ mm,而 $A_4$ 不变。

将这些数值代入尺寸链计算公式(式(5-2)),可得 $A_5$ 的极限尺寸为
$$A_{5\max} = 5.10 \text{ mm}, \quad A_{5\min} = 5 \text{ mm}$$
即
$$A_5 = 5_{\ 0}^{+0.10} \text{ mm}$$

(4) 计算调整环 $A_5$ 的调整范围。

由于各环均按经济精度制造,其累积公差值 $TA_{0\Sigma}$ 必然大于规定的公差值 $TA_0$。这二者之差即为调整环的调整范围。

因为 $TA_{0\Sigma} = T_1 + T_2 + T_3 + T_4 + T_5 = (0.20 + 0.10 + 0.20 + 0.05 + 0.10)$ mm $= 0.65$ mm,则调整范围 $R$ 为
$$R = TA_{0\Sigma} - TA_0 = (0.65 - 0.25) \text{ mm} = 0.40 \text{ mm}$$

(5) 确定调整环的分组数 $N$。取封闭环公差与调整环制造公差之差作为调整环尺寸分组间隔 $\Delta$,即
$$\Delta = TA_0 - TA_5 = (0.25 - 0.10) \text{ mm} = 0.15 \text{ mm}$$
则调整环的分组数为
$$N = R/\Delta + 1 = 0.40/0.15 + 1 = 3.66 \approx 4$$

关于确定分组数的几点说明如下。

① 分组数不能为小数。当计算的值和圆整后的值相差较大时,可以通过改变各组成环公差或调整环公差的方法,使 $N$ 值近似为整数。

② 分组数不能过多,一般以 3~4 组为宜。调整件公差的减小有助于减少分组数。

(6) 确定各组调整件的尺寸。确定各组调整件尺寸的方法有多种,这里介绍一种确定原则:

① 当 $N$ 为奇数时,首先确定中间一组的尺寸,其余各组尺寸相应的加上或减去一个 $\Delta$ 值;

② 当 $N$ 为偶数时,以预先确定的调整件尺寸为对称中心,再根据尺寸差 $\Delta$ 确定各组尺寸。

本例中 $N = 4$,故以 $A_5 = 5_{\ 0}^{+0.10}$ mm 为对称中心,并以尺寸差 $\Delta = 0.15$ mm 的间隔确定各组尺寸分别为:$5_{-0.225}^{-0.125}$ mm,$5_{-0.075}^{+0.025}$ mm,$5_{+0.075}^{+0.175}$ mm,$5_{+0.225}^{+0.325}$ mm。

待 $A_1$、$A_2$、$A_3$、$A_4$ 装配后,测量其轴向间隙值,然后取下 $A_4$,从一组调整件中选择一

个适当厚度的 $A_5$ 装入,再重新装上 $A_4$,即可保证所需的装配精度。

2. 可动调整法

用改变调整件在产品结构中的相对位置来保证装配精度的方法称为可动调整法。图 6-14 所示为可动调整法的图例。图 6-14(a)表示在主轴箱中用螺钉来调整端盖的轴向位置,最后达到调整轴承间隙的目的;图 6-14(b)表示小刀架上通过调整螺钉来调节镶条的位置来保证导轨副的配合间隙。

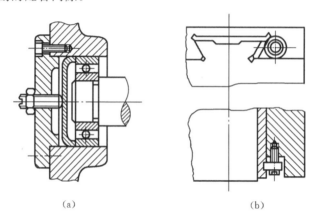

图 6-14 可动调整法应用

3. 误差抵消调整法

在产品装配时,通过调整有关零件的相互位置,使其加工误差相互抵消一部分,以提高装配的精度,这种方法称为误差抵消调整法。这种方法在机床装配中应用较多。如在车床主轴装配中,通过调整前后轴承的径向跳动来控制主轴的径向跳动。

调整装配法的优点在于不仅零件能按经济精度加工,而且装配方便,可以获得比较高的装配精度。其缺点是需另外增加一套调整装置,并要求较高的调整技术。但由于调整法优点突出,因而使用较为广泛。

上述各种装配方法各有其特点。一种产品究竟采用何种装配方法来保证装配精度,通常在产品设计阶段就应确定下来。只有这样,才能通过尺寸链计算合理确定各个零部件在加工和装配中的技术要求。但是,同一产品往往会在不同的生产类型和生产条件下生产,因而就可能采用不同的装配方法。选择装配方法的一般原则是:优先选择完全互换法;在生产批量较大,组成环数又较多时,应考虑采用不完全互换法;大量生产中,在封闭环精度较高,组成环数较少时可考虑采用分组互换法,环数较多时采用调整法;在装配精度要求很高,又不宜选择其他方法,或在单件小批生产中,可采用修配法。

## 6.3　装配工艺规程设计

装配工艺规程是指导装配生产的主要技术文件,制订装配工艺规程是生产技术准备工作的主要内容之一。装配工艺规程对保证装配质量、提高装配生产效率、缩短装配周期、减轻工人劳动强度、缩小装配占地面积、降低生产成本等都有重要影响。它取决于装配工艺规程制定的合理性,这就是制定装配工艺规程的目的。装配工艺规程的主要内容如下。

(1) 分析产品图样,划分装配单元,确定装配方法。
(2) 拟定装配顺序,划分装配工序。
(3) 计算装配时间定额。
(4) 确定各工序装配技术要求、质量检查方法和检查工具。

**1. 装配工艺规程设计的基本原则及所需的原始资料**

1) 装配工艺规程设计的原则

(1) 保证产品装配质量,力求提高质量,以延长产品的使用寿命。
(2) 合理安排装配顺序和工序,尽量减少钳工等手工劳动量,缩短装配周期,提高装配效率。
(3) 尽量减少装配占地面积,提高单位面积的生产率。
(4) 要尽量减少装配工作所占用的成本。

2) 制定装配工艺规程所需的原始资料

(1) 产品的总装图和部件装配图。装配图应清楚地表示出零、部件间相互连接情况及其联系尺寸;装配的技术要求;零件的明细表等。
(2) 产品验收的技术标准
(3) 产品的生产纲领。生产纲领决定了产品的生产类型。生产类型不同,致使装配的生产组织形式、装配方法、工艺过程的划分、设备与工艺装备的专业化水平、手工作业量的比例均有很大不同。
(4) 现有的生产条件。包括现有装配设备和工艺装备、车间面积和工人技术水平等。

**2. 装配工艺规程设计的步骤**

1) 研究产品的装配图及验收技术条件

了解产品及部件的具体结构;分析产品的结构工艺性;审核产品装配的技术要求和验收标准;分析与计算产品装配尺寸链。

2) 确定装配方法与组织形式

装配的方法和组织形式主要取决于产品的结构特点和生产纲领,并考虑现有的生产技术条件和设备。选择合理的装配方法是保证装配精度的关键。应结合具体的生产条件,从机械加工和装配的角度出发应用尺寸链理论确定装配方法。

装配的组织形式主要分为固定式和移动式两种。固定式装配是全部装配工作在一固定的地点完成,多用于单件小批生产,或重量大、体积大的批量生产中。移动式装配是将零、部件用输送带或输送小车按装配顺序从各个装配地点分别完成一部分装配工作,各装配地点工作的总和就完成了产品的全部装配工作。移动式装配的方式常用于产品的大批大量生产中,以组成流水作业线和自动作业线。

3) 划分装配单元,确定装配顺序

划分装配单元是制定装配工艺规程中最重要的一个步骤。这对大批大量生产结构复杂的产品尤为重要。在确定装配顺序时,首先选择装配的基准件。装配基准件通常应是产品的基体或主干零、部件。基准件应有较大的体积和重量,有足够的支承面,以满足陆续装入零、部件时的作业需求。例如:床身零件是床身组件的装配基准零件;床身组件是床身部件的装配基准组件;床身部件是机床产品的装配基准部件。

确定装配顺序的一般原则是先难后易、先内后外、先下后上、先重大后轻小、先精密后一般。为了清晰地表示装配顺序,常用装配工艺系统图来表示。它是表示产品零、部件间相互装配关系及装配流程的示意图,其画法是:先画一条横线,横线左端的长方格是基准件,横线右端的长方格是装配单元;再按装配的先后顺序从左向右依次将装入基准件的零件、合件、组件和部件引入,表示零件的长方格画在横线的上方,表示合件、组件和部件的长方格画在横线的下方。每一个装配单元(零件、合件、组件、部件)可用一个长方格来表示,在表格上方标明装配单元的名称,左下方是装配单元的编号,右下方添入装配单元的数量。有时在图上还要加注一些工艺说明,如焊接、配钻、冷压和检验等内容。装配工艺系统图的基本形式如图6-15所示。

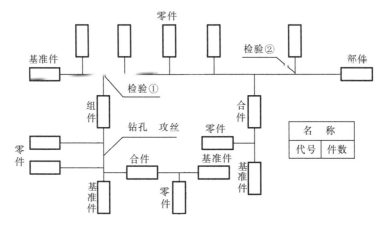

图6-15 装配工艺系统图

4）划分装配工序
(1) 确定工序集中与分散的程度。
(2) 划分装配工序，确定工序内容。
(3) 确定各工序所需的设备和工具。
(4) 制定各工序装配操作规范。
(5) 制定各工序装配质量要求与检测方法。
(6) 确定工序时间定额，平衡各工序节拍。

5）编制装配工艺文件

装配工艺文件的编写方法与机械加工工艺文件的基本相同。对单件小批生产，一般只编制装配工艺过程卡；对成批生产，通常还要编制部装和总装工艺卡，并标明各工序工作内容、设备名称、时间定额等；对大批量生产，不仅要编制装配工艺卡，还要编制装配工序卡。

## 本章重点、难点和知识拓展

**本章重点** 装配尺寸链；互换装配法。

**本章难点** 装配尺寸链。

**知识拓展** 在熟悉装配工艺过程、掌握装配方法选择原则的基础上，到实验室了解车床三箱(床头箱、进给箱、溜板箱)的解剖与装配。结合生产实习，到汽车、拖拉机或发动机等产品的装配线学习产品的装配工艺。

# 思考题与习题

6-1 什么叫装配？装配精度有哪几类？零件精度与装配精度之间的关系如何？

6-2 保证装配精度的方法有哪些？各有何特点？

6-3 装配尺寸链和工艺尺寸链有何区别？

6-4 试说明建立装配尺寸链的方法、步骤和原则。

6-5 制定装配工艺规程大致有哪几个步骤？

6-6 为什么要划分装配单元？如何绘制装配工艺系统图？

6-7 图 6-16 所示为双联转子泵结构简图，要求冷态下的装配间隙 $A_0 = 0.05 \sim 0.15$

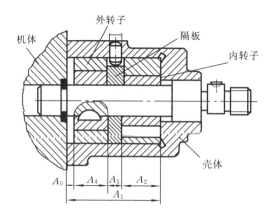

图 6-16 双联转子泵结构简图

mm。各组成环的基本尺寸为：$A_1=41$ mm，$A_2=A_4=17$ mm，$A_3=7$ mm。

(1) 试用完全互换法求各组成环尺寸及其偏差(选 $A_1$ 为相依尺寸)。

(2) 试用概率法求各组成环尺寸及其偏差(选 $A_1$ 为相依尺寸)。

(3) 采用修配法装配时，$A_2$、$A_4$ 按 IT 9 公差制造，$A_1$ 按 IT 10 公差制造，选 $A_3$ 为修配环，试确定修配环的尺寸及其偏差，并计算可能出现的最大修配量。

(4) 采用固定调整法装配时，$A_1$、$A_2$、$A_4$ 仍按上述精度制造，选 $A_3$ 为调整环，并取 $TA_3=0.02$ mm，试计算垫片组数及尺寸系列。

6-8 图 6-17 所示为离合器齿轮轴部装配图。为保证齿轮灵活转动，要求装配后轴套与隔套的轴向间隙为 0.05～0.20 mm。试合理确定并标注各组成环的有关尺寸及其偏差。

6-9 某轴与孔的尺寸和公差配合为 $\phi 50H3/h3$ mm。为降低加工成本，现将两零件

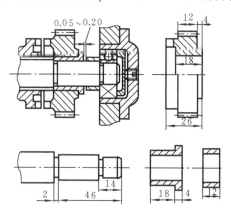

图 6-17 离合器齿轮轴部装配图

按 IT7 公差制造,试用分组装配法计算:

(1) 分组数和每一组的极限偏差;

(2) 若加工 1 万套,且孔和轴的实际分布都符合正态分布规律,问每一组孔与轴的零件数各为多少?

6-10 图 6-18 所示为镗孔夹具简图,要求定位面到孔轴线的距离为 $A_0 = 155 \pm 0.015$ mm,单件小批生产用修配法保证该装配精度,并选取定位板 $A_1 = 20$ mm 为修配件。根据生产条件,在定位板上最大修配量以不超过 0.3 mm 为宜,试确定各组成环尺寸及其偏差。

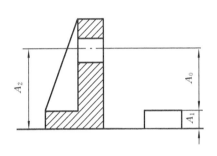

图 6-18 镗孔夹具简图

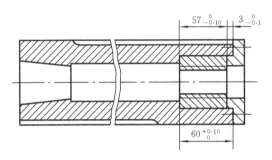

图 6-19 车床尾座套筒装配图

6-11 如图 6-19 所示为车床尾座套筒装配图,试分别按完全互换法和概率法计算螺母在顶尖套筒内的端面跳动量。

6-12 现有一活塞部件,其各组成零件有关尺寸如图 6-20 所示,试分别用极值法公式和概率法公式计算活塞行程的极限尺寸。

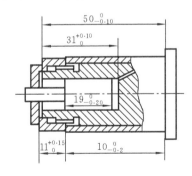

图 6-20 活塞部件装配图

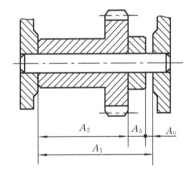

图 6-21 轴装配图

6-13 如图 6-21 所示减速器中某轴上零件的尺寸为 $A_1 = 40$ mm,$A_2 = 36$ mm,$A_3 = 4$ mm,要求装配后齿轮轴向间隙 $A_0 = 0.10 \sim 0.25$ mm。试用极值法和概率法分别确定 $A_1$、$A_2$ 和 $A_3$ 的公差及其偏差。

6-14　如图 6-22 所示轴与齿轮的装配件,为保证弹性挡圈的顺利装入,要求保证轴向间隙 0.05~0.41 mm。已知各组成环的基本尺寸 $A_1=32.5$ mm,$A_2=35$ mm,$A_3=2.5$ mm。试用极值法和概率法分别确定各组成零件的偏差。

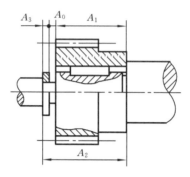

图 6-22　轴与齿轮的装配

# 第7章 机械制造技术的新发展

如图7-1所示板类零件,外形复杂,刚度较差,而且板上还分布有多个孔,各孔的孔距精度要求比较高,孔距公差均为±0.02 mm。如果采用传统的加工设备和方法是难以保证该零件的加工要求的。那么选用什么加工设备和加工方法较为合适呢?

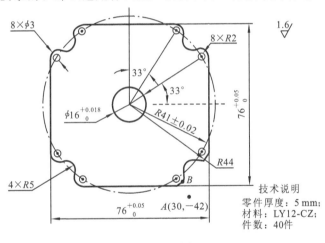

图7-1 盖板

## 7.1 现代制造技术概述

### 7.1.1 现代制造技术及其特点

制造技术包括运用一定的知识和技能,操纵可以利用的物质、工具,采取各种有效的策略、方法等。制造技术发展受多方面的因素所决定,但最主要的因素是技术的推动和市场的牵引。

自20世纪90年代以来,消费者需求日趋主题化、个性化和多样化,产品的生产和服务界限越来越不明显,市场变化周期越来越短,而且具有不确定性。这就要求制造企业不仅要降低生产成本、提高产品质量、及时响应市场变化，还要追求创新。

计算机、微电子、信息、自动化等技术的相互渗透、融合和衍生，极大地促进了制造技术在宏观（制造系统的建立）和微观（精密、超精密加工）两个方向上的蓬勃发展，急剧地改变了现代制造业的产品结构、生产方式、生产工艺和设备以及生产组织体系，使现代制造业成为发展速度快、技术创新能力强、技术密集甚至知识密集型的产业。

在制造业将制造资源转变为产品的制造过程，以及产品的使用过程和废弃处理过程中，一方面消耗大量人类社会有限的资源，另一方面也造成了环境污染。有限的资源正在威胁着人类社会的可持续发展，环境污染正在威胁着人类的生存。因此，必须迅速研制节能环保性产品及其创新技术、报废产品的回收处理技术、生态工厂的循环制造技术等绿色制造技术与装备。

鉴于上述背景，传统的制造技术已变得越来越不适应当今市场快速变化的形势，现代制造技术正是制造业为了提高竞争力以适应时代的要求，对传统制造技术不断优化并不断吸收科学技术的最新成果而逐渐发展起来的一个新兴技术群。

与传统制造技术相比，现代制造技术具有以下特点。

（1）传统制造技术一般是指制造过程的工艺方法，而现代制造技术则涵盖了从市场分析、产品设计、加工制造、生产管理、市场营销、维修服务直至产品报废处理、回收再生的生产全过程。

（2）现代制造技术是一个动态技术，它不断地吸收和利用各种高新技术成果，去改造、充实和完善传统的制造技术，具有鲜明的时代特征。

（3）现代制造技术特别强调计算机技术、信息技术和现代管理技术在制造中的综合应用，特别强调人的主体作用，强调人、技术、管理三者的有机结合。

（4）传统制造技术的学科、专业单一、界限分明，而现代制造技术是多学科、多种技术交叉的产物，界限逐渐淡化甚至消失。

（5）现代制造技术向超精密、微细加工领域以及综合自动化方向发展，其目标是实现产品的优质、高效、低耗、清洁及灵活生产，取得理想的经济效果，提高企业的竞争力。

### 7.1.2 现代制造技术的主要内容

（1）现代设计技术。现代设计技术包含内容很多，如计算机辅助设计、计算机辅助工程分析、面向加工和装配的设计、模块化设计、逆向工程、优化设计、模拟仿真虚拟设计等。

（2）现代制造工艺技术。现代制造工艺技术包括高效精密成形技术、高效高精度切削加工工艺、现代特种加工技术以及表面改性技术等内容。

（3）制造自动化技术。制造自动化技术涉及数控技术、工业机器人技术、柔性制造技术、自动检测技术等。

（4）现代生产管理技术。现代生产管理技术包括现代管理信息系统、制造系统物流技术、产品数据管理、并行工程、精益生产等。

鉴于现代制造工艺和制造自动化技术是现代制造技术的核心,本章主要介绍这两方面的有关内容。

## 7.2 现代制造工艺技术

### 7.2.1 现代制造工艺技术的内容

基于处理物料的特征,现代制造工艺技术包含以下四个方面的内容。

(1) 超精密加工技术。它是指对工件表面材料进行去除,使工件的尺寸、表面质量和性能达到产品要求所采取的技术措施。当前,纳米加工技术代表了制造技术的最高精度水平,超精密加工的材料已由金属扩大到了非金属。根据加工的尺寸精度和表面粗糙度,精密加工可大致分为三个不同的档次,即精密加工、超精密加工和纳米加工。

(2) 精密成形制造技术。它是指工件成形后只需少量加工或无须加工就可用作零件的成形技术。它是将多种高新技术与传统的毛坯成形技术融为一体的综合技术,正在从近净成形工艺向净成形工艺的方向发展。

(3) 特种加工技术。它是指利用电、磁、声、光、化学等能量或其组合施加在工件的被加工部位上,从而达到材料去除、变形、改变性能等目的的非传统加工技术。

(4) 表面工程技术。它是指采用物理学、化学、金属学、高分子化学、电学、光学和机械学等知识及其组合,提高产品表面耐磨、耐蚀、耐热、耐辐射、抗疲劳等性能的各项技术。它主要包括热处理、表面改性、制膜和涂层等技术。

本节主要介绍超精密加工技术、微细和纳米加工技术、高速加工技术、高能束加工(激光加工、电子束加工、离子束加工)技术、超声波加工技术、快速原型制造技术以及绿色加工技术等。

### 7.2.2 超精密加工技术

1. 概述

超精密加工技术是高科技尖端产品开发中不可或缺的关键技术,是一个国家制造业水平的重要标志,也是装备现代化不可缺少的关键技术之一。它的发展综合地利用了机床技术、工具技术、计量技术、环境技术、光电子技术、计算机技术、数控技术和材料科学等方面的研究成果,它是现代制造技术的重要支柱之一。

精密加工和超精密加工代表了加工精度发展的不同阶段,通常加工技术按加工精度高低可划分为如表 7-1 所列的几种级别。随着加工技术的不断发展,超精密加工的技术指标也在不断地变化。

表 7-1　加工精度的划分

| 级别 | 普通加工 | 精密加工 | 高精密加工 | 超精密加工 | 极超精密加工 |
|---|---|---|---|---|---|
| 加工误差/$\mu m$ | 100～10 | 10～3 | 3～0.1 | 0.1～0.005 | ≤0.005 |

根据加工方法的机理和特点,超精密加工可分为超精密切削、超精密磨削、超精密特种加工以及超精密复合加工等。

2. 超精密加工中的关键技术

影响超精密加工的因素很多,以超精密切削为例,不仅需要超精密的机床和刀具,也需要超稳定的环境条件,还需要运用计算机技术进行实时检测,反馈补偿。只有将各个领域的技术成就集结起来,才有可能实现超精密加工。

1) 精密主轴

超精密加工机床主轴的回转精度将直接影响到工件的加工精度。目前,超精密加工机床中使用的回转精度最高的主轴是空气静压轴承主轴,其回转精度受轴承部件圆度和供气条件的影响很大,由于压力膜的匀化作用,轴承的回转精度可以达到轴承部件圆度的1/15～1/20,因此要得到 10 nm 的回转精度,轴和轴套的圆度要达到 0.20～0.15 $\mu m$。

2) 超精密导轨

超精密加工机床导轨应动作灵活、无爬行、直线精度好、高速运动时发热量少、维修保养容易。超精密加工机床常用的导轨形式有 V-V 型滑动导轨和滚动导轨、液体静压导轨和气体静压导轨。传统的 V-V 型滑动导轨和滚动导轨在美国与德国的应用都取得了良好的效果。气体静压导轨由于支承都是平面,可获得较大的支承刚度,几乎不存在发热问题,在维修保养方面则要注意导轨面的防尘。

在精度方面,气体静压导轨是目前最好的导轨。国际上气体静压导轨的直线度可达 0.1 $\mu m$/250 mm ～0.2 $\mu m$/250 mm,国内可达到 0.1 $\mu m$/200 mm,通过补偿技术还可进一步提高导轨的直线度。

3) 传动系统

目前用于精密加工和超精密加工的传动系统主要有滚珠丝杠传动、静压丝杠传动、摩擦驱动和直线电机驱动。

精密滚珠丝杠是超精密加工机床常采用的驱动方法,超精密加工机床一般采用 $C_0$ 级滚珠丝杠,利用闭环控制可得到最高达 0.01 $\mu m$ 的定位精度。但丝杠的安装误差、丝杆本身的弯曲、滚珠的跳动及制造上的误差、螺母的预紧程度等都会给导轨运动精度带来影响。

静压丝杠的丝杠和螺母不直接接触,有一层高压膜相隔,因此没有摩擦引起的爬行和反向间隙,可以长期保持其精度,在较长行程上,可以达到纳米级的定位分辨率,但它的刚度比较小;液体静压丝杠装置较大,且需要很多辅助装置,另外还存在环境污染问题。

摩擦驱动是通过摩擦把伺服电机的回转运动直接转换成直线运动,实现无间隙传动,由于结构比较简单,因而弹性变形因素大为减少,是一种非常适合超精密加工的传动系统。英国 Rank Tailor Hobson 公司开发的 Nanoform600 超精密镜面加工机床的进给机构采用了这种装置,在 300 mm 的行程上可获得 1.255 nm 分辨率、±0.1 $\mu$m 的定位精度。

直线电机是一种将电能直接转变成直线机械运动的动力装置。直线电机适用于高速和高精度的场合,通常高速滚珠丝杠可在 40 m/min 的速度和 0.5$g$ 加速度情况下工作,而直线电机加速度可达 5$g$,其速度和刚度分别大于滚珠丝杠的 30 倍、7 倍。目前直线电机传动定位精密度可达到 0.04 $\mu$m,分辨率为 0.01 $\mu$m,速度可达 200 m/s。

4) 超精密刀具

天然金刚石刀具是目前最主要的超精密切削工具,由于它的刃口形状直接反映到被加工材料的表面上,因此金刚石刀具刃磨技术是超精密切削中的一个重要问题。刃磨技术包括晶面的选择、刃口刃磨工艺以及刃磨后刃口半径的测量等三个方面。其中刀具的刃口钝圆半径是一个关键参数,若极薄切削厚度欲达 10 nm,则刃口钝圆半径应为 2 nm。现在由于研磨技术的进步,国外报道研磨质量最好的金刚石刀具的刃口圆弧半径可以小到数纳米,我国现在研磨的金刚石刀具刃口圆弧半径只能达到 0.1~0.3 $\mu$m。

5) 精密测量技术

目前,在超精密加工中使用的测量技术有激光干涉技术和光栅技术。激光干涉仪分辨率高,测量范围大,测量精度高,但这种测量方法对环境要求很高。

近年来超精密加工领域越来越多地选用光栅作为测量工具。从分辨率上看,光栅系统分辨率可达 0.1 nm,测量范围为 0~100 mm,精度为 ±0.1 $\mu$m。且光栅对环境的要求相对较低,可以满足超精密加工的使用要求,它是很有应用前途的超精密测量工具。

6) 微进给技术

微进给机构在超精密加工领域获得了广泛应用,一般被用做微进给或补偿工具。压电陶瓷材料具有较好的微位移特性和可控制性。以压电陶瓷为驱动器的基于弹性铰链支承的微位移机构是目前用得最多的。

7) 加工原理

超精密加工的精度要求越来越高,机床相对工件的精度裕度已很小。在这种情况下,只是靠改进原来的技术很难提高加工精度,应该从工作原理着手进行研究来寻求解决办法。

近年来,新工艺、新加工方法不断出现。在现代加工中出现了电子束、离子束、激光束、微波加工、超声加工、刻蚀、电火花、电化学等多种加工方法;虽然电子束加工、激光束加工和离子束加工等的加工效率有相当大的提高,但目前都不能满足要求。因此,将来的纳米级精度零件的加工,可以考虑采用超精密加工机床的机械去除加工方法和 STM 原理的能量束去除加工方法的复合方式进行。

8) 环境控制技术

超精密加工要求在一定的环境下工作。超精密加工实验室要求恒温,目前已达 $(20\pm0.5)$ ℃,而切削部件在恒温液的喷淋下最高可达 $(20\pm0.05)$ ℃。美国 LLNL 实验室的油喷淋温控系统可将温度变化控制在 $0.005$ ℃ 范围内。精密和超精密加工设备必须安放在带防振沟和隔振器的防振地基上,并可使用空气弹簧(垫)来隔离低频振动。高精密车床还采用对旋转部件动平衡方法来减小振动。超精密加工还必须有净化的环境,其最高要求为 $1\ m^3$ 空气内大于 $0.01\ \mu m$ 的尘埃小于 10 个。

3. 金刚石超精密车削

金刚石超精密车削是为适应计算机用的磁盘、录像机中的磁鼓、各种精密光学反射镜、射电望远镜主镜面、照像机塑料镜片、树脂隐形眼镜镜片等精密零件的加工而发展起来的一种精密加工方法。它主要用于加工铝、铜等非铁系金属及其合金,以及光学玻璃、大理石和碳素纤维等非金属材料。

1) 金刚石超精密车削机理与特点

金刚石超精密车削属于微量切削,其加工机理与普通切削有较大的差别。超精密车削要达到 $0.1\ \mu m$ 的加工精度和 $Ra$ 为 $0.01\ \mu m$ 的表面粗糙度,要求刀具必须具有切除亚微米级以下金属层厚度的能力。这时的切削深度可能小于晶粒的大小,切削在晶粒内进行,要求切削力大于原子、分子间的结合力,刀刃上所承受的剪应力可高达 $13\ 000\ MPa$。刀尖处应力极大,切削温度极高,一般刀具难以承受。由于金刚石刀具具有极高的硬度和高温强度,耐磨性和导热性能好,加之金刚石本身质地细密,能磨出极其锋利的刃口,因此可以加工出粗糙度很小的表面。通常,金刚石超精密车削采用很高的切削速度,产生的切削热少,工件变形小,因而可获得很高的加工精度。

2) 金刚石超精密车削的关键技术

(1) 金刚石刀具及其刃磨。超精密车削刀具应具备的主要条件如表 7-2 所示。

表 7-2 超精密车削刀具应具备的主要条件

| 分 类 | 主 要 要 求 |
|---|---|
| 刀具切削部分的几何形状 | ①刃口能磨得极其锋利,刃口圆弧半径 $r_n$ 值极小,能实现超薄切削;<br>②具有不产生走刀痕迹、强度高、切削力非常小的刀具切削部分几何形状;<br>③刀刃无缺陷,切削时刃形将复印在加工表面上,能得到超光滑的镜面 |
| 物理及化学性能 | ①与工件材料的抗黏结性好,化学亲和力小,摩擦系数低,能得到极好的加工表面完整性;<br>②极高的硬度、耐磨性和弹性模量,以保证刀具有很长的寿命和很高的尺寸耐用度 |

目前采用的金刚石刀具材料均为天然金刚石和人造单晶金刚石。单晶金刚石刀具可分为直线刃、圆弧刃和多棱刃。要做到能在最后一次走刀中切除微量表面层,关键是刀具的锋利程度。一般以刃口圆弧半径 $r_n$ 的大小表示刀刃的锋利程度,$r_n$ 越小,刀具越锋利,切除微小余量就越顺利。最小的刃口圆弧半径取决于刀具材料晶体的微观结构和刀具的刃磨情况。天然单晶金刚石虽然价格昂贵,但由于质地细密,被公认为是最理想、不可替代的超精密切削的刀具材料。金刚石刀具通常是在铸铁研磨盘上进行研磨,研磨时应使金刚石的晶向与主切削刃平行,并使刃口圆弧半径尽可能小。据报道,国外研磨质量最好的金刚石刀具,其刃口圆弧半径可以小到几纳米的水平,而国内使用的金刚石刀具,其刃圆弧口半径在 $0.2\sim0.5~\mu m$,经特殊精心研磨后可达到 $0.1~\mu m$。

(2) 加工设备。金刚石车床是金刚石车削工艺中的关键设备,应具有高精度、高刚度和高稳定性,还应抗振性好,热变性小,控制性能好,并具有可靠的微量进给机构和误差补偿装置。如美国 MOORE 公司生产的 M-18G 金刚石车床,如图 7-2 所示,主轴采用空气静压轴承,转速为 5 000 r/min,径向跳动小于 $0.1~\mu m$;采用液体静压导轨,直线度达 $0.05~\mu m/100~mm$;数控系统分辨率为 $0.01~\mu m$。

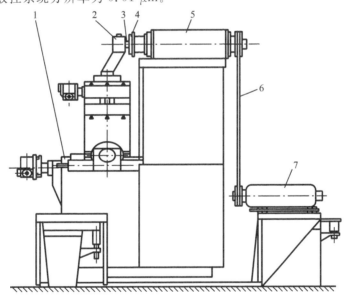

图 7-2 MOORE 金刚石车床
1—回转工作台;2—刀具夹持器;3—刀具;
4—工件;5—主轴;6—传动带;7—主轴电动机

4. 超精密磨削加工

超精密磨削技术是在一般精密磨削基础上发展起来的一种亚微米级加工技术。它的加工精度达到或高于 $0.1~\mu m$,表面粗糙度 $Ra$ 低于 $0.025~\mu m$,并正在向 nm 级加工方向发展。镜面磨削一般是指加工表面粗糙度 $Ra$ 达到 $0.02\sim0.01~\mu m$、表面光泽如镜的磨削方法,在加工精度的含义上不够明确,比较强调表面粗糙度,它也属于超精密磨削加工范畴。

1) 超硬磨料微粉砂轮磨削技术

金刚石砂轮磨削脆硬材料是一种有效的超精密加工方法,它的磨削能力强,耐磨性好,使用寿命长,磨削力小,磨削温度低,表面无烧伤,无裂纹和组织变化,加工表面质量好,且磨削效率高,应用广泛,但在几何形状精度和表面粗糙度上很难满足超精密加工的更高要求,因此出现了金刚石微粉砂轮超精密磨削加工方法。

金刚石微粉砂轮超精密磨削时,主要是微切削作用,在切削过程中有切屑形成,有耕犁、滑擦等现象产生,这是由于磨粒具有很大的负前角和切削刃钝圆半径;又由于这是微粉磨粒,因此具有微刃性;同时,又由于砂轮经过精细修整,磨粒在砂轮表面上具有很好的等高性,因此其切削机理比较复杂。

2) 超精密砂带磨削技术

超精密砂带磨削是一种高效高精度的加工方法,它可以补充和部分代替砂轮磨削,是一种具有宽广应用前景和潜力的精密、超精密加工方法。砂带磨削时,砂带经接触轮与工件被加工表面接触,由于接触轮的外缘材料一般是一定硬度的橡胶或塑料,是弹性体,同时砂带的基底材料也有一定的弹性,因此在砂带磨削时,弹性变形区的面积较大,使磨粒承受的载荷大大减小,载荷值也较均匀,且有减振作用。砂带磨削时,除有砂轮磨削的滑擦、耕犁和切削作用外,还有磨粒的挤压使加工表面产生的塑性变形,磨粒的压力使加工表面产生加工硬化和断裂,以及因摩擦升温引起的加工表面热塑性流动等。因此从加工机理来看,砂带磨削兼有磨削、研磨和抛光的综合作用,是一种复合加工。

与砂轮磨削相比,砂带磨削时材料的塑性变形和摩擦力减小,力和热的作用降低,工件温度降低。由于砂带粒度均匀,等高性好,磨粒尖刃向上,有方向性,且切削刃间隔长,切屑不易堵塞,有较好的切削性,使加工表面能得到很高的表面质量,但难以提高工件的几何精度。

砂带磨削方式一般可以分为闭式和开式两大类。闭式砂带磨削采用无接头或有接头的环形砂带,通过接触轮和张紧轮撑紧,由电动机通过接触轮带动砂带高速旋转,砂带头架作纵向进给及横向进给,从而对工件进行磨削。这种磨削方式效率高,但噪声大,易发热,可用于粗加工、半精加工和精加工。开式砂带磨削采用成卷的砂带,由电动机经减速机构通过卷带轮带动砂带作极缓慢的移动,砂带绕过接触轮并以一定的工作压力与工件被加工表面接触,工件高速回转,砂带头架或工作台作纵向进给与横向进给,从而对工件进行磨削。这种磨削方式磨削质量高且稳定,磨削效果好,但效率不如闭式砂带磨削,多用于精密和超精密磨削中。

5. 超精密研磨与抛光

研磨与抛光都是利用研磨剂使工件与研具之间通过相对复杂的轨迹而获得高质量、高精度的加工方法。近年来，在传统研磨抛光技术的基础上，出现了许多新型的精密和超精密游离磨料加工方法，如弹性发射加工、液中研抛、液体动力抛光、磁性研磨、滚动研磨、喷射加工等，它们综合了研磨的高精度、抛光的高效率和低表面粗糙度，形成了研抛加工的新方法。

(1) 研磨加工机理。

研磨加工，通常是在刚性研具（如铸铁、锡、铝等软金属或硬木、塑料等）里注入直径 1 $\mu m$ 至十几微米大小的氧化铝和碳化硅等磨料，在一定压力下，通过研具与工件的相对运动，借助磨粒的微切削作用，除去微量的工件材料，以达到高的几何精度和低的表面粗糙度。总之，研磨表面的形成，是在产生切屑、研具的磨损和磨粒破碎等综合因素作用下进行的。

(2) 抛光加工机理。

抛光和研磨一样，是将研磨剂擦抹在抛光器上对工件进行抛光加工。抛光与研磨不同之处在于抛光用的抛光器一般是软质的，其塑性流动作用和微切削作用较弱，加工效果主要是降低加工表面的粗糙度，一般不能提高工件形状精度和尺寸精度。研磨用的研具一般是硬质的。抛光使用的磨粒是直径 1 $\mu m$ 以下的微细磨粒，微小的磨粒被抛光器弹性夹持研磨工件，以磨粒的微小塑性切削生成切屑为主体，磨粒和抛光器与工件的流动摩擦使工件表面的凹凸变平，同时加工液对工件有化学性溶析作用，而工件和磨粒之间受局部高温作用有直接的化学反应，有助于抛光的进行。由于磨粒对工件的作用力很小，即使抛光脆性材料也不会发生裂纹。

(3) 化学机械抛光。

这是化学作用和机械磨削作用综合的加工技术。所谓化学作用，是指利用酸、碱和盐等化学溶液与金属或某些非金属工件表面发生化学反应，通过腐蚀或溶解而改变工件尺寸和形状，或者在工件表面产生化学反应膜；机械磨削作用则是磨粒和抛光垫对工件表面的研磨和摩擦作用。图 7-3 所示为硅晶片的化学机械抛光设备示意图。化学机械抛光设备的基本组成部分是一个转动着的圆盘和一个圆晶片夹持装置。整个系统由晶片夹持器、抛光垫、抛光盘、抛光浆料供给装置和抛光垫修整装置等部分组成。

化学机械抛光时，旋转的工件（硅晶片）以一定的压力压在旋转的抛光垫上，而由亚微米或纳米磨粒和化学溶液组成的抛光液在工件与抛光垫之间流动，并产生化学反应，工件表面形成的化学反应物由磨粒的机械作用去除，即在化学成膜和机械去膜的交替过程中实现超精密表面加工。在化学机械抛光中，由于选用比工件软或者与工件硬度相当的磨粒，在化学反应和机械作用的共同作用下从工件表面去除极薄的一层材料，因而可以获得高精度、低表面粗糙度、无加工缺陷的工件表面。

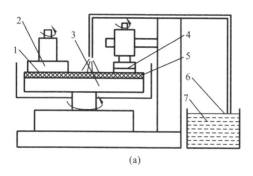 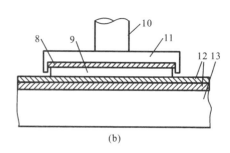

图 7-3 硅晶片的 CMP 设备示意图

1—晶片；2—晶片夹持器；3—抛光盘；4—抛光垫修整器；5、12—抛光垫；
6—$SiO_2$颗粒；7—抛光液；8—背膜；9—硅晶片；10—转轴；11—卡盘；13—转盘

(4) 弹性发射加工。

弹性发射加工指加工时研具与工件互不接触，通过微粒子冲击工件表面，对物质的原子结合产生弹性破坏，以原子级的加工单位去除工件材料，从而获得无损伤的加工表面。图 7-4 是弹性发射加工原理图。这种方法是在高速旋转的聚氨酯球与被加工工件之间，以尽可能小的入射角（近似水平）加上含有微细磨料的工作液，并对聚氨酯球加有一定的压力，通过高速旋转的聚氨酯球所产生的高速气流及离心力，使磨料冲击或擦过工件的表面而进行加工。

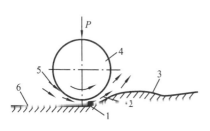 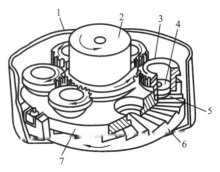

图 7-4 弹性发射加工原理图

1—工件；2—所产生的间隙；3—未加工面；
4—树脂球（工具）；5—研磨剂；6—已加工面

图 7-5 动压浮动抛光装置示意图

1—抛光液容器；2—驱动齿轮；3—保持环；
4—工件夹具；5—工件；6—抛光盘；7—载环盘

(5) 动压浮动抛光。

它是利用滑动轴承的动压效应原理，将抛光盘做成容易产生动压效应的形状，当工件与抛光盘之间进行相对运动时，由于动压效应将被加工工件浮起，通过在二者间隙间运动的工作液中磨料的冲击和擦划作用对工件进行加工。图 7-5 为动压浮动抛光装置的示意图。动压超精密抛光盘的制作是实现动压浮动抛光加工的关键，抛光盘平面可采用超精密金刚石切削,在盘表面上开有沟槽,使工件和抛光盘的界面保持一定厚度的液膜,以获得高精度的抛光平面。

动压浮动抛光具有以下特点:极高的平面度,最光滑和无加工变质层的表面;加工面无污染;生产效率高;操作简单,生产管理容易等。它是一种极好的非接触超精密抛光方法。

### 7.2.3 微细/纳米加工技术

1. 微细/纳米加工技术的概念与特点

微细加工是指加工尺度为微米级范围的加工方式。微细加工起源于半导体制造工艺,加工方式十分丰富,包含了微细机械加工、各种现代特种加工、高能束加工等方式。

纳米技术(nano technology,NT)是在纳米尺度范围(0.1~100 nm)内对原子、分子等进行操纵和加工的技术。它是一门多学科交叉的学科,是在现代物理学、化学和先进工程技术相结合的基础上诞生的,是一门与高技术紧密结合的新型科学技术。纳米加工技术包括机械加工、化学腐蚀、能量束加工、扫描隧道加工等多种方法。

微细加工与一般尺度加工有许多不同,主要体现在以下几个方面。

(1) 精度表示方法不同。

在一般尺度加工中,加工精度是用其加工误差与加工尺寸的比值(即相对精度)来表示的。而在微细加工时,由于加工尺寸很小,精度就必须用尺寸的绝对值来表示,即用去除(或添加)的一块材料(如切屑)的大小来表示,从而引入加工单位的概念,即一次能够去除(或添加)的一块材料的大小。

(2) 加工机理存在很大的差异。

由于在微细加工中加工单位的急剧减小,此时必须考虑晶粒在加工中的作用。如果吃刀深度小于晶粒直径,那么,切削就不得不在晶粒内进行,这时就要把晶粒作为一个个的不连续体来进行切削。相比之下,如果是加工较大尺度的零件,由于吃刀深度可以大于晶粒尺寸,切削不必在晶粒中进行,就可以把被加工体看成是连续体。这就导致了加工尺度在亚毫米、加工单位在数微米的加工方法与常规加工方法的微观机理的不同。另外,当切削单位从数微米缩小到 $1~\mu m$ 以下时,刀具的尖端要承受很大的应力作用,使得单位面积上产生很大的热量,导致刀具的尖端局部区域上升到极高的温度。这就要求采用耐热性好、耐磨性强、高温硬度和高温强度都高的刀具。

(3) 加工特征明显不同。

一般加工以尺寸、形状、位置精度为特征;微细加工则由于其加工对象的微小型化,目前多以分离或结合原子、分子为特征。例如,要进行 1 nm 的精度和微细度的加工,就需要用比它小一个数量级的尺寸作为加工单位,即要用 0.1 nm 的加工方法进行加工。这就明确表明必须把原子、分子作为加工单位。扫描隧道显微镜和原子力显微镜的出现,实现了以单个原子作为加工单位的加工。

2. 微细加工技术

微细加工技术是由微电子技术、传统机械加工技术和特种加工技术衍生而成的。按其衍生源的不同,微细加工可分为微细蚀刻加工、微细切削加工和微细特种加工。下面介绍几种有代表性的微细加工方法。

1) 微细切削加工

这种方法适合所有金属、塑料和工程陶瓷材料,主要采用车削、铣削、钻削等切削方式,刀具一般为金刚石刀(刃口半径为 100 nm)。这种工艺的主要困难在于微型刀具的制造、安装以及加工基准的转换定位。

目前,日本 FANUC 公司已开发出能进行车、铣、磨和电火花加工的多功能微型超精密加工机床,其主要技术指标为:可实现 5 轴控制,数控系统最小设定单位为 1 nm;采用编码器半闭环控制及激光全息式直线移动的全闭环控制;编码器与电动机直联,具有每周 6 400 万个脉冲的分辨率,每个脉冲相当于坐标轴移动 0.2 nm;编码器反馈单位为 1/3 nm,跟踪误差在 ±3 nm 以内;采用高精度螺距误差补偿技术,误差补偿值由分辨率为 0.3 nm 的激光干涉仪测出;推力轴承和径向轴承均采用气体静压支承结构,伺服电动机转子和定子用空气冷却,发热引起的温升控制在 0.1 ℃ 以下。

2) 微细特种加工

(1) 微细电火花加工。

电火花加工是利用工件和工具电极之间的脉冲性火花放电产生瞬间高温使工件材料局部熔化或汽化,从而达到蚀除材料的目的。微小工具电极的制作是关键技术之一。利用微小圆轴电极,在厚度为 0.2 mm 的不锈钢片上可加工出直径为 40 μm 的微孔,如图 7-6 所示。当机床系统定位控制分辨率为 0.1 μm 时,最小可实现孔径为 5 μm 的微细加工,表面粗糙度可达 0.1 μm,这种方法的缺点是电极的定位安装较为困难。为此常将切削刀具或电极在加工机床中制作,以避免装夹误差。

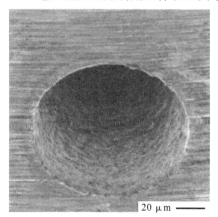

图 7-6 微细电火花加工出的微孔

(2) 复合加工。

它是指电火花与激光复合精密微细加工。针对市场上急需的精密电子零件模具与高压喷嘴等使用的超高硬度材料的超微硬质合金及聚晶金刚石烧结体的加工要求,特别是大深径比的深孔加工要求,已开发出了一种高效率的微细加工系统,它采用了电火花加工与激光加工的复合工艺。首先利用激光在工件上预加工出贯穿的通孔,以便为电火花加工提供良好的排屑条件,然后再进行电火花精加工。

3) 光刻加工

光刻加工是利用光致耐蚀剂(感光胶)的光化学反应特点,在紫外线照射下,将照相制版上的图形精确地印制在有光致耐蚀剂的工件表面,再利用光致耐蚀剂的耐腐蚀特性,对工件表面进行腐蚀,从而获得极为复杂的精细图形。

目前,光刻加工中主要采用的曝光技术有电子束曝光技术、离子束曝光技术、X射线曝光技术和紫外准分子曝光技术。其中,离子束曝光技术具有最高的分辨率;电子束曝光代表了最成熟的亚微米级曝光技术;紫外准分子激光曝光技术则具有最高的经济性,是近年来发展速度极快且实用性较强的曝光技术,在大批量生产中保持主导地位。

典型的光刻工艺过程为:①氧化,使硅晶片表面形成一层$SiO_2$氧化层;②涂胶,在$SiO_2$氧化层表面涂布一层光致耐蚀剂,即感光胶,厚度在$1\sim5\ \mu m$;③曝光,在光刻胶层面上加掩模,然后用紫外线等方法曝光;④显影,曝光部分通过显影而被溶解除去;⑤腐蚀,将加工对象浸入氢氟酸腐蚀液,使未被感光胶覆盖的$SiO_2$部分被腐蚀掉;⑥去胶,腐蚀结束后,光致抗蚀剂就完成了它的作用,此时要设法将这层无用的胶模去除;⑦扩散,即向需要杂质的部分扩散杂质,以完成整个光刻加工过程。图7-7为半导体光刻加工过程示意图。

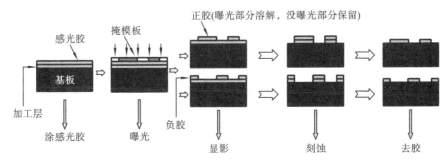

图7-7 半导体光刻加工过程示意图

3. 纳米加工技术

纳米加工结合了"自下而上"和"自上而下"两种方法。"自下而上"的方法,即从单个分子甚至原子开始,一个原子一个原子地进行物质的组装和制备。这个过程没有原材料的去除和浪费。由于传统"自上而下"的微电子工艺受经典物理学理论的限制,依靠这一工艺来减小电子器件尺寸将变得越来越困难。

传统微纳器件的加工是以金属或者无机物的体相材料为原料,通过光刻蚀、化学刻蚀或两种方法结合使用的"自上而下"的方法进行加工,在刻蚀加工前必须先制作"模具"。长期以来推动电子领域发展的以曝光技术为代表的"自上而下"方法的加工技术即将面临发展极限。如果使用蛋白质和DNA(脱氧核糖核酸)等纳米生物材料,将有可能形成运用材料自身具有的"自组装"和相同图案"复制与生长"等特性的"自下而上"方法的元件。图

7-8 所示为采用"自下而上"方法加工出的纳米碳管和量子栅栏。

 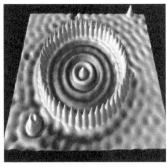

图 7-8　采用"自下而上"方法加工出的纳米碳管和量子栅栏

纳米加工工艺主要有以下几种。

(1) LIGA 技术(X 射线刻蚀电铸模法)。

LIGA(lithographic galvanoformung abformung)加工工艺是由德国科学家开发的集光刻、电铸和模铸于一体的复合微细加工新技术,是三维立体微细加工最有前景的加工技术,尤其对微机电系统的发展有很大的促进作用。

20 世纪 80 年代中期,德国学者 W. Ehrfeld 等人发明了 LIGA 加工工艺,这种工艺包括三个主要步骤:深度同步辐射 X 射线光刻(lithography)、电铸成形(galvanoformung)和注塑成形(abformung),其最基本和最核心的工艺是深度同步辐射 X 射线光刻,而电铸成形和注塑成形工艺是 LIGA 产品实用化的关键。LIGA 适合应用多种金属、非金属材料来制造微型机械构件。采用 LIGA 技术已研制成功或正在研制的产品有微传感器、微电动机、微执行器、微机械零件等。

用 LIGA 工艺加工出的微型器件侧壁陡峭、表面光滑,可以大批量复制生产,成本低,因此广泛应用于微传感器、微电动机、微执行器、微机械零件、集成光学和微光学元件、真空电子元件、微型医疗器械、流体技术微元件、纳米技术元件等的制作。现在已将牺牲层技术融入 LIGA 工艺中,使获得的微型器件中有一部分可以脱离母体而移动或转动;还有学者研究控制光刻时的照射深度,即使用部分透光的掩模,使曝光时同一块光刻胶在不同处曝光深度不同,从而使获得的光刻模型可以有不同的高度,用这种方法可以得到真正的三维立体微型器件。

(2) 扫描隧道显微加工技术。

通过扫描隧道显微镜(scanning tunneling microscope,STM)的探针来操纵试件表面的单个原子,实现单个原子和分子的搬迁、去除、增添与原子排列重组,实现极限的精加工。目前,原子级加工技术正在研究对大分子中的原子搬迁、增添原子、去除原子和原子排列的重组。

利用 STM 进行单原子操纵的基本原理是：当针尖与表面原子之间距离极小（<1 nm）时，会形成隧道效应，即针尖顶部原子和材料表面原子的电子云相互重叠，有的电子云双方共享，从而产生一种与化学键相似的力。同时表面上其他原子对针尖对准的表面原子也有一定的结合力，在双方的作用下探针可以带动该表面原子跟随针尖移动而又不脱离试件表面，实现原子的搬迁。当探针针尖对准试件表面某原子时，在针尖和样品之间加上电偏压或脉冲电压，可使该表面原子成为离子而被电场蒸发，从而实现去除原子形成空位；在有脉冲电压存在的条件下，也可以从针尖上发射原子，实现增添原子填补空位。

(3) AFM 机械刻蚀加工。

原子力显微镜（atomic force microscope，AFM）在接触模式下，通过增加针尖与试件表面之间的作用力会在接触区域产生局部结构变化，即通过针尖与试件表面的机械刻蚀的方法进行纳米加工。

(4) AFM 阳极氧化法加工。

该工艺为通过扫描探针显微镜（scanning probe microscope，SPM）针尖与样品之间发生的化学反应来形成纳米尺度氧化结构的一种加工方法。针尖为阴极，样品表面为阳极，吸附在样品表面的水分子充当电解液，提供氧化反应所需的 $OH^-$ 离子，如图 7-9 所示。该工艺早期采用 STM，后来多采用 AFM，主要是由于 AFM 法自身采用氧化过程，简单易行，刻蚀处的结构性能稳定。

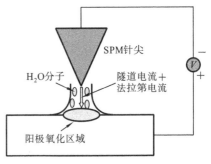

图 7-9 AFM 阳极氧化法加工

### 7.2.4 高速加工技术

1. 高速加工技术的概念

高速加工技术是指采用超硬材料刀具和磨具，利用高速、高精度、高自动化和高柔性的制造设备，以提高切削速度来达到提高材料切除率、加工质量要求的先进加工技术。高速加工是一个相对的概念，由于不同的工件材料、不同的加工方式有着不同的切削速度范围，因而超高速加工的切削速度很难给出一个确定的数值。

1931 年，德国 Carl Salomon 博士首次提出超高速切削理论。Salomon 认为，在常规切削速度范围内，切削温度随切削速度的增大而急剧升高，但当切削速度增大到某一数值后，切削温度反而会随切削速度的增大而降低。切削速度的这一临界值与工件材料种类有关，对于每一种材料，存在一个速度范围，在这个范围内，由于切削温度高于任何刀具的熔点，从而切削加工不能进行，这个速度范围称为"死谷"；如果切削速度超过这个死谷，在超高速区域内进行切削，则有可能用现有的刀具进行高速切削，从而大大减少切削工时，成倍提高机床的生产率。对铸铁和钢，越过死谷的速度分别为 39 000 m/min 和 45 000

m/min(见图 7-10)。

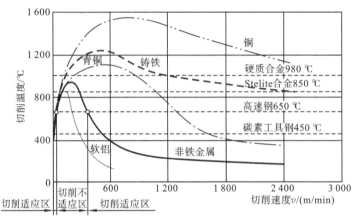

图 7-10 切削速度与切削温度的关系曲线

**2. 高速加工技术的发展与应用**

自从 Salomon 博士提出高速切削概念以来,高速切削加工技术的发展经历了高速切削的理论探索、应用探索、初步应用、较成熟的应用四个发展阶段。特别是 20 世纪 80 年代以来,各工业国家相继投入大量的人力和财力进行高速加工及其相关技术方面的研究开发,在大功率高速主轴单元、高加减速进给系统、超硬耐磨长寿命刀具材料、切屑处理和冷却系统、安全装置以及高性能 CNC 控制系统和测试技术等方面均取得了重大的突破,为高速切削加工技术的推广和应用提供了基本条件。

目前的高速切削机床均采用高速电主轴,进给系统多采用大导程多线滚珠丝杠或直线电动机,数控系统则采用 64 位多 CPU 系统,以满足高速切削加工对系统快速数据处理的要求;采用强力高压的冷却系统,以解决极热切屑冷却问题;采用温控循环水来冷却主轴电动机、主轴轴承和直线电动机,有的甚至冷却主轴箱、床身等大构件;采用更完备的安全保障措施来保证机床操作者以及周围现场人员的安全。

**3. 高速切削加工的关键技术**

随着近几年高速切削技术的迅速发展,各项关键技术,包括高速主轴系统、快速进给系统、高性能 CNC 控制系统、先进机床结构、高速加工刀具等也正在不断地跃上新水平。

1) 高速主轴系统

高速主轴单元是高速加工机床最关键的部件。目前高速主轴的转速范围为 10 000～25 000 r/min,加工进给速度在 10 m/min 以上。为适应这种切削加工,高速主轴应具有先进的主轴结构、优良的主轴轴承、良好的润滑和散热等新技术。

(1) 电主轴。

在超高速运转的条件下,传统的齿轮变速和带传动方式已不能适应要求,代之以宽调速交流变频电动机来实现数控机床主轴的变速，从而使机床主传动的机械结构大为简化，形成一种新型的功能部件——主轴单元。在超高速数控机床中，几乎无一例外地采用电主轴，如图 7-11 所示。由于电主轴取消了从主电动机到机床主轴之间的一切中间传动环节，主传动链的长度缩短为零，故把这种新型的驱动与传动方式称为"零传动"。

图 7-11　电主轴结构

电动机主轴振动小，由于直接传动，减少了高精密齿轮等关键零件，消除了齿轮的传动误差。同时，集成式主轴也简化了机床设计中的一些关键性的工作，如简化了机床外形设计，容易实现高速加工中快速换刀时的主轴定位等。这种电动机主轴和以前用于内圆磨床的内装式电动机主轴有很大的区别，主要表现在：①有很大的驱动功率和转矩；②有较宽的调速范围；③有一系列监控主轴振动、轴承和电动机温升等运行参数的传感器、测试控制和报警系统，以确保主轴超高速运转的可靠性与安全性。

(2) 静压轴承高速主轴。

目前，在高速主轴系统中广泛采用液体静压轴承和空气静压轴承。液体静压轴承高速主轴的最大特点是运动精度很高，回转误差一般在 $0.2\ \mu m$ 以下。因而不但可以提高刀具的使用寿命，而且可以达到很高的加工精度和低的表面粗糙度。

采用空气静压轴承可以进一步提高主轴的转速和回转精度，其最高转速可达 100 000 r/min，转速特征值可达 $2.7×10^6$ mm/min，回转误差在 50 nm 以下。由于静压轴承为非接触式，具有磨损小、寿命长、旋转精度高、阻尼特性好的特点，另外其结构紧凑，动、静态刚度较高。但静压轴承价格较高，使用维护较为复杂。气体静压轴承刚度差、承载能力低，主要用于高精度、高转速、轻载荷的场合；液体静压轴承刚度高、承载能力强，但结构复杂、使用条件苛刻、消耗功率大、温升较高。

(3) 磁浮轴承高速主轴。

磁浮轴承高速主轴结构如图 7-12 所示，其优点是高精度、高转速和高刚度；缺点是机械结构复杂，而且需要一整套的传感器系统和控制电路，所以磁浮主轴的造价较高。另外，主轴部件内除了驱动电机外，还有轴向和径向轴承的线圈，每个线圈都是一个附加的

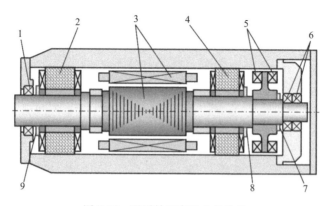

图 7-12 磁浮轴承高速主轴结构
1—前辅助轴承；2—前径向轴承；3—电主轴；4—后径向轴承；5—双面轴向推力轴承；
6—后辅助轴承；7—轴向传感器；8—后径向传感器；9—前径向传感器

热源，因此，磁浮主轴必须有很好的冷却系统。

2）超高速切削机床的进给系统

超高速切削进给系统是超高速加工机床的重要组成部分，是评价超高速机床性能的重要指标之一，是维持超高速切削中刀具正常工作的必要条件。

普通机床的进给系统采用的滚珠丝杠副加旋转伺服电动机的结构，由于丝杠扭转刚度低，高速运行时易产生扭振，限制了运动速度和加速度的提高。且其机械传动链较长，各环节普遍存在误差，传动副之间有间隙，这些误差相叠加会形成较大的综合传动误差和非线性误差，影响加工精度。机械传动链结构复杂、机械噪声大、传动效率低、磨损快。超高速切削在提高主轴速度的同时必须提高进给速度，并且要求进给运动能在瞬时达到高速和瞬时准停等，否则，不但无法发挥超高速切削的优势，而且会使刀具处于恶劣的工作条件下，还会因为进给系统的跟踪误差影响加工精度。当采用直线电动机进给驱动系统时，使用直线电动机作为进给伺服系统的执行元件，电动机直接驱动机床工作台，传动链长度为零。且不受离心力的影响，结构简单、质量轻，容易实现很高的进给速度（80~180 m/min）和加速度（2g~10g）；动态性能好，运动精度高（0.1~0.01 μm），运动行程不影响系统的刚度，无机械磨损。

3）超高速轴承技术

超高速主轴系统的核心是高速精密轴承。由于滚动轴承有很多优点，故目前国外多数超高速磨床采用的是滚动轴承。为提高其极限转速，主要采取如下措施：①提高制造精度等级，但这样会使轴承价格成倍增长；②合理选择材料，陶瓷球轴承具有质量轻、热膨胀系数小、硬度高、耐高温、超高温时尺寸稳定、耐腐蚀、弹性模量比钢高、非磁性等优点；③改进轴承结构，德国FAG轴承公司开发了HS70和HS719系列的新型高速主轴轴承，它将球直径缩小至原来的70%，增加了球数，从而提高了轴承结构的刚性。

日本东北大学庄司克雄研究室开发的CNC超高速平面磨床,使用陶瓷球轴承,主轴转速为30 000 r/min。日本东芝机械公司在ASV40加工中心上,采用了改进的气浮轴承,在大功率下实现30 000 r/min的主轴转速。日本KOYSEIKOK公司、德国KAPP公司曾经成功地在其高速磨床上使用了磁力轴承。磁力轴承的传动功耗小,轴承维护成本低,不需复杂的密封,但轴承本身成本太高,控制系统复杂。德国GMN公司的磁悬浮轴承主轴单元的转速最高达100 000 r/min以上。此外,液体动静压混合轴承也已逐渐应用于高效磨床。

4) 高性能的CNC控制系统

围绕着高速和高精度,高速加工数控系统必须满足以下条件。

(1) 数字主轴控制系统和数字伺服轴驱动系统应该具有高速响应特性;采用气浮、液压或磁悬浮轴承时,要求主轴支撑系统能根据不同的加工材料、不同的刀具材料以及加工过程中的动态变化自动调整相关参数;工件加工的精度检测装置应选用具有高跟踪特性和分辨率的检测元件(双频激光干涉仪)。

(2) 进给驱动的控制系统应具有很高的控制精度和动态响应特性,以满足高进给速度和高进给加速度。

(3) 为适应高速切削,要求单个程序段处理时间短;为保证高速切削下的加工精度,要有前馈和大量的超前程序段处理功能;要求快速行程刀具路径,刀具路径尽可能圆滑,走样条曲线而不是逐点跟踪,少转折点、无尖转点;程序算法应保证高精度;遇到干扰能迅速调整,保持合理的进给速度,避免刀具振动。

此外,如何选择新型高速刀具、切削参数以及优化切削参数,如何优化刀具切削运动轨迹,如何控制曲线轮廓拐点、拐角处进给速度和加速度,如何解决高速加工时CAD/CAM高速通信时的可靠性等,这些都是NC程序需要解决的问题。

### 7.2.5 现代特种加工技术

1. 激光加工

1) 激光加工技术及其特点

激光加工(laser beam machining,LBM)是利用激光束对材料的光热效应来进行加工的一门加工技术。激光加工原理图如图7-13所示。由于激光具有高亮度、高方向性、高单色性和高相干性的特性,激光加工具有如下一些可贵特点。

(1) 聚焦后,激光加工的功率密度可高达$10^8 \sim 10^{10}$ W/cm$^2$,光能转化为热能,几乎可以熔化、气化任何材料。例如,耐热合金、陶瓷、石英、金刚石等硬脆材料都能加工。

(2) 激光光斑大小可以聚焦到微米级,输出功率可以调节,因此可用于精密微细加工。

(3) 加工所用工具是激光束,是非接触加工,因此没有明显的机械力,没有工具损耗

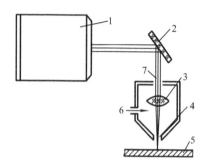

图 7-13 激光加工原理图
1—激光器；2—平面镜；3—聚焦透镜；4—喷嘴；
5—钛合金工件；6—辅助气体；7—激光束

问题；加工速度快、热影响区小，容易实现加工过程自动化；能在常温、常压下于空气中加工，还能通过透明体进行加工，如对真空管内部进行焊接加工等。

（4）与电子束加工等相比，激光加工装置比较简单，不要求复杂的抽真空装置。

（5）激光加工是一种瞬时、局部熔化、气化的热加工，影响因素很多，因此，精微加工时，精度，尤其是重复精度和表面粗糙度不易保证，必须进行反复试验，寻找合理的参数，才能达到一定的加工要求。由于光的反射作用，对于表面光泽或透明材料的加工，必须预先进行色化或打毛处理，使更多的光能被吸收后转化为热能用于加工。

激光加工的不足之处在于激光加工设备目前还比较昂贵。

2）激光加工技术及其在工业中的应用

（1）激光打孔。

激光打孔是利用高能激光束照射在工件表面，表面材料所产生的一系列热物理现象综合的结果。它与激光束的特性和材料的热物理性质有关。激光打孔加工是非接触式的，对工件本身无机械冲压力，工件不易变形，热影响极小，从而对精密配件的加工更具优势。激光束的能量和轨迹易于实现精密控制，因而可完成精密复杂的加工。激光几乎可在任何材料上打微型小孔，目前已应用于火箭发动机和柴油机的燃料喷嘴加工、化学纤维喷丝板打孔、钟表及仪表中的宝石轴承打孔、金刚石拉丝模加工等方面。

（2）激光切割。

激光切割是利用高功率密度的激光束扫描材料表面，在极短时间内将材料加热到几千至上万摄氏度，使材料熔化或气化，再用高压气体将熔化或气化物质从切缝中吹走，达到切割材料的目的。激光切割的特点是速度快，切口光滑平整，一般无需后续加工；切割热影响区小，板材变形小，切缝窄（0.1～0.3 mm）；切口没有机械应力，无剪切毛刺；加工精度高，重复性好，不损伤材料表面；激光切割适于自动控制，宜于对细小部件进行各种精密切割。激光切割可以用于切割各种材料。

（3）激光焊接。

激光焊接是以高功率聚焦的激光束为热源，熔化材料形成焊接接头的，其特点在于：激光焊接具有熔池净化效应，能纯净焊缝金属，适用于相同或不同材质、不同厚度的金属间的焊接，对高熔点、高反射率、高导热率和物理特性相差很大的金属焊接特别有利。激光焊接一般无需焊料和焊剂，只需将工件的加工区域"热熔"在一起就可以。激光功率可控,易于实现自动化;激光束功率密度很高,焊缝熔深大,速度快,效率高;激光焊缝窄,热影响区很小,工件变形很小,可实现精密焊接;激光焊缝组织均匀,晶粒很小,气孔少,夹杂缺陷少,在力学性能、耐蚀性能和电磁学性能上优于常规焊接方法。

(4) 激光表面热处理技术。

激光的穿透能力极强,当把金属表面加热到仅低于熔点的临界转变温度时,其表面迅速奥氏体化,然后急速自冷淬火,金属表面迅速被强化,即激光相变硬化。激光表面热处理就是利用高功率密度的激光束对金属进行表面处理的方法,可对材料实现相变硬化、快速熔凝、合金化、熔覆等表面处理,产生用其他表面淬火达不到的表面成分、组织、性能的改变。其中相变硬化和熔凝处理技术已趋于成熟并产业化,而合金化和熔覆工艺,对基体材料的适应范围和性能改善的幅度较前两种好,发展前景广阔。

**2. 电子束加工**

1) 电子束加工原理和特点

电子束加工(electron beam machining,EBM)是在真空条件下,利用聚焦后能量密度极高($10^6 \sim 10^9$ W/cm$^2$)的电子束,以极高的速度冲击到工件表面极小面积上,在极短的时间(几分之一微秒)内,其能量的大部分转变为热能,使被冲击部分的工件材料达到几千摄氏度以上的高温,从而引起材料的局部熔化和气化,被真空系统抽走。

控制电子束能量密度的大小和能量注入时间,就可以达到不同的加工目的。如只使材料局部加热,就可进行电子束热处理;使材料局部熔化,就可进行电子束焊接;提高电子束能量密度,使材料熔化和气化,就可进行打孔、切割等加工;利用较低能量密度的电子束轰击高分子材料时产生化学变化的原理,即可进行电子束光刻加工。

电子束加工具有如下特点。

(1) 由于电子束能够极其微细地聚焦,甚至能聚焦到 0.1 $\mu$m,因此加工面积可以很小,是一种精密微细的加工方法。

(2) 电子束能量密度很高,使照射部分的温度超过材料的熔化和气化温度,去除材料主要靠瞬时蒸发,是一种非接触式加工。工件不受机械力作用,不产生宏观应力和变形。加工材料范围很广,对脆性、韧性、导体、非导体及半导体材料均可加工。

(3) 电子束的能量密度高,因而加工效率很高。例如,每秒钟可以在 2.5 mm 厚的钢板上钻 50 个直径为 0.4 mm 的孔。

(4) 可以通过磁场或电场对电子束的强度、位置、聚焦等进行直接控制,因而整个加工过程便于实现自动化。特别是在电子束曝光中,从加工位置找准到加工图形的扫描都可实现自动化。在电子束打孔和切割时,可以通过电气控制加工异形孔,实现曲面弧形切割等。

(5) 由于电子束加工是在真空中进行,因而加工表面不会氧化,特别适用于加工易氧化的金属及合金材料,以及纯度要求极高的半导体材料。

(6) 电子束加工需要一整套专用设备和真空系统,投资较大,多用于微细加工。

2) 电子束加工装置

图 7-14 所示为电子束加工原理及设备组成。

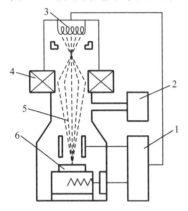

图 7-14 电子束加工原理及设备组成
1—电源及控制系统；2—真空系统；3—电子枪；
4—聚焦系统；5—电子束；6—工件

（1）电子枪。

电子枪是获得电子束的装置。它包括电子发射阴极、控制栅极和加速阳极等。阴极经电流加热发射电子，带负电荷的电子高速飞向带高电位的阳极，在飞向阳极的过程中，经过加速极加速，又通过电磁透镜把电子束聚焦成很小的束斑。发射阴极一般用纯钨或钨钽等材料制成，在加热状态下发射大量电子。控制栅极为中间有孔的圆筒形，其上加以较阴极为负的偏压，既能控制电子束的强弱，又有初步的聚焦作用。加速阳极通常接地，而阴极为很高的负电压，所以能驱使电子加速。

（2）真空系统。

真空系统是为了保证在电子束加工时维持 $1.4 \times (10^{-2} \sim 10^{-4})$ Pa 的真空度。因为只有在高真空中，电子才能高速运动。此外，加工时的金属蒸气会影响电子发射，产生不稳定现象，因此，也需要不断地把加工中生产的金属蒸气抽出去。真空系统一般由机械旋转泵和油扩散泵或涡轮分子泵两级组成，先用机械旋转泵把真空室抽至 1.4~0.14 Pa，然后由油扩散泵或涡轮分子泵抽至 0.014~0.000 14 Pa 的高真空度。

（3）控制系统和电源。

电子束加工装置的控制系统包括束流聚焦控制、束流位置控制、束流强度控制以及工作台位移控制等。束流聚焦控制是为了提高电子束的能量密度，使电子束聚焦成很小的束斑，它基本上决定着加工点的孔径或缝宽。束流位置控制是为了改变电子束的方向，常用电磁偏转来控制电子束焦点的位置。如果使偏转电压或电流按一定程序变化，电子束焦点便按预定的轨迹运动。工作台位移控制是为了在加工过程中控制工作台的位置。

3) 电子束加工的应用

（1）高速打孔。

电子束打孔已在生产中得到应用，目前最小直径可达 $\phi$0.003 mm 左右。例如喷气发动机套上的冷却孔、机翼吸附屏上的孔等，不仅孔的密度在连续变化，孔数达数百万个，而且有时孔径也在改变，这些情况下最宜用电子束高速打孔。高速打孔还可在工件运动中进行，例如在 0.1 mm 厚的不锈钢上加工直径为 0.2 mm 的孔，速度为 3 000 孔/s。在人造革、塑料上用电子束打大量微孔，可使其具有如真皮革那样的透气性。现在生产上已出现了专用的塑料打孔机，将电子枪发射的片状电子束分成数百条小电子束同时打孔，速度可达 50 000 孔/s，孔径 40～120 μm 可调。电子束打孔还能加工小深孔，如在叶片上打深度为 5 mm、直径为 0.4 mm 的孔，孔的深径比大于 10∶1。

(2) 加工型孔及特殊表面。

电子束可以用来切割各种复杂型面，切口宽度为 3～6 μm，边缘表面粗糙度 $Ra_{max}$ 可控制在 0.5 μm 左右。例如，离心过滤机、造纸化工过滤设备中钢板上的小孔为锥孔（上小下大），这样可防止堵塞，并便于反冲清洗。用电子束在 1 mm 厚的不锈钢板上打 $\phi$0.13 mm 的锥孔，每秒可打 400 个；在 3 mm 厚的不锈钢板上打 $\phi$1 mm 的锥孔，每秒可打 20 个。在燃烧室混气板及某些透平叶片上有很多不同方向的斜孔，这样可使叶片容易散热，从而提高发动机的输出功率。如某种叶片需要打斜孔 30 000 个，使用电子束加工能廉价地实现。燃气轮机上的叶片、混气板和蜂房消音器等三个重要部件已用电子束打孔代替电火花打孔。电子束不仅可以加工各种直的型孔和型面，而且也可以加工弯孔和曲面。利用电子束在磁场中偏转的原理，使电子束在工件内部偏转。控制电子速度和磁场强度，即可控制曲率半径，加工出弯曲的孔。如果同时改变电子束和工件的相对位置，就可进行切割和开槽。

(3) 刻蚀。

在微电子器件生产中，为了制造多层固体组件，可利用电子束对陶瓷或半导体材料刻蚀许多微细沟槽和孔，如在硅片上刻出宽 2.5 μm、深 0.25 μm 的细槽，在混合电路电阻的金属镀层上刻出宽 40 μm 的线条，还可在加工过程中对电阻值进行测量校准，这些都可用计算机自动控制完成。电子束刻蚀还可用于制版。在铜制印刷滚筒上按色调深浅刻出许多大小与深浅不一的沟槽或凹坑，其直径为 70～120 μm，深度为 5～40 μm，小坑代表浅色，大坑代表深色。

(4) 焊接。

电子束焊接是利用电子束作为热源的一种焊接工艺。高能量密度的电子束轰击焊件表面，使焊件接头处的金属熔融，在电子束连续不断地轰击下，形成一个被熔融金属环绕着的毛细管状的熔池，如果焊件按一定速度沿着焊件接缝与电子束作相对移动，则接缝上的熔池由于电子束的离开而重新凝固，使焊件的整个接缝形成一条焊缝。由于电子束的能量密度高，焊接速度快，因而电子束焊接的焊缝深而窄，焊件热影响区小，变形小。电子束焊接一般不用焊条，焊接过程在真空中进行，因此焊缝化学成分纯净，焊接接头的强度往往高于母材。电子束焊接可以焊接难熔金属，也可焊接钛、锆、铀等化学性能活泼的金属。它可焊接很薄的工件，也可焊接数百毫米厚的工件。电子束焊接还能完成一般焊接方法难以实现的异种金属焊接，如铜和不锈钢的焊接，钢和硬质合金的焊接，铬、镍和钼的焊接等。由于电子束焊接对焊件的热影响小、变形小，可以在工件精加工后进行焊接。又由于它能够实现异种金属焊接，因此就有可能将复杂的工件分成几个零件，这些零件可以单独地使用最合适的材料，采用合适的方法来加工制造，最后利用电子束焊接成一个完整的零部件,从而可以获得理想的技术性能和显著的经济效益。

(5) 热处理。

电子束热处理也是把电子束作为热源,但适当控制电子束的功率密度,使金属表面加热而不熔化,达到热处理的目的。电子束热处理的加热速度和冷却速度都很高,在相变过程中,奥氏体化时间很短,只有几分之一秒乃至千分之一秒,奥氏体晶粒来不及长大,从而能获得一种超细晶粒组织,可使工件获得用常规热处理不能达到的硬度,硬化深度可达 $0.3 \sim 0.8$ mm。电子束热处理与激光热处理类似,但电子束的电热转换效率高,可达 90%,而激光的转换效率只有 7%~10%。电子束热处理在真空中进行,可以防止材料氧化,电子束设备的功率可以做得比激光功率大,所以电子束热处理工艺很有发展前途。如果用电子束加热金属达到表面熔化,可在熔化区加入添加元素,使金属表面形成一层很薄的新的合金层,从而获得更好的物理力学性能。铸铁的熔化处理可以产生非常细的莱氏体结构,其优点是耐滑动磨损。

(6) 光刻。

电子束光刻是先利用低功率密度的电子束照射称为电致耐蚀剂的高分子材料,由入射电子与高分子相碰撞,使分子的链被切断或重新聚合而引起分子量的变化,这一步骤称为电子束曝光。如果按规定图形进行电子束曝光,就会在电致耐蚀剂中留下潜像。然后将它浸入适当的溶剂中,则由于分子量不同而溶解度不一样,就会使潜像显影出来。将光刻与离子束刻蚀或蒸镀工艺结合,就能在金属掩模或材料表面上制出图形来。

3. 离子束加工

1) 离子束加工的原理和物理基础

离子束加工(ion beam machining,IBM)的原理和电子束加工基本类似,也是在真空条件下,将离子源产生的离子束经过加速聚焦,使之撞击到工件表面。不同的是离子带正电荷,其质量比电子大数千、数万倍,如氩离子的质量是电子的 7.2 万倍,所以一旦离子加速到较高速度时,离子束比电子束具有更大的撞击动能,它是靠微观的机械撞击能量而不是靠动能转化为热能来加工的。

离子束加工的物理基础是离子束射到材料表面时所发生的撞击效应、溅射效应和注入效应。具有一定动能的离子斜射到工件材料表面时,可以将表面的原子撞击出来,这就是离子的撞击效应和溅射效应。如果将工件直接作为离子轰击的靶材,工件表面就会受到离子刻蚀(也称离子铣削)。如果将工件放置在靶材附近,靶材原子就会溅射到工件表面而被溅射沉积吸附,使工件表面镀上一层靶材原子的薄膜。如果离子能量足够大并垂直于工件表面撞击时,离子就会钻进工件表面,这就是离子的注入效应。

离子束加工除具有电子束加工的特点外,离子束流密度及离子能量可以精确控制,所以离子刻蚀可以达到纳米级的加工精度。离子镀膜可以控制在亚微米级精度,离子注入的深度和浓度也可极精确地控制。因此,离子束加工是所有特种加工方法中最精密、最微细的加工方法,是当代纳米加工技术的基础。

2) 离子束加工的应用

离子束加工的应用范围正在日益扩大、不断创新。目前用于改变零件尺寸和表面物理力学性能的离子束加工有:用于从工件上作去除加工的离子刻蚀加工;用于给工件表面涂覆的离子镀膜加工;用于表面改性的离子注入加工等。

(1) 离子刻蚀加工。

离子刻蚀是从工件上去除材料,是一个撞击溅射过程。当离子束轰击工件,入射离子的动量传递到工件表面的原子,传递的能量超过了原子间的键合力时,原子就从工件表面撞击溅射出来,从而达到刻蚀的目的。为了避免入射离子与工件材料发生化学反应,必须用惰性元素的离子。离子刻蚀用于加工陀螺仪空气轴承和动压马达上的沟槽,分辨率高,精度、重复一致性好。加工非球面透镜能达到其他方法不能达到的精度。离子束刻蚀应用的另一个方面是刻蚀高精度的图形,如集成电路、声表面波器件、磁泡器件、光电器件和光集成器件等微电子学器件亚微米图形。由波导、耦合器和调制器等小型光学元件组合制成的光路,称为集成光路。离子束刻蚀已用于制作集成光路中的光栅和波导。

用离子束轰击已被机械磨光的玻璃时,玻璃表面 $1~\mu m$ 左右被剥离并形成极光滑的表面。用离子束轰击厚度为 $0.2~mm$ 的玻璃时,能改变其折射率分布,使之具有偏光作用。玻璃纤维用离子束轰击后,变为具有不同折射率的光导材料。离子束加工还能使太阳能电池表面具有非反射纹理表面。

离子束刻蚀可用来致薄材料,用于致薄石英晶体振荡器和压电传感器。致薄探测器探头,可以大大提高其灵敏度,如国内已用离子束加工出厚度为 $40~\mu m$ 并且自己支撑的高灵敏探测器探头。离子束刻蚀还可用于致薄样品,进行表面分析,如用离子束刻蚀可以致薄月球岩石样品,从 $10~\mu m$ 致薄到 $10~nm$,能在 $10~nm$ 厚的 Au-Pa 膜上刻出宽度为 $8~nm$ 的线条来。

(2) 离子镀膜加工。

离子镀膜加工有溅射沉积和离子镀两种。离子镀时工件不仅接受靶材溅射来的原子,还同时受到离子的轰击,这使离子镀具有许多独特的优点。①离子镀膜附着力强、膜层不易脱落。这首先是由于镀膜前离子以足够高的动能冲击基体表面,清洗掉表面的污物和氧化物,从而提高了工件表面的附着力。其次是镀膜刚开始时,由工件表面溅射出来的基材原子,有一部分会与工件周围气氛中的原子和离子发生碰撞而返回工件。这些返回工件的原子与镀膜的膜材原子同时到达工件表面,形成了膜材原子和基材原子的共混膜层。而后,随膜层的增厚,逐渐过渡到单纯由膜材原子构成的膜层。混合过渡层的存在,可以减少由于膜材与基材两者膨胀系数不同而产生的热应力,增强了两者的结合力,使膜层不易脱落,镀层组织致密,针孔气泡少。②用离子镀的方法对工件镀膜时,其绕射性好,使基板的所有暴露的表面均能被镀覆。这是因为蒸发物质或气体在等离子区离解而成为正离子,这些正离子能随电力线而终止在负偏压基片的所有边。离子镀的可镀材料广泛,可在金属或非金属表面上镀制金属或非金属材料,各种合金、化合物、某些合成材料、半导体材料、高熔点材料均可镀覆。

离子镀技术已用于镀制润滑膜、耐热膜、耐蚀膜、耐磨膜、装饰膜和电气膜等。如在表壳或表带上镀氮化铁膜,可代替镀金膜;用离子镀方法在切削工具表面镀氮化钛、碳化钛等超硬层,可以提高刀具的耐用度。

(3) 离子注入加工。

离子注入是向工件表面直接注入离子,它不受热力学限制,可以注入任何离子,且注入量可以精确控制,注入的离子是固溶在工件材料中,质量分数可达 10%~40%,注入深度可达 1 $\mu m$ 甚至更深。

离子注入在半导体方面的应用,在国内外都很普遍,它是用硼、磷等"杂质"离子注入半导体,用以改变导电型式(P 型或 N 型)和制造 P-N 结,制造一些通常用热扩散难以获得的各种特殊要求的半导体器件。由于离子注入的数量、P-N 结的质量分数、注入的区域都可以精确控制,所以成为制作半导体器件和大面积集成电路的重要手段。

离子注入改善金属表面性能正在形成一个新兴的领域。利用离子注入可以改变金属表面的物理化学性能,可以制得新型合金,从而改善金属表面的耐蚀性能、抗疲劳性能、润滑性能和耐磨性能等。

4. 超声波加工

1) 超声波加工基本原理

超声波加工(ultrasonic machining,UM)是利用工具端面作超声频振动,通过磨料悬浮液加工脆性材料的一种加工方法。超声波加工原理如图 7-15 所示。加工时在工具 1 与工件 2 之间加入工作液与磨料混合的悬浮液 3,并使工具以很小的力 $F$ 轻轻压在工件上。高频电源 7 作用于磁致伸缩换能器 6 产生 16 000 Hz 以上的超声频纵向振动,并借助于变幅杆 4、5 把振幅放大到 0.05~0.1 mm,驱动工具端面作超声振动,迫使悬浮液中的磨料以很大的速度和加速度不断地撞击、抛磨被加工表面,把被加工表面的材料粉碎成很细的微粒,从工件上打落下来。虽然每次打击下来的材料很少,但由于每秒钟打击次数多达 16 000 次以上,所以仍有一定的加工速度。

与此同时,工作液受工具端面超声振动作用而产生的高频、交变的液压正负冲击波和"空化"作用,促使工作液钻入被加工材料的微裂缝处,加剧了机械破坏作用。所谓"空化"作用,是指当工具端面以很大的加速度离开工件表面时,加工间隙内形成负压和局部真空,在工作液体内形成很多微空腔。当工具端面以很大的加速度接近工件表面时,空腔闭合,引起极强的液压冲击波,可以强化加工过程。此外,正负交变的液压冲击也使悬浮液在加工间隙中强迫循环,使变钝了的磨粒及时得到更新。工具逐渐伸入到被加工材料中,工具形状便"复印"在工件上,直至达到所要求的尺寸。

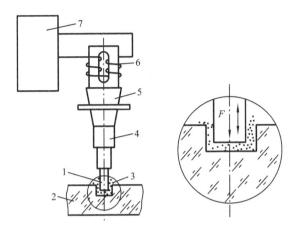

图 7-15 超声波加工原理图
1—工具;2—工件;3—磨料悬浮液;4、5—变幅杆;6—换能器;7—高频电源

由此可见,超声波加工是磨粒在超声振动作用下的机械撞击和抛磨作用以及超声空化作用的综合结果,且主要是磨粒的冲击作用。越是脆性材料,受冲击作用遭受的破坏越大,越易于超声加工。超声波适合于加工各种硬脆材料,特别是不导电的非金属材料。

2) 超声波加工装置组成

超声波加工装置一般包括高频电源、超声振动系统、机床本体和磨料工作液循环系统等几个部分。

(1) 高频电源。它也叫超声波发生器,其作用是将工频交流电转变为有一定功率输出的超声频电振荡,以提供工具端面往复振动和去除被加工材料的能量。

(2) 超声振动系统。该系统由磁致伸缩换能器、变幅杆及工具组成。换能器将高频电振荡转换成机械振动。由于磁致伸缩的变形量很小,其振幅不超过 0.005~0.01 mm,不足以直接用来加工,因此必须通过一个上粗下细的振幅扩大棒(变幅杆)将振幅扩大至 0.01~0.15 mm。超声波的机械振动经变幅杆放大后即传给工具,使悬浮液以一定的能量冲击工件。

(3) 机床。超声波加工机床的结构比较简单,包括机架和移动工作台。机架支撑振动系统等部件,移动工作台维持加工过程的进行。

(4) 磨料工作液及其循环系统。工作液常用的有水、煤油、机油等,将碳化硼、碳化硅、氧化铝等磨料通过离心泵搅拌悬浮后注入工作区,以保证磨料的悬浮和更新。

3) 超声波加工的特点及应用

超声波加工具有以下特点。

(1) 适合于加工各种硬脆材料,特别是不导电的非金属材料,例如玻璃、陶瓷(氧化铝、氮化硅等)、石英、锗、硅、玛瑙、宝石、金刚石等。对于导电的硬质金属材料,如淬火钢、硬质合金等,也能进行加工,但加工生产率较低。

(2) 由于工具可用较软的材料做成较复杂的形状,故不需要使工具和工件作比较复杂的相对运动,因此超声加工机床的结构比较简单,只需一个方向轻压进给,操作、维修方便。

(3) 由于去除加工材料是依靠极小磨料瞬时局部的撞击作用,故工件表面的宏观切削力很小,切削应力、切削热很小,不会引起变形及烧伤,表面粗糙度也较好,$Ra$ 值可达 $0.1 \sim 1~\mu m$,而且可以加工薄壁、窄缝、低刚度零件。

超声波加工在工业生产中的应用越来越广泛,常用于型孔与型腔的超声加工,一些淬火钢、硬质合金冲模、拉丝模、塑料模具型腔的最终抛磨光整加工、超声清洗、超声切割,以及超声波复合加工,如超声电火花加工、超声电解、超声振动切削等。

### 7.2.6 快速原型制造技术

1. 快速原型制造原理及其特点

快速原型制造技术是由 CAD 模型直接驱动的快速制造任意复杂形状三维实体和技术的总称。它彻底摆脱了传统的"去除"加工法,而是基于"材料逐层堆积"的制造理念,将复杂的三维加工分解为简单的材料二维添加的组合,其基本原理是:先由三维 CAD 软件设计出所需要零件的计算机三维曲面或实体模型;然后根据工艺要求,将计算机内的三维数据模型进行分层切片得到各层截面的轮廓数据,计算机据此信息控制激光束有选择性地切割一层一层的纸,或烧结一层接一层的粉末材料,或固化一层又一层的液态光敏树脂,或用喷嘴喷射一层又一层的热熔材料或黏合剂,形成一系列具有一个微小厚度的片状实体;再采用熔结、聚合、黏结等手段使其逐层堆积成一体,便可以制造出所设计的新产品样件、模型或模具。

与传统的加工方法比较,快速原型制造具有以下特点。

(1) 制造过程柔性化。成形过程无需专用工、模具,使得产品的制造过程几乎与零件的复杂程度无关,这是传统的制造方法无法比拟的。

(2) 产品开发快速化。从 CAD 设计到产品的成形完成只需几小时或几十小时,即便是大型的、较复杂的零件只需要上百小时即可完成。快速原型技术与其他制造技术集成后,新产品开发的时间和费用将节约 $10\% \sim 50\%$。产品的单价几乎与批量无关,特别适合于新产品的开发和单件小批量生产。

(3) 快速原型制造改变了传统制造加工采用的"去除"原理,而是采用了离散-堆积原理,可以制造任意复杂的三维几何实体。

(4) 制造过程可实现完全数字化。以计算机软件和数控技术为基础,实现了 CAD、CAM 的高度集成和真正的无图样加工。成形过程中无需或少需人工干预。

(5) 材料来源广泛。由于各种快速原型制造工艺的成形方式不同,因而使用的材料也不相同,如金属、纸、塑料(树脂)、石蜡、陶瓷等都得到了很好的应用。

(6) 发展的可持续性。快速原型制造中剩余的材料可继续使用,有些使用过的材料经过处理后还可继续使用,大大提高了材料的利用率。

2. 典型的快速原型制造方法

1) 立体光刻

立体光刻(stereolithgraphy apparatus,SLA)又称光敏液相固化成形。该技术以光敏树脂为原料,采用计算机控制下的紫外激光以各分层截面的轮廓为轨迹逐点扫描,使被扫描区的树脂薄层产生光聚合反应后固化,从而形成的一个薄层截面。当一层固化后,向上(或下)移动工作台,在刚刚固化的树脂表面布放一层新的液态树脂,再进行新一层扫描、固化,新固化的一层牢固地黏合前一层上,如此重复直至整个成形制造完毕。制造过程依赖于激光束有选择性地固化连续薄层的光敏聚合物,通过分层固化,最终构造出三维物体。

立体光刻的工艺原理如图 7-16 所示。它使用液态光敏树脂为成形材料,采用激光器,利用光固化原理一层层扫描液态树脂成形。控制激光束按切片软件截取的层面轮廓信息对液态光敏树脂逐点扫描,被扫描区的液态树脂发生聚合反应形成一薄层的固态实体。一层固化完毕后,工作台下移一个切片厚度,使新一层液态树脂覆盖在已固化层的上面,再进行第二层固化。重复上述过程,并层层相互黏结堆积出一个三维固体制件。立体光刻成形精度较高,制件结构清晰且表面光滑,适合制作结构复杂和精细的制件。但制件韧性较差,设备投资较大,需要支撑,液态树脂有一定的毒性。

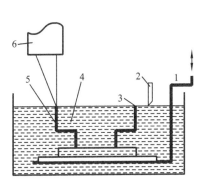

图 7-16 立体光刻的工艺原理图
1—升降台;2—刮平器;3—液面;
4—光敏树脂;5—成形零件;6—激光器

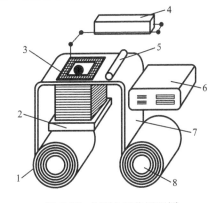

图 7-17 LOM 工艺原理图
1—收料器;2—升降台;3—加工平面;4—$CO_2$激光器;
5—热压辊;6—控制计算机;7—料带;8—供料轴

2) 层合实体制造

层合实体制造(laminated object manufacturing,LOM)是美国 HELISYS 公司的 Michael Feygin 于 1987 年研制成功的,1988 年获得美国专利。层合实体制造工艺原理如图 7-17 所示,它以单面事先涂有热溶胶的纸、金属箔、塑料膜、陶瓷膜等片材为原料,激光按切片软件截取的分层轮廓信息切割工作台上的片材,热压辊热压片材,使之与下面已成形的工件黏接;激光在刚黏接的新层上切割出零件截面轮廓和工件外框,并在截面轮廓与外框之间多余的区域内切割出后处理时便于剥离的网格;激光切割完成一层的截面后,工作台带动已成形的工件下降一个片材厚度,与带状片材分离;送料机构转动收料辊和送料辊,带动料带移动,使新层移到加工区域,热压辊热压,工件的层数增加一层,高加一度增一个料厚;再在新层上进行激光切割。如此反复,直至零件的所有截面黏接、切割完,得到分层制造的实体零件。

制造过程完成后,通常还要进行后处理。从工作台上取下被边框所包围的长方体,用工具轻轻敲打使大部分由小网络构成的小立方块废料与制品分离,再用小刀从制品上剔除残余的小立方块,得到三维成形制品,再经过打磨、抛光等处理就可获得完整的零件。

层合实体制造工艺的优点是:材料适应性强;只需切割零件轮廓线,成形厚壁零件的速度较快,易于制造大型零件;不需要支撑;工艺过程中不存在材料相变,成形后的成品无内应力,因此不易引起翘曲变形。缺点是层间结合紧密性差。

3) 选择性激光烧结

选择性激光烧结(selective laser sintering,SLS)方法是美国得克萨斯大学奥斯汀分校的 C. R. Dechard 于 1989 年首先研制出来的,同年获美国专利。选择性激光烧结的工艺原理如图 7-18 所示,它与立体光刻的工艺原理十分相像,主要区别在于所使用的材料及其状态。选择性激光烧结采用 $CO_2$ 激光束对粉末状的成形材料进行分层扫描,受到激光束照射的粉末被烧结,而未扫描的区域仍是可对后一层进行支撑的松散粉末。当一层被扫描烧结完毕后,工作台下移一个片层厚度,而供粉活塞则相应上移,铺粉滚筒再次将加工平面上的粉末铺平,激光束再烧结出新一层轮廓并黏结于前一层上,如此反复便堆积出三维实体制件。全部烧结后去掉多余的粉末,再进行修光、烘干等后便可获得所要求的制件。成形过程中,未经烧结的粉末对模型的空腔和悬臂部分起着支撑作用,故不必像 SLA 那样另行生成支撑结构。

选择性激光烧结工艺的优点是:可以采用金属、陶瓷、塑料、复合材料等多种材料,且材料利用率高;不需要支撑,故可制作形状复杂的零件。其缺点是成形速度较慢,成形精度和表面质量较差。

4) 熔融沉积成形

熔融沉积成形(fused deposition modeling,FDM)工艺由美国的 Scott Crump 博士于 1988 年研制成功,并于 1991 年由美国的 STRATASYS 公司率先推出商品化设备 FDM-1000。熔融沉积成形系统主要由喷头、供丝机构、运动机构、加热成形室和工作台等五个部分组成,而喷头是结构最复杂的部分,其工作原理如图 7-19 所示。它是将热熔性丝材由供丝机构送至喷头,并在喷头中被加热至临界半流动状态,喷头底部有一喷嘴供熔融的材料以一定的压力挤出,喷头按零件截面轮廓信息移动,在移动过程中所喷出的半流动材料沉积固化为一个薄层。其后工作台下降一个切片厚度再沉积固化出另一新的薄层,如

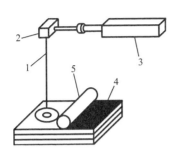

图 7-18 SLS 工艺原理图

1—$CO_2$激光束；2—扫描镜；3—$CO_2$激光器；
4—粉末；5—平整滚筒

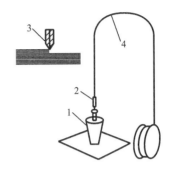

图 7-19 FDM 工作原理图

1—成形工件；2,3—喷头；4—料丝

此一层层成形且相互黏结便堆积出三维实体制件。

熔融沉积成形工艺可加工材料范围广，而且不用激光器件，故使用、维护简单，成本较低，成形速度快。当采用水溶性支撑材料时，支撑去除方便快捷，整个成形过程在 60～300 ℃，并且不会产生粉尘，也不存在前几种工艺方法出现的有毒化学气体、激光和液态聚合物的泄漏。

该技术已被广泛应用于汽车、机械、航空航天、家电、通信、电子、建筑、医学、玩具等产品的设计开发过程，如产品外观评估、方案选择、装配检查、功能测试、用户看样订货、塑料件开模前校验设计以及少量产品制造等，发展极为迅速。

### 7.2.7 绿色加工技术

**1. 绿色加工概述**

绿色加工(green manufacturing, GM)是指在不牺牲产品的质量、成本、可靠性、功能和能量利用率的前提下，充分利用资源，尽量减轻加工过程对环境产生有害影响的加工过程，其内涵是指在加工过程中实现优质、低耗、高效及清洁化。绿色加工可分为节约资源(含能源)的加工技术和环保型加工技术。

从节约资源的工艺技术方面来说，绿色加工工艺技术主要应用在少无切屑加工技术、干式加工技术、新型特种加工技术三个方面。在机械加工中，绿色加工工艺主要是在切削和磨削上采用干切削和干磨削的方法来进行加工，如图 7-20 所示。

**2. 绿色加工的关键技术**

(1) 刀具技术。干式加工对刀具材料要求很高，它要求材料要具有很高的红硬性和热韧性、良好的耐磨性、耐热冲击和抗黏结性。刀具的几何参数和结构设计要满足干切削对断屑和排屑的要求。加工韧性材料时尤其要解决好断屑问题。目前车刀三维曲面断屑槽的设计制造技术已经比较成熟，可针对不同的工件材料和切削用量很快设计出相应的

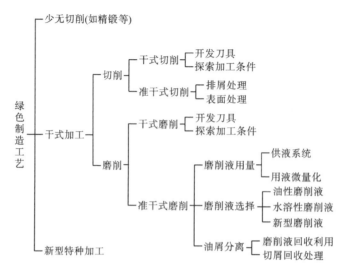

图 7-20 绿色加工技术

断屑槽结构与尺寸,并能大大提高切屑折断能力和对切屑流动方向的控制能力。刀具材料的发展使刀片可承受更高的温度,减少对润滑的要求;真空或喷气系统可以改善排屑条件;复杂刀具的制造可解决封闭空间的排屑问题等。

(2) 机床技术。干式加工技术的出现给机床设备提出了更高的要求。干式加工在切削区域会产生大量的切削热,如果不及时散热,会使机床受热不均而产生热变形,这个热变形就成为影响工件加工精度的一个重要因素,因此机床应配置循环冷却系统,带走切削热量,并在结构上有良好的隔热措施。实验表明,干式切削理想的条件应该是在高速切削条件下进行,这样可以减少传到工件刀具和机床上的热量。干切削时产生的切屑是干燥的,这样可以尽可能将干切削机床设计成立轴和倾斜式床身。工作台上的倾斜盖板用绝热材料制成,在机床上配置过滤系统排出灰尘,对机床主要部位进行隔离。

(3) 辅助设备技术。辅助设备作为制造系统中不可或缺的一环,它的绿色化程度,对整个制造过程的绿色化水平有着极为重要的影响,甚至是关键性的影响。辅助设备包括夹具、量具等,其绿色技术主要体现在选用时尽量满足低成本、低能耗、少污染、可回收的原则。

3. 干式切削与磨削

目前,切削加工工艺的绿色化主要集中在不使用切削液,这是因为使用切削液会带来许多问题。然而,在不使用切削液的干切削条件下,切削液在加工中的冷却、润滑、冲洗、防锈等作用将不复存在。如何在没有切削液的条件下创造与湿切削相同或近似的切削条件,这就要求人们去研究干式切削机理,从刀具技术、机床结构、工件材料和工艺过程等各方面采取一系列的措施。

1) 干式切削技术

在切削(含磨削)加工过程中,不使用冷却润滑液或使用极微量润滑(minimal quantity lubrication,MQL)(小于 50 mL/加工小时),且加工质量和加工时间与湿式切削相当或更好的切削技术称为干式切削。只有当所有工序都实现干式切削后,才称为实用化的干式切削,在实用化干式切削条件下,工件是干燥的。

(1) 干切削刀具。

设计干式切削刀具时,不仅要选择适用的刀具材料和采用的涂层,而且应当综合考虑刀具材料、刀具涂层和刀具几何形状之间的相互兼顾和优化。不同的切削加工方式对刀具设计提出了不同要求,干式切削刀具必须满足以下条件:刀具材料应具有极高的红硬性和热韧性,而且还必须有良好的耐磨性、耐热冲击和抗黏接性;切屑与刀具之间的摩擦系数应尽可能小;刀具的槽型应保证排屑流畅、易于散热等。

① 采用新型的刀具材料。目前用于干式切削的刀具材料主要有超细硬质合金、陶瓷、立方氮化硼和聚晶金刚石等超硬度材料。超细硬质合金比普通硬质合金具有更好的韧性、耐磨性和耐高温性,可制作大前角的深孔钻头和刀片,用于铣削和钻削的干式加工。陶瓷刀具材料具有很好的红硬性,很适合于一般目的的干切削,但不适合于断续切削。立方氮化硼的硬度很高,热传导率好,具有良好的高温化学稳定性。采用立方氮化硼刀具加工铸铁,可大大提高切削速度;用于加工淬火钢,可以"以车代磨"。聚晶金刚石(PCD)刀具硬度非常高,切削时产生的热能可以很快从刀尖传递到刀体,从而减少刀具热变形引起的加工误差。PCD 刀具比较适用于干式加工铜、铝及其合金工件。

② 采用刀具涂层技术。对刀具进行涂层处理,是提高刀具性能的重要途径。高速钢和硬质合金刀具经过 PVD 涂层处理后,可以用于干切削。原来只适用于进行铸铁干切削的立方氮化硼刀具,在经过涂层处理后也可用来加工钢、铝合金和其他超硬合金。从机理上,涂层有类似于冷却液的功能,它产生一层保护层,把刀具与切削热隔离开来,使热量很少传到刀具,从而能在较长的时间内保持刀尖的坚硬和锋利。表面光滑的涂层还有助于减小摩擦,从而减少切削热,保护刀具材料不受化学反应的作用。在干切削技术中,刀具涂层发挥着非常重要的作用。

③ 刀具几何形状设计。干切削刀具常以"月牙洼"磨损为主要失效原因,这是由于加工中没有切削液,刀具和切屑接触区域的温度升高所致。因此,通常应使刀具有较大的前角和刃倾角。但前角增大后,刀刃强度会受影响,此时应配以适宜的负倒棱或前刀面加强单元,这样会使刀尖、刃口有足够体积的材料和较合理的方式承受切削热与切削力,同时减轻了冲击和月牙洼扩展对刀具的不利影响,使刀尖和刃口可在较长的切削时间里保持足够的结构强度。

(2) 干切削机床。

干切削机床最好采用立式布局,至少床身应是倾斜的。理想的加工布局是工件在上、刀具在下,并在一些滑动导轨副上方设置可伸缩角形盖板,工作台上的倾斜盖板可用绝热材料制成,并尽可能依靠重力排屑。干切削时易出现金属悬浮颗粒,故机床应配置真空吸尘装置并对机床的关键部位进行密封。干切削机床的基础大件要采用热对称结构并尽量由热膨胀系数小的材料制成,必要时还应进一步采取热平衡和热补偿等措施。

(3) 干切削加工工艺技术。

在高速干切削方面,美国 MAKINO 公司提出"红月牙"(red crescent)干切工艺。其机理是由于切削速度很高,产生的热量聚集于刀具前部,使切削区附近工件材料达到红热状态,导致屈服强度明显下降,从而提高材料去除率。实现"红月牙"干切工艺的关键在于刀具,目前主要采用 PCBN 和陶瓷等刀具来实现这种工艺,如用 PCBN 刀具干车削铸铁车盘时,切速已达到 1 000 m/min。

干切削通常是在大气氛围中进行,但在特殊气体氛围(如氮气、冷风或采用干式静电冷却技术)中而不使用切削液进行的切削也取得了良好的效果。

(4) 高速干切削。

高速切削具有切削效率高、切削力小、加工精度高、切削热集中、加工过程稳定以及可以加工各种难加工材料等特点。随着高速机床技术的不断发展,切削速度和切削功率急剧提高,使得单位时间内的金属切除量大大增加,机床的切削液用量也越来越大。但高速切削时切削液实际上很难到达切削区,大量的切削液根本起不到实际的冷却作用。这不仅增加了制造成本,还加重了切削液对资源、环境等方面的负面影响。

高速干切削技术是在高速切削技术的基础上,结合干切削技术或微量切削液的准干切削技术,将高速切削与干切削技术有机地融合,结合两者的优点,并对它们的不足进行了有效补偿的一项新兴先进制造技术。切削技术、刀具材料和刀具设计技术的发展,使高速干切削的实施成为可能。采用高速干切削技术可以获得高效率、高精度、高柔性,同时又限制使用切削液,消除了切削液带来的负面影响,因此是符合可持续发展要求的绿色制造技术。

2) 干磨技术

磨削加工具有加工精度高、可加工高硬度零件等优点,有时是其他切削加工方法所不能替代的。由于磨削速度高,磨屑和磨料粉尘细小,易使周围空气尘化,为防止空气尘化要用磨削液;同时为了防止工件烧伤、裂纹,要用磨削液冷却降温,从而带来废液污染环境的问题。为此,世界各国都在进行有利于环保的磨削加工的研究,其基本的思路是不使用或少使用磨削液,于是就产生了干式磨削技术。干式磨削的优点在于:形成的磨屑易回收处理,且可节省涉及磨削液保存、回收处理等方面的装备及费用,还不会造成环境污染。但具体实现起来比较困难。这是因为原来由冷却液承担的任务,如磨削区润滑、工件冷却以及磨屑排除等,需要用别的方法去完成。其中关键问题是如何降低磨削热的产生或使产生的磨削热很快地散发出去。为此,可采取以下措施。

(1) 选择导热性好或能承受较高磨削温度的砂轮,降低磨削对冷却的依赖程度。新型磨料磨具的发展已为此提供了可能性,如具有良好导热性的 CBN 砂轮可用于干式磨削。

(2) 减少同时参加磨削的磨粒数量,以降低磨削热的产生,如采用图 7-21 所示的点磨削。点磨削是利用超高线速度($120\sim250$ m/s)的单层 CBN 薄砂轮(宽度仅几毫米)来实现的。点磨削主要有以下特点:①用提高磨削速度的方法来提高加工效率,同时磨削时变形速度超过热量传导速度,大量变形能转化的热量随磨屑被带走而来不及传到工件和砂轮上,砂轮表面温度几乎不升高,是一种冷态磨削。②点磨削砂轮的厚度只有几毫米,这可以降低砂轮的造价,提高砂轮制造质量。薄砂轮还降低了砂轮的质量和不平衡度,大大降低运转时施加在轴上的离心力。③为减少砂轮与工件间的磨削接触,加工时,砂轮轴线与工件轴线形成一定的倾角,使得砂轮与工件的接触变成点接触(故名点磨削)。这样减小了磨削接触区的面积,不存在磨削封闭区,更利于磨削热的散发。④磨削力小,相当于增加了机床刚度,减轻了磨削产生的振动,使磨削平稳,同时提高了砂轮寿命和加工质量。⑤点磨削砂轮寿命长(可使用一年),修整频率低(每修整一次可磨削 20 万件)。

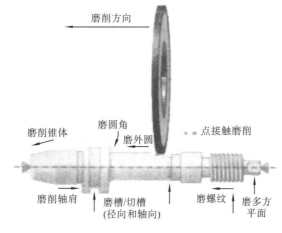

图 7-21　点磨削

(3) 减少砂轮圆周速度 $v_s$ 与工件圆周速度 $v_w$ 间的比值,这样可使磨削热源快速地在工件表面移动,热量不容易进入工件内部。

(4) 提高砂轮的圆周速度,以减少砂轮与工件的接触时间。

(5) 采用强冷风磨削。实施强冷风磨削时最好采用 CBN 砂轮,这是因为 CBN 磨粒的导热率是传统砂轮磨粒 $Al_2O_3$、SiC 及钢铁材料的 15 倍。这时再对磨削点实行强冷风吹冷,可得到良好的效果。

3) 采用极微量润滑的准干式切削与磨削

对于某些加工方式和工件材料组合,纯粹的干式切削目前尚难以在实际生产中使用,故可采用极微量润滑技术。该技术是将极微量的切削油与具有一定压力的压缩空气混合并油雾化,然后一起喷向切削区,对刀具与切屑、刀具与工件的接触界面进行润滑,以减少摩擦和防止切屑黏到刀具上,同时也冷却了切削区并有利于排屑,从而显著地改善切削加工条件。极微量润滑即在切削中,切削工作处在最佳状态下(即不缩短刀具使用寿命,不降低已加工表面质量),切削液的使用量达到最少。

极微量润滑的准干式切削效果相当好,曾经有人使用涂有 $TiAlN+MoS_2$ 涂层的钻头在铝合金材料工件上进行钻孔试验。采用纯粹的干切削钻 16 个孔后,切屑就粘连在钻头的容屑槽,使钻头不能继续使用;当采用极微量润滑后,钻出 320 个合格孔后,钻头还没有明显的磨损和粘连。日本稻崎一郎等人曾用直径 10 mm 的硬质合金端铣刀,以 60 m/min 的切削速度铣削碳钢,比较干切削、吹高压空气、湿切削(250 L/h 切削液)和准干式切削(20 mL/h 切削油)四种加工方式的刀具磨损。尽管准干式切削所使用的切削液不及湿切削的万分之一,但其铣刀后刀面的磨损不仅大大低于干切削,且与湿切削相近甚至略低。

准干式磨削就是在磨削过程中施加微量磨削液,并采取一定的措施,使这些磨削液全部消耗在磨削区并大部分被蒸发掉,没有多余磨削液污染环境。较多使用的射流冷却磨削加工就是一种准干式磨削。射流冷却是一种比较经济的冷却方法。它把冷却介质直接强行送入磨削区,用较少的冷却介质达到大量浇注的效果,同时也减少了对环境的污染。

采用极微量润滑的准干式切削,除了需要油气混合装置和确定最佳切削用量外,还要解决一个关键技术问题,就是如何保证极微量的切削油顺利送入切削区。最简单的办法是从外部将油气混合物喷向切削区,但这种外喷法有时并不很凑效。更有效的办法是让油气混合物经过机床主轴和工具间的通道喷向切削区,称为内喷法。

## 7.3 机械制造自动化技术

### 7.3.1 机械制造自动化技术概述

1. 机械制造自动化的概念

任何零件的制造过程都是由若干工序组成的。而在一个工序中,又包含着若干种基本动作,如传动、上下料、换刀作、切削以及检验等。此外还有一些操纵动作,如传动机构的开启和停止等。这些动作可以手动来完成,也可以用机器来完成。

当执行制造过程的基本动作是由机器(机械)代替人力劳动来完成时这就是机械化。若操纵这些机构的动作也是由机器来完成,则就可以认为这个制造过程是"自动化"了。

在一个工序中,如果所有的基本动作都机械化了,并且使若干个辅助动作也自动化起来,而工人所要做的工作只是对这一工序作总的操纵和监督,就称为工序自动化。

一个工艺过程(如加工工艺过程)通常包括着若干个工序,如果不仅每一个工序都自动化了,并且把它们有机地联系起来,使得整个工艺过程(包括加工、工序间的检验和输送)都自动进行,而工人仅只是这一整个工艺过程作总的操纵和监督,这时就形成了某一种加工工艺的自动生产线,通常称为工艺过程自动化。

一个零部件(或产品)的制造包括着若干个工艺过程,如果不仅每个工艺过程都自动化了,而且它们之间是自动地有机联系在一起,也就是说从原材料到最终成品的全过程不需要人工干预,这时就形成了制造过程的自动化。机械制造自动化的高级阶段就是自动化车间甚至自动化工厂。

2. 机械制造自动化的主要内容和作用

一般的机械制造主要由毛坯制备、物料储运、机械加工、装配、辅助过程、质量控制、热处理和系统控制等过程组成。因此机械制造过程中的自动化技术主要有:①机械加工自动化技术,包含上下料自动化技术、装夹自动化技术、换刀自动化技术、加工自动化技术和零部件检验自动化技术等;②物料储运过程自动化技术,包含工件储运自动化技术、刀具储运自动化技术和其他物料储运自动化技术等;③装配自动化技术,包含零部件供应自动化技术和装配过程自动化技术等;④质量控制自动化技术,包含零部件检测自动化技术、产品检测自动化和刀具检测自动化技术等。

机械制造中采用的自动化技术可以有效改善劳动条件,降低工人的劳动强度,显著提高劳动生产率,大幅度提高产品的质量,有效缩短生产周期,并能显著降低制造成本。因此,机械制造自动化技术得到了快速发展,并在生产实践中得到越来越广泛的应用。

3. 机械制造自动化的发展及趋势

1) 制造自动化系统的敏捷化

传统的制造自动化往往应用于大批量生产,不能满足多品种、小批量生产和不可预测的市场需求。即使有些制造系统具有一定的柔性,但其柔性范围是在系统设计时就预先确定下来,超出这个范围时系统就无能为力。敏捷化是制造环境和制造过程面向 21 世纪制造活动的必然趋势。制造环境和制造过程的敏捷化包括三个方面的内容:①柔性,如机械装备柔性、工艺过程柔性、系统运行柔性等;②重构能力,如能实现系统的快速重组,组成动态联盟;③快速化的集成制造工艺:如快速原型制造(RPM)。

2) 制造自动化系统的小型化和简单化

由于小型化的制造自动化系统结构相对简单,可靠性较高,容易使用和管理,寿命长、投资小、见效快,并且一般情况下均能满足使用要求,因此,这种小型化的制造自动化系统会备受用户的青睐。

3) 制造系统的网络化

基于 Internet/Intranet 技术的制造已成为当今制造业发展的必然趋势,包括:制造环境内部的网络化,实现制造过程的集成;制造环境与整个制造企业的网络化,实现制造环境与企业中工程设计、管理信息系统等各子系统的集成;企业与企业间的网络化,实现企业间的资源共享、组合与优化利用;通过网络,实现异地制造。

4) 制造系统的智能化

智能制造系统是一种由智能机器和人类专家共同组成的人机一体化智能系统。它在制造过程中能进行智能活动,诸如分析、推理、判断、构思和决策等,能够最大限度地自行解决系统运行过程中所遇到的各种问题,可以自动监视本身的运动状态,发生故障则自动给予排除。带有智能的制造系统还可以在最佳加工方法和加工参数选择、加工路线的最佳化和智能加工质量控制等方面发挥重要作用。因此,具有智能化的制造系统将是制造自动化系统的主要发展趋势之一。

5) 制造绿色化

制造系统作为能源和资源消耗以及环境污染的"大户",如何使制造系统尽可能少地产生环境污染是当前环境问题研究的一个重要方面。绿色制造是一个综合考虑环境影响和资源效率的现代制造模式,其目标是使得产品从设计、制造、包装、运输、使用到报废处理的整个产品生命周期中,对环境的负面影响最小,资源效率最高。对制造环境和制造过程来说,绿色制造主要涉及资源的优化利用、清洁生产和废弃物的最少化及综合利用。

另外,"知识化"、"创新化"也已成为制造自动化的重要发展趋势。随着知识对经济发展重要性的加大,未来制造业将是智力型的工业,产品的知识含量将成为决定竞争胜负的关键。因此,制造业必须不断地提高自主创新的能力,以增强企业的市场竞争力。

### 7.3.2 现代数控加工技术

1. 数控加工技术概述

数控技术是集机械、电子、自动控制理论、计算机和检测技术于一体的机电一体化高新技术,它是实现制造过程自动化的基础,是自动化柔性系统的核心,也是现代集成制造系统的重要组成部分。数控加工是指数控机床在数控系统的控制下,自动地按预先编制的程序进行机械零件加工的过程。

2. 数控机床

数控机床通过编制程序,即通过数字(代码)指令来自动完成机床各个坐标的协调运动,正确地控制机床运动部件的位移量,并且按加工的动作顺序要求自动控制机床各个部件的动作。

1) 数控机床的组成

(1) 数控系统。数控系统是机床实现自动加工的核心,主要由操作系统、主控制系统、可编程控制器、各类I/O接口等组成。

(2) 伺服系统。伺服系统是数控系统的执行部分,主要由伺服电动机、驱动控制系统及位置检测反馈装置等组成,并与机床上的执行部件和机械传动部件组成数控机床的进给系统。它根据数控装置发来的速度和位移指令控制执行部件的进给速度、方向和位移。

(3) 主传动系统。主传动系统一般分为齿轮有级变速和电气无级调速两种类型。但较高档的数控机床都要求实现无级调速,以满足各种加工工艺的要求。它主要由主轴驱动控制系统、主轴电动机以及主轴机械传动机构等组成。

(4) 强电控制装置。强电控制装置是介于数控装置和机床机械、液压部件之间的控制系统,主要由各种中间继电器、接触器、变压器、电源开关、接线端子和各类电气保护元器件等构成。

(5) 辅助装置。它主要包括刀具自动交换装置(automatic tool changer,ATC)、工件自动交换装置(automatic pallet changer,APC)、工件夹紧机构、回转工作台、液压控制系统、润滑装置、冷却液装置、排屑装置、过载与限位保护装置等。

(6) 机床本体。数控机床本体与普通机床的不同之处主要体现在:采用高性能主传动及主轴部件,进给传动采用高效传动件,有较完善的刀具自动交换和管理系统,有工件自动交换、工件夹紧与放松机构,床身机架具有很高的动、静刚度,采用全封闭罩壳。

2) 切削类数控机床的类型

(1) 数控车床。数控车床进给传动系统的结构较普通车床大为简化,采用伺服电动机经滚珠丝杠,传到滑板和刀架,实现 $z$ 向(纵向)和 $x$ 向(横向)进给运动。数控车床具有加工灵活、通用性强、能适应产品的品种和规格频繁变化的特点,特别适合加工形状复杂的轴类或盘类零件。

(2) 数控铣床。数控铣床是一种加工功能很强的数控机床,具有点位控制、连续轮廓控制、刀具半径自动补偿、刀具长度补偿、镜像加工以及固定循环等多种功能。具备自适应功能的数控铣床可以在加工过程中感测到切削状况(如切削力、温度等)的变化,通过适应性控制系统及时控制机床改变切削用量,使铣床及刀具始终保持最佳状态,从而可获得较高的切削效率和加工质量,延长刀具使用寿命。

(3) 加工中心。在数控铣床的基础上再配以刀库和自动换刀系统,就构成加工中心。一台加工中心可以完成由多台机床才能完成的工作。利用加工中心可以大大减少工件装夹、测量和机床的调整时间,减少工件的周转、搬运和存放时间,大大提高了生产率,尤其是在加工形状比较复杂、精度要求较高、品种更换频繁的工件时,更具有良好的经济性。

3. 开放式 CNC 系统

1) 现代数字化装备的发展对数控系统的要求

高速、高效、复合、精密、智能、环保等是世界数字化装备的发展趋势,而网络化、智能化、开放式 CNC 系统是实现高水平装备的保证,其核心是开放式,即系统各模块与运行平台的无关性、系统中各模块之间的互操作性和人机界面及通信接口的统一性。开放式体系结构使数控系统有更好的通用性、柔性、适应性、扩展性,并向智能化、网络化方向发展。

2) 开放式 CNC 系统的概念与特征

欧盟 OSACA(Open System Architecture for Control within Automation Systems)对开放式控制系统的定义为:开放式控制系统包括一组逻辑上分离的组件,组件之间和组件与应用平台之间的界面有良好的定义,以使来自不同供应商的组件协同工作运行于多个平台上完成控制工作,并对用户和其他控制系统提供良好的交互界面。

开放式 CNC 系统的主要特征表现在:①功能模块具有可移植性;②功能相似模块之间可互相替换,并具有可扩展性;③有即插即用功能,根据需求变化,能方便有效地重新配置的可缩放性;④使用标准 I/O 和网络功能,容易实现与其他自动化设备互连的互操作性。表 7-3 列出了传统专用数控系统与开放式数控系统的比较。

表 7-3 传统专用数控系统与开放式数控系统的比较

| 比 较 项 | 传统专用数控系统 | 开放式数控系统 |
| --- | --- | --- |
| 系统结构及可伸缩性 | 硬件专用<br>软件专用<br>不易伸缩 | 硬件基于 PC<br>软件基于通用操作系统<br>系统可根据需要进行伸缩 |
| 系统可维护性 | 随着技术进步,需开发、生产专用的硬件,难以适应竞争的日益剧烈要求 | 紧跟 PC 技术发展,容易升级换代 |
| 软件发展难易性 | 须用专用软件,开发难度大 | 用 C 语言编写,开发时间少 |
| 软件的透明性 | 软件为 CNC 制造商独占,机床厂、用户厂难以进行二次开发以引入独创部分 | 使用开放软件平台,机床制造商、用户可根据需要开发自己的软件 |
| 特殊专用系统开发 | 对特出、专用系统开发不容易,需花大量时间 | 使用开放软件平台和 C++ 等高级语言,容易开发 |
| 联网性 | 须用专用硬件和专用通讯技术(方法),联网成本高 | 与 PC 联网技术相同,联网成本低 |
| PLC 软件 | 须用制造商专用语言,难以移植,维修困难 | 使用符合标准的 PLC,可移植性强,可维护性好 |
| 接口 | 用专用接口,只能使用制造商产品 | 使用标准化接口,容易与各类伺服、步进电动机驱动及主轴电动机连接 |
| 程序容量 | 专用 RAM,通常只有 128 KB,扩容成本高,对大型模具程序,需采用 DNC | 通用 RAM,内存 4 MB 以上,可扩至 64 MB,可配置硬盘,一次性调入巨量程序 |

3) 基于 PC 的开放式 CNC 体系结构

(1) PC 嵌入 NC 中。即在传统的非开放式 CNC 上插入一块专门的、开放的个人计算机模板,使传统 CNC 实现个人计算机的特性。在这种模式中,CNC 部分与原来的 CNC 是一样,进行实时控制,PC 机承担非实时控制。这种结构改善了数控系统的图形显示、切削仿真、编制和诊断功能,使系统部分具有较好的开放性。典型产品有德国西门子

840C 多坐标联动数控系统和日本的 FANUC-S16 五坐标联动数控系统等。

(2) NC 嵌入 PC 中以 PC 机为基础。运动控制板或整个 CNC 单元插入到 PC 的标准槽中。同样，PC 机作非实时处理，实时控制由 CNC 单元或运动控制板承担。利用 PC 机强大的 Windows 图形用户界面、多任务处理能力以及良好的软、硬件兼容能力，结合运动控制卡和运动控制软件形成高性能、高灵活性和开放性好的数控系统，从而使用户可以开发自身的应用程序。这种模式正成为以 PC 机为基础的 CNC 系统的主流。例如，美国的 PMAC-NC 就是在 PC 中插入一块 PMAC 运动控制器。

(3) 纯 PC 机型（全软件型）。它的 CNC 软件全部装在计算机中，外围连接主要采用计算机的相关总线标准，这是最新的开放式 CNC 体系结构。用户可在 Windows 平台上，利用开放的 CNC 内核开发所需的各种功能，构成各种类型的高性能的数控系统。与前两种相比，全软件型开放式数控系统通过软件智能替代复杂的硬件，已成为数控系统发展的重要趋势。典型产品有美国 MDSI 公司的 Open CNC，德国 PA 公司的 PA8000 NT 等。

4. 机床数控技术的发展趋势

大力发展以数控技术为核心的先进制造技术已成为世界各发达国家加速经济发展、提高综合国力和国家地位的重要途径。高速高精加工、复杂曲面多轴联动加工、开放式数控系统已成为数控技术及其装备的发展趋势。

1) 高速度与高精度化

速度和精度是数控机床的两个重要技术指标，它直接关系到加工效率和产品的质量，特别是在超高速切削、超精密加工技术的实施中，它对机床各坐标轴位移速度和定位精度提出了更高的要求；另外，这两项指标又是相互制约的，即要求位移速度越高，定位精度就越难提高。由于高速主轴单元、高速进给运动部件、高性能数控和伺服系统以及数控工具系统都出现了新的突破，现代数控机床的位移分辨率和进给速度已可达到 1 $\mu m$(100～200 m/min)、0.1 $\mu m$(24 m/min)、0.01 $\mu m$(400～800 mm/min)。

2) 五轴联动加工和复合加工机床快速发展

采用五轴联动对三维曲面零件的加工，可用刀具最佳几何形状进行切削，不仅粗糙度小，而且切削效率也大幅度提高。一般认为，一台五轴联动机床的效率可以等于两台三轴联动机床，特别是使用立方氮化硼等超硬材料铣刀高速铣削淬硬钢零件时，五轴联动加工可比三轴联动加工发挥更高的效益。但过去因五轴联动数控系统、主机结构复杂等原因，其价格要比三轴联动数控机床高出数倍，加之编程技术难度较大，制约了五轴联动机床的发展。由于电主轴的出现，使得实现五轴联动加工的复合主轴头结构大为简化，其制造难度和成本大幅度降低，数控系统的价格差距缩小。因此促进了复合主轴头类型五轴联动机床和复合加工机床的发展。

3) 智能化、开放式、网络化成为当代数控系统发展的主要趋势

智能化主要体现在采用自适应控制技术，使加工过程中能保持最佳工作状态，既能得

到较高的加工精度和较小的表面粗糙度,也能提高刀具的使用寿命和设备的生产效率;采用故障自诊断、自修复功能,实现在线故障诊断,提高数控机床的利用率;采用自动检测和自动换刀技术,当发现工件超差、刀具磨损、破损时,进行及时报警、自动补偿或更换备用刀具,以保证产品质量。

为解决传统的数控系统封闭性和数控应用软件的产业化生产存在的问题,目前许多国家对开放式数控系统进行研究。开放式数控系统的体系结构规范、通信规范、配置规范、运行平台、数控系统功能库以及数控系统功能软件开发工具等是当前研究的核心。

数控装备的网络化将极大地满足生产线、制造系统、制造企业对信息集成的需求,也是实现新的制造模式如敏捷制造、虚拟企业、全球制造的基础单元。国内外一些著名数控机床、数控系统制造公司都相继推出了相关的样机,如日本山崎马扎克公司的智能生产控制中心(cyber production center, CPC);德国西门子公司的开放制造环境(open manufacturing environment, OME)等,反映了数控机床加工向网络化方向发展的趋势。

### 7.3.3 柔性制造技术

**1. 概述**

为满足产品不断更新,适应多品种、小批量生产自动化需要,柔性制造技术得到了迅速的发展,出现了柔性制造单元(flexible manufacturing cell, FMC)、柔性制造系统(flexible manufacturing system, FMS)、柔性生产线(flexible manufacturing line, FML)等一系列现代制造设备和系统,它们对制造业的进步与发展发挥了重大的推动和促进作用。

柔性制造技术是将微电子技术、智能化技术与传统加工技术融合在一起,具有先进、柔性化、自动化、高效率等特点的制造技术。柔性制造技术是从机械转换、刀具更换、夹具可调、模具转位等硬件柔性化的基础上发展起来的,现已成为自动变换、人机对话转换、智能化地对不同加工对象实现程序化柔性制造加工的一种崭新技术,是自动化制造系统的基本单元技术。

**2. 柔性制造系统**

柔性制造系统(FMS)是由若干台数控加工设备、物料储运装置和计算机控制系统组成,并能根据制造任务或生产品种的变化迅速进行调整,以适应多品种、中小批量生产的自动化制造系统。图 7-22 所示是一个典型的 FMS 布局图。

1) 柔性制造系统的组成

由图 7-22 可以看出,用于切削加工的柔性制造系统至少由三部分构成,下面分别介绍。

(1) 加工系统。加工系统承担着把原材料转化为最终产品的任务,是 FMS 最基本的组成部分,主要由数控机床、加工中心等加工设备(有的还带有工件清洗、在线检测等辅助设备)构成。

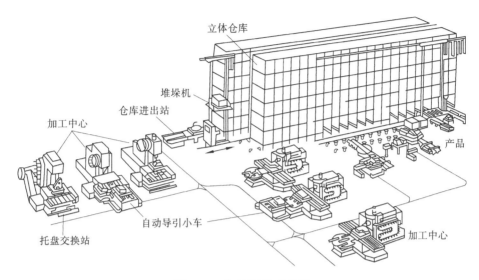

图 7-22 典型 FMS 布局图

（2）物料运储系统。物料储运系统（material handling system，MHS）是 FMS 中的重要组成部分，一般包含有工件装卸站、托盘缓冲站、自动化仓库和物料运输装置等几部分，主要用来完成工件、刀具、托盘以及其他辅助设备与材料的装卸、运输和存储工作。

（3）计算机控制系统。FMS 的控制系统由计算机、工业控制机、可编程控制器、通信网络、数据库和相应的控制与管理软件组成，以实现 FMS 加工过程中物流过程的控制、协调、调度、监测和管理。

2）柔性制造系统的类型

（1）柔性制造单元（FMC）。图 7-23 所示为一柔性制造单元的示意图。它由卧式加工中心、环形工件交换工作台、工件托盘及托盘交换装置（automatic pallet changer，APC）组成。环形工作台是一个独立的通用部件，装有工件的托盘在环形工作台的导轨上由环形链条驱动进行回转。当一个工件加工完毕后，托盘交换装置将加工完的工件连同托盘一起拖回至环形工作台的空位，然后，按指令将下一个待加工的托盘与工件转到交换工

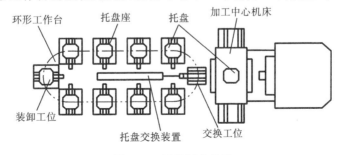

图 7-23 柔性制造单元

位,由托盘交换装置将它送到机床的工作台上,定位夹紧以待加工。已加工好的工件连同托盘转至工件的装卸工位,由人工卸下,并装上待加工的工件。托盘搬运的方式多用于箱体类零件或大型零件。柔性制造单元自成体系,占地面积小,功能完善,有廉价小型柔性制造系统之称。

(2) 柔性制造系统(FMS)。较大的 FMS 由两个以上 FMC 或多台 CNC 机床、MC 组成,并用一个物料输送系统将机床联系起来。工件被装在夹具和托盘上,自动按加工顺序在机床间逐个输送。FMS 的控制与管理功能比 FMC 强大,对数据管理和通信网络要求高。FMS 适用于多品种(10~50 个品种)、中少批量(1 000~30 000 件/年)的生产规模。柔性制造系统的适用范围如图 7-24 所示。

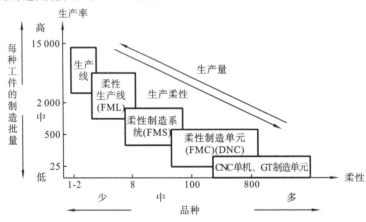

图 7-24 柔性制造系统的适用范围

(3) 柔性生产线(FML)。它与传统的刚性生产线的不同之处在于能同时或依次加工少量不同的零件。其加工设备在采用通用数控机床的同时,更多地采用数控组合机床。当零件更换时,其生产节拍可作相应的调整。各机床的主轴箱也可自动进行调整。这种生产线相当于数控化的自动生产线。FTL 适合于 2~10 多个品种,生产率达 5 000~200 000 件/年的生产规模。

## 本章重点、难点和知识拓展

**本章重点** 超精密加工的关键技术;高速切削加工的关键技术。
**本章难点** 快速原型制造技术;微细/纳米加工技术。
**知识拓展** 本章仅简单介绍了几种现代制造技术。如果读者对某种制造技术感兴趣,或渴望进行深入研究,可查阅相关内容的专著或研究论文,并利用生产实习或到附近工厂参观的机会了解现代制造工艺技术在企业的应用情况。

# 思考题与习题

7-1 现代制造技术包括哪些主要内容？其特征是什么？
7-2 现代制造工艺包括哪些主要内容？
7-3 超精密加工对机床设备和环境有何要求？
7-4 高速切削加工技术的关键技术有哪些？
7-5 特种加工主要包括哪些方法？有何特点？各适应什么场合？
7-6 快速原型制造的技术原理是什么？有何工艺特点？适用于何种场合？
7-7 目前有哪些微细加工方法？
7-8 干式切削的关键技术是什么？
7-9 机械制造自动化包括哪些主要内容？其发展趋势如何？
7-10 开放式数控系统的主要特征是什么？
7-11 机床数控技术的发展趋势是什么？
7-12 FMS由哪几部分组成？各部分任务是什么？
7-13 FMS有哪几种类型？各自适用范围如何？

# 参 考 文 献

[1] 王先逵. 机械制造工艺学[M]. 北京:机械工业出版社,2000.
[2] 于骏一,邹青. 机械制造技术基础[M]. 北京:机械工业出版社,2004.
[3] 卢秉恒. 机械制造技术基础[M]. 第2版. 北京:机械工业出版社,2005.
[4] 卢秉恒,于骏一,张福润. 机械制造技术基础[M]. 北京:机械工业出版社,2003.
[5] 张福润,徐鸿本,刘延林. 机械制造技术基础[M]. 第2版. 武汉:华中科技大学出版社,2000.
[6] 张世昌,李旦,高航. 机械制造技术基础[M]. 北京:高等教育出版社,2003.
[7] 赵雪松,赵晓芬. 机械制造技术基础[M]. 武汉:华中科技大学出版社,2006.
[8] 任家隆. 机械制造基础[M]. 北京:高等教育出版社,2003.
[9] 郑修本. 机械制造工艺学[M]. 第2版. 北京:机械工业出版社,2001.
[10] 吉卫喜. 机械制造技术[M]. 北京:机械工业出版社,2004.
[11] 赵雪松,任小中,于华. 机械制造装备设计[M]. 武汉:华中科技大学出版社,2009.
[12] 黄健求. 机械制造技术基础[M]. 北京:机械工业出版社,2006.
[13] 陈明. 机械制造工艺学[M]. 北京:机械工业出版社,2005.
[14] 曾志新,吕明. 机械制造技术基础[M]. 武汉:武汉理工大学出版社,2001.
[15] 苏珉. 机械制造技术[M]. 北京:人民邮电出版社,2006.
[16] 袁国定,朱洪海. 机械制造技术基础[M]. 南京:东南大学出版社,2001.
[17] 吴桓文. 机械加工工艺基础[M]. 北京:高等教育出版社,1990.
[18] 朱正心. 机械制造技术(常规技术部分)[M]. 北京:机械工业出版社,1999.
[19] 吴圣庄. 金属切削机床概论[M]. 北京:机械工业出版社,1985.
[20] 陆剑中,孙家宁. 金属切削原理与刀具[M]. 北京:机械工业出版社,1990.
[21] 朱明臣. 金属切削原理与刀具[M]. 北京:机械工业出版社,1995.
[22] 许坚,张崇德. 机床夹具设计[M]. 沈阳:东北大学出版社,1997.
[23] 李庆寿. 机床夹具设计[M]. 北京:机械工业出版社,1983.
[24] 肖继德,陈宁平. 机床夹具设计[M]. 北京:机械工业出版社,2000.
[25] 余光国,马俊,张兴发. 机床夹具设计[M]. 重庆:重庆大学出版社,1995.
[26] 周宏莆. 机械制造技术基础[M]. 北京:高等教育出版社,2004.
[27] 陈立德,李晓晖. 机械制造技术[M]. 上海:上海交通大学出版社,2004.
[28] 李华. 机械制造技术[M]. 北京:机械工业出版社,1997.

[29] 吴兆华,周德俭. 金属切削原理与机床[M]. 南京:东南大学出版社,1999.
[30] 王伟麟. 机械制造技术[M]. 南京:东南大学出版社,2001.
[31] 王辰宝. 机械加工工艺基础[M]. 南京:东南大学出版社,1998.
[32] 司乃钧. 机械加工工艺基础[M]. 北京:高等教育出版社,1995.
[33] 何七荣. 机械制造方法与设备[M]. 北京:中国人民大学出版社,2000.
[34] 艾兴,肖诗刚. 切削用量手册[M]. 北京:机械工业出版社,1994.
[35] 陈宏钧. 实用机械加工工艺手册[M]. 北京:机械工业出版社,2005.
[36] 韩秋实. 机械制造技术基础[M]. 北京:机械工业出版社,2005.
[37] 徐知行,刘毓英. 汽车拖拉机制造工艺设计手册[M]. 北京:北京理工大学出版社,1998.
[38] 任小中. 先进制造技术[M]. 武汉:华中科技大学出版社,2009.
[39] 焦振学. 先进制造技术[M]. 北京:北京理工大学出版社,1997.
[40] 李伟. 先进制造技术[M]. 北京:机械工业出版社,2005.
[41] 周骥平. 机械制造自动化技术[M]. 北京:机械工业出版社,2001.
[42] 张根保. 自动化制造系统[M]. 北京:机械工业出版社,2001.
[43] 杨继全. 先进制造技术[M]. 北京:化学工业出版社,2004.
[44] 杨坤怡. 制造技术[M]. 北京:国防工业出版社,2005.
[45] 盛晓敏. 先进制造技术[M]. 北京:机械工业出版社,2002.
[46] 武良臣. 先进制造技术[M]. 徐州:中国矿业大学出版社,2001.